算法竞赛

下册

罗勇军 郭卫斌 ◎ 著

清华大学出版社

北京

内 容 简 介

本书是一本全面、深入解析与算法竞赛有关的数据结构、算法、代码的计算机教材。

本书包括十个专题：基础数据结构、基本算法、搜索、高级数据结构、动态规划、数论和线性代数、组合数学、计算几何、字符串和图论。本书覆盖了绝大多数算法竞赛考点。

本书解析了算法竞赛考核的数据结构、算法；组织了每个知识点的理论解析和经典例题；给出了简洁、精要的模板代码；通过明快清晰的文字、透彻的图解，实现了较好的易读性。

本书的读者对象是参加算法竞赛的中学生和大学生、准备面试 IT 企业算法题的求职者、需要提高算法能力的开发人员，以及对计算机算法有兴趣的广大科技工作者。

图书在版编目（CIP）数据

算法竞赛/罗勇军，郭卫斌著.—北京：清华大学出版社，2022.10（2023.12重印）
（清华科技大讲堂）
ISBN 978-7-302-61521-7

Ⅰ．①算⋯　Ⅱ．①罗⋯②郭⋯　Ⅲ．①计算机算法－教材　Ⅳ．①TP301.6

中国版本图书馆 CIP 数据核字（2022）第 144417 号

策划编辑：魏江江
责任编辑：王冰飞　　吴彤云
封面设计：刘　键
责任校对：时翠兰
责任印制：宋　林

出版发行：清华大学出版社
　　　　网　　　址：https://www.tup.com.cn，https://www.wqxuetang.com
　　　　地　　　址：北京清华大学学研大厦 A 座　　　邮　　编：100084
　　　　社 总 机：010-83470000　　　　　　　　　邮　　购：010-62786544
　　　　投稿与读者服务：010-62776969，c-service@tup.tsinghua.edu.cn
　　　　质量反馈：010-62772015，zhiliang@tup.tsinghua.edu.cn
　　　　课件下载：https://www.tup.com.cn，010-83470236
印　装　者：三河市人民印务有限公司
经　　　销：全国新华书店
开　　　本：185mm×260mm　　印　张：45.75　　插　页：1　　字　　数：1118 千字
版　　　次：2022 年 10 月第 1 版　　　　　　　　　　印　　次：2023 年 12 月第 7 次印刷
印　　　数：27001～32000
定　　　价：168.00 元（全两册）

产品编号：088080-01

前言

读者拿到这本书的第一感觉可能是：这本书真厚。接下来他有点忐忑和疑惑：这本书虽然厚，但是它有价值吗？它的内容和风格适合我吗？还有其他的一些问题。下面做一个详细的解答。

为什么学算法竞赛

算法竞赛是计算机相关竞赛中影响最大的分支。目前国内影响大的计算机算法类竞赛有全国青少年信息学奥林匹克竞赛（NOI）、国际大学生程序设计竞赛（ICPC）、中国大学生程序设计竞赛（CCPC）、蓝桥杯全国软件和信息技术专业人才大赛（软件类）、中国高校计算机大赛-团体程序设计天梯赛等。每个竞赛每年的参赛者，少则几万人，多则十几万人。

在大学里，与算法竞赛相关的课程有"计算机程序设计""数据结构与算法""算法分析与设计""程序阅读与编程实践""算法与程序设计实践""算法艺术与竞赛"等。

在算法竞赛中获奖有很多好处。在学校可以获得奖学金，保研时获得加分。毕业找工作时更有用，一张算法竞赛的获奖证书是用人单位判断求职者能力的重要依据。算法竞赛受到学校、学生、用人单位的重视和欢迎。

学习和参加算法竞赛，是通往杰出程序员的捷径。竞赛的获奖者基本上都成长为出色的软件工程师，并且有很多人是 IT 公司的创业者。例如当前热门的自动驾驶公司小马智行的联合创始人兼 CTO 楼天城，是 2009 年 ICPC 全球总决赛第二名；元戎启行公司的员工大多数是 ICPC 的金牌队员。

算法竞赛在以下几方面对 IT 人才培养起到了关键作用：

（1）编写大量代码。代码量直接体现了程序员的能力。比尔·盖茨说："如果你想雇用一个工程师，看看他写的代码，就够了。如果他没写过大量代码，就不要雇用他。"Linus说："Talk is cheap，show me the code。"大量编码是杰出程序员的基本功。算法竞赛队员想获奖，普遍需要写 5 万～10 万行的代码。

（2）掌握丰富的算法知识。算法竞赛涉及绝大部分常见的确定性算法，掌握这些知识不仅能在软件开发中得心应手，而且是进一步探索未知算法的基础。例如现在非常火爆的、代表了人类未来技术的人工智能研究，涉及许多精深的算法理论，没有经过基础算法训练的人根本无法参与。

（3）培养计算思维和逻辑思维。一道算法题往往需要综合多种能力，例如数据结构、算法知识、数学方法、流程和逻辑等，这是计算思维和逻辑思维能力的体现。

（4）培养团队合作精神。在软件行业，团队合作非常重要。像 ICPC、CCPC 这样的团队赛，把对团队合作的要求放在了重要位置。一支队伍的 3 个人，在同等水平下，配合默契的话可以多做一两道题，把获奖等级提高一个档次。他们在日常训练中通过长期磨合，互相了解，做到合理分工、优势互补，从而发挥出最优的团队力量。即使是蓝桥杯和 NOI 这样的个人赛，队员在学习过程中互助互学，也发挥了团队的关键作用。

为什么选用这本书

读者的期望总是很高的。

如果读者是一名算法竞赛的初学者，他非常希望有一本"神书"。读完这本"神书"之后，他或者在参加大公司的算法题面试时自信满满，或者参加算法竞赛时代码喷涌而出，或者在日常工作中能用巧妙的算法解决实际问题……前辈们向他推荐了一些好书，他看了书，做了一些例题，他觉得自己学到了很多算法，掌握了很多竞赛技巧，但是遇到实际问题，或者参加竞赛时，他还是感觉很晕，发现那些书和例题似乎都用不上。神书在哪里？

当他跨过初学者的门槛，他会认识到这样的"神书"其实并不存在。这往往不是书的问题，而是他对书的期望过高了。一些算法竞赛相关的教材确实写得很好，也有很好的口碑，可以说是学习算法竞赛的必读书。但是要将书上的知识转化为自己的能力，需要经过大量的练习，正如陆游诗中所说："纸上得来终觉浅，绝知此事要躬行。"对应到编程这件事上，有两个重要的学习过程：①学习经典算法和经典代码，建立算法思维；②大量编码，让代码成为自己大脑思维的一部分。

算法竞赛的学习难度颇高，它需要一名参赛者掌握以下能力：丰富的算法知识、快速准确的编码能力、敏捷的建模能力。学习算法竞赛产生了一个自然的结果：经过长期深入学习并在算法竞赛中得奖的学生，都建立了对自己计算机编程能力的自信，并能顺利成为出色的程序员。

算法竞赛这样高难度的学习显然不是一蹴而就的。算法竞赛的学习者分为三个层次：初学者、中级队员和高级队员。本书努力帮助读者顺利度过从初级到高级的学习过程，希望读者看过本书之后，能说一句："这本书虽然不神，但是还不错！"

本书是一本算法竞赛"大全"，讲解了算法竞赛涉及的绝大部分知识点。书中对应的部分也适合这三种层次的学员，陪伴他们从初学者走向高级队员。

（1）初学者。一名刚学过 C/C++、Java、Python 中任意一门编程语言的学生，做了一些编程题目，建立了编码的兴趣，对进一步学习有信心和动力，希望有一本介绍算法竞赛知识点的书指导学习，这本书的初级部分正适合他，帮助他了解基础算法知识点、学习模板代码、练习基础题。经过这样的学习后，他很可能获得蓝桥杯省赛三等奖，甚至更好。不过，他仍没有获得 ICPC、CCPC 铜奖的能力。

（2）中级队员。中级队员顺利地跨过了初学者阶段，他证明自己已经走上了成为杰出程序员的道路。中级队员符合这样的画像：精通编程语言，编码得心应手；他做过几百道基础算法题，并且准备继续对算法竞赛倾心投入；他有了志同道合、水平相当的队友一起学习进步；他遇到了学习瓶颈，计算思维还不够；他只能做简单题和一些中等题，对难题无从下手。中级队员可能获得蓝桥杯省赛二等奖、一等奖，也差不多有 ICPC、CCPC 铜奖的水平。本书的中级部分能帮助他进一步掌握算法知识、提高算法思维能力、练习较难的题目。

（3）高级队员。他们获得了蓝桥杯国赛二等奖或一等奖，以及 ICPC、CCPC 银牌或金牌。这些奖牌是"高级队员"的标签，他们已经足够被称为"出色的程序员"，在就业市场上十分抢手。本书的高级部分能帮助他们进一步扩展知识点，增强计算思维。

本书的内容介绍

本书内容的难度涵盖了初级、中级、高级，下面对本书的章节按难度做一个划分。

章　名	初　级	中　级	高　级
第1章 基础数据结构	1.1　链表 1.2　队列 1.3　栈 1.4　二叉树和哈夫曼树	1.5　堆	
第2章 基本算法	2.1　算法复杂度 2.2　尺取法 2.3　二分法 2.4　三分法 2.8　排序与排列	2.5　倍增法与 ST 算法 2.6　前缀和与差分 2.7　离散化 2.9　分治法 2.10　贪心法与拟阵	
第3章 搜索	3.1　BFS 和 DFS 基础 3.2　剪枝 3.3　洪水填充 3.4　BFS 与最短路径	3.5　双向广搜 3.6　BFS 与优先队列 3.9　IDDFS 和 IDA*	3.7　BFS 与双端队列 3.8　A* 算法
第4章 高级数据结构	4.1　并查集 4.7　简单树上问题 4.11　二叉查找树 4.12　替罪羊树	4.2　树状数组 4.3　线段树 4.5　分块与莫队算法 4.6　块状链表 4.8　LCA 4.9　树上的分治 4.13　Treap 树 4.15　笛卡儿树 4.17　K-D 树	4.4　可持久化线段树 4.10　树链剖分 4.14　FHQ Treap 树 4.16　Splay 树 4.18　动态树与 LCT
第5章 动态规划	5.1　DP 概念和编程方法 5.2　经典线性 DP 问题	5.3　数位统计 DP 5.4　状态压缩 DP 5.5　区间 DP 5.6　树形 DP	5.7　一般优化 5.8　单调队列优化 5.9　斜率优化/凸壳优化 5.10　四边形不等式优化
第6章 数论和线性代数	6.1　模运算 6.2　快速幂 6.4　高斯消元 6.7　GCD 和 LCM 6.10　素数（质数）	6.3　矩阵的应用 6.5　异或空间线性基 6.6　0/1 分数规划 6.8　线性丢番图方程 6.9　同余 6.11　威尔逊定理 6.14　整除分块（数论分块）	6.12　积性函数 6.13　欧拉函数 6.15　狄利克雷卷积 6.16　莫比乌斯函数和莫比乌斯反演 6.17　杜教筛

章 名	初 级	中 级	高 级
第 7 章 组合数学	7.1　基本概念 7.2　鸽巢原理 7.3　二项式定理和杨辉 　　　三角	7.4　卢卡斯定理 7.5　容斥原理 7.6　Catalan 数和 Stirling 数	7.7　Burnside 定理和 Pólya 　　　计数 7.8　母函数 7.9　公平组合游戏（博弈论）
第 8 章 计算几何		8.1　二维几何 8.2　圆	8.3　三维几何
第 9 章 字符串	9.1　进制哈希 9.2　Manacher	9.3　字典树 9.4　回文树 9.5　KMP	9.6　AC 自动机 9.7　后缀树和后缀数组 9.8　后缀自动机
第 10 章 图论	10.1　图的存储 10.2　拓扑排序 10.3　欧拉路	10.4　无向图的连通性 10.5　有向图的连通性 10.6　基环树 10.7　2-SAT 10.8　最短路径 10.9　最小生成树	10.10　最大流 10.11　二分图 10.12　最小割 10.13　费用流

本书内容的铺排以知识点的讲解为主，而不是一本习题集。所以，书中的例题主要用于配合知识点，大多直截了当，不用太多建模，即所谓的模板题。但是赛场上的竞赛题目为了增加迷惑性和考验参赛者的建模能力，一般不会出模板题。读者需要做大量的练习，才能把知识点和模板代码真正用起来。就像一个剑客，刚学剑的时候，剑是他的身外物；成为高手的时候，剑是他身体的一部分，人剑合一。

本书涉及很多复杂难解的知识点，需要极大的毅力和决心才能学习掌握。其中烧坏最多脑细胞的，例如杜教筛、动态树、DP 优化、组合计数、后缀自动机等，让人心悸。如何学习？我用一个词来回答："勤能补拙"，以此与读者共勉。

如何使用本书

读者可以按上述难度分类安排自己的学习。一名勤奋的竞赛队员，他的学习步骤大概如下：

大一，学习初级知识点，做 500 道题左右，主要是基础题。参加蓝桥杯大赛，争取三等奖或二等奖，得奖之后就成了初学者中的佼佼者；能力强的甚至可以申请参加 ICPC、CCPC、天梯赛等团队赛。

大二，学习中级和部分高级知识点，继续做 500～1000 道题，中级题目和综合题目。继续参加蓝桥杯大赛，争取省赛一等奖；参加 ICPC 等团队赛，获得铜牌。成为中级队员。

大三，继续学习高级知识点，做综合难题。参加蓝桥杯国赛并得奖；参加 ICPC 等团队赛获得银牌或以上。成为高级队员。

书中除了解析知识点外，对每个知识点都给了建议的习题，但是没有对这些习题进行难度分级，原因如下：①读题也是很好的练习，如果读者做题前被告之题目的难度，可能会影响读者思考的乐趣；②读题之后，读者基本上能自己判断题目的难度；③有的题目难以分级，这些题或者建模难而编码易，或者建模易而编码难，或者逻辑易而编码烦，这样的题目是难题、简单题,还是中等题?考虑到这些原因,题目的分级还是留给读者自己判断吧。

本书的特点

在作者的另一本书《算法竞赛入门到进阶》(清华大学出版社)的前言部分,曾确立了四个写作目标:

- 算法思路:一点就透,豁然开朗。
- 模板代码:结构精巧,清晰易读。
- 知识体系:由浅入深,逐步推进。
- 赛事相关:参赛秘籍,高手经验。

这四点仍然是作者在本书中努力达到的写作目标。

作者知道普通人学习的盲点,写出的解析通俗易懂,让初学者也容易学习理解,不至于卡在某些脑筋急转弯的地方。让下里巴人能欣赏阳春白雪,这是作者写作的基本原则。

本书努力揭示算法的精髓。书中对绝大部分算法、例题都进行了建模分析、复杂度分析和对比分析,对它们的思路进行了本质上的解析,提纲挈领地揭示了它们的核心思想。

本书严谨、透彻地解析知识点。例如杜教筛、莫队算法,作者联系了这两个算法的发明人杜教、莫队,请他们审核了有关的内容。每个算法对应的中文名和英文名,也查阅了大量文献,争取采用权威的表述。本书所讲解的都是成熟的数据结构和算法,这些知识绝大多数都源自海外学者,有关的名词需要从外文翻译成中文。

为便于学习,作者为本书的每个小节录制了教学视频,对算法思路进行了精要的描述,视频总时长 900 分钟。此外,作者还提供了大量代码,对每个算法给出了模板代码,对经典问题和重要例题给出了完整代码;每行代码都经过仔细整理,争取成为"模板",代码不多不少,也不缺少关键内容。

资源下载提示

源码等资源:扫描目录上方的二维码下载。

视频等资源:扫描封底的文泉云盘防盗码,再扫描书中相应章节中的二维码,可以在线学习。

致谢

本书的写作特别感谢互联网知识库,尤其是中文网文。20 多年来,中国共有数千万学生进入 IT 相关专业,数百万学生参加过算法竞赛的学习,在网上产生了浩如烟海的算法竞赛方面的中文文献,这是其他国家、其他语言的网络不可企及的。这些都是本书的力量源泉。

本书的部分代码参考了竞赛队员的博客,经过精心整理改写为本书的风格,这些代码都注明了来源。

本书也参考了大量印刷品文献,在用到的地方注明了来源。

罗勇军

2022 年 8 月于上海

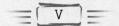

《算法竞赛》（下册）

第6章 数论和线性代数

- 模运算
- 快速幂
- **矩阵的应用**：矩阵的计算、矩阵快速幂、矩阵快速幂加速递推、矩阵乘法与路径问题
- **高斯消元**：高斯消元的基本操作、高斯-约当消元法
- **异或空间线性基**：线性基的构造、线性基的应用
- **0/1分数规划**：二分法与0/1分数规划、应用场景
- **GCD和LCM**：GCD、LCM、裴蜀定理
- **线性丢番图方程**：二元线性丢番图方程、扩展欧几里得算法与二元线性丢番图方程的解、多元线性丢番图方程
- **同余**：同余概述、一元线性同余方程、逆、同余方程组
- **素数**：小素数的判定、大素数的判定、素数筛、质因数分解
- 威尔逊定理
- 积性函数
- **欧拉函数**：欧拉函数的定义和性质、求欧拉函数的通解公式、用线性筛（欧拉筛）求1～n内所有欧拉函数
- 整除分块（数论分块）
- 狄利克雷卷积
- 莫比乌斯函数和莫比乌斯反演
- **杜教筛**：杜教筛的起源、杜教筛公式的推导、杜教筛算法和复杂度、杜教筛模板代码

第7章 组合数学

- 基本概念
- 鸽巢原理
- 二项式定理和杨辉三角
- 卢卡斯定理
- 容斥原理
- **Catalan数和Stirling数**：Catalan数、Stirling数
- **Burnside定理和Pólya计数**：置换群、Burnside定理、Pólya计数
- **母函数**：普通型母函数、指数型母函数、母函数与泰勒级数
- **公平组合游戏（博弈论）**：巴什游戏与P-position、N-position、尼姆游戏、图游戏与Sprague-Grundy函数、威佐夫游戏

第8章 计算几何

- **二维几何**：点和向量、点积和叉积、点和线、多边形、凸包、最近点对、旋转卡壳、半平面交
- **圆**：基本计算、最小圆覆盖
- **三维几何**：三维点和线、三维点积、三维叉积、最小球覆盖、三维凸包、三维几何例题

第9章 字符串

- **进制哈希**：哈希函数BKDRHash、进制哈希的应用
- **Manacher**：暴力法求最长回文子串、Manacher算法、模板代码
- **字典树**：字典树的构造、模板代码
- **回文树**：回文树的关键技术、模板代码
- **KMP**：朴素的模式匹配算法、KMP算法、模板代码和例题、扩展KMP
- **AC自动机**：AC自动机算法、模板代码
- **后缀树和后缀数组**：后缀树和后缀数组的概念、倍增法求后缀数组、后缀数组的经典应用
- **后缀自动机**：后缀自动机的概念、endpos和等价类、后缀自动机的构造、后缀自动机的应用

第10章 图论

- **图的存储**：邻接矩阵、邻接表、链式前向星
- **拓扑排序**：拓扑排序的概念、基于BFS的拓扑排序、基于DFS的拓扑排序、输出拓扑排序
- **欧拉路**：欧拉路和欧拉回路的存在性判断、输出一个欧拉回路
- **无向图的连通性**：割点和割边、双连通分量
- **有向图的连通性**：Kosaraju算法、Tarjan算法
- 基环树
- 2-SAT
- **最短路径**：Floyd算法、传递闭包、Dijkstra算法、Bellman-Ford算法、SPFA算法、比较Bellman-Ford算法和Dijkstra算法、负环和差分约束系统
- **最小生成树**：Kruskal算法、Prim算法、扩展问题
- **最大流**：Ford-Fulkerson方法、Edmonds-Karp算法、Dinic算法、ISAP算法、混合图的欧拉回路
- 二分图
- 最小割
- 费用流

附 Python在竞赛中的应用

- 大数计算
- **构造测试数据和对拍**：构造随机数据、数据去重、对拍
- 输入输出

目录

源码下载

第6章 数论和线性代数

初等数论是数学的一个分支，它既古老又现代。最早的数论研究是从素数开始的，2000 多年前欧几里得就发现了算术基本定理，即每个正整数可以按递增顺序唯一地写成素数的乘积。现代数论的发展始于高斯，他发明了同余，使研究整除关系时与研究方程一样方便。把素数从合数中分出来是数论的一个关键问题，发展了很多素性检验法；把正整数进行素因子分解是数论中的另一个核心问题；寻求方程的整数解是又一个重要内容。本章也有一些线性代数的内容，如矩阵、高斯消元、线性基等。

本章将详解算法竞赛中常用的初等数论问题和线性代数问题，并给出相关知识点的具体实现。

扫一扫

视频讲解

模①运算是大数运算中的常用操作。如果一个数太大，无法直接输出，或者不需要直接输出，可以把它取模后缩小数值再输出。因为模运算有缩小数值范围的功能，所以常用于哈希计算。

定义取模运算为求 a 除以 m 的余数，记为 $a \bmod m = a \% m$。

正整数取模的结果满足 $0 \leqslant a \bmod m \leqslant m-1$，其含义是用给定的 m 限制计算结果的范围。例如，$m=10$，就是取计算结果的个位数。又如，$m=2$，若余数为 0，表示 a 为偶数，否则 a 为奇数。

一般的求余都是正整数的操作，如果是对负数求余，不同的编程语言结果可能不同，下面给出 3 种语言的例子。

C 语言和 Java：5 % 3，输出 2；(-5) %(-3)，输出 -2；5 %(-3)，输出 2；(-5) % 3，输出 -2。计算规则是先按正整数求余，然后加上符号，符号与被除数保持一致。

Python 语言的负数求余有点奇怪，如：123 % 10，输出 3；123 %(-10)，输出 -7。原因是 Python 语言的求余是向下对齐的。

取模操作满足以下性质。

加：$(a+b) \bmod m = ((a \bmod m) + (b \bmod m)) \bmod m$。如果没有限制 a、b 的正负，C 代码中左右可能符号相反、大小相差 m；但是 Python 代码不存在这个问题。

减：$(a-b) \bmod m = ((a \bmod m) - (b \bmod m)) \bmod m$。C 代码中左右可能符号相反、大小相差 m；但是 Python 代码不存在这个问题。

乘：$(a \times b) \bmod m = ((a \bmod m) \times (b \bmod m)) \bmod m$。

然而，对除法取模进行类似操作：$(a/b) \bmod m = ((a \bmod m)/(b \bmod m)) \bmod m$，是错误的。

例如，$(100/50) \bmod 20 = 2$，$(100 \bmod 20)/(50 \bmod 20) \bmod 20 = 0$，两者不相等。

> 提示　除法的取模需要用到"逆"，在 6.9 节中介绍。值得注意的是，分数取模也是有意义的，见 6.11 节的例题 hdu 6608。

乘法取模的代码需要特别注意。两个大数 a 和 b 做乘法取模时，直接用 $(a \times b) \bmod m = ((a \bmod m) \times (b \bmod m)) \bmod m$ 可能出错，因为其中的 $a \times b$ 可能溢出，$(a \bmod m) \times (b \bmod m)$ 也可能溢出。用以下代码能在一定程度上得到正确结果。

```
1   # include< bits/stdc++.h>
2   using namespace std;
3   typedef long long ll;
4   ll mul(ll a,ll b,ll m){        //乘法取模: (a * b)mod m
5       a = a%m;                    //先取模，非常重要，能在一定程度上防止第10行 a＋a 溢出
```

---

①　模是 Mod 的音译，读作 mó，意为求余。

```
6        b = b%m;
7        ll res = 0;
8        while(b>0){                    //递归思想
9            if(b&1) res = (res + a) % m;   //用 b&1 判断 b 的奇偶
10           a = (a + a) % m;              //需要保证 a + a = 2a 不能溢出,否则答案错误
11           b >>= 1;
12       }
13       return res;
14   }
15   int main(){
16       ll a = 0x7877665544332211;
17       ll b = 0x7988776655443322;
18       ll m =   0x998776655443322;//把 m 改成比 a 大的 0x7977665544332211,mul()也会出错
19       cout << (a%m) * (b%m) % m << endl;    //输出 1454077782617487436,错误
20       cout << mul(a,b,m);                   //输出 4115098770969344416,正确
21   }
```

下面介绍代码的原理。为了不直接计算 $a \times b$,改为计算 $(a \times 2) \times (b \div 2)$,其中的 $a \times 2$ 基本不会溢出,$b \div 2$ 不会溢出。连续执行 $a \times 2$ 和 $b \div 2$,即 $(a \times 2 \times 2 \times 2 \cdots \times 2) \times (b \div 2 \div 2 \div 2 \cdots \div 2)$,直到 b 减少到 0 为止,结束计算。不过如果 b 是奇数,$b \div 2$ 会取整,丢弃余数 1。所以要判断 b 的奇偶。

(1) b 是偶数。此时 $a \times b$ 就等于 $(a \times 2) \times (b \div 2)$。

(2) b 是奇数。此时 $a \times b$ 等于 $(a \times 2) \times (b \div 2 + 1) = (a \times 2) \times (b \div 2) + (a \times 2)$,多了一个 $a \times 2$。

代码第 9 行用 $b\&1$ 判断 b 的奇偶,如果是奇数,加上多的 $a \times 2$。第 10 行求 $a \times 2$,并取模。第 11 行求 $b \div 2$。

注意用这个代码时,仍要注意 a 和 m 的取值。例如,把第 18 行的 m 改成比 a 大的数,mul()也会出错。请仔细分析原因。

> **提示** 读者如需要验证乘法取模的结果是否正确,可以用 Python 直接运行 print(a * b % m),就能打印正确的乘法取模,因为 Python 没有溢出问题。

6.2   快 速 幂

扫一扫

视频讲解

对于幂运算 a^n,如果一个个地乘,计算量为 $O(n)$。如果用快速幂计算,只需计算 $O(\log_2 n)$ 次。快速幂的一个解法是分治法,即先计算 a^2,再计算 $(a^2)^2$,$\cdots$,一直计算到 a^n,代码也很容易写,见本书 2.9 节。不过,标准的快速幂代码是利用位运算实现的。

基于位运算的快速幂用到了倍增的原理,请回顾 2.5 节。下面以计算 a^{11} 为例说明如何用倍增法计算快速幂。

(1) 幂次与二进制的关系。把 a^{11} 分解为 $a^{11} = a^{8+2+1} = a^8 \times a^2 \times a^1$。其中,$a^1$,$a^2$,$a^4$,$a^8 \cdots$ 的幂次都是 2 的倍数,所有幂 a^i 都是倍乘关系,可以逐级递推,在代码中用 $a^* = a$ 实现。

（2）幂次用二进制分解。如何把 11 分解为 8+2+1？利用数的二进制的特征，$n=11_{10}=1011_2=2^3+2^1+2^0=8+2+1$，只需要把 n 按二进制处理就可以了。

（3）如何跳过那些没有的幂次？例如，幂次为 1011_2 需要跳过 a^4。做一个判断即可，用二进制的位运算实现，即

$n\,\&\,1$，取 n 的最后一位，并且判断这一位是否需要跳过。

$n\gg=1$，把 n 右移一位，目的是把刚处理过的 n 的最后一位去掉。

```
1   int fastPow(int a, int n){        //计算 aⁿ
2       int ans = 1;                  //用 ans 返回结果
3       while(n) {                    //把 n 看作二进制，逐个处理它的最后一位
4           if(n & 1)   ans *= a;     //如果 n 的最后一位是 1，表示这个地方需要乘
5           a *= a;                   //递推：a2,a4,a8,a16,…
6           n >>= 1;                  //把 n 右移一位，把刚处理过的 n 的最后一位去掉
7       }
8       return ans;
9   }
```

幂运算的结果往往是大数，一般先取模再输出。根据取模的性质 $a^n \bmod m=(a \bmod m)^n \bmod m$，把上述代码修改为

```
1   typedef long long ll;            //变量改用较大的 long long 型
2   ll fastPow(ll a, ll n, ll mod){
3       ll ans = 1;
4       a %= mod;                    //有一定作用，能在一定程度上防止下面的 a*a 越界
5       while(n) {
6           if(n & 1)   ans = (ans * a) % mod;   //取模
7           a = (a * a) % mod;                   //取模
8           n >>= 1;
9       }
10      return ans;
11  }
```

上述代码也不是绝对完美的。第 6 行的 ans＊a 可能超出 long long 范围，导致越界错误；第 7 行的 a＊a 也可能越界。虽然第 4 行的 a％＝mod 有一定预防越界的作用，但是做题时仍需谨慎，a 不能太大。如果 a 很大，就只能用高精度处理大数了。

> 提示　计算 $a^n \bmod m$，如果 n 极大，例如 $n=10^{20000000}$，可以用"欧拉降幂"的数论方法，请自己查阅资料，参考洛谷 P5091 习题。

快速幂的一个重要应用是矩阵快速幂。

扫一扫
视频讲解

6.3　矩阵的应用

在《线性代数》《矩阵论》等教材中有矩阵的概念和应用。竞赛中常见的是用快速幂加速的矩阵乘法。本节先介绍矩阵快速幂，然后介绍它的一个常见应用——加速递推公式的计

算,最后介绍用矩阵乘法求路径问题。

6.3.1　矩阵的计算

一个 m 行 n 列(记为 $m \times n$)的矩阵用二维数组 matrix[][]存储,matrix[i][j]表示第 i 行第 j 列元素的值。

1. 矩阵加减法

矩阵的加减法很简单,把两个矩阵对应位置的元素加减即可。要求两个矩阵的行、列数相同。

2. 矩阵乘法

(1) 一个数 k 乘矩阵 A,把 k 乘以矩阵的每个元素,记为 kA。

(2) 两个矩阵 A 和 B 相乘,要求 A 的列数等于 B 的行数,设 A 的尺寸为 $m \times n$,B 的尺寸为 $n \times u$,那么乘积 $C = AB$ 的尺寸为 $m \times u$。矩阵乘法 $C = AB$ 的计算公式为 $C[i,j] = \sum_{k=1}^{n} A[i][k] \times B[k][j]$。 如果按公式直接编码,有 i、j、k 三重循环,复杂度为 $O(m \times n \times u)$。下面给出代码。

```
1   for(int i = 1;i <= m;i++)          //i,j,k 的先后顺序没有关系,因为 a[][]、b[][]都是定值
2       for(int j = 1;j <= u;j++)
3           for(int k = 1;k <= n;k++)
4               c[i][j] += a[i][k] * b[k][j];
```

> **提示**　看起来似乎矩阵乘法只能这样编码,复杂度也不可能更好。但令人惊讶的是,矩阵相乘有更快的计算方法,这些方法是 Strassen 算法[①]及其改进,它们基于分治思想,并使用了一些巧妙的变换。不过,这些算法在小规模矩阵中效率并不高,算法竞赛中用不到。

根据矩阵乘法的定义,可以推出:结合律,$(AB)C = A(BC)$;分配律,$(A + B)C = AC + BC$。矩阵乘法没有交换律,$AB \neq BA$。

> **提示**　多个矩阵连续乘称为"矩阵链乘",用结合律能改变链乘的顺序,从而优化复杂度。在 5.2 节的"矩阵链乘法"问题中介绍了有关算法。

3. 矩阵的逆

矩阵没有除法运算,类似的概念是矩阵的逆,A 乘以 B 的逆矩阵可以看作 A 除以 B。

---

① 参考《算法导论》(Thomas H. Cormen 等著,潘金贵等译,机械工业出版社出版)第 28 章"矩阵运算"。

矩阵的逆在算法竞赛中很罕见,这里不做介绍。

6.3.2 矩阵快速幂

矩阵 A 是 $N \times N$ 的方阵,行数和列数都是 N,它可以自乘,把 n 个 A 相乘记为 A^n。矩阵的幂可以用快速幂计算,从而极大提高效率,是常见的考题。

矩阵快速幂的复杂度为 $O(N^3 \log_2 n)$,其中 N^3 为矩阵乘法复杂度,$\log_2 n$ 是快速幂复杂度。出题时一般会给一个较小的 N 和一个较大的 n,以考核快速幂的应用。以下代码给出了矩阵乘法和矩阵快速幂,矩阵快速幂的原理和代码与普通快速幂几乎一样。

```
1   struct matrix{ int m[N][N]; };                          //定义矩阵,常数 N 是矩阵的行数和列数
2   matrix operator * (const matrix& a, const matrix& b){    //重载 * 为矩阵乘法,注意 const
3       matrix c;
4       memset(c.m, 0, sizeof(c.m));                         //清零
5       for(int i = 0; i < N; i++)
6           for(int j = 0; j < N; j++)
7               for(int k = 0; k < N; k++)
8                   //c.m[i][j] += a.m[i][k] * b.m[k][j]; //不取模
9                   c.m[i][j] = (c.m[i][j] + a.m[i][k] * b.m[k][j]) % mod;   //取模
10      return c;
11  }
12  matrix pow_matrix(matrix a, int n){                     //矩阵快速幂,代码和普通快速幂几乎一样
13      matrix ans;
14      memset(ans.m, 0, sizeof(ans.m));
15      for(int i = 0; i < N; i++)  ans.m[i][i] = 1;        //初始化为单位矩阵,类似普通快速幂的 ans = 1
16      while(n) {
17          if(n&1) ans = ans * a;                          //不能简写为 ans *= a,这里的 * 重载了
18          a = a * a;
19          n >>= 1;
20      }
21      return ans;
22  }
```

6.3.3 矩阵快速幂加速递推

有一类题目是求线性递推数列的值。设递推数列为 $F_0, F_1, \cdots, F_{n-1}, F_n$,它们满足线性递推公式 $f(F_n, F_{n-1}, F_{n-2}, \cdots)$。如果直接按递推公式计算,复杂度至少为 $O(n)$,当 n 很大时,会超时。

这是一种套路题,一般用矩阵快速幂加快递推式的计算,称为**矩阵快速幂加速递推**。其关键在于如何用矩阵乘法表示线性递推关系,然后用快速幂处理,下面介绍思路。

借助一个矩阵 A,把递推关系转换为矩阵幂,即

$$\begin{bmatrix} F_n & F_{n-1} \cdots F_{n-k} \end{bmatrix} = \begin{bmatrix} F_{n-1} & F_{n-2} \cdots F_{n-k-1} \end{bmatrix} A = \cdots = \begin{bmatrix} F_k & F_{k-1} \cdots F_0 \end{bmatrix} A^{n-k}$$

其中,A 为一个 $(k+1) \times (k+1)$ 方阵,根据题意推导得出。

上式把递推计算转换为计算矩阵快速幂 A^{n-k},复杂度降为 $O(\log_2 n)$。

遇到求递推式的题目,如果直接递推超时,一般就是考查矩阵快速幂加速。

下面给出两道例题。

1. 斐波那契数列

这是"矩阵快速幂加速递推"套路题最简单的例子。

例 6.1 斐波那契数列(poj 3070)

问题描述:定义斐波那契数列为 $F_0=0$,$F_1=1$,$F_n=F_{n-1}+F_{n-2}$,$n \geqslant 2$。计算第 n 个斐波那契数 F_n,$n < 2^{63}$,输出对 10^9+7 取模。

由于 n 极大,直接用递推式 $F_n=F_{n-1}+F_{n-2}$ 计算超时,下面套用"矩阵快速幂加速递推"的思路。

把递推关系改写为

$$[F_n \quad F_{n-1}] = [F_{n-1} \quad F_{n-2}] \boldsymbol{A} = \cdots = [F_1 \quad F_0] \boldsymbol{A}^{n-1}$$

其中,矩阵 $\boldsymbol{A}$ 为一个 2×2 的矩阵,$\boldsymbol{A} = \begin{bmatrix} a & b \\ c & d \end{bmatrix}$。计算出 $\boldsymbol{A}$ 之后,就能用矩阵快速幂计算出 $\boldsymbol{A}^{n-1}$,同时也得到了 F_n。下面计算 $\boldsymbol{A}$ 的 a、b、c、d。

展开 $[F_n \quad F_{n-1}] = [F_{n-1} \quad F_{n-2}] \times \boldsymbol{A}$,得

$$F_n = aF_{n-1}+cF_{n-2}, \quad F_{n-1}=bF_{n-1}+dF_{n-2}$$

把 $F_n = F_{n-1}+F_{n-2}$ 代入,得

$$F_{n-1}+F_{n-2} = aF_{n-1}+cF_{n-2}, \quad F_{n-1}=bF_{n-1}+dF_{n-2}$$

再把初始条件 $F_0=0$,$F_1=1$,$F_2=1$ 代入:

(1) 当 $n=2$ 时,有 $F_1+F_0=aF_1+cF_0$,$F_1=bF_1+dF_0$;

(2) 当 $n=3$ 时,有 $F_2+F_1=aF_2+cF_1$,$F_2=bF_2+dF_1$。

得 $a=b=c=1$,$d=0$,即 $\boldsymbol{A} = \begin{bmatrix} 1 & 1 \\ 1 & 0 \end{bmatrix}$。

下面验证 $\boldsymbol{A}^n$,推导得

$$\boldsymbol{A}^2 = \begin{bmatrix} 2 & 1 \\ 1 & 1 \end{bmatrix}, \quad \boldsymbol{A}^3 = \begin{bmatrix} 3 & 2 \\ 2 & 1 \end{bmatrix}, \cdots, \boldsymbol{A}^n = \begin{bmatrix} F_{n+1} & F_n \\ F_n & F_{n-1} \end{bmatrix}$$

用矩阵快速幂计算 $\boldsymbol{A}^n$,左下角第 1 个数就是 F_n。复杂度为 $O(\log_2 n)$。

2. 计算矩阵幂的和

这是一道考验思维的例题,它实际上也是"矩阵快速幂加速递推"的套路题。

例6.2 Matrix power series（poj 3233）

问题描述：给定一个 $n \times n$ 的矩阵 A 和一个正整数 k，求幂矩阵和 $\mathrm{sum}(k) = A + A^2 + A^3 + \cdots + A^k$。

输入：第1行输入3个正整数 $n(n \leqslant 30)$、$k(k \leqslant 10^9)$ 和 $m(m < 10^4)$；后面 n 行中，每行输入 n 个比32767小的非负整数，按行给出矩阵 A 的元素。

输出：输出幂矩阵和 $\mathrm{sum}(k)$，并对 m 取模。

一个幂矩阵 A^k 可以用快速幂求解，复杂度为 $O(n^3 \log_2 k)$。但是题目要求 k 个幂矩阵的和，总复杂度大于 $O(n^3 k)$，超时。

实际上，可以把 $\mathrm{sum}(k)$ 看作递推式，令 $\mathrm{sum}(k) = F_k = A + A^2 + A^3 + \cdots + A^k$，有

$$F_0 = O, F_1 = A, F_2 = A + A^2 = F_1 + A^2, \cdots, F_k = F_{k-1} + A^k$$

其中，O 为零矩阵；F 为 $n \times n$ 的矩阵。由于 F_n 只与 F_{n-1} 有关，套用"矩阵快速幂加速递推"，令递推关系为

$$[F_k \quad E] = [F_{k-1} \quad E]S = \cdots = [F_0 \quad E]S^k$$

其中，E 为单位矩阵，使用它是为了凑出矩阵 $S = \begin{bmatrix} a & b \\ c & d \end{bmatrix}$，注意 a、b、c、d 都是 $n \times n$ 的矩阵，S 是 $2n \times 2n$ 的矩阵，这样才能满足上面的递推关系。

如果得到 S，就能用矩阵快速幂计算 S^k，从而算出 F_k。

展开 $[F_k \quad E] = [F_{k-1} \quad E]S$，得 $F_k = F_{k-1}a + c, E = F_{k-1}b + d$。

把 $F_k = F_{k-1} + A^k$ 代入，得 $F_{k-1} + A^k = F_{k-1}a + c, E = F_{k-1}b + d$。

再代入初始条件 $F_0 = O$、$F_1 = A$：

（1）当 $k = 1$ 时，有 $F_0 + A = F_0 a + c, E = F_0 b + d$；

（2）当 $k = 2$ 时，有 $F_1 + A^2 = F_1 a + c, E = F_1 b + d$。

计算得 $a = A, b = O, c = A, d = E$，即 $S = \begin{bmatrix} A & O \\ A & E \end{bmatrix}$。

下面验证 S^k，推导得

$$S^2 = \begin{bmatrix} A^2 & O \\ A^2 + A & E \end{bmatrix}, S^3 = \begin{bmatrix} A^3 & O \\ A^3 + A^2 + A & E \end{bmatrix}, \cdots, S^k = \begin{bmatrix} A^k & O \\ A^k + A^{k-1} + \cdots + A & E \end{bmatrix}$$

S^k 的左下角就是 sum。用矩阵快速幂计算 S^k 的复杂度为 $O(n^3 \log_2 k)$。

6.3.4 矩阵乘法与路径问题

在存储图的数据结构中，二阶邻接矩阵简单直观。把两个邻接矩阵相乘，和路径问题产生了联系。

首先看一个经典问题：求两点之间的最短路径，要求必须经过 n 条边（或 $n-1$ 个点）。

例 6.3　Cow relays（poj 3613）

问题描述：有 n 头牛想举办接力赛，$2 \leqslant n \leqslant 1000000$。牧场上有 t 条小路（$2 \leqslant t \leqslant 100$），每条小路连接两个路口 $1 \leqslant I_{1i} \leqslant 1000$，$1 \leqslant I_{2i} \leqslant 1000$，一个路口是至少两条小路的终点。牛知道每条小路的长度 $length_i$（$1 \leqslant length_i \leqslant 1000$），且每两个路口之间只有一条小路（无重边）。路口和连接路口的路形成了一个图。n 头牛分别站在不同的路口，它们需要站在适当的位置，才能传递接力棒，到达终点。

输入：第 1 行输入 4 个整数 n、t、s、e；第 2～$t+1$ 行中，第 $i+1$ 行描述了第 i 条路径，输入 3 个整数 $length_i$、I_{1i}、I_{2i}。

输出：一个整数，表示从起点 s 到终点 e 的最短路径长度，且必须经过 n 条小路。

题目要求两点之间的路径必须经过 n 条边，显然需要在图上"兜圈子"，而且点和边允许重复经过多次。

一些典型的路径算法，Dijkstra 算法是基于 BFS 的，Bellman-Ford 和 SPFA 算法的思想是"逐层扩散"，和 BFS 差不多，它们都没有"兜圈子"的功能；Floyd 算法的寻路过程"毫无章法"，它确实在"兜圈子"，但是无法限制两点间只经过 n 条边。

两点之间经过 n 条边的算法，很难想到可以用矩阵乘法来建模[1]。下面介绍两个定理。

1. 两点间只经过 n 条边的总路径数量

用邻接矩阵 M 表示一个图，$M(i,j)$ 为其第 i 行第 j 列元素，表示点 i 和点 j 的直连关系，若点 i 和点 j 直连，令 $M(i,j)=1$，否则 $M(i,j)=0$。另外，当 $i=j$ 时，也令 $M(i,j)=0$。

定理 6.3.1　计算邻接矩阵的幂 $G=M^n$，其元素 $G(i,j)$ 的值是从点 i 到点 j 经过 n 条边（或 $n-1$ 个点）的总路径数量。

证明　当 $n=1$ 时，$G=M^1=M$，G 就是邻接矩阵 M，直连的点之间有一条边，表示有只经过一条边的路径；非直连的点的 G 值为 0，表示没有只经过一条边的路径。例如，图 6.1(b) 中，点 1 和点 2 的 $M(1,2)=1$，表示点 1 和点 2 之间只包含一条边的路径有一条；$M(1,3)=0$，表示点 1 和点 3 之间只包含一条边的路径有 0 条。

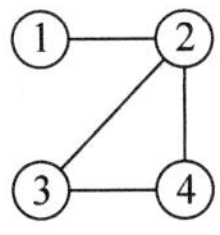

$$M = \begin{array}{c} i:1 \\ 2 \\ 3 \\ 4 \end{array} \begin{array}{cccc} j:1 & 2 & 3 & 4 \\ \hline 0 & 1 & 0 & 0 \\ 1 & 0 & 1 & 1 \\ 0 & 1 & 0 & 1 \\ 0 & 1 & 1 & 0 \end{array}$$

$$M^2 = \begin{array}{c} i:1 \\ 2 \\ 3 \\ 4 \end{array} \begin{array}{cccc} j:1 & 2 & 3 & 4 \\ \hline 1 & 0 & 1 & 1 \\ 0 & 3 & 1 & 1 \\ 1 & 1 & 2 & 1 \\ 1 & 1 & 1 & 2 \end{array}$$

$$M^3 = \begin{array}{c} i:1 \\ 2 \\ 3 \\ 4 \end{array} \begin{array}{cccc} j:1 & 2 & 3 & 4 \\ \hline 0 & 3 & 1 & 1 \\ 3 & 1 & 4 & 3 \\ 1 & 4 & 1 & 3 \\ 1 & 3 & 3 & 2 \end{array}$$

(a) 图　　　(b) 路径只包括一条边　　(c) 路径只包括两条边　　(d) 路径只包括3条边

图 6.1　两点间的总路径数量

---

[1]　参考：《算法导论》25.1 节"最短路径与矩阵乘法"；俞华程《矩阵乘法在信息学中的应用》，选自 2008 年信息学国家集训队论文集，这篇论文讲解了矩阵乘法在动态规划、路径问题、递归等方面的应用，除了 poj 3613 的"两点间经过 n 条边的最短路径问题"外，论文还讲解了矩阵乘法在"最小最大边问题"和"最小最小边问题"中的应用。

当 $n=2$ 时，$G=M^2=\sum_{a=1}^{N}M(i,a)\times M(a,j)$，只有当 $M(i,a)=M(a,j)=1$ 时才有 $M(i,a)\times M(a,j)=1$，即如果 i 到 a、a 到 j 都有边时，值为1，这是一条从 i 到 j 经过 a 的路径，且只经过了 a 一个点。$G(i,j)$ 的值等于所有这种情况的和，即所有从 i 到 j 经过一个中间点（或两条边）的路径数量。例如，图 6.1(c) 中，$M(2,2)=3$，表示从点 2 出发回到点 2，经过两条边的路径共有 3 条，计算过程：$M^2(2,2)=M(2,1)\times M(1,2)+M(2,2)\times M(2,2)+M(2,3)\times M(3,2)+M(2,4)\times M(4,2)=1+0+1+1$，3 条路径分别是 2-1-2、2-3-2、2-4-2。

当 $n=3$ 时，$G=M^3=M^2\times M=\sum_{b=1}^{N}M^2(i,b)\times M(b,j)=\sum_{b=1}^{N}\sum_{a=1}^{N}M(i,a)\times M(a,b)\times M(b,j)$，只有当 $M(i,a)=M(a,b)=M(b,j)=1$ 时才有 $M(i,a)\times M(a,b)\times M(b,j)=1$，即如果 i 到 a、a 到 b、b 到 j 都有边时，值为1，这是一条从 i 到 j 经过 a、b 的路径，且只经过了 a、b 两个点。$G(i,j)$ 的值等于所有这种情况的和，即所有从 i 到 j 经过两个中间点（或 3 条边）的路径数量。请读者对照图 6.1(d)，验证是否正确。

推广到 $n=k$，$G=M^k=M^{k-1}\times M=\sum_{s=1}^{N}M^{k-1}(i,s)\times M(s,j)$，$G(i,j)$ 的值等于所有从 i 到 j 经过 $k-1$ 个中间点（或 k 条边）的路径数量。

2. 两点间只经过 n 条边的最短路径长度

但是，poj 3613 求的不是路径的数量，而是这些路径中最短路径的长度。此时只需要把上述定理作以下推广。

用邻接矩阵 M 表示一个图，$M(i,j)$ 是其第 i 行第 j 列元素，表示点 i 和点 j 的直连关系，若点 i 和点 j 直连，令 $M[i,j]$ 等于边 ij 的权值，否则等于无穷大（∞）；当 $i=j$ 时，令 $M[i,i]=\infty$。定义矩阵的广义乘法 $M\times M=\min_{a=1}^{N}[M(i,a)+M(a,j)]$，也就是把普通的矩阵乘法从求和改成了取最小值，把内部项相乘改成了相加。

定理 6.3.2 计算邻接矩阵的广义幂 $G=M^n$，$G(i,j)$ 的值是从 i 到 j 经过 n 条边（或 $n-1$ 个点）的最短路径长度。

证明 当 $n=1$ 时，$G=M^1=M$，G 就是邻接矩阵 M，直连的点之间有一条边，表示有只经过一条边的路径，路径的值是两点间的边长；非直连的点的 G 值为 ∞，表示没有只经过一条边的路径。例如，图 6.2(b) 中，点 1 和点 2 的 $M(1,2)=3$，表示点 1 点 2 之间只包含一条边的路径，最短路径是 3；$M(1,3)=\infty$，表示点 1 和点 3 之间只包含一条边的路径有 0 条。

当 $n=2$ 时，$G=M^2=\min_{a=1}^{N}[M(i,a)+M(a,j)]$，只有当 $M(i,a)\neq\infty$ 和 $M(a,j)\neq\infty$ 时，才有 $M(i,a)+M(a,j)\neq\infty$，即如果 i 到 a、a 到 j 都有边时，值为边权之和，这是一条从 i 到 j 经过 a 的路径，且只经过了 a 一个点。$G(i,j)$ 的值等于所有这种路径的最小值，即所有从 i 到 j 经过一个中间点（或两条边）的最小路径。例如，图 6.2(c) 中，$M(2,2)=2$，表示从点 2 出发回到点 2，经过两条边的最短路径是 2，计算过程：$M^2(2,2)=\min(M(2,1)+M(1,2),M(2,2)+M(2,2),M(2,3)+M(3,2),M(2,4)+M(4,2))=\min(3+3,\infty,1+1,5+5)=2$，3 条路径分别是 2-1-2、2-3-2、2-4-2，最短路径是 2-3-2。

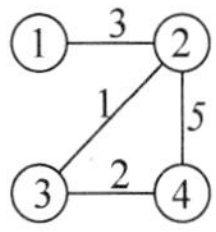

$$M = \begin{matrix} & j:1 & 2 & 3 & 4 \\ i:1 & \begin{bmatrix} \infty & 3 & \infty & \infty \\ 2 & 3 & \infty & 1 & 5 \\ 3 & \infty & 1 & \infty & 2 \\ 4 & \infty & 5 & 2 & \infty \end{bmatrix} \end{matrix}$$

$$M^2 = \begin{matrix} & j:1 & 2 & 3 & 4 \\ i:1 & \begin{bmatrix} 6 & \infty & 4 & 8 \\ 2 & \infty & 2 & 7 & 3 \\ 3 & 4 & 7 & 2 & 6 \\ 4 & 8 & 3 & 6 & 4 \end{bmatrix} \end{matrix}$$

$$M^3 = \begin{matrix} & j:1 & 2 & 3 & 4 \\ i:1 & \begin{bmatrix} \infty & 5 & 10 & 6 \\ 2 & 5 & 8 & 3 & 7 \\ 3 & 10 & 3 & 8 & 4 \\ 4 & 6 & 7 & 4 & 8 \end{bmatrix} \end{matrix}$$

(a) 图　　(b) 路径只包括一条边　　(c) 路径只包括两条边　　(d) 路径只包括3条边

图 6.2　两点间的最短路径

同理可以推广到 $n=k$ 的情况，得证。

从以上证明过程可知，不仅可以计算出两点间的最短路径长度，也能知道最短路径具体经过了哪些边。

poj 3613 的复杂度分析：做一次矩阵乘法，复杂度为 $O(N^3)$；求两个点经过边数为 n 的路径，那么就是求 M^n，总复杂度为 $O(N^3 \times n)$。本题中 $N<200$，$n \leqslant 1000000$，直接计算会超时。注意到 M^n 就是矩阵快速幂，只需做 $O(\log_2 n)$ 次，那么总复杂度降为 $O(N^3 \times \log_2 n)$。不过，使用矩阵快速幂后，详细的路径就无法得到了。

下面给出 poj 3613 的代码。包括 3 部分内容：①广义矩阵乘法；②矩阵快速幂；③离散化，对输入的路口编号做了离散化并重新编号，因为边（小路）只有 100 条，所以路口不会超过 200 个。

```
1   #include<cstdio>
2   #include<algorithm>
3   #include<cstring>
4   const int INF = 0x3f;
5   const int N = 120;
6   int Hash[1005],cnt = 0;                          //用于离散化
7   struct matrix{int m[N][N]; };                    //定义矩阵
8   matrix operator * (const matrix& a, const matrix& b){    //定义广义矩阵乘法
9       matrix c;
10      memset(c.m, INF, sizeof c.m);
11      for(int i = 1;i <= cnt;i++)                  //i、j、k可以颠倒，因为对c来说都一样
12          for(int j = 1;j <= cnt;j++)
13              for(int k = 1;k <= cnt;k++)
14                  c.m[i][j] = std::min(c.m[i][j], a.m[i][k] + b.m[k][j]);
15      return c;
16  }
17  matrix pow_matrix(matrix a, int n){              //矩阵快速幂，几乎就是标准的快速幂写法
18      matrix ans = a;                              //矩阵初值 ans = M^1
19      n--;                                         //上一行 ans = M^1 多了一次
20      while(n) {                                    //矩阵乘法,M^n
21          if(n&1) ans = ans * a;
22          a = a * a;
23          n >>= 1;
24      }
25      return ans;
26  }
27  int main(){
```

```
28        int n,t,s,e;      scanf("%d%d%d%d",&n,&t,&s,&e);
29        matrix a;                             //用矩阵存图
30        memset(a.m, INF, sizeof a.m);
31        while(t--){
32            int u,v,w;      scanf("%d%d%d",&w,&u,&v);
33            if(!Hash[u])   Hash[u] = ++cnt;       //对点离散化,cnt 就是新的点编号
34            if(!Hash[v])   Hash[v] = ++cnt;
35            a.m[Hash[u]][Hash[v]] = a.m[Hash[v]][Hash[u]] = w;
36        }
37        matrix ans = pow_matrix(a,n);
38        printf("%d",ans.m[Hash[s]][Hash[e]]);
39        return 0;
40    }
```

> **提示** 代码第 11～14 行和 Floyd 算法的三重循环很像,因此有些资料称它是 Floyd 算法的变形,但这两者并不是一回事,它们的思想不同。矩阵乘法的 i、j、k 循环的顺序可以颠倒,因为不影响对 $c[][]$ 的计算。而 Floyd 算法是动态规划的思想,它通过 k 的递推更新状态,k 循环必须在 i、j 循环之外。

【习题】

(1) 矩阵加速递推:洛谷 P1349/P1939/P1306/P2044/P5175;hdu 4990/4565/4965/4549/4686/5015。

(2) 路径问题:hdu 2157。

(3) 矩阵快速幂:洛谷 P3390/P1939/P4783/P1962/P1349/P4000/P3758/P4967/P5343/P5337/P5303。

扫一扫

视频讲解

6.4 高斯消元 ✳

高斯消元是求解线性方程组的标准方法,其原理易于理解,编码也不复杂。本节先介绍高斯消元的原理和基本操作,然后介绍高斯-约当消元法编程,最后给出例题。

6.4.1 高斯消元的基本操作

一个线性方程组有 m 个一次方程,n 个变量,把所有的系数写成一个 m 行 n 列的矩阵,把每个方程等号右侧的常数放在最右列,得到一个 m 行 $n+1$ 列的增广矩阵。高斯消元的操作非常简单,通过多次变换把方程组转化为多个一元一次方程。变换有以下 3 种,称为线性方程组的初等变换。

(1) 交换某两行的位置。

(2) 用一个非零的常数 k 乘以某个方程。

(3) 把某行乘以 k 然后加到另一行上。

线性方程组的解有 3 种情况：有唯一解、有无穷多解、无解。

1. 有唯一解

$$\begin{cases} 3x_1 + 7x_2 - 5x_3 = 47 \\ x_1 + 4x_2 + x_3 = 58 \\ 8x_1 - 3x_2 + 9x_3 = 88 \end{cases} \Rightarrow \begin{bmatrix} 3 & 7 & -5 & 47 \\ 1 & 4 & 1 & 58 \\ 8 & -3 & 9 & 88 \end{bmatrix}$$

首先把左边的方程组写成右边的增广矩阵，然后反复使用初等变换，得

$$\begin{bmatrix} 3 & 7 & -5 & 47 \\ 1 & 4 & 1 & 58 \\ 8 & -3 & 9 & 88 \end{bmatrix} \Rightarrow \begin{bmatrix} 3 & 7 & -5 & 47 \\ 1 & 4 & 1 & 58 \\ 0 & 35 & -1 & 376 \end{bmatrix} \Rightarrow \begin{bmatrix} 3 & 7 & -5 & 47 \\ 0 & 5 & 8 & 127 \\ 0 & 35 & -1 & 376 \end{bmatrix} \Rightarrow \begin{bmatrix} 3 & 7 & -5 & 47 \\ 0 & 5 & 8 & 127 \\ 0 & 0 & 57 & 513 \end{bmatrix}$$

$$\Rightarrow \begin{bmatrix} 3 & 7 & -5 & 47 \\ 0 & 5 & 8 & 127 \\ 0 & 0 & 1 & 9 \end{bmatrix} \Rightarrow \begin{bmatrix} 3 & 7 & -5 & 47 \\ 0 & 5 & 0 & 55 \\ 0 & 0 & 1 & 9 \end{bmatrix} \Rightarrow \begin{bmatrix} 3 & 7 & -5 & 47 \\ 0 & 1 & 0 & 11 \\ 0 & 0 & 1 & 9 \end{bmatrix} \Rightarrow \begin{bmatrix} 1 & 0 & 0 & 5 \\ 0 & 1 & 0 & 11 \\ 0 & 0 & 1 & 9 \end{bmatrix}$$

最后解得 $x_1 = 5, x_2 = 11, x_3 = 9$。这是唯一解，称最后的矩阵为**简化阶梯矩阵**，特征是左半部分是一个单位矩阵。

2. 有无穷多解

$$\begin{cases} 3x_1 + 7x_2 - 5x_3 = 47 \\ x_1 + 4x_2 + x_3 = 58 \\ 2x_1 + 3x_2 - 6x_3 = -11 \end{cases} \Rightarrow \begin{bmatrix} 3 & 7 & -5 & 47 \\ 1 & 4 & 1 & 58 \\ 2 & 3 & -6 & -11 \end{bmatrix} \Rightarrow \begin{bmatrix} 3 & 7 & -5 & 47 \\ 0 & 5 & 8 & 127 \\ 0 & 0 & 0 & 0 \end{bmatrix}$$

最后的矩阵出现了一个全 0 的行，说明这一行无效。3 个未知数，只有两个方程，此时有无穷多个解。

3. 无解

$$\begin{cases} 3x_1 + 7x_2 - 5x_3 = 47 \\ x_1 + 4x_2 + x_3 = 58 \\ 2x_1 + 3x_2 - 6x_3 = 5 \end{cases} \Rightarrow \begin{bmatrix} 3 & 7 & -5 & 47 \\ 1 & 4 & 1 & 58 \\ 2 & 3 & -6 & 5 \end{bmatrix} \Rightarrow \begin{bmatrix} 3 & 7 & -5 & 47 \\ 0 & 5 & 8 & 127 \\ 0 & 0 & 0 & 16 \end{bmatrix}$$

最后的矩阵出现了一个 0＝16 的矛盾行，说明方程组无解。

6.4.2　高斯-约当消元法

在 6.4.1 节的例子中，通过肉眼观察，用巧妙的变换避免了小数，但是大多数方程组并不能避免小数。下面用一道模板题给出代码，使用一种程式化的简单消元方法，称为**高斯-约当消元法**，是高斯消元法的一种。消元的结果是一个简化阶梯矩阵。

 例 6.4　高斯消元法（洛谷 P3389）

问题描述：给定一个线性方程组，求解。

> 输入：第 1 行输入整数 n；第 $2\sim n+1$ 行中，每行输入 $n+1$ 个整数 $a_1,a_2,\cdots,a_n$ 和 b，表示一组方程。$n<101$。
>
> 输出：共 n 行，每行输出一个数，第 i 行为 x_i，保留两位小数。如果没有唯一解，输出 No Solution。

消元过程如下。

(1) 从第 1 列开始，选择一个非 0 的系数(代码中的实现是选最大的系数，避免转换其他系数时产生过大的数值)所在的行，把这一行移动到第 1 行。此时 x_1 是主元。参考图 6.3 示例的第 2 个矩阵。

(2) 把 x_1 的系数转换为 1。参考图 6.3 示例的第 3 个矩阵。

(3) 利用主元 x_1 的系数，把其他行的这一列的主元消去。参考图 6.3 示例的第 4 个矩阵。

$$\begin{bmatrix} 3 & 7 & -5 & 47 \\ 1 & 4 & 1 & 58 \\ 8 & -3 & 9 & 88 \end{bmatrix} \Rightarrow \begin{bmatrix} 8 & -3 & 9 & 88 \\ 1 & 4 & 1 & 58 \\ 3 & 7 & -5 & 47 \end{bmatrix} \Rightarrow \begin{bmatrix} 1 & -0.38 & 1.12 & 11 \\ 1 & 4 & 1 & 58 \\ 3 & 7 & -5 & 47 \end{bmatrix}$$

$$\Rightarrow \begin{bmatrix} 1 & -0.38 & 1.12 & 11 \\ 0 & 4.38 & -0.12 & 47 \\ 0 & 8.12 & -8.38 & 14 \end{bmatrix} \Rightarrow \dots \Rightarrow \begin{bmatrix} 1 & 0 & 0 & 5 \\ 0 & 1 & 0 & 11 \\ 0 & 0 & 1 & 9 \end{bmatrix}$$

图 6.3　高斯-约当消元法示例

(4) 重复以上步骤，直到把每行都变成只有对角线上存在主元，且系数都为 1，最后得到一个简化阶梯矩阵，答案就是最后一列的数字。参考图 6.3 示例的最后一个矩阵。

消元过程中的除法产生了小数精度问题，需要引入一个很小的数 eps，小于的 eps 数则判断等于 0。

代码中有 3 层 for 循环，复杂度为 $O(n^3)$。

```
1   //改写自 https://www.luogu.com.cn/blog/tbr-blog/solution-p3389
2   #include<bits/stdc++.h>
3   using namespace std;
4   double a[105][105];
5   double eps = 1e-7;
6   int main(){
7       int n; scanf("%d",&n);
8       for(int i=1;i<=n;++i)
9           for(int j=1;j<=n+1;++j)  scanf("%lf",&a[i][j]);
10      for(int i=1;i<=n;++i){           //枚举列
11          int max = i;
12          for(int j=i+1;j<=n;++j)   //选择该列最大系数,真实目的是选择一个非0系数
13              if(fabs(a[j][i])>fabs(a[max][i]))    max = j;
14          for(int j=1;j<=n+1;++j) swap(a[i][j],a[max][j]); //移到前面
15          if(fabs(a[i][i]) < eps){        //对角线上的主元系数等于0,说明没有唯一解
16              puts("No Solution");
17              return 0;
18          }
```

```
19           for(int j = n + 1;j > = 1;j -- )   a[i][j] = a[i][j]/a[i][i];
20                                           //把这一行的主元系数变为1
21           for(int j = 1;j < = n;++j){        //消去主元所在列的其他行的主元
22               if(j!= i) {
23                   double temp = a[j][i]/a[i][i];
24                   for(int k = 1;k < = n + 1;++k)   a[j][k] - = a[i][k] * temp;
25               }
26           }
27       }
28       for(int i = 1;i < = n;++i) printf(" % .2f\n",a[i][n + 1]); //最后得到简化阶梯矩阵
29       return 0;
30   }
```

6.4.3 例题

高斯消元是求解线性方程组的直接数值方法,原理容易理解,但是编码往往涉及一些比较烦琐的细节问题。即使是一些用不到复杂数据结构的题目,编码也往往比较长且容易出错,能锻炼竞赛队员的编码能力。

高斯消元不仅能处理普通的线性方程组,也能应用于广义的线性方程组,如模线性方程组、异或线性方程组等,下面给出两道例题。

1. poj 1681

例 6.5 Painter's problem(poj 1681)

问题描述:给定一个由 $n \times n$ 块方砖组成的地面,有一些砖是白色的,有一些砖是黄色的。现在要把所有砖刷成黄色。但是,使用的刷子很古怪,当用这个刷子刷一块砖时,它上、下、左、右的砖同时会变成反色。问把所有砖刷成黄色,最少要刷多少次? $n \leq 15$。

本题初看起来似乎与线性方程组无关,下面通过建模转换为线性方程组问题。

共有 $k = n \times n$ 块方砖,定义变量 x_i, $x_i = 1$ 表示第 i 块砖被刷了一次,$x_i = 0$ 表示没有被刷。一块砖没有必要刷两次:若刷两次同样的颜色,效果和刷一次一样;若刷两次不同的颜色,颜色又刷回去了,等于没刷。

定义 a_{ij} 表示第 i 和第 j 块砖的关系,$a_{ij} = 1$ 表示 i 是 j 的上、下、左、右方向的邻居,即刷第 j 块砖时,i 会变成反色;$a_{ij} = 0$ 表示 i 和 j 不是邻居。特别地,有 $a_{ii} = 1$。

对于方砖的颜色,用 0 表示黄色,1 表示白色。一块方砖 i 的最后颜色,取决于它初始颜色 s_i 以及所有它的邻居格子的**异或**操作情况。用符号^表示异或。

这样就构建了 $k = n \times n$ 个方程,a_{ij} 为系数,x_i 为变量,方程组如下。

$$\begin{cases} a_{11}x_1 \char`\^ a_{12}x_2 \char`\^ \cdots \char`\^ a_{1k}x_k \char`\^ s_1 = 0 \\ a_{21}x_1 \char`\^ a_{22}x_2 \char`\^ \cdots \char`\^ a_{2k}x_k \char`\^ s_2 = 0 \\ \vdots \\ a_{k1}x_1 \char`\^ a_{k2}x_2 \char`\^ \cdots \char`\^ a_{kk}x_k \char`\^ s_k = 0 \end{cases}$$

求最少要刷多少次,根据变量 x_i 的定义,$x_i=1$ 表示第 i 块砖被刷了一次,$x_i=0$ 表示没有被刷,那么只要解出所有变量 x,统计等于 1 的 x 的数量,就是答案。

注意判断有唯一解、有无穷多解、无解的情况。

2. hdu 5755

 例 6.6　Gambler Bo(hdu 5755)

问题描述:有一个 $N \times M$ 的矩阵,矩阵的每个格子的取值为 $\{0,1,2\}$。在游戏时,可以选中一个格子,把它的值加 2,它的邻居格子的值加 1,即选中格子 (x,y),(x,y) 的值加 2,$(x-1,y)$、$(x+1,y)$、$(x,y-1)$、$(x,y+1)$ 的值加 1。如果选中 $(1,2)$,$(1,2)$ 的值加 2,$(2,2)$、$(1,1)$、$(1,3)$ 的值加 1,$(0,2)$ 因为越界,所以不加。如果格子的值大于 2,对 3 取模。游戏的目的是经过一些步骤(少于 $2N \times M$ 次)后使所有格子的值变为 0。

输入:第 1 行输入 T,表示有 T 个测试。每个测试的第 1 行输入 N 和 M,后面 N 行输入矩阵。$T \leqslant 10$,$1 \leqslant N,M \leqslant 30$。矩阵的初始值是随机的。

输出:对每个测试,第 1 行输出一个整数 num,表示操作步骤;后面 num 行中,每行输出两个整数 x 和 y,表示被操作的格子。答案可能不止一种,输出任何一种即可。

如果暴力枚举矩阵的每个格子,第 1 行就有 3^{30} 种情况,显然不可行。按例 6.5 建模的思路,把问题转换为线性方程组。

共有 $k=n \times m$ 个格子。定义变量 x_i 表示第 i 个格子被操作的次数。

定义 a_{ij} 表示第 i 和第 j 个格子的关系,$a_{ij}=1$ 表示 i 是 j 的上下左右方向的邻居,第 j 个格子被操作后,第 i 个格子加 1 后对 3 取模。特别地,a_{ii} 是第 i 个格子加 2 后对 3 取模。

本题与例 6.5 poj 1681 的区别是:一个计算是异或,一个是对 3 取模。

【习题】

(1) 洛谷 P3389/P4387/P2447/P4035/P5516/P4111/P4457。

(2) poj 2947/1487/2065/1166/2965。

扫一扫

视频讲解

6.5　异或空间线性基

在线性代数中,基是描述向量空间的基本工具。向量空间的基是这个向量空间的一个特殊子集,基的元素称为基向量,基向量相互之间线性无关。向量空间的任意元素都能唯一地用基向量的线性组合来表示。一个向量空间的基可以有很多,但是每个基的基向量个数相同(最小数量),由此可以把大问题"压缩"为小问题(基)提高效率。

6.5.1　异或空间线性基的概念

线性空间和基的概念可以推广应用于异或空间,帮助高效率地求解异或问题。异或空间线性基是利用了二进制特征的一个数学"小游戏",借助高斯消元求线性基是一种清晰易懂的方法。

1. 线性基的概念

用下面的例题引出异或空间线性基的概念。

例 6.7 线性基（洛谷 P3812）

问题描述：给定 n 个整数（数字可能有重复），在这些数中选取任意个，使它们的异或和最大。二进制数的异或（XOR，用符号 ^ 表示）计算规则：$1\verb|^|1=0,1\verb|^|0=1,0\verb|^|1=1,0\verb|^|0=0$。两个数异或时，先转换为二进制数，然后再异或，如 $2\verb|^|3=10_2\verb|^|11_2=01_2=1$。给出 N 个数，取其中任意个数进行异或计算，得到一个集合。例如，给出 3 个数 $\{2,3,4\}$，取其中任意个数作异或可得 $\{2,3,4,2\verb|^|3,2\verb|^|4,3\verb|^|4,2\verb|^|3\verb|^|4\}=\{2,3,4,1,6,7,5\}$。其中最大的异或和是 $3\verb|^|4=7$。

输入：第 1 行输入一个整数 n，表示元素个数，下面一行输入 n 个数。

输出：输出一个数，表示答案。

"取其中任意个数"，如果简单地组合出所有情况，n 个数的任意组合共有 2^n 种[①]，本题 $n=10000$，不可能计算出来。

不过，虽然有 2^n 种组合，但是所有组合的异或结果（值域）却少得多。设 n 个数中最大的数有 m 位，那么"在 n 个数中取任意个数作异或"的结果最多只有 2^m 种。例如，最大的数是 8764，二进制为 10001000111100，共 14 位，则 $m=14$。**原因很简单**：任意两个数 a、b 作异或计算 $c=a\verb|^|b$，c 的位数不大于 a、b 中最大的位数。所以，2^n 种组合的异或结果为 $0\sim 2^m-1$，最多有 2^m 种。例如，设 n 个数字都是 64 位的 long long 型，其中最大的数有 $m=63$ 位，那么异或的计算结果最多有 2^{63} 种。

有没有可能把 2^n 种组合缩小到 2^m 种组合？这就是用线性基求解异或问题的思路：把对 n 个数的组合求异或，缩小到对 m 个数（线性基）的组合求异或，从而把 2^n 规模的问题缩小到 2^m 规模的问题。设原数字的集合为 $A=\{a_1,a_2,\cdots,a_n\}$，求得线性基 $P=\{p_1,p_2,\cdots,p_k\}$。在 A 和 P 上分别对任意组合求异或，结果是一样的，换句话说，对 A 异或与对 P 异或是等价的。注意，这里的"等价"不包括 0，A 的异或计算可能有 0，而 P 的异或计算没有 0。

例如，$A=\{2,3,5,6,7\}$，$n=5$，它的任意组合有 $2^5-1=31$ 种，注意这里不是 2^5，去掉了空集的情况。对 A 中元素的所有组合作异或计算，结果是 $\{0,1,2,3,4,5,6,7\}$。A 中最大的数有 $k=3$ 位，用后面的方法计算得到线性基 $P=\{5,2,1\}$，有 $2^3-1=7$ 种组合，异或结果也是 $\{1,2,3,4,5,6,7\}$，正好 7 种。注意，线性基不是唯一的，如 $A=\{2,3,5,6,7\}$ 的线性基有 $\{7,2,1\}$、$\{7,3,1\}$、$\{5,2,1\}$ 等，它们的个数都是 3 个。

---

① "n 个物品的任意组合共有 2^n 种"，虽然可以用组合公式来证明，但可以很简单地用二进制推理：用一个 n 位的二进制数表达组合，第 i 位表示第 i 个物品是否被取到，每个二进制数表示一种组合情况。以 $n=3$ 个物品为例，用二进制表示，000～111 共有 2^3 种组合情况，如二进制数 101 表示取了第 1 个和第 3 个物品。理解了这种思路，就容易理解本节线性基的方法。

2. 异或空间线性基的性质

异或空间线性基 P 具有以下性质。

(1) 等价性。在原数组 A 上进行异或计算,与在线性基 P 上进行异或计算结果相同。

(2) 最小性(最优性)。P 是满足性质(1)的所有集合中元素个数最少的。最小性隐含了线性无关性,即 P 中不同的组合,其异或结果也不同。

以上两条是线性基的基本要求。从性质(2)可以推出性质(3)。

(3) 线性基 P 中不存在异或和为 0 的子集。如果存在异或和为 0 的子集,如 $p_a \wedge p_b \wedge p_c \wedge p_x = 0$,则 $p_a \wedge p_b \wedge p_c = p_x$,$p_x$ 可以用 p_a、p_b、p_c 组合得到,p_x 是多余的,这与性质(2)矛盾。

但是,P 中不存在异或为 0 的子集,A 中却可能有。例如,$A = \{1, 2, 3\}$,$P = \{1, 2\}$,$1 \wedge 2 \wedge 3 = 0$。

构造线性基 P 时遵循一个规则:**P 中每个元素的二进制位数均不相同**。这实际上也是性质(2)的要求。P 中元素的最少位数为 1,最大位数为 m,那么 P 的所有元素个数不会超过 m 个,这保证了 P 的最小性。而且,这个规则也保证了 P 的所有元素都是**线性无关**的,满足这个规则的 P 的任意组合的异或和都不会相同。进一步推导出,P 能组合出的异或和有 $2^k - 1$ 种,不包括空集,其中 k 为 P 的元素个数。

6.5.2 节的构造过程将说明这个规则是完全能做到的。

6.5.2 线性基的构造

1. 基本原理

如何计算出集合 A 的线性基 P?分析两种情况。

(1) 首先分析一个特例:若 A 中所有元素的二进制位数都不同,那么 A 就是它自己的一个线性基。例如,$A = \{1, 3, 9\}$,它的一个线性基是它自己 $P = \{1, 3, 9\}$。A 也有其他线性基,如 $\{1, 2, 9\}$、$\{1, 2, 8\}$ 等。

A 的 3 个元素 $\{1, 3, 9\}$ 的二进制是 $\{1, 11, 1001\}$,长度分别为 1 位、2 位、4 位。构造线性基 P 时,P 中应该有一个 4 位的元素,否则无法通过其他不同长度的元素异或出一个第 4 位为 1 的数 1001;同理,P 中也需要一个 2 位、1 位的元素,否则无法通过其他不同长度的元素异或出来。既然如此,直接把 A 看成自己的线性基即可。

(2) 另一种情况是 A 中有位数相同的元素。前面已经提到,为满足线性基的最小性,构造 P 的规则是"P 中每个元素的二进制位数均不相同"。在 A 中把相同位数的元素选一个(如第 1 个)直接复制到 P 中,相同位数的其他元素不能再放入 P 中,如何处理?

先讨论有两个相同位数元素的线性基构造。设 $A = \{a_1, a_2\}$,且两个元素位数相同,它的一个线性基是 $P = \{a_1, a_1 \wedge a_2\}$。下面证明 P 与 A 在异或空间等价。$a_1 \wedge a_2$ 比 a_1、a_2 的长度短,因为 a_1、a_2 的最高位被异或计算去掉了。$\{a_1, a_2\}$ 与 $\{a_1, a_1 \wedge a_2\}$ 的异或计算结果相同,因为 $\{a_1, a_2\}$ 的异或组合是 $\{a_1, a_2, a_1 \wedge a_2\}$,而 $\{a_1, a_1 \wedge a_2\}$ 的组合是 $\{a_1, a_1 \wedge a_2, a_1 \wedge a_1 \wedge a_2\} = \{a_1, a_1 \wedge a_2, 0 \wedge a_2\} = \{a_1, a_1 \wedge a_2, a_2\}$。

这样就解决了 A 中有两个相同位数元素的问题。当 A 中相同位数的元素超过两个时,连续处理即可。例如,$A=\{8,13,15\}$,用二进制表示为 $A=\{1000,1101,1111\}$,都有 4 位,处理过程如下。

① 把第 1 个数 1000 放入 P 中,$P=\{1000\}$。

② 第 2 个数 1101 与 P 中的 1000 异或,1101^1000=101,放入 P 中,$P=\{1000,101\}$。

③ 第 3 个数 1111 与 P 中的 1000 异或,1111^1000=111,继续与 P 中的 101 异或,111^101=10,$P=\{1000,101,10\}$。计算结束,线性基用十进制表示为 $P=\{8,5,2\}$。

分析构造线性基的计算复杂度:A 中有 n 个数,每个数最多与当前 P 的每个元素异或一次,P 最多有 m 个元素,总复杂度为 $O(nm)$。

最后,复述前面提到的一个结果:P 能组合出的异或和有 2^k-1 种,不包括空集,其中 k 为 P 的元素个数。

2. 高斯消元法求线性基

上述构造线性基的过程,如果用高斯消元法解释会更清晰,而且借助高斯消元法也能更透彻地理解线性基应用问题。

设原集合 $A=\{a_1,a_2,\cdots,a_n\}$,最大位数为 m,求线性基 $P=\{p_1,p_2,\cdots,p_k\}$,其中 $p_1>p_2>\cdots>p_k$。

把 A 的每个整数看作 m 位二进制数,写成一个 n 行 $\times m$ 列的 0/1 矩阵,矩阵的第 i 行,从左到右依次是 a_i 的第 $m-1,m-2,\cdots,1,0$ 位。把这个矩阵看作异或方程组的系数矩阵,用高斯消元法求解异或方程组,最后把它转换为简化阶梯矩阵,简化阶梯矩阵的非零整数行就是 A 的线性基。简化阶梯矩阵中包含一个单位矩阵,即只有对角线上是 1。

其正确性讨论如下。

(1) 初始系数矩阵的各行的任意组合对应了 A 中元素的任意组合。

(2) 初始系数矩阵能变换得到简化阶梯矩阵;反过来,简化阶梯矩阵也能变换得到初始系数矩阵,两者是等价的。

(3) 简化阶梯矩阵的每行的位数不同,符合线性基的要求,它是一个线性基。

求 $A=\{8,13,15\}$ 的线性基。高斯消元过程如下。

$$
\begin{array}{ccc}
1000 & 1000 & 1000 \\
1101 \Rightarrow & 0101 \Rightarrow & 0101 \\
1111 & 0111 & 0010
\end{array}
$$

在第 1 个矩阵上做第 1 次消元:第 1 行与第 2、3 行异或,得中间的矩阵。在中间矩阵上做第 2 次消元:第 2 行与第 3 行异或,得最后一个简化阶梯矩阵,即线性基 $P=\{8,5,2\}$。注意简化阶梯矩阵的前 3 列是一个单位矩阵。

求 $A=\{2,3,5,6,7\}$ 的线性基。下面概要给出高斯消元过程,最后一个矩阵是简化阶梯矩阵,前 3 行是一个单位矩阵,线性基 $P=\{4,2,1\}$。在简化阶梯矩阵中有两个全为 0 的行,这说明初始矩阵可以组合出 0,即 A 中有等于 0 的异或和,如 3^5^6=0。

$$
\begin{matrix}
010 & 111 & 111 & 100 \\
011 & 010 & 010 & 010 \\
101 \Rightarrow & 011 \Rightarrow & 001 \Rightarrow & 001 \\
110 & 101 & 000 & 000 \\
111 & 110 & 000 & 000
\end{matrix}
$$

6.5.3　线性基的应用

得到线性基后,能高效率处理以下异或问题。

1. 最小异或和

由 6.5.2 节高斯消元示例可知,若简化阶梯矩阵中有全 0 的行,说明 A 的最小异或和为 0。

除了 0 以外,A 的最小异或和就是 P 的最小元素,即位数最小的元素。因为这个元素与 P 的其他元素异或,必然会增大。由于最小异或和只有一个值,所以 P 中最小的元素是唯一的。

2. 最大异或和

从大到小对 P 的所有元素运用贪心法,若异或某个元素使结果变大,则异或它,否则忽略它。为什么这样操作是对的? 以最大元素为例,它必然用在最大异或值的计算中,因为它的位数比其他元素都多,无论其他所有元素如何组合,其异或结果的位数都不会大于最大元素。再以第 2 大元素为例,如果它能使异或结果变大,就使用它,因为比它小的元素的任意组合的异或都不会比它大。

若使用高斯消元求得的简化阶梯矩阵计算最大异或和,则更简单,直接异或 P 中所有元素即可。因为只有对角线上是 1,这一行所表示的元素必须选中作异或,否则在最后的异或结果中这一位就是 0 了。

下面是洛谷 P3812 模板题的代码,求最大异或和。Insert() 函数逐个加入 A 的元素,计算线性基 P。这段代码没有用高斯消元,生成的线性基不是形如简化阶梯矩阵的。高斯消元需要离线操作,即读完 A 的所有元素后才能建立异或方程组。

数组 $P[\ ]$ 存储生成的线性基,$P[i]$ 表示最高位在第 i 位的元素。例如,生成用二进制表示的线性基 $P = \{1, 11, 1001\}$,$P[3] = 1001$,$P[1] = 11$,$P[0] = 1$。

```
1   //不用高斯消元求线性基
2   #include<bits/stdc++.h>
3   using namespace std;
4   typedef long long ll;
5   const int M = 63;
6   ll p[M];                          //线性基
7   bool zero;
8   void Insert(ll x){
9       for(int i = M;i>=0;i--)
10          if(x>>i == 1)             //x的最高位
```

```
11          if(p[i] == 0){ p[i] = x; return; }      //p[i]还没有,直接让 p[i] = x
12        else x^ = p[i];                           //p[i]已经有了,逐个异或
13     zero = true;                                  //有异或和为 0 的组合
14  }
15  ll qmax(){
16     ll ans = 0;
17     for( int i = M;i>=0;i--)    ans = max(ans,ans^p[i]);
18     return ans;
19  }
20  int main(){
21     ll x; int n; scanf("%d",&n);
22     for(int i = 1;i<=n;i++)   scanf("%lld",&x), Insert(x);
23     printf("%lld\n",qmax());
24     return 0;
25  }
```

3. 第 k 大异或和/第 k 小异或和

如果利用高斯消元得到的简化阶梯矩阵,求第 k 大异或和问题变得极为简单。例如,用简化阶梯矩阵表示的一个线性基 P,共有 4 个元素,每行表示一个元素,如下。

$$10001$$
$$01000$$
$$00101$$
$$00011$$

最大异或和:异或 P 所有的元素。4 行表示的 4 个元素全都异或,用 1111 表示全选。

第 2 大异或和:异或前 3 行,用 1110 表示选前 3 行。

第 3 大异或和:用 1101 表示选第 1、2、4 行的 3 个元素。

…

综上所述,设 P 有 t 个元素,即简化阶梯矩阵有 t 行,第 k 大异或和就是选 $2^t - k$ 的二进制对应的那些行。例如上面的例子,$k = 1$,选 $2^t - k = 16 - 1 = 15 = 1111_2$;$k = 2$,选 $2^t - k = 16 - 2 = 14 = 1110_2$;等等。

例 6.8　XOR(hdu 3949)

问题描述:二进制数的异或(XOR,用符号^表示)计算规则:$1\text{^}1 = 0,1\text{^}0 = 1,0\text{^}1 = 1$,$0\text{^}0 = 0$。两个数异或时,先转换为二进制数,然后再异或,如 $2\text{^}3 = 10_2\text{^}11_2 = 01_2 = 1$。给出 N 个数,取其中任意个数异或计算,得到一个集合。例如,给出 3 个数 $\{2,3,4\}$,取其中任意个数异或可得 $\{2,3,4,2\text{^}3,2\text{^}4,3\text{^}4,2\text{^}3\text{^}4\} = \{2,3,4,1,6,7,5\}$。

输入:输入 N 个数,Q 个查询,第 k 个 Q_k 表示查询第 k 小异或和。$1 \leqslant N \leqslant 10000$,$1 \leqslant Q \leqslant 10000$,所有数 $\leqslant 10^{18}$。

输出:对每个查询,输出结果。若不存在第 k 小异或和,则输出 -1。

Gauss()函数用高斯消元法求线性基,仍然存在 $a[]$ 数组中。Query($ll\ k$)函数求第 k 小异或和。

```cpp
1   //用高斯消元法求线性基
2   #include<bits/stdc++.h>
3   #define N 10100
4   using namespace std;
5   typedef long long ll;
6   int n;
7   bool zero;                              //消元后是否产生全0的行
8   ll a[N];
9   void Gauss(){                           //高斯消元法求线性基
10      int i,k = 1;                        //k标记当前第几行
11      ll j = (ll)1<<62;                   //注意不是63
12      for(;j;j>>=1){
13          for(i=k;i<=n;i++)
14              if(a[i]&j)  break;          //找到第j位为1的a[]
15          if(i>n)  continue;              //没有第j位为1的a[]
16          swap(a[i],a[k]);                //把这一行换到上面
17          for(i=1;i<=n;i++)               //生成简化阶梯矩阵
18              if(i != k && a[i]&j)   a[i]^ = a[k];
19          k++;
20      }
21      k--;
22      if(k!=n)  zero = true;
23      else      zero = false;
24      n = k;                              //线性基中元素的个数
25  }
26  ll Query(ll k){                         //第k小异或和
27      ll ans = 0;
28      if(zero) k--;
29      if(!k)   return 0;
30      for(int i=n;i;i--){
31          if(k&1) ans^ = a[i];
32          k >>= 1;
33      }
34      if(k) return -1;
35      return ans;
36  }
37  int main(){
38      int cnt = 0;
39      int T; cin>>T;
40      while(T--){
41          printf("Case #%d:\n",++cnt);
42          cin>>n;
43          for(int i=1;i<=n;i++)  scanf("%lld",&a[i]);
44          Gauss();
45          int q; cin>>q;
46          while(q--){
47              ll k;  scanf("%lld",&k);
48              printf("%lld\n", Query(k) );
49          }
50      }
51  }
```

6.6　0/1 分数规划

视频讲解

0/1 分数规划问题是二分法的一个精彩应用,本节介绍它的原理和应用场景。

6.6.1　二分法与 0/1 分数规划

0/1 分数规划问题:给定两个都包含 n 个数的正数数列 $\{a_1, a_2, \cdots, a_n\}$ 和 $\{b_1, b_2, \cdots, b_n\}$,同时选出 k 个 a 和 b,求 $\max \dfrac{\displaystyle\sum_{i=1}^{n} a_i s_i}{\displaystyle\sum_{i=1}^{n} b_i s_i}$,其中 $s_i = 1$ 或 $s_i = 0$,表示选(1)或不选(0)第 i

对数 a_i 和 b_i,且 $\displaystyle\sum_{i=1}^{n} s_i = k$。

如何求解? 如果用暴力法,对 n 个数排列组合,复杂度为 $O(2^n)$ 的,显然不行。

为了加快速度,可以用"猜"的方法,猜测一个数 x,使

$$\frac{\displaystyle\sum_{i=1}^{n} a_i s_i}{\displaystyle\sum_{i=1}^{n} b_i s_i} \geq x$$

移项得 $f = \displaystyle\sum_{i=1}^{n} (a_i - x b_i) s_i \geq 0$。

令 $y_i = a_i - x b_i$,把 x 和 y 看作变量,这是一条直线。原问题转换为在 n 条直线中选 k 条直线求和。这 n 条直线如图 6.4 所示。一条直线 y_i 与 x 轴的交点(横截距)等于单独选这条直线时的最大值 $\dfrac{a_i}{b_i}$。

用直线帮助理解 0/1 分数规划问题,非常直观易懂。选 k 对数的 f 值,等于选 k 条直线所组合的 y 值之和,当 $f = 0$ 时,是 f 与 x 轴的交点。当选不同的 k 条直线时,有不同的交点,最大的那个交点 $x = M$,就是答案。下面给出详细解释,讨论 k 的不同情况。

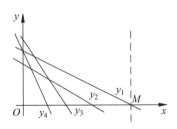

图 6.4　$k = 1$ 时,最大的交点 M 是答案

(1) $k = 1$,选一对数(其实 $k \geq 1$ 和 $k = 1$ 的结果一样,请对照图 6.4 的直线思考)。此时,计算很简单,只要把每个 i 对应的 $\dfrac{a_i}{b_i}$ 计算出来,其中的最大值就是答案。对应图 6.4,直线 y_1 与 x 轴的交点 $x = M$,是所有直线 y_i 与 x 轴交点的最大值,这个 M 就是答案。

（2）$k=2$，选两对数（$k\geqslant 2$ 和 $k=2$ 的结果一样），也就是在图中任选两条直线 y_i 和 y_j，在所有使 $y_i+y_j=0$ 的那些 x 中，最大的就是答案 M。如果用暴力法确定 M，需要组合任意两条直线。

（3）其他情况以此类推。

为避免做暴力组合，可以用二分法"猜"出 M[①]。改变竖线 $x=M$ 的 M 值，让这条竖线在 x 轴上左右移动，就能找到那个最大的 M。当这条竖线在 M 的右侧时，$f<0$；当竖线在 M 的左侧时，$f>0$；$f=0$ 时，对应 M。f 的变化情况说明它满足了应用二分法所需要的单调性。注意，做上述操作有一个前提，必须对直线排序，然后选最大的前 k 条直线，这样才能满足单调性。

二分的初始区间设为 $[L,R]$，$L=0$，R 是一个大于答案的值，如设为 $R=\sum_{i=1}^{n}a_i$，因为

$\dfrac{\sum_{i=1}^{n}a_i x_i}{\sum_{i=1}^{n}b_i x_i}\leqslant\sum_{i=1}^{n}a_i$。二分操作步骤：从 $x=R$ 开始，计算所有 $y_i=a_i-xb_i$，排序，对前 k 个 y_i 求和得 f，若 $f<0$，说明 x 大了；若 $f\geqslant 0$，说明 x 小了。

下面是一道 0/1 分数规划的基本题。代码中做了 50 次二分，执行一次 check() 函数的复杂度为 $O(n\log_2 n)$。

例 6.9　Dropping tests（poj 2976）

问题描述：输入数列 $\{a_1,a_2,\cdots,a_n\}$ 和 $\{b_1,b_2,\cdots,b_n\}$，从两个数列中去掉 k 对，选

$n-k$ 对，求 $100\times\dfrac{\sum_{i=1}^{n}a_i x_i}{\sum_{i=1}^{n}b_i x_i}$ 的最大值，x_i 取 1 或 0 分别表示选或不选第 i 对数。$0<k<$

$n<1000$。

代码如下。

```
1   #include <stdio.h>
2   #include <algorithm>
3   using namespace std;
4   struct Pair{ int a, b;   double y;} p[1005];
5   bool cmp(Pair a, Pair b){ return a.y > b.y; }
6   int n, k;
7   bool check(double x) {
8       for(int i = 0; i < n; i++)   p[i].y = p[i].a * 1.0 - x * p[i].b;  //计算 y = a-xb
9       sort(p, p + n, cmp);                                             //按 y 值排序，非常重要
```

---

① 0/1 分数规划有两种求解方法：二分法、Dinkelbach 算法。

```
10          double f = 0;
11          for (int i = 0; i<k; i++)  f += p[i].y;          //对前 k 条直线的 y 值求和
12          return f < 0;                                     // f<0: 竖线在 M 的右侧
13      }
14      int main() {
15          while (scanf("%d%d", &n, &k) == 2 && n + k) {
16              k = n - k;                                    //改为选出 k 对
17              for (int i = 0; i < n; i++)  scanf("%d", &p[i].a);
18              for (int i = 0; i < n; i++)  scanf("%d", &p[i].b);
19              double L = 0, R = 0;
20              for (int i = 0; i < n; i++)  R += p[i].a;     //R 的初值
21              for (int i = 0; i < 50; i++) {                //50 次二分,本题足够了
22                  double mid = L + (R-L)/2;
23                  if (check(mid))       R = mid;            //竖线在 M 的右侧,需要左移
24                  else                  L = mid;            //竖线在 M 的左侧,需要右移
25              }
26              printf("%d\n", (int)(100 * (L + 0.005)));     //四舍五入
27          }
28          return 0;
29      }
```

6.6.2　应用场景

0/1 分数规划是一种简单的数学模型,常常与一些特定的场景结合起来出题,如:①最优比率背包,与 0/1 背包结合;②最优比率生成树,与生成树结合;③最优比率环,与最短路径的负环判断结合;④最大密度子图,与网络流结合;等等。

下面给出一道最优比率背包的例题。

 例 6.10　Talent show G(洛谷 P4377)

问题描述:奶牛才艺大赛开始了,比赛规则:参赛的一组牛总重量至少为 W;总才艺值与总重量比值最大(单位重量最大才艺)的一组获得胜利。约翰有 n 头牛,编号为 $1 \sim n$,第 i 头牛重量为 w_i,才艺为 t_i。约翰的牛群总重超过 W,他应该派哪些牛组队?输出比值。$n < 250, W < 1000, w_i$ 和 t_i 都是整数。

本题用 0/1 背包建模,概括如下:有 n 个物品,物品 i 的重量为 w_i,价值为 t_i;选出一些物品,要求总重量大于或等于 W,求最大单位价值。

本题和基本的 0/1 分数规划问题很像,目标是 $\dfrac{\displaystyle\sum_{i=1}^{n} t_i s_i}{\displaystyle\sum_{i=1}^{n} w_i s_i}$ 最大,$s_i = 1$ 或 0,只是多了一个

约束条件 $\displaystyle\sum_{i=1}^{n} w_i s_i \geqslant W$。

套用 0/1 分数规划的做法：$\dfrac{\sum\limits_{i=1}^{n} t_i s_i}{\sum\limits_{i=1}^{n} w_i s_i} \geqslant x$，$f = \sum\limits_{i=1}^{n}(t_i - x w_i)s_i \geqslant 0$。

重新把问题用 0/1 背包建模，概括为：物品 i 的重量为 w_i，新价值为 $y_i = t_i - x w_i$，有的 y_i 为正数，有的 y_i 为负数；选出一些物品，要求总重量大于或等于 W。这个背包与普通的 0/1 背包很不同。

定义状态 $dp[j]$ 为容量等于 j 时的价值，即物品的价值 y_i 之和，$dp = f$。需要注意一个技巧：普通的 0/1 背包最大容量是 W，而题目要求重量大于或等于 W，此时都记为 $dp[W]$。

普通的 0/1 背包，物品的价值都大于 0，所以把 $dp[\ ]$ 初始化为 0，最后计算出的 $dp[W]$ 是一个大于 0 的值。但是本题的 0/1 背包，物品的价值 y_i 可能为负，需要把 $dp[\ ]$ 的初值设为负无穷大，只有 $dp[0] = 0$。

本题是 0/1 分数规划和 0/1 背包的结合，用几何图帮助理解，就是用一条竖线与所有直线 y_i 相交，用 0/1 背包找到那些满足总重量大于或等于 W 的直线 y_i，并对交点的 y 值求和，和就是 $dp[W]$。根据 0/1 分数规划的基本原理：若 $f = dp[W] < 0$，说明 x 大了，需要缩小；若 $f = dp[W] \geqslant 0$，说明 x 小了，需要放大。满足二分法的单调性。

值得一提的是，虽然 check() 函数中的背包代码是求最大价值，但实际上只是借用 0/1 背包的代码找满足大于总重量 W 的物品组合。求最大价值的作用，和前面"对直线排序，选最大的前 k 条直线"类似，这样才能满足二分法的单调性。

```
1   //改写自 www.luogu.com.cn/blog/yjlakioi/post-18-open-g-t3-post
2   #include<bits/stdc++.h>
3   using namespace std;
4   const int INF = 0x3f3f3f3f, N = 255, WW = 1005;
5   int n, W;
6   struct{int w, t; double y;}cow[N];
7   double  dp[WW];                      //dp[i]为背包容量为 i 时的最大价值(y 值之和)
8   bool check(double x){                // 0/1 背包
9       int i, j;
10      for(i = 1; i <= n; i++) cow[i].y = (double)cow[i].t - x * cow[i].w;
11      for(i = 1; i <= W; i++) dp[i] = -INF;        //初始化为负无穷小
12      dp[0] = 0;                       //背包容量为 0 时价值为 0
13      for(i = 1; i <= n; i++)
14          for(j = W; j >= 0; j--){         // 滚动数组
15              if(j + cow[i].w >= W)   dp[W] = max(dp[W], dp[j] + cow[i].y); //大于 W 时按 W 算
16              else                dp[j + cow[i].w] = max(dp[j + cow[i].w], dp[j] + cow[i].y);
17          }
18      return dp[W] < 0;                // dp[W] < 0, x 大了; dp[W] >= 0, x 小了
19  }
20  int main(){
21      cin >> n >> W;
22      for(int i = 1; i <= n; i++)   cin >> cow[i].w >> cow[i].t;
23      double L = 0, R = 0;
24      for(int i = 1; i <= n; i++)   R += cow[i].t; //R 的初值
25      for(int i = 0; i < 50; i++){
```

```
26          double mid = L + (R − L)/2;
27          if(check(mid))  R = mid;                    //缩小
28          else            L = mid;                    //放大
29      }
30      cout <<(int)(L * 1000)<< endl;
31      return 0;
32  }
```

【习题】

洛谷 P3199/P3288/P3705/P4322。

6.7 GCD 和 LCM

扫一扫

视频讲解

最大公约数(GCD[①])和最小公倍数(Least Common Multiple,LCM)研究整除的性质,是竞赛中频繁出现的考点。

首先给出整除的定义和性质。

整除定义[②]:a 能整除 b,记为 $a|b$。其中,a 和 b 为整数,且 $a \neq 0$,b 是 a 的倍数,a 是 b 的约数(因子)。例如:$13|182$,$-5|35$,$-3|36$;6 的因子是 ±1、±2、±3、±6。

性质:

(1) 若 a、b、c 为整数,且 $a|b$、$b|c$,则 $a|c$;

(2) 若 a、b、m、n 为整数,且 $c|a$、$c|b$,则 $c|(ma+nb)$;

(3) 定理:带余除法。如果 a 和 b 为整数且 $b>0$,则存在唯一的整数 q、r,使 $a=bq+r$,$0 \leqslant r < b$。

6.7.1 GCD

1. GCD 定义

整数 a 和 b 的最大公约数是指能同时整除 a 和 b 的最大整数,记为 $\gcd(a,b)$。例如,$\gcd(15,81)=3$,$\gcd(0,44)=44$,$\gcd(0,0)=0$,$\gcd(-6,-15)=3$,$\gcd(-17,289)=17$。

注意:由于 $-a$ 的因子和 a 的因子相同,因此 $\gcd(a,b)=\gcd(|a|,|b|)$。编码时只需要关注正整数的最大公约数。

[①] 最大公约数有多种英文表述:Greatest Common Divisor(GCD)、Greatest Common Denominator、Greatest Common Factor(GCF)、Highest Common Factor(HCF)。

[②] 本节很多定义引用自《初等数论及其应用(原书第 6 版)》(Kenneth H. Rosen 著,夏鸿刚译,机械工业出版社出版)。如果读者学过一些数论,但是还没有系统读过初等数论的书,那么在阅读本文之前,最好也读一本。推荐《初等数论及其应用》,这本书很易读,非常适合学计算机的人阅读:概览并证明了初等数论的理论知识;理论知识的各种应用,可以直接用在算法题目里,书中提供了大量例题和习题;与计算机算法编程有很多结合。花两天时间通读很有益处。

2. GCD 性质

(1) $\gcd(a,b)=\gcd(a,a+b)=\gcd(a,k\cdot a+b)$。

(2) $\gcd(ka,kb)=k\cdot\gcd(a,b)$。

(3) 定义多个整数的最大公约数：$\gcd(a,b,c)=\gcd[\gcd(a,b),c]$。

(4) 若 $\gcd(a,b)=d$，则 $\gcd(a/d,b/d)=1$，即 a/d 与 b/d 互素。这个性质很重要。

(5) $\gcd(a+cb,b)=\gcd(a,b)$。

3. GCD 编程

下面介绍 3 种 GCD 算法。不过，编程时可以不用自己写 GCD 代码，而是直接使用 C++ 函数 std::__gcd(a,b)。注意：参数 a 和 b 都应该是正整数，否则可能会返回负数。

1) 欧几里得算法

用辗转相除法求 GCD，即 $\gcd(a,b)=\gcd(b,a \bmod b)$。代码如下。

```
1   int gcd(int a, int b){        // 一般要求a>=0, b>0.若a=b=0,代码也正确,则返回0
2       return b? gcd(b, a % b):a;
3   }
```

这是最常用的方法，它极为高效，拉梅定理给出了复杂度分析。

拉梅定理[1]　用欧几里得算法计算两个正整数的最大公约数，需要的除法次数不会超过两个整数中较小的那个十进制数的位数的 5 倍。

推论　用欧几里得算法求 $\gcd(a,b)$，$a>b$，需要 $O((\log_2 a)^3)$ 次位运算。

欧几里得算法的缺点是需要做取模运算，而高精度的除法取模比较耗时，此时可以使用"更相减损术"[2]和 Stein 算法，它们只用到了减法和移位操作。不过，在竞赛中并不需要直接使用"更相减损术"和 Stein 算法求最大公约数。下面介绍这两种算法，只是为了帮助读者理解 GCD 的性质。

2) 更相减损术

算法的计算基于这一性质：$\gcd(a,b)=\gcd(b,a-b)=\gcd(a,a-b)$。计算步骤：用较大的数减较小的数，把所得的差与较小的数比较，然后继续做减法操作，直到减数与差相等为止。编程也很简单。

```
1   int gcd(int a, int b){
2       while(a != b){
3           if(a > b)  a = a - b;
4           else       b = b - a;
5       }
6       return a;
7   }
```

---

[1]　参考《初等数论及其应用》第 77 页拉梅(Lamé)定理的证明。

[2]　欧几里得《几何原本》是公元前 3 世纪的著作，中国《九章算术》成于公元一世纪，流行本是公元 3 世纪刘徽的注本，都非常古老。"更相减损术"出自《九章算术》卷一的"约分"一节："可半者半之，不可半者，副置分母、子之数，以少减多，更相减损，求其等也。以等数约之。"本节给出的代码省了 a、b 为偶数的情况，即"可半者半之"。

更相减损术虽然避免了欧几里得的取模计算,但是计算次数比欧几里得算法多很多,极端情况下需要计算 $O(\max(a,b))$ 次,如 $a=100,b=1$ 时,需计算 100 次。

3)Stein 算法

Stein 算法是更相减损术的改进。求 $\gcd(a,b)$ 时,可以分为几种情况进行优化。

(1) a 和 b 都是偶数。$\gcd(a,b)=2\gcd(a/2,b/2)$,计算减半。

(2) a 奇 b 偶(或 a 偶 b 奇)。根据原理:若 k 与 y 互为质数,有 $\gcd(kx,y)=\gcd(x,b)$。当 $k=2,b$ 为奇数时,有 $\gcd(a,b)=\gcd(a/2,b)$,即偶数减半。

(3) a 和 b 都是奇数。$\gcd(a,b)=\gcd((a+b)/2,(a-b)/2)$。

算法的结束条件仍然是 $\gcd(a,a)=a$。

除 2 操作用移位就可以了,所以 Stein 算法只用到加减法和移位。

以上介绍了几种 GCD 计算方法。

关于高精度大数的 GCD 计算,可以使用以下例题进行练习。

例 6.11   SuperGCD(洛谷 P2152)

问题描述:求两个正整数 a 和 b 的最大公约数,$0<a,b\leqslant 10^{10000}$。

本题的 C++ 编程需要用高精度,而 Java 和 Python 语言都能直接处理大数,编码很简单。

洛谷 P2152 题的 Java 代码如下。

```
1   import java.math. * ;
2   import java.util. * ;
3   public class Main {
4       public static void main(String[] args) {
5           Scanner in = new Scanner(System.in);
6           BigInteger a = in.nextBigInteger();
7           BigInteger b = in.nextBigInteger();
8           System.out.println(a.gcd(b));
9       }
10  }
```

Python 代码如下。

```
1   from fractions import *
2   a = int(input())
3   b = int(input())
4   print(gcd(a,b))
```

6.7.2   LCM

a 和 b 的最小公倍数表示为 $\mathrm{lcm}(a,b)$,从算术基本定理推理得到。

算术基本定理   任何大于 1 的正整数 n 都可以唯一分解为有限个素数的乘积:$n=p_1^{c_1}p_2^{c_2}\cdots p_m^{c_m}$,其中 c_i 都为正整数,p_i 都为素数且从小到大。

设 $a = p_1^{c_1} p_2^{c_2} \cdots p_m^{c_m}, b = p_1^{f_1} p_2^{f_2} \cdots p_m^{f_m}$，那么：$\gcd(a,b) = p_1^{\min\{c_1,f_1\}} p_2^{\min\{c_2,f_2\}} \cdots p_m^{\min\{c_m,f_m\}}, \operatorname{lcm}(a,b) = p_1^{\max\{c_1,f_1\}} p_2^{\max\{c_2,f_2\}} \cdots p_m^{\max\{c_m,f_m\}}$。

可以推出 $\gcd(a,b)\operatorname{lcm}(a,b) = ab$，即 $\operatorname{lcm}(a,b) = ab/\gcd(a,b) = a/\gcd(a,b)b$。注意，要先作除法再作乘法，如果先作乘法可能会溢出。

```
1    int lcm(int a, int b){
2        return a / gcd(a, b) * b;
3    }
```

【习题】

1. hdu 5019

问题描述：给出整数 x、y、k，求 x 和 y 的第 k 大公约数。

题解：先求最大公约数 $d = \gcd(x,y)$，由于其他公因数都是 d 的因子，那么从 1 到 $\sqrt{d}$（不需要到 d）逐个检查是否能整除 d，即可找到所有公因数。

2. hdu 2503

问题描述：给出两个分数 a/b 和 c/d，求 $a/b + c/d$，要求是最简形式。

题解：$a/b + c/d = (ad + bc)/bd$，分子和分母除以两者的最大公约数。

3. hdu 2504

问题描述：已知 a 和 b，求满足 $\gcd(a,c) = b$ 的最小的 c。

题解：暴力搜索 $b \sim ab$ 符合条件的 c。

4. hdu 4497

问题描述：给定两个正整数 G 和 L，问满足 $\gcd(x,y,z) = G$ 和 $\operatorname{lcm}(x,y,z) = L$ 的 (x,y,z) 有多少个？注意，$(1,2,3)$ 和 $(1,3,2)$ 是不同的。

题解：本题利用了 GCD 的几个性质。

(1) 若 $\gcd(a,b) = d$，则 $\gcd(a/d,b/d) = 1$，即 a/d 与 b/d 互素；

(2) $\gcd(a,b) = p_1^{\min\{c_1,f_1\}} p_2^{\min\{c_2,f_2\}} \cdots p_m^{\min\{c_m,f_m\}}$；

(3) $\operatorname{lcm}(a,b) = p_1^{\max\{c_1,f_1\}} p_2^{\max\{c_2,f_2\}} \cdots p_m^{\max\{c_m,f_m\}}$。

若 $L \% G \neq 0$，显然无解。下面分析 $L \% G = 0$ 的情况。

把问题转化为求满足 $\gcd(x/G,y/G,z/G) = 1$ 和 $\operatorname{lcm}(x/G,y/G,z/G) = L/G$ 的 $(x/G,y/G,z/G)$ 有多少个。下面用排列组合分析有多少种情况。

根据算术基本定理，把 x/G、y/G、z/G 写成

$$x/G = p_1^{i_1} p_2^{i_2} p_3^{i_3}$$

$$y/G = p_1^{j_1} p_2^{j_2} p_3^{j_3}$$

$$z/G = p_1^{k_1} p_2^{k_2} p_3^{k_3}$$

要满足 x/G、y/G、z/G 互素的条件,以 $\{i_1,j_1,k_1\}$ 为例,其中至少有一个应该等于 0。另外,把 L/G 写成

$$L/G = p_1^{t_1} p_2^{t_2} p_3^{t_3}$$

要满足 $\mathrm{lcm}(x/G,y/G,z/G) = L/G$。以 $\{i_1,j_1,k_1\}$ 为例,允许的情况是:

(1) $\{0,0,t_1\}$,有 3 种排列;

(2) $\{0,t_1,t_1\}$,有 3 种排列;

(3) $\{0,t_1,1\sim t_1-1\}$,有 $(t_1-1)\times 6$ 种排列;

加起来一共有 $t_1 \times 6$ 种排列。

最后问题转化为求 t_1、t_2、t_3,即分解 L/G 的质因数。

5. 其他习题

(1) hdu 2104/3092/5970/5584。

(2) 洛谷 P2568/P2398/P1890/P5435/P5436/P1029/P1414/P2152/P1072。

(3) poj 1722/2685/3101/2429。

6.7.3　裴蜀定理

裴蜀定理是关于 GCD 的一个定理。

裴蜀定理(Bézout's Lemma)　如果 a 与 b 均为整数,则有整数 x 和 y 使 $ax+by = \gcd(a,b)$。这个等式称为 Bézout 等式。

推论　整数 a 与 b 互素当且仅当存在整数 x 和 y,使 $ax+by = 1$。

裴蜀定理很容易证明。可以这样理解裴蜀定理:对任意 x 和 y,$d = ax+by$,d 一定是 $\gcd(a,b)$ 的整数倍;最小的 d 是 $\gcd(a,b)$。

竞赛时一般会把裴蜀定理和其他知识点结合起来出题。下面给出几道简单习题帮助理解裴蜀定理。

> **例 6.12　裴蜀定理(洛谷 P4549)**
>
> 问题描述:给定一个包含 n 个元素的整数序列 A,记作 $A_1,A_2,\cdots,A_n$。求另一个包含 n 个元素的待定整数序列 X,记 $S = \sum_{i=1}^{n}(A_i \times X_i)$,使 $S > 0$ 且 S 尽可能小。

首先看两对数的情况 $A_1X_1 + A_2X_2$,把它改为裴蜀定理的写法 $ax+by$。根据裴蜀定理,有整数 x 和 y 使 $ax+by = \gcd(a,b)$,也就是说,$ax+by$ 的最小非负值就是 $|\gcd(a,b)|$。这样 $A_1X_1 + A_2X_2$ 就处理成了一个数 $\gcd(A_1,A_2)$,然后继续合并 A_3,$A_4,\cdots,A_n$。

一个小问题是如果 A 中有负数,$\gcd()$ 可能会返回负数。在最后一步把 $\gcd()$ 的结果改为正数即可。

 例 6.13 Pagodas(hdu 5512)

问题描述：有编号 $1\sim n$ 的 n 个塔，除了两个塔 a 和 b 是好的不用修以外，其他都需要重修。Yuwgna 和 Iaka 展开修塔比赛，规则是轮流修，每次可以修第 $j+k$ 或 $j-k$ 号塔，j 和 k 是已经修好的塔，如果不能修塔，就输了。给出 n、a、b，从 Yuwgna 开始，问最后谁输了。$2\leqslant n\leqslant 20000$。

如果能算出所有能修的塔的数量 P，然后判断 P 的奇偶，若 P 为奇数，就是先手 Yuwgna 赢，P 为偶数就是后手 Iaka 赢。

可以试试暴力计算 P。先预处理出 a、b、$a+b$、$a-b$、$2a+b$、$2a-b$ 等，即 $ax+by$，再判断这些塔号是否合法，判断时需要枚举 x 和 y，复杂度为 $O(n^2)$。

下面用数论的办法直接得到 P。根据裴蜀定理，$ax+by$ 是 $\gcd(a,b)$ 的整数倍，也就是说，P 是所有 $\gcd(a,b)$ 的倍数的个数，则 $P=n/\gcd(a,b)$。

 例 6.14 Uniform generator(poj 1597)

问题描述：一个生成伪随机数的函数，$\text{seed}(a+1)=[\text{seed}(a)+\text{STEP}]\ \%\ \text{MOD}$，为了能产生 $0\sim \text{MOD}-1$ 的所有数，需要设定合适的 STEP 和 MOD。例如，STEP$=3$，MOD$=5$，产生 $0,3,1,4,2$，这是正确的设定；若 STEP$=15$，MOD$=20$，只能产生 $0,15$，$10,5$，这是错误的设定。输入两个数 STEP、MOD，判断是否为正确的设定。$1\leqslant \text{STEP}$，$\text{MOD}\leqslant 100000$。

题目的数据规模不大，纯模拟也可以，下面用数论求解。题目的要求可以转化为 $x\times \text{STEP}\ \%\ \text{MOD}=d$，$x$ 是倍数，d 要取到 $0\sim \text{MOD}-1$ 的所有值。为方便分析，设 $a=\text{STEP}$，$b=\text{MOD}$，式子变为 $ax\%b=d$，等价于 $ax+by=d$。根据裴蜀定理，d 是 $\gcd(a,b)$ 的整数倍时有解；若 $\gcd(a,b)=1$，那么 d 能取到 $0-(y-1)$ 的所有值。所以，只需要判断 $\gcd(a,b)=\gcd(\text{STEP},\text{MOD})=1$ 是否成立，若成立，则是正确的设定。

扫一扫

视频讲解

6.8 线性丢番图方程

丢番图(Diophantus)是古希腊人，他于公元前 300 年编写的著作《算术》是最早的代数书。本节先介绍二元线性丢番图方程，然后用扩展欧几里得算法求解，最后介绍多元丢番图方程。

6.8.1 二元线性丢番图方程

方程 $ax+by=c$ 称为二元线性丢番图方程，其中 a、b、c 是已知整数，x、y 是变量，问是否有整数解。$ax+by=c$ 实际上是二维 x-y 平面上的一条直线，这条直线上如果有整数坐标点，方程就有解；如果没有整数坐标点，就无解。如果存在一个解，就有无穷多个解。下面的定理给出了有解的判断条件和通解的形式。

定理 6.8.1[①]　设 a、b 是整数且 $\gcd(a,b)=d$。如果 d 不能整除 c，那么方程 $ax+by=c$ 没有整数解，如果 d 能整除 c，那么存在无穷多个整数解。另外，如果 (x_0,y_0) 是方程的一个特解，那么所有解（通解）可以表示为 $x=x_0+(b/d)n$，$y=y_0-(a/d)n$，其中 n 为任意整数。

定理可以概括为 $ax+by=c$ 有解的充分必要条件是 $d=\gcd(a,b)$ 能整除 c。

例如，方程 $18x+3y=7$ 没有整数解，因为 $\gcd(18,3)=3$，3 不能整除 7；方程 $25x+15y=70$ 存在无穷个解，因为 $\gcd(25,15)=5$ 且 5 整除 70，一个特解是 $x_0=4$，$y_0=-2$，通解是 $x=4+3n$，$y=-2-5n$。

下面借助平面图解释定理，如图 6.5 所示。

定理的前半部分，令 $a=da'$，$b=db'$，有 $ax+by=d(a'x+b'y)=c$。如果 x、y、a'、b' 都是整数，那么 c 必须是 $d=\gcd(a,b)$ 的倍数，才有整数解。

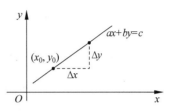

图 6.5　二元线性丢番图方程

定理的后半部分给出了通解的形式：x 值按 b/d 递增，y 值按 $-a/d$ 递增。设 (x_0,y_0) 是一个**格点**（格点是指 x、y 坐标均为整数的点），移动到直线上另一个点 $(x_0+\Delta x$，$y_0+\Delta y)$，有 $a\Delta x+b\Delta y=0$。Δx 和 Δy 必须是整数，$(x_0+\Delta x,y_0+\Delta y)$ 才是另一个格点。Δx 最小是多少？因为 a/d 与 b/d 互素，只有 $\Delta x=b/d$，$\Delta y=-a/d$ 时，Δx 和 Δy 才是整数，并满足 $a\Delta x+b\Delta y=0$。

下面用一道例题加强对定理的理解。

　例 6.15　线段上的格点数量

问题描述：在二维平面上，给定两个格点 $p_1=(x_1,y_1)$ 和 $p_2=(x_2,y_2)$，问线段 p_1p_2 上除了 p_1、p_2 外还有几个格点？设 $x_1<x_2$。

本题用暴力法逐一搜索格点复杂度太高，下面用丢番图方程的定理来求解。

首先利用 p_1、p_2 把线段表示为方程 $ax+by=c$ 的形式，它肯定有整数解。然后在线段范围内，根据 x 的通解的表达式 $x=x_0+(b/d)n$（用 $y=y_0-(a/d)n$ 也一样），当 $x_1<x<x_2$ 时，求出 n 的取值有多少个，这就是线段内的格点数量。

用 p_1、p_2 表示线段，经过化简，线段表示为 $(y_2-y_1)x+(x_1-x_2)y=y_2x_1-y_1x_2$。

对照 $ax+by=c$，得 $a=y_2-y_1$，$b=x_1-x_2$，$c=y_2x_1-y_1x_2$，$d=\gcd(a,b)=\gcd(|y_2-y_1|,|x_1-x_2|)$。

对照通解公式 $x=x_0+(b/d)n$，令特解为 x_1，代入限制条件 $x_1<x<x_2$，有

$$x_1<x_1+\frac{x_1-x_2}{d}n<x_2$$

当 $-d<n<0$ 时满足上面的表达式，此时 n 有 $d-1$ 种取值，即线段内有 $d-1$ 个格点。

下面是一道较难的题目。

---

① 详细证明参考《初等数论及其应用》第 102 页。

例 6.16　Area(poj 1265)

　　问题描述：给出二维平面上的一个封闭的多边形，多边形的顶点都是格点。请计算多边形边界上格点数量 j、内部格点数量 k 以及多边形的面积 s。

　　边界上的格点 j 用前面的方法计算，面积 s 用几何叉积计算，最后内部的格点 k 通过 Pick 定理计算。

　　Pick 定理　在一个平面直角坐标系内，如果一个多边形的顶点都是格点，多边形的面积等于边界上格点数的一半加上内部点数再减 1，即 $s=j/2+k-1$。

6.8.2　扩展欧几里得算法与二元丢番图方程的解

　　求解方程 $ax+by=c$ 的关键是找到一个特解。根据定理的描述，解和求 GCD 有关，所以求特解用到了欧几里得求 GCD 的思路，称为扩展欧几里得算法。

　　根据 6.8.1 节的定理，方程 $ax+by=\gcd(a,b)$ 有整数解。扩展欧几里得算法求一个特解 (x_0,y_0) 的代码如下[①]。

```
1   //返回 d = gcd(a,b); 并返回 ax + by = d的特解 x,y
2   typedef long long ll;
3   ll extend_gcd(ll a, ll b, ll &x, ll &y){
4       if(b == 0){ x = 1; y = 0; return a;}
5       ll d = extend_gcd(b, a % b, y, x);
6       y -= a/b * x;
7       return d;
8   }
```

　　有时为了简化描述，把 $ax+by=\gcd(a,b)$ 两边除以 $\gcd(a,b)$，得到 $cx+dy=1$，其中 $c=a/\gcd(a,b)$，$d=b/\gcd(a,b)$。c 和 d 是互素的。$cx+dy=1$ 的通解是 $x=x_0+dn$，$y=y_0-cn$。

　　用扩展欧几里得算法得到 $ax+by=\gcd(a,b)$ 的一个特解后，再利用它求方程 $ax+by=c$ 的一个特解。步骤如下。

　　(1) 判断方程 $ax+by=c$ 是否有整数解，即 $\gcd(a,b)$ 能整除 c。记 $d=\gcd(a,b)$。

　　(2) 用扩展欧几里得算求 $ax+by=d$ 的一个特解 x_0,y_0。

　　(3) 在 $ax_0+by_0=d$ 两边同时乘以 c/d，得

$$a\,x_0c/d+b\,y_0c/d=c$$

　　(4) 对照 $ax+by=c$，得到它的一个解 (x_0',y_0') 为

$$x_0'=x_0c/d$$
$$y_0'=y_0c/d$$

　　(5) 方程 $ax+by=c$ 的通解为

$$x=x_0'+(b/d)n,\quad y=y_0'-(a/d)n$$

---

① 程序的执行过程参考《算法导论》31.2 节。

下面给出一道求解方程 $ax+by=c$ 的例题。

 例 6.17　青蛙的约会(洛谷 P1516)

问题描述：两只青蛙住在同一条纬度线上，它们各自向西跳，直到碰面为止。除非这两只青蛙在同一时间跳到同一点上，不然是永远都不可能碰面的。为了帮助这两只乐观的青蛙，你被要求写一个程序判断这两只青蛙是否能够碰面，会在什么时候碰面。把这两只青蛙分别叫作青蛙 A 和青蛙 B，并且规定纬度线上 $0°$ 处为原点，由东向西为正方向，单位长度为 1 米，这样就得到了一条首尾相接的数轴。设青蛙 A 的出发点坐标是 x，青蛙 B 的出发点坐标是 y。青蛙 A 一次能跳 m 米，青蛙 B 一次能跳 n 米，两只青蛙跳一次所花费的时间相同。纬度线总长 L 米。求它们跳了几次以后才会碰面？

输入：输入 5 个整数 x,y,m,n,L。

输出：输出碰面所需要的次数，如果永远不可能碰面，则输出一个字符串 "Impossible"。

青蛙相遇时，初始位置的坐标差 $x-y$ 与跳的距离 $(n-m)t$ 的关系为

$$(n-m)t + kL = x - y$$

其中，t 是题目要求的解，限跳跃次数。

设 $a=n-m$，$b=L$，$c=x-y$，$t=x'$，$k=y'$，把上式变成常见的形式：

$$ax' + by' = c$$

然后用上面的方法求得 x'。本题求 x' 的最小正整数解，见代码第 16 行，请自己思考。

注意下面的代码有一个细节，extend_gcd() 函数的参数需要是正的。

```
 1  # include < bits/stdc++. h>
 2  using namespace std;
 3  # define ll long long
 4  ll extend_gcd(ll a,ll b,ll &x,ll &y){
 5      if(b == 0){ x=1; y=0; return a;}
 6      ll d = extend_gcd(b,a % b,y,x);
 7      y -= a/b * x;
 8      return d;
 9  }
10  int main(){
11      ll n,m,x,y,L;      cin >> x >> y >> m >> n >> L;
12      ll a = n-m, c = x-y;
13      if(a<0){ a = -a; c = -c;}                      //处理负数
14      ll d = extend_gcd(a,L,x,y);
15      if(c % d != 0)   cout <<"impossible";          //判断方程有无解
16      else             cout <<((x * (c/d)) % (L/d) + (L/d)) % (L/d); //x 的最小整数解
17  }
```

提示　在算法竞赛中，扩展欧几里得算法的一个重要用途是求逆，见 6.9.3 节。

6.8.3 多元线性丢番图方程

多元线性丢番图方程 $a_1x_1 + a_2x_2 + \cdots + a_nx_n = c$ 在算法竞赛中很少见。为扩展思路，这里也给出介绍。

定理 6.8.2 如果 $a_1, a_2, \cdots, a_n$ 是非零整数，那么方程 $a_1x_1 + a_2x_2 + \cdots + a_nx_n = c$ 有整数解，当且仅当 $d = \gcd(a_1, a_2, \cdots, a_n)$ 整除 c。如果存在一个解，则方程有无穷多个解。

定理可以用数学归纳法证明。

方程的计算步骤如下。

（1）判断方程是否有解。计算 $d_2 = \gcd(a_1, a_2), d_3 = \gcd(d_2, a_3), d_4 = \gcd(d_3, a_4), \cdots, d_n = \gcd(d_{n-1}, a_n)$，如果 d_n 能整除 c，方程有解。如果有解，继续以下步骤。

（2）求解。把方程分解为 $n-1$ 个二元方程，即

$$a_1x_1 + a_2x_2 = d_2t_2$$
$$d_2t_2 + a_3x_3 = d_3t_3$$
$$\cdots$$
$$d_{n-2}t_{n-2} + a_{n-1}x_{n-1} = d_{n-1}t_{n-1}$$
$$d_{n-1}t_{n-1} + a_nx_n = c$$

从最后一个方程开始，依次向前求解。特解容易求得，通解的表达很麻烦。

下面给出一道简单例题。

例 6.18 最大体积

问题描述：给出 n 种物品，每种物品有一定的体积。不同的物品组合，装入背包会占用一定的总体积。假如每个物品有无限件可用，那么有些体积是永远也装不出来的。问物品不能装出的最大体积是多少？如果是有限解，保证不超过 2×10^9。如果不能装出的最大体积是无限大，输出 0。

输入：第 1 行输入整数 n，表示物品的种类；第 2 行输入 n 个整数，表示每种物品的体积。

输出：一个整数，表示不能用这些物品得到的最大体积。

输入样例：	输出样例：
3	17
3 6 10	

设物品的体积为 $a_1, a_2, \cdots, a_n$，根据定理，只有 $d = \gcd(a_1, a_2, \cdots, a_n) = 1$ 时，$a_1x_1 + a_2x_2 + \cdots + a_nx_n$ 可以得到任意整数 c。不过，物品的数量必须为正整数，而不能为负数。所以，有些较小的正整数 c 没有正整数解。当 $d = 1$ 时，用完全背包计算出可能的体积，然后从 2×10^9 开始倒过来查找，找出第 1 个不能组成的数，就是答案。

6.9　同　余　✳

同余是数论的一个基本理论,是很巧妙的工具,它使人们能够用等式的形式简洁地描述整除关系。与同余有关的内容有欧拉定理、费马小定理、扩展欧几里得算法、乘法逆元、线性同余方程、中国剩余定理、多项式同余方程、线性同余方程组等。

本节介绍同余的概念和同余方程的求解。求解同余方程需要用到逆,逆是一个极为重要的工具。

在阅读本节内容时,请对照 6.8 节"线性丢番图方程"的内容,有很多类似的地方。

6.9.1　同余概述

1. 同余的定义

同余:设 m 是正整数,若 a 和 b 是整数,且 $m \mid (a-b)$,则称 a 和 b 模 m 同余。也就是说,a 除以 m 得到的余数,和 b 除以 m 的余数相同;或者说,$a-b$ 除以 m,余数为 0。

把 a 和 b 模 m 同余记为 $a \equiv b \pmod m$,m 称为同余的模。几个例子如下。

(1) 因为 $7 \mid (18-4)$,所以 $18 \equiv 4 \pmod 7$,18 除以 7 的余数是 4,4 除以 7 的余数也是 4。

(2) $3 \equiv -6 \pmod 9$,3 除以 9 的余数是 3,-6 除以 9 的余数也是 3。

(3) 13 和 5 模 9 不同余,因为 13 除以 9 的余数是 4,5 除以 9 的余数是 5。

剩余系:一个模 m 完全剩余系是一个整数的集合,使每个整数恰与此集合中的一个元素模 m 同余。例如,整数 $0,1,\cdots,m-1$ 的集合是模 m 完全剩余系,称为模 m 最小非负剩余的集合。剩余系的概念在线性同余方程中有应用。

2. 一些定理和性质

若 a 和 b 是整数,m 为正整数,则 $a \equiv b \pmod m$ 当且仅当 $a \bmod m = b \bmod m$。这是同余的基本概念。

把同余式转换为等式。若 a 和 b 是整数,则 $a \equiv b \pmod m$ 当且仅当存在整数 k,使 $a = b + km$。例如,$19 \equiv -2 \pmod 7$,有 $19 = -2 + 3 \times 7$。这个定理说明了同余方程和线性丢番图方程的关系。

设 m 是正整数,模 m 的同余满足以下基本性质。

(1) 自反性:若 a 是整数,则 $a \equiv a \pmod m$。

(2) 对称性:若 a 和 b 是整数,且 $a \equiv b \pmod m$,则 $b \equiv a \pmod m$。

(3) 传递性:若 a、b、c 是整数,且 $a \equiv b \pmod m$ 和 $b \equiv c \pmod m$,则 $a \equiv c \pmod m$。

关于同余的加减乘除,若 a、b、c 和 m 是整数,$m > 0$,且 $a \equiv b \pmod m$,$c \equiv d \pmod m$,则有以下性质。

(1) 加。简单表达:$a+c \equiv b+c \pmod m$;更一般的表达:$a+c \equiv b+d \pmod m$。

(2) 减。简单表达:$a-c \equiv b-c \pmod m$;更一般的表达:$a-c \equiv b-d \pmod m$。

(3) 乘。简单表达:$ac \equiv bc \pmod m$;更一般的表达:$ac \equiv bd \pmod m$。

（4）除。在同余的两边同时除以一个整数，不一定保持同余。参考本章关于模除法的说明。

（5）同余的幂。若 a、b、k 和 m 是整数，$k>0$，$m>0$，且 $a\equiv b(\bmod\ m)$，则 $a^k\equiv b^k(\bmod\ m)$。

6.9.2　一元线性同余方程

一元线性同余方程：设 x 是未知数，给定 a、b、m，求整数 x，满足 $ax\equiv b(\bmod\ m)$。

研究线性同余方程有什么用处？$ax\equiv b(\bmod\ m)$表示 $ax-b$ 是 m 的倍数，设为 $-y$ 倍，则有 $ax+my=b$，这就是二元线性丢番图方程。所以，求解一元线性同余方程**等价于**求解二元线性丢番图方程。

方程是否有解？如果有解，有多少解？如何求出解？与线性丢番图的定理一样，线性同余方程也有类似的定理。

定理 6.9.1　设 a,b 和 m 是整数，$m>0$，$\gcd(a,m)=d$。若 d 不能整除 b，则 $ax\equiv b(\bmod\ m)$无解；若 d 能整除 b，则 $ax\equiv b(\bmod\ m)$有 d 个模 m 不同余的解。

定理的前半部分可以概括为 $ax\equiv b(\bmod\ m)$有解的充分必要条件是 $\gcd(a,m)$ 能整除 b。

定理的后半部分说明了解的情况。与线性丢番图方程类似，如果有一个特解是 x_0，那么通解是 $x=x_0+(m/d)n$，当 $n=0,1,2,\cdots,d-1$ 时，有 d 个模 m 不同余的解。用剩余系的概念解释，n 取遍了模 d 的完全剩余系。

推论 6.9.1　a 和 m 互素时，因为 $d=\gcd(a,m)=1$，所以线性同余方程 $ax\equiv b(\bmod\ m)$有唯一的模 m 不同余的解。这个推论在 6.9.3 节中有应用。

最后回到求解 $ax\equiv b(\bmod\ m)$的问题：首先求逆，然后利用逆求得 x。

6.9.3　逆

求解一般形式的同余方程 $ax\equiv b(\bmod\ m)$，需要用到逆（Inverse）。

1. 逆的概念

给定整数 a，且满足 $\gcd(a,m)=1$，称 $ax\equiv 1(\bmod\ m)$的一个解为 a 模 m 的逆，记为 a^{-1}。

例如，$8x\equiv 1(\bmod\ 31)$，有一个解是 $x=4$，4 是 8 模 31 的逆。所有解，如 35、66 等，都是 8 模 31 的逆。

可以借助丢番图方程理解逆的概念，$8x\equiv 1(\bmod\ 31)$即方程 $8x+31y=1$，$x=4$ 是 8 模 31 的逆，$4\times 8-1$ 能整除 31。

从逆的要求 $\gcd(a,m)=1$ 可以看出，做竞赛题时，模 m 最好是一个大于 a 的素数，才能保证 $\gcd(a,m)=1$。在 7.4 节将提到模 m 不大于 a 时的解决方法。

2. 求逆

有多种方法可以求逆。

1）扩展欧几里得算法求单个逆

下面的例题是求逆，即求解同余方程 $ax\equiv 1(\bmod\ m)$。

例 6.19　同余方程（求逆）（洛谷 P1082）

问题描述：求关于 x 的同余方程 $ax \equiv 1 \pmod{m}$ 的最小正整数解。$2 \leqslant a$，$m \leqslant 2000000000$。

$ax \equiv 1 \pmod{m}$，即丢番图方程 $ax + my = 1$，先用扩展欧几里得算法求出 $ax + my = 1$ 的一个特解 x_0，通解是 $x = x_0 + mn$。然后通过取模操作计算最小整数解 $((x_0 \bmod m) + m) \bmod m$，因为 $m > 0$，可以保证结果是正整数。

```
1  long long mod_inverse(long long a, long long m){    //求逆
2      long long x,y;
3      extend_gcd(a,m,x,y);
4      return (x%m + m) % m;                 //保证返回最小正整数
5  }
6  int main(){
7      long long a,m;  cin >> a >> m;
8      cout << mod_inverse(a,m);
9      return 0;
10 }
```

下面给出一道类似的习题。

 例 6.20　C loooooops（poj 2115）

问题描述：C 语言的循环语句 for(variable＝A; variable！＝B; variable＋＝C)，当 variable＝＝B 时结束循环。A、B、C 的数据类型的长度是 k 位，也就是说，当 variable 超过 k 位时，只保留 k 位，相当于对 2^k 取模。给出 A、B、C 和 k，判断循环是否能在有限次内结束，若能结束，则输出循环次数。

设循环次数为 x，$(A + Cx) \bmod 2^k = B$，这是同余方程 $Cx \equiv (B - A) \bmod 2^k$，最小的 x 就是答案。首先用裴蜀定理判断是否有解，同余方程等价于 $A + Cx + 2^k y = B$，即 $Cx + 2^k y = B - A$，若 $\gcd(C, 2^k)$ 是 $B - A$ 的因子，则有解。然后用逆元求 x 的最小正值。

2）费马小定理求单个逆

费马小定理　设 n 是素数，a 是正整数且与 n 互素，有 $a^{n-1} \equiv 1 \pmod{n}$。

$a \cdot a^{n-2} \equiv 1 \pmod{n}$，那么 $a^{n-2} \bmod n$ 就是 a 模 n 的逆。计算需要用到快速幂取模 fast_pow() 函数，具体代码见 6.2 节。

```
1  long long mod_inverse(long long a,long long mod){
2      return fast_pow(a,mod - 2,mod);
3  }
```

3）递推求多个逆

如果要求 $1 \sim n$ 内所有逆，可以用递推法。复杂度为 $O(n)$。

例 6.21   乘法逆元（洛谷 P3811）

问题描述：给定 n,p，求 $1\sim n$ 所有整数在模 p 意义下的乘法逆元。$1\leqslant n\leqslant 3\times 10^6$，$n<p<20000528$，$p$ 为质数。

输入：两个正整数 n 和 p。

输出：输出 n 行，第 i 行表示 i 在模 p 下的乘法逆元。

首先，$i=1$ 的逆是 1。下面求 $i>1$ 时的逆，用递推法。

（1）设 $p/i=k$，余数是 r，即 $k\cdot i+r\equiv 0\pmod p$；

（2）在等式两边乘 $i^{-1}\cdot r^{-1}$，得到 $k\cdot r^{-1}+i^{-1}\equiv 0\pmod p$；

（3）移项得 $i^{-1}\equiv -k\cdot r^{-1}\pmod p$，即 $i^{-1}\equiv -p/i\cdot r^{-1}\pmod p$，$i^{-1}\equiv (p-p/i)\cdot r^{-1}\pmod p$。

```
1   long long inv[N];
2   void inverse(long long n, long long p){
3       inv[1] = 1;
4       for(int i = 2;i < N;i++)
5           inv[i] = (p - p/i) * inv[p % i] % p;
6   }
```

下面给出一道求逆的例题。

 例 6.22   A/B（hdu 1576）

问题描述：求 $(A/B)\%9973$，但由于 A 很大，我们只给出 $n(n=A\%9973)$（给定的 A 必能被 B 整除，且 $\gcd(B,9973)=1$）。

输入：第 1 行输入 T，表示有 T 组数据。每组数据输入两个数 $n(0\leqslant n<9973)$ 和 B $(1\leqslant B\leqslant 10^9)$。

输出：对每组数据，输出 $(A/B)\%9973$。

设答案 $k=(A/B)\%9973$。做以下变换：$A/B=k+9973\cdot x$，$A=kB+9973\cdot x\cdot B$。

把 $A\%9973=n$ 代入得 $k\cdot B\%9973=n$，即 $k\cdot B=n+9973y$。

两边除以 n 得 $(k/n)\cdot B+(-y/n)\cdot 9973=1$，这是形如 $ax+by=1$ 的丢番图方程，即 $ax\equiv 1\pmod m$，其中 $x=k/n$。求解逆 x，得到 k/n，再乘以 n，就是 k。

3. 用逆求解同余方程

逆有什么用？如果有 a 模 m 的一个逆，可以用来求解形如 $ax\equiv b\pmod m$ 的任何同余方程。

记 a^{-1} 是 a 的一个逆，有 $a^{-1}a\equiv 1\pmod m$。在 $ax\equiv b\pmod m$ 的两边同时乘以 a^{-1}，得到 $a^{-1}ax\equiv a^{-1}b\pmod m$，即 $x\equiv a^{-1}b\pmod m$。

例如，为了求出 $8x\equiv 22\pmod{31}$ 的解，可以两边乘以 4，4 是 8 模 31 的一个逆，得

$4\times8x\equiv4\times22(\bmod\ 31)$，因此 $x\equiv88(\bmod\ 31)\equiv26(\bmod\ 31)$。

定理 6.9.2 设 p 是素数，正整数 a 是其自身模 p 的逆，当且仅当 $a\equiv1(\bmod\ p)$ 或 $a\equiv-1(\bmod\ p)$。

证明 若 $a\equiv1(\bmod\ p)$ 或 $a\equiv-1(\bmod\ p)$，有 $a^2\equiv1(\bmod\ p)$，所以 a 是其自身模 p 的逆。反过来也成立。

4．逆与除法取模

逆的一个重要应用是求除法的模。求 $(a/b)\bmod m$，即 a 除以 b，然后对 m 取模。这里 a 和 b 都是很大的数，如 $a=n!$，容易溢出，导致取模出错。用逆可以避免除法计算，设 b 的逆元是 b^{-1}，有

$(a/b)\bmod m=((a/b)\bmod m)((bb^{-1})\bmod m)=(a/b\times bb^{-1})\bmod m=(ab^{-1})\bmod m$

经过上述推导，除法的模运算转换为乘法模运算，即

$$(a/b)\bmod m=(ab^{-1})\bmod m=(a\bmod m)(b^{-1}\bmod m)\bmod m$$

 在 7.3 节和 7.6.1 节用逆计算了除法取模。

下面给出一道除法取模的例题。

 例 6.23　Detachment（hdu 5976）

问题描述：把一个整数 X 分成多个整数的和：$X=a_1+a_2+\cdots$，且 $a_i\neq a_j$，使 $s=a_1\times a_2\times\cdots$ 最大。

输入：第 1 行输入 T，表示测试数量。后面 T 行中，每行输入一个整数，表示 X。$1\leqslant T\leqslant10^6$，$1\leqslant X\leqslant10^9$。

输出：对每个测试，首先计算最大的 s，然后输出它对 $\bmod=10^9+7$ 的取模。

如何分解 X 才能使积 s 最大？这是小学奥数题，读者可以自己举例子推理。

首先，分解的数越多，积 s 越大。例如，X 分解为两个数，对比不分解的一个数 X：$(X-k)(X+k)>X$。

其次，分解的数越接近，积越大。例如，X 分解成两个数，对比 $X/2-1$、$X/2+1$ 和 $X/2-k$、$X/2+k$，有 $(X/2-1)(X/2+1)>(X/2-k)(X/2+k)$。

结论是把 X 尽量分为更多连续数的和，得到的积 s 最大。为了分解更多，就从 2 开始分解：$X=2+3+4+5+\cdots$。从 1 开始分解不好，因为 1 对乘积没有贡献。如果还有余数，就把余数拆开，加到其他数上：从后向前加，每个数加上 1，这样可以保证每个数都不同。例如，$17=2+3+4+5+3$，最后有一个余数 3，把它拆成 3 个 1，加到后面 3 个数上，得 $17=2+4+5+6$。再如，$13=2+3+4+4$，后面的余数为 4，拆成 4 个 1，但是前面只有 3 个数，不够用，多的 1 再加在最后，得 $13=3+4+6$。

分解有以下两种情况。

(1) $2\times3\times4\times\cdots\times(i-1)\times(i+1)\times\cdots\times k\times(k+1)$，中间少一个 i。

（2）$3\times4\times\cdots\times i\times(i+1)\times\cdots\times k\times(k+2)$，前面少一个 2，后面多一个 $k+2$。

求 s 时，先计算连续的乘积 a，然后除以 i，或者除以 2 再乘以 $k+2$ 即可。例如，情况（1）中 $s=a/i$，输出的结果是 (a/i) % mod。除法取模需要用到逆。本题的模 10^9+7 正好是一个素数，所以求逆用扩展欧几里得或费马小定理都可以。

给出代码，细节如下。

（1）先预计算出从 2 开始的前缀和、连续积，用于判断分解到哪个数为止。并用 upper_bound() 函数查找 x 的位置。

（2）把余数加到后面的数上去，并查找缺少的 i。

（3）计算结果。用逆计算除法取模。

```cpp
1   #include<bits/stdc++.h>
2   using namespace std;
3   #define ll long long
4   const int N = 1e5;                              //分解的数不会超过 50000 个,请自己分析
5   const int mod = 1e9 + 7;
6   ll sum[N], mul[N];                              //前缀和、连续积
7   ll fast_pow(ll x, ll y, int m){                 //快速幂取模: x^y mod m
8       ll res = 1;
9       while(y) {
10          if(y&1) res *= x, res %= m;
11          x = (x * x) % m;
12          y >>= 1;
13      }
14      return res;
15  }
16  long long mod_inverse(long long a, long long mod){   //费马小定理求逆
17      return fast_pow(a, mod - 2, mod);
18  }
19  void init(){                                    //预计算前缀和、连续积
20      sum[1] = 0;  mul[1] = 1;
21      for(int i = 2; i <= N; i++){
22          sum[i] = sum[i-1] + i;                  //计算前缀和
23          mul[i] = (i * mul[i-1]) % mod;          //计算连续积
24      }
25  }
26  int main(){
27      init();
28      int T; scanf("%d", &T);
29      while(T--){
30          int x; scanf("%d", &x);
31          if( x == 1) {puts("1"); continue;}      //特殊情况
32          int k = upper_bound(sum + 1, sum + 1 + N, x) - sum - 1;   //分解成 k 个数
33          int m = x - sum[k];                     //余数
34          ll ans;
35          if(k == m) ans = mul[k] * mod_inverse(2, mod) % mod * (k + 2) % mod;  //第 2 种情况
36          else      ans = mul[k+1] * mod_inverse(k - m + 1, mod) % mod % mod;  //第 1 种情况
37          printf("%lld\n", ans);
38      }
39      return 0;
40  }
```

6.9.4 同余方程组

根据 6.9.3 节的讨论，同余方程 $ax \equiv b \pmod{m}$ 有解时，即 $\gcd(a, m)$ 能整除 b 时，可以解得 $x \equiv a' \pmod{m'}$，所以这也是同余方程的一般形式。本节讨论同余方程组的求解，即

$$x \equiv a_1 \pmod{m_1}$$
$$x \equiv a_2 \pmod{m_2}$$
$$\vdots$$
$$x \equiv a_r \pmod{m_r}$$

例如，有一个数 x，被 3 除余 2，被 5 除余 3，被 7 除余 2，列成同余方程就是：$x \equiv 2 \pmod 3$，$x \equiv 3 \pmod 5$，$x \equiv 2 \pmod 7$。求解结果是 $x = 23 + 3 \times 5 \times 7 \times n$，$n \geqslant 0$，或者写为 $x \equiv 23 \pmod{3 \times 5 \times 7}$，$x$ 的最小正整数解是 23。

本节介绍中国剩余定理和迭代法，前者是用于 $m_1, m_2, \cdots, m_r$ 两两互素情况下的优秀解法，后者是更一般条件下的通用解法。适用中国剩余定理的方程组肯定有解，而迭代法处理的更一般情况可能是无解的。

1. 中国剩余定理

中国剩余定理[①] 设 $m_1, m_2, \cdots, m_r$ 是两两互素的正整数，则同余方程组 $x \equiv a_1 \pmod{m_1}$，$x \equiv a_2 \pmod{m_2}$，$\cdots$，$x \equiv a_r \pmod{m_r}$ 有整数解，并且模 $M = m_1 m_2 \cdots m_r$ 唯一，解为

$$x \equiv (a_1 M_1 M_1^{-1} + a_2 M_2 M_2^{-1} + \cdots + a_r M_r M_r^{-1}) \pmod M$$

其中，$M_i = M/m_i$；M_i^{-1} 为 M_i 模 m_i 的逆元。

读者可以尝试自己证明。

例题：解同余方程组 $x \equiv 2 \pmod 3$，$x \equiv 3 \pmod 5$，$x \equiv 2 \pmod 7$。

解题步骤如下。

(1) $M = 3 \times 5 \times 7 = 105$，$M_1 = 105/3 = 35$，$M_2 = 105/5 = 21$，$M_3 = 105/7 = 15$。

(2) 求逆：$M_1^{-1} = 2$，$M_2^{-1} = 1$，$M_3^{-1} = 1$。

(3) 最后计算 x：$x \equiv 2 \times 35 \times 2 + 3 \times 21 \times 1 + 2 \times 15 \times 1 \equiv 233 \equiv 23 \pmod{105}$。

2. 迭代法

中国剩余定理的编码很容易，但是它的限制条件是方程组的 $m_1, m_2, \cdots, m_r$ 两两互素。如果不互素，该如何解题呢？这就是迭代法。

迭代法的思路很简单，每次合并两个同余式，逐步合并，直到合并完所有等式，只剩下一个，就得到了答案。

合并时，把同余方程转化为等式更容易操作。这是根据同余的一个性质：若 x 和 a 是

[①]　公元 3 世纪，《孙子算经》中有一个问题："今有物不知其数，三三数之剩二，五五数之剩三，七七数之剩二，问物几何？答曰：二十三。"1247 年，秦九韶在《数学九章》中给出了求解的一般方法"大衍求一术"，被称为"中国剩余定理"（Chinese Remainder Theorem）。秦九韶是全能型的天才，在多个科学领域都有建树。

整数,则 $x \equiv a \pmod{m}$ 当且仅当存在整数,使 $x = a + km$。

1) 示例

以方程组 $x \equiv 2 \pmod 3$,$x \equiv 3 \pmod 5$,$x \equiv 2 \pmod 7$ 为例说明合并过程。下面的计算步骤中,前 3 步合并了第 1 个和第 2 个同余式,后 3 步继续合并第 3 个同余式。

(1) 把第 1 个同余式 $x \equiv 2 \pmod 3$ 转换为 $x = 2 + 3t$,代入第 2 个同余式,得 $2 + 3t \equiv 3 \pmod 5$。

(2) 求解 $2 + 3t \equiv 3 \pmod 5$。

首先变为 $3t \equiv (3-2) \pmod 5$,即 $3t \equiv 1 \pmod 5$,因为 $\gcd(3,5)$ 能整除 1,所以有解。

然后求解 $3t \equiv 1 \pmod 5$,先求 3 模 5 的逆,结果为 2,所以解得 $t \equiv 2 \pmod 5$,转换为等式 $t = 2 + 5u$。

(3) 第 1 个和第 2 个同余式合并的结果。把 $t = 2 + 5u$ 代入 $x = 2 + 3t$ 得 $x = 8 + 15u$,即 $x \equiv 8 \pmod{15}$。

(4) 把 $x = 8 + 15u$ 代入第 3 个同余式,得 $8 + 15u \equiv 2 \pmod 7$。

(5) 求解 $8 + 15u \equiv 2 \pmod 7$。

首先变为 $15u \equiv -6 \pmod 7$,$\gcd(15,7)$ 能整除 -6,有解。

然后求解 $15u \equiv -6 \pmod 7$,先求 15 模 7 的逆,结果为 1,解得 $u \equiv 1 \pmod 7$,转换为 $u = 1 + 7v$。

(6) 得到合并结果。把 $u = 1 + 7v$ 代入 $x = 8 + 15u$,得 $x = 23 + 105v$,即 $x \equiv 23 \pmod{105}$。结束。

2) 编程步骤

下面改用丢番图方程的形式,总结合并两个同余式的编程方法,并以合并上面的前 2 个等式为例说明,如表 6.1 所示。

表 6.1 编程步骤

步 骤	例 子
合并两个等式: $x = a_1 + Xm_1$ $x = a_2 + Ym_2$	$x = 2 + 3X$ $x = 3 + 5Y$
两个等式相等:$a_1 + Xm_1 = a_2 + Ym_2$ 移项得 $Xm_1 + (-Y)m_2 = a_2 - a_1$	$2 + 3X = 3 + 5Y$ $3X + 5(-Y) = 1$
这是形如 $aX + bY = c$ 的丢番图方程,下面求解它。 先用扩展欧几里得求 X_0	得 $X_0 = 2$
X 的通解是 $X = X_0 c/d + (b/d)n$ 最小值是 $t = (X_0 c/d) \bmod (b/d)$	$t = (X_0 c/d) \bmod (b/d)$ $= (2 \times 1/1) \bmod (5/1) = 2$
把 $X = t$ 代入 $x = a_1 + Xm_1$ 求得原等式的一个特解 x'	得 $x' = 2 + 2 \times 3 = 8$
合并后的新 $x = a + Xm$ $m = m_1 m_2 / \gcd(m_1, m_2)$ $a = x'$	$m = 3 \times 5/1 = 15$ $a = 8$ 合并后的新方程为 $x = 8 + 15X$, 即 $x \equiv 8 \pmod{15}$

3）例程

下面用一道模板题给出线性同余方程组的代码。

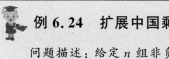 **例 6.24 扩展中国剩余定理（洛谷 P4777）**

问题描述：给定 n 组非负整数 a_i, m_i，求解以下关于 x 的方程组的最小非负整数解。$1 \leqslant n \leqslant 10^5, 1 \leqslant a_i \leqslant 10^{12}, 1 \leqslant m_i < a_i$，保证所有 a_i 的最小公倍数不超过 10^{18}。

$$x \equiv a_1 \pmod{m_1}$$
$$x \equiv a_2 \pmod{m_2}$$
$$\vdots$$
$$x \equiv a_n \pmod{m_n}$$

输入：第 1 行输入整数 n；后面 n 行中，每行输入两个非负整数 m_i 和 a_i。

输出：输出满足条件的非负整数 x。

下面给出代码，和表 6.1 所示编程步骤基本一致。

注意代码中的细节，如求 $t = (X_0 c/d) \bmod (b/d)$ 的代码是 $\mathrm{mul}(x, c/d, b/d)$，目的是避免越界。其他细节详见注释。

```
1   //改写自 https://www.luogu.com.cn/problem/solution/P4777
2   # include< bits/stdc++.h>
3   using namespace std;
4   typedef long long ll;
5   const int N = 100010;
6   int n;
7   ll ai[N], mi[N];
8   ll mul(ll a, ll b, ll m){                    //乘法取模：a * b % m
9       ll res = 0;
10      while(b > 0){
11          if(b&1) res = (res + a) % m;
12          a = (a + a) % m;
13          b >>= 1;
14      }
15      return res;
16  }
17  ll extend_gcd(ll a, ll b, ll &x, ll &y){     //扩展欧几里得
18      if(b == 0){ x = 1; y = 0; return a;}
19      ll d = extend_gcd(b, a % b, y, x);
20      y -= a/b * x;
21      return d;
22  }
23  ll excrt(){                                  //求解同余方程组，返回最小正整数解
24      ll x, y;
25      ll m1 = mi[1], a1 = ai[1];               //第 1 个等式
26      ll ans = 0;
27      for(int i = 2; i <= n; i++){             //合并每两个等式
28          ll a2 = ai[i], m2 = mi[i];           //第 2 个等式
```

```
29          //合并为: aX + bY = c
30          ll a = m1, b = m2, c = (a2 - a1 % m2 + m2) % m2;
31          //下面求解 aX + bY = c
32          ll d = extend_gcd(a,b,x,y);              //用扩展欧几里得算法求 x0
33          if(c % d != 0) return -1;                //无解
34          x = mul(x,c/d,b/d);                      //aX + bY = c 的特解 t,最小值
35          ans = a1 + x * m1;                       //代回原第 1 个等式,求得特解 x'
36          m1 = m2/d * m1;                          //合并后的新 m1,先除再乘,避免越界
37          ans = (ans % m1 + m1) % m1;              //最小正整数解
38          a1 = ans;                                //合并后的新 a1
39      }
40      return ans;
41  }
42  int main(){
43      scanf("%d", &n);
44      for(int i = 1;i <= n;++i)  scanf("%lld%lld",&mi[i],&ai[i]);
45      printf("%lld",excrt());
46      return 0;
47  }
```

【习题】

(1) 洛谷 P4549/P2613/P3811/P5431/P1082/P3951/P4777/P3868/P2480/P4774/P5345。

(2) poj 2305/2635/3292/1845/2115/1006。

6.10 素数(质数)

素数(质数)是数论的基础内容。本节介绍素数的判定、筛选、质因数分解的方法和代码,它们在密码学中有非常关键的作用,是计算机安全的基础。

关于素数,存在以下有趣的事实。

(1) 素数的数量有无限多。

(2) 素数的分布:随着整数的增大,素数的分布越来越稀疏;随机整数 x 是素数的概率为 $1/\log_2 x$。

(3) 对于任意正整数 n,存在至少 n 个连续的正合数。

有大量关于素数的猜想,以下是几个著名的猜想。

(1) 波特兰猜想:对任意给定的正整数 $n>1$,存在一个素数 p,使 $n<p<2n$。已经证明。

(2) 孪生素数猜想:存在无穷多的形如 p 和 $p+2$ 的素数对。尚未证明。陈景润在 1966 年证明了存在无穷多个素数 p,使 $p+2$ 至多只有两个素数因子。最新的突破是张益唐于 2013 年所证明的孪生素数猜想的一个弱化形式:存在无穷多个差小于 7000 万的素数对。根据张益唐的方法,数学界已经把这个差缩小到了 246。

(3) 素数等差数列猜想:对任意正整数 $n>2$,有一个由素数组成的长度为 n 的等差数列。2004 年,格林和陶哲轩证明存在任意长的素数等差数列。

(4) 哥德巴赫猜想:每个大于 2 的正偶数可以写成两个素数的和。这是最有名的素数

猜想,也是最令人头疼的猜想。迄今为止,最好的结果仍然是**陈景润** 1966 年做出的《大偶数表为一个素数及一个不超过二个素数的乘积之和》,即 $1+2$。

6.10.1　小素数的判定

素数的定义为只能被 1 和自己整除的正整数。

判定一个数是否为素数,有重要的工程意义。在密码学中,经常用到数百位超大的素数。但是,直接生成一个大素数几乎是不可能的,只能用测试法找到素数,也就是给定某个范围,然后测试其中哪些是素数。

如何判断一个数 n 是不是素数?当 $n \leqslant 10^{12}$ 时,用试除法;当 $n > 10^{12}$ 时,用 Miller_Rabin 算法。

根据素数的定义,可以直接得到试除法:用 $[2, n-1]$ 内的所有数试着除 n,如果都不能整除,就是素数。很容易发现,可以把 $[2, n-1]$ 缩小到 $[2, \sqrt{n}]$。

试除法的复杂度为 $O(\sqrt{n})$,$n \leqslant 10^{12}$ 时够用。下面给出代码,注意 for 循环中对 $\sqrt{n}$ 的处理。

```
1  bool is_prime(long long n){
2      if(n <= 1)   return false;       //1 不是素数
3      for(long long i = 2; i * i <= n; i++)//这样写更好: i <= sqrt(n),不用每次计算 i * i
4          if(n % i == 0)   return false;//能整除,不是素数
5      return true;                       //读者思考,n = 2 时返回 true 吗?
6  }
```

第 3 行代码有两种写法:i * i<=n 和 i<=sqrt(n)。前者不用开方计算 $\sqrt{n}$,但是每次新的 i 都要做平方计算;后者只需要计算一次开方,总计算量比前者少。

范围 $[2, \sqrt{n}]$ 还可以继续缩小,如果提前算出范围内的所有素数,那么用这些素数除 n 就可以了。后面的埃式筛法就用到了这一原理。那么,范围 $[2, \sqrt{n}]$ 内有多少个素数?用 $\pi(x)$ 表示不超过整数 x 的素数的个数,素数定理给出了素数密度的估计。

素数定理　随着 x 的无限增长,$\pi(x)$ 和 $x/\ln x$ 的比趋于 1。

值得注意的是,有比 $x/\ln x$ 更好的近似,如 $\mathrm{Li}(x)$[①]。

根据素数定理,一个随机整数 x 是素数的概率为 $1/\ln x$。x 等于 1 百万时,$1 \sim x$ 内约有 7.8 万个素数;x 等于 1 亿时,$1 \sim x$ 内约有 576 万个素数。

6.10.2　大素数的判定

本节介绍大素数的两种判定方法[②]。

如果 n 非常大,试除法就不够用了。例如,poj 1811 模板题,$n < 2^{54}$,如果用试除法,

---

① 《初等数论及其应用(原书第 6 版)》(Kenneth H. Rosen 著,夏鸿刚译,机械工业出版社出版)第 57 页给出了 $\mathrm{Li}(x)$ 的定义,第 60 页给出了 $\pi(x)$ 表格。

② 《算法导论》(Thomas H. Cormen 等著,潘金贵等译,机械工业出版社出版)第 544 页 31.8 节"素数的测试"的叙述非常清晰易懂,本节的理论内容改写自这一节。

$\sqrt{n} = 2^{27} \approx 10^8$，提交到 OJ 会超时。即使 n 不大，但是如果要检查很多个 n，总时间也会超时，如 hdu 2138 模板题。

 例 6.25　How many prime numbers（hdu 2138）

> 问题描述：给出很多正整数，统计其中素数的个数。
>
> 输入：有很多测试。每个测试的第 1 行输入正整数的个数，第 2 行输入正整数。
>
> 输出：对于每个测试，输出素数的个数。

对于大素数的判定，目前并没有快速的确定性算法。那么，有没有很快的方法，能"差不多"判定一个极大的整数 n 是素数呢？从试除法得到提示，读者可以想到一个"取巧"的办法：在 $[2, \sqrt{n}]$ 内找一些数去除 n，如果都不能整除，那么 n 就有很大概率是一个素数；尝试的次数越多，n 是素数的概率就越大。这就是概率法素性测试的原理。

当然，数学家能想到更好的概率测试方法，如费马素性测试[①]、Miller-Rabin 素性测试算法。后者是前者的升级版，应用最广泛。

1. 费马素性测试

费马素性测试非常简单，它基于费马小定理，费马小定理在 6.9 节已经提到。

费马小定理　设 n 是素数，a 是正整数且与 n 互素，那么有 $a^{n-1} \equiv 1 \pmod{n}$。

费马小定理的逆命题也几乎成立。费马素性测试就是基于费马小定理的逆命题，下面介绍方法。

为了测试 n 是否为素数，在 $1 \sim n$ 任选一个随机的基值 a，注意 a 并不需要与 n 互素。

（1）如果 $a^{n-1} \equiv 1 \pmod{n}$ 不成立，那么 n 肯定不是素数。这实际上是费马小定理的逆否命题。

（2）如果 $a^{n-1} \equiv 1 \pmod{n}$ 成立，那么 n 很大概率是素数，尝试的 a 越多，n 是素数的概率越大。称 n 是一个基于 a 的**伪素数**。

可惜的是，从第 2 种情况可以看出费马素性测试并不是完全正确的。对于某个 a 值，总有一些合数被误判通过了测试；不同的 a 值，被误判的合数不太一样。特别地，有一些合数，不管选什么 a 值，都能通过测试。这种数叫作 Carmichael 数，前 3 个 Carmichael 数是561、1105、1729。不过，Carmichael 数很少，前 1 亿个正整数中只有 255 个。而且当 n 趋向无穷时，Carmichael 数的分布极为稀疏，费马素性测试几乎不会出错，所以它是一种相当好的方法。

费马素性测试的编码非常简单。其中的关键是计算 a^{n-1}，这是一个很大的数，不能直接计算，需要用快速幂编码。费马小定理在同余求逆中也有应用。

---

① 判定一个整数是否为素数，称为素性测试（Primality Test），有随机算法和确定型启发式算法。随机算法有费马（Fermat）素性测试、Solovay-Strassen 素性测试、Miller-Rabin 素性测试等。确定型启发式算法有 AKS 素性测试、Baillie-PSW 素性测试等。

2. Miller-Rabin 素性测试

费马素性测试的缺点是不能排除 Carmichael 数。把费马素性测试稍微改进一下，就是 Miller-Rabin 素性测试算法，它是已知最快的随机素数测试算法。

Miller-Rabin 素性测试的原理可以概括为用费马测试排除 Carmichael 数。用下面介绍的推论排除大部分 Carmichael 数。

1）Miller-Rabin 素性测试用到的推论

这个推论与一个数论定理有关。

二次探测定理[①]　如果 p 是一个奇素数，且 $e \geqslant 1$，则方程 $x^2 \equiv 1 (\bmod\ p^e)$ 仅有两个解：$x=1$ 和 $x=-1$。当 $e=1$ 时，方程 $x^2 \equiv 1 (\bmod\ p)$ 仅有两个解 $x=1$ 和 $x=p-1$。

证明　$x^2 \equiv 1 (\bmod\ p)$ 等价于 $x^2 - 1 \equiv 0 (\bmod\ p)$，即 $(x+1)(x-1) \equiv 0 (\bmod\ p)$。那么，或者 $x-1$ 能被 p 整除，此时 $x=1$；或者 $x+1$ 能被 p 整除，此时 $x=p-1$。

把 $x=1$ 和 $x=p-1$ 称为"x 对模 p 来说 1 的平凡平方根"。这个说法有点拗口，理解它的意思就好了。

Miller-Rabin 素性测试用到这个方程：$x^2 \equiv 1 (\bmod\ n)$。如果一个数 x 满足方程 $x^2 \equiv 1 (\bmod\ n)$，但 x 不等于平凡平方根 1 或 $n-1$，那么称 x 是"对模 n 来说 1 的非平凡平方根"。例如，$x=6,n=35,6$ 是对模 35 来说 1 的非平凡平方根。

下面给出定理的推论：如果对模 n 存在 1 的非平凡平方根，则 n 是合数。

这个推论是二次探测定理的逆否命题，即如果对 n 存在 1 的非平凡平方根，则 n 不可能是奇素数或奇素数的幂。

2）Miller-Rabin 素性测试的步骤

输入 $n > 2$，且 n 是奇数，测试它是否为素数。

根据费马测试，如果 $a^{n-1} \equiv 1 (\bmod\ n)$ 不成立，那么 n 肯定不是素数。

由于 $n-1$ 太大，显然不能直接计算 a^{n-1}。需要用到一个数学技巧：把 $n-1$ 表示为幂的形式，然后借助快速幂来计算。

令 $n-1 = 2^t u$，其中 u 是奇数，t 是正整数。如何求 t 和 u？编程时这样做：$n-1$ 的二进制表示是奇数 u 的二进制表示后面加 t 个 0。例如，$225-1 = 2^5 \times 7$，$n-1 = 225-1 = 224$ 的二进制是 1110 0000，它是 $u=7$ 的二进制 111，后面加 $t=5$ 个 0。编程细节见后面给出的代码中的 witness() 函数。

选一个随机的基值 a，有

$$a^{n-1} \equiv (a^u)^{2^t} (\bmod\ n)$$

下面就可以用快速幂来计算了。为了计算 $a^{n-1} \bmod n$，可以先算出 $a^u \bmod n$，然后对结果连续平方 t 次取模。这是因为符合乘法模运算规则 $(c \times d) \bmod n = (c \bmod n \times d \bmod n) \bmod n$。

在计算过程中，做以下判断。

（1）模运算结果不为 1，即 $a^{n-1} \equiv 1 (\bmod\ n)$ 不成立，根据费马测试，判断 n 是合数。

[①]　参考《算法导论》(Thomas H. Cormen 等著，潘金贵等译，机械工业出版社出版）第 539 页中定理 31.34、推论 31.35，并给出了证明。有人称这个定理为"二次探测定理"。

（2）模运算结果为 1，但是发现了 1 的非平凡平方根，根据推论，判断 n 是合数。

以 Carmichael 数 $n=561$ 为例演示计算过程。$n-1=2^4\times35$，$u=35$，$t=4$，选取 $a=7$，计算过程如下。

（1）$a^u \bmod n=7^{35} \bmod 561=241$；

（2）$241^2 \bmod 561=298$；

（3）$298^2 \bmod 561=166$；

（4）$166^2 \bmod 561=67$；

（5）$67^2 \bmod 561=1$。

在最后一步，$67^2 \bmod 561=1$ 符合费马测试，但是出现了 67 这个非平凡平方根，不符合推论。这个例子说明费马测试不能发现的 Carmichael 数，用 Miller-Rabin 素性测试能找到。

3）Miller-Rabin 素性测试的出错率和计算复杂度

Miller-Rabin 素性测试需要用多个随机的基值 a 来做以上的测试。设有 s 个 a，共做 s 次测试，出错的概率为 2^{-s}。当 $s=50$ 时，出错概率已经小到可以忽略不计了。

计算复杂度分析：算法做了 s 次运算，再考虑到 t 次快速幂，总复杂度在最坏情况下为 $O(s\times(\log_2 n)^3)$。可见，这个算法能处理很大的 n 速度极快。

4）编程

根据以上讨论，Miller-Rabin 素性测试的编程包括 4 部分：费马小定理、二次探测定理（推论）、乘法模运算、快速幂取模。

下面给出 hdu 2138 的代码，它完全重现了上面的解释，请对照理解。

```
1    # include < bits/stdc++.h>
2    typedef long long LL;
3    LL fast_pow(LL x, LL y, int m){          //快速幂取模：x^y mod m
4        LL res = 1;
5        x %= m;
6        while(y) {
7            if(y&1) res = (res * x) % m;
8            x = (x * x) % m;
9            y >>= 1;
10       }
11       return res;
12   }
13   bool witness(LL a, LL n){                 //Miller-Rabin 素性测试，返回 true 表示 n 是合数
14       LL u = n - 1;                         //注意，u 的意义是 n-1 的二进制去掉末尾 0
15       int t = 0;                            //n-1 的二进制，是奇数 u 的二进制后面加 t 个 0
16       while(u&1 == 0)  u = u >> 1, t++;     //整数 n-1 末尾 0 的个数，就是 t
17       LL x1, x2;
18       x1 = fast_pow(a,u,n);                 //先计算 a^u mod n
19       for(int i = 1; i <= t; i++) {         //做 t 次平方取模
20           x2 = fast_pow(x1,2,n);            //x1^2 mod n
21           if(x2 == 1 && x1 != 1 && x1 != n-1) return true;    //用推论判断
22           x1 = x2;
23       }
```

```
24          if(x1 != 1) return true;  //用费马测试判断是否为合数: a^(n-1)≡1(mod n)不成立,是合数
25          return false;
26  }
27  int miller_rabin(LL n, int s){          //对 n 做 s 次测试
28      if(n < 2)   return 0;
29      if(n == 2) return 1;                //2 是素数
30      if(n % 2 == 0 ) return 0;           //偶数
31      for(int i = 0; i < s && i < n; i++){   //做 s 次测试
32          LL a = rand() % (n - 1) + 1;    //基值 a 是随机数
33          if(witness(a,n))   return 0;    //n 是合数,返回 0
34      }
35      return 1;                           //n 是素数,返回 1
36  }
37  int main(){
38      int m;
39          while(scanf("%d",&m) != EOF){
40          int cnt = 0;
41          for(int i = 0; i < m; i++){
42              LL n; scanf("%lld",&n);
43              int s = 50;                 //做 s 次测试
44              cnt += miller_rabin(n,s);
45          }
46          printf("%d\n",cnt);
47      }
48      return 0;
49  }
```

前面给出的 C 代码,最大变量是 64 位的 long long 类型,约为 10^{19},如果更大,就需要自己处理高精度大数了。大学的程序设计竞赛可以用 Java 编码。Java 函数 isProbablePrime() 能直接判断一个数是否为素数,它的内部实现用到了 Miller-Rabin 测试和 Lucas-Lehmer 测试。下面的 Java 代码实现连续读入数字,如果是素数,就输出 Yes。

```
1   import java.math. * ;
2   import java.util. * ;
3   public class Main {
4       public static void main(String[] args){
5           Scanner in = new Scanner (System.in);
6           BigInteger a;
7           while(in.hasNextBigInteger()){
8               a = in.nextBigInteger();
9               if(a.isProbablePrime(1))  System.out.println("Yes");
10              else                      System.out.println("No");
11          }
12      }
13  }
```

读者可以用上述代码验证一个 100 位的素数:91490149015914900159000000003849002
68490286915900269393859000159000383915914901590139268490285901490 1。

6.10.3 素数筛

素数的筛选:给定 n,求 $2 \sim n$ 内所有素数。

逐个判断显然很慢,所以用"筛子"一起筛所有整数,把非素数筛掉,剩下的就是素数。常用的两种算法为埃式筛和欧拉筛。欧拉筛的复杂度是线性的 $O(n)$,不可能更快了。

1. 埃氏筛

埃氏筛是一种古老而简单的方法,它直接利用了素数的定义。对于初始队列 $\{2,3,4,5,6,7,8,9,10,11,12,13,\cdots,n\}$,操作步骤如下。

(1) 输出最小的素数 2,然后筛掉 2 的倍数,得 $\{2,3,4,5,6,7,8,9,10,11,12,13,\cdots\}$。

(2) 输出最小的素数 3,然后筛掉 3 的倍数,得 $\{2,3,4,5,6,7,8,9,10,11,12,13,\cdots\}$。

(3) 输出最小的素数 5,然后筛掉 5 的倍数,得 $\{2,3,4,5,6,7,8,9,10,11,12,13,\cdots\}$。

继续以上步骤,直到队列为空。

下面给出代码,其中 visit$[i]$ 记录数 i 的状态,如果 visit$[i]=$true,表示它被筛掉了,不是素数。用 prime$[]$ 存放素数,如 prime$[0]$ 是第 1 个素数 2。

```
1    const int N = 1e7;                              //定义空间大小
2    int prime[N + 1];                               //存储素数,记录 visit[i] = false 的项
3    bool visit[N + 1];                              //true 表示被筛掉,不是素数
4    int E_sieve(int n) {                            //埃氏筛法,计算[2, n]内的素数
5        int k = 0;                                  //统计素数个数
6        for(int i = 0; i <= n; i++)  visit[i] = false; //初始化
7        for(int i = 2; i <= n; i++) {               //从第1个素数2开始,可优化(1)
8            if(!visit[i]) {
9                prime[k++] = i;                     //i是素数,存储到 prime[]中
10               for(int j = 2 * i; j <= n; j += i)  //i的倍数,都不是素数,可优化(2)
11                   visit[j] = true;                //标记为非素数,筛掉
12           }
13       }
14       return k;                                   //返回素数个数
15   }
```

上述代码中有两处可优化。

(1) 用来做筛除的数 $2,3,5,\cdots$ 最多到 $\sqrt{n}$ 就可以了。例如,求 $n=100$ 以内的素数,用 2、3、5、7 筛除就足够了。其原理与试除法一样:非素数 k 必定可以被一个小于或等于 $\sqrt{k}$ 的素数整除,被筛除。

(2) for(int $j=2*i$; $j<=n$; $j+=i$) 中的 $j=2*i$ 优化为 $j=i*i$。例如,$i=5$ 时,2×5、3×5、4×5 已经在前面 $i=2,3,4$ 时筛过了。

下面给出优化后的代码。其中,第 3 行的 $i*i<=n$ 和 $i<=$sqrt(n) 这两种写法都对,在 6.10.1 节曾经提到,前者对每个新的 i 都要计算一次 $i\times i$,而后者只需计算一次 sqrt(n),后面这种写法效率更高。

```
1   int E_sieve(int n) {
2       for(int i = 0; i <= n; i++)  visit[i] = false;
3       for(int i = 2; i * i <= n; i++)              //筛除非素数,改为 i <= sqrt(n),计算更快
4           if(!visit[i])
5               for(int j = i * i; j <= n; j += i)  visit[j] = true;      //标记为非素数
6       //下面记录素数
7       int  k = 0;                                 //统计素数个数
8       for(int i = 2; i <= n; i++)
9           if(!visit[i])  prime[k++] = i;          //存储素数
10      return k;
11  }
```

埃氏筛法虽然还不错,但其实做了一些无用功,某个数会被筛到好几次,如12就被2和3筛了两次。

计算复杂度分析:2的倍数被筛掉,计算 $n/2$ 次;3的倍数被筛掉,计算 $n/3$ 次;5的倍数被筛掉,计算 $n/5$ 次…总计算次数为 $O(n/2+n/3+n/5+\cdots)$,这里直接给出计算复杂度:$O(n\log_2\log_2 n)$。算法的效率很接近线性,已经足够好了。

空间复杂度分析:程序用到了 bool visit[$N+1$] 数组,当 $N=10^7$ 时,约10MB。由于埃氏筛只能用于处理约 $n=10^7$ 的问题,10MB空间是够用的。

2. 欧拉筛

欧拉筛(Sieve of Euler)是一种线性筛,它能在 $O(n)$ 的线性时间内求得 $1\sim n$ 内所有素数。欧拉筛是对埃氏筛的改进。

欧拉筛的原理:一个合数肯定有一个最小质因数;让每个合数只被它的最小质因数筛选一次,以达到不重复筛的目的。

具体操作步骤如下。

(1)逐一检查 $2\sim n$ 的所有数。第1个检查的是2,它是第1个素数。

(2)当检查到第 i 个数时,利用已经求得的素数去筛掉对应的合数 x,而且是用 x 的最小质因数去筛。

下面给出欧拉筛求素数的代码,代码很短,很精妙。

```
1   int prime[N];                              //保存素数,为节约空间,可以适当减小
2   bool vis[N];                               //记录是否被筛
3   int euler_sieve(int n){                    //欧拉筛,返回素数的个数
4       int cnt = 0;                           //记录素数个数
5       memset(vis,0,sizeof(vis));
6       memset(prime,0,sizeof(prime));
7       for(int i = 2;i <= n;i++){             //检查每个数,筛去其中的合数
8           if(!vis[i]) prime[cnt++] = i;      //如果没有筛过,是素数,记录;第1个素数为2
9           for(int j = 0; j < cnt; j++){      //用已经得到的素数去筛后面的数
10              if(i * prime[j] > n)  break;    //只筛小于或等于 n 的数
11              vis[i * prime[j]] = 1;          //关键1:用 x 的最小质因数筛去 x
12              if(i % prime[j] == 0)  break; //关键2:如果不是这个数的最小质因数,则结束
13          }
14      }
```

```
15        return cnt;              //返回小于或等于 n 的素数的个数
16    }
```

代码中难懂的是后面两个关键行。在"关键1"一行(第11行),其中的 prime[j] 是最小质因数,vis[$i * prime[j]$]=1 表示用最小质因数筛去了它的倍数。在"关键2"一行(第12行),及时跳出,避免重复筛。

下面用图 6.6 说明欧拉筛的执行过程,请读者对照代码和图解自己理解。特别注意图 6.6(d),它对应代码中的"关键2"。

vis[]   1 2 3 4 5 6 7 8 9 10 11 12 13 14 15 16 17 18 19 20

prime[]

(a) 初始化

i↓

vis[]   1 2 3 4 5 6 7 8 9 10 11 12 13 14 15 16 17 18 19 20

prime[]   2

(b) i=2,用素数2筛去4(2是4的最小质因数)

i↓

vis[]   1 2 3 4 5 6 7 8 9 10 11 12 13 14 15 16 17 18 19 20

prime[]   2 3

(c) i=3,用素数2筛去6,用素数3筛去9

i↓

vis[]   1 2 3 4 5 6 7 8 9 10 11 12 13 14 15 16 17 18 19 20

prime[]   2 3

(d) i=4,用素数2筛去8,注意素数3没有用到,循环j被跳出了

i↓

vis[]   1 2 3 4 5 6 7 8 9 10 11 12 13 14 15 16 17 18 19 20

prime[]   2 3   5

(e) i=5,用素数2筛去10,用3筛去15,用5筛去25

图 6.6 欧拉筛的执行过程

可以发现,每个数只被筛了一次,而且是被它的最小质因子筛去的。这说明欧拉筛是线性的,时间复杂度为 $O(n)$,可以用于处理约 $n = 10^8$ 的问题,此时代码使用的空间 bool vis[N] 为 100MB。

6.10.4 质因数分解

算术基本定理 任何一个正整数 n 都可以唯一分解为有限个素数的乘积,即 $n = p_1^{c_1} p_2^{c_2} \cdots p_m^{c_m}$,其中 c_i 都是正整数,p_i 都是素数且从小到大。

> **提示**　质因数分解有重要的工程意义。在密码学中,需要对高达百位以上的十进制数分解质因数,因此发明了很多高效率的方法[①]。不过,大数的质因数分解是个难题,比寻找大素数要难得多,密码 RSA 算法就利用了大数难以分解的原理。

1. 用欧拉筛求最小质因数

在介绍常见质因数分解算法之前,先接着 6.10.3 节讲解欧拉筛的一个应用:求 $1 \sim n$ 内每个数的最小质因数。只要简单修改欧拉筛的代码,直接用 vis[N] 记录最小质因数就可以。"欧拉筛求素数＋最小质因数"代码如下,修改了带注释的后两行。

```
1   int prime[N];                              //记录素数
2   int vis[N];                                //记录最小质因数
3   int euler_sieve(int n){
4       int cnt = 0;
5       memset(vis,0,sizeof(vis));
6       memset(prime,0,sizeof(prime));
7       for(int i = 2;i <= n;i++){
8           if(!vis[i]){ vis[i] = i; prime[cnt++] = i;}    //vis[]记录最小质因数
9           for(int j = 0; j < cnt; j++){
10              if(i * prime[j] > n)   break;
11              vis[i * prime[j]] = prime[j];              //vis[]记录最小质因数
12              if(i % prime[j] == 0)   break;
13          }
14      }
15      return cnt;
16  }
```

一般情况下,只需要对一个数做质因数分解。

2. 用试除法分解质因数

分解质因数也可以用前面提到的试除法。求 n 的质因数,步骤如下。

(1) 求最小质因数 p_1。逐个检查 $2 \sim \sqrt{n}$ 的所有素数,如果它能整除 n,就是最小质因数。然后连续用 p_1 除 n,目的是去掉 n 中的 p_1,得到 n_1。

(2) 再找 n_1 的最小质因数。逐个检查 $p_1 \sim \sqrt{n_1}$ 的所有素数。从 p_1 开始试除,是因为 n_1 没有比 p_1 小的质因数,而且 n_1 的因数也是 n 的因数。

(3) 继续以上步骤,直到找到所有质因数。

最后,经过去除因数的操作后,如果剩下一个大于 1 的数,那么它也是一个素数,是 n 的最大质因数。这种情况可以用一个例子说明。大于 $\sqrt{n}$ 的素数也可能是 n 的质因数,如 $6119 = 29 \times 211$,找到 29 后,因为 $29 \geqslant \sqrt{211}$,说明 211 是素数,也是质因数。

试除法的复杂度为 $O(\sqrt{n})$,效率很低。不过,在算法竞赛中,数据规模不大,所以一般

[①]　试除法很低效,有很多更好的分解因数的方法,参考《初等数论及其应用》第 93 页。

就用试除法。

下面给出试除法的代码。因为试除法的效率不高,所以 n 用 int 型,没有用 long long 型。

```
1    //代码改写自《算法竞赛进阶指南》(河南电子音像出版社,李煜东著)137 页
2    int p[20]; //p[]记录因数,p[1]是最小因数。一个 int 型数的质因数最多有十几个
3    int c[40]; //c[i]记录第 i 个因数的个数。一个因数的个数最多有三十几个
4    int factor(int n){
5        int m = 0;
6        for(int i = 2; i <= sqrt(n); i++)
7            if(n % i == 0){
8                p[++m] = i, c[m] = 0;
9                while(n % i == 0)  n /= i, c[m]++;      //把 n 中重复的因数去掉
10           }
11       if(n>1)  p[++m] = n, c[m] = 1;                  //没有被除尽,是素数
12       return m;                                       //共 m 个
13   }
```

3. 用 pollard_rho 启发式方法分解质因数

试除法的复杂度为 $O(\sqrt{n})$,也就是说,对到 B 的整数进行试除,可以完全获得到 B^2 的任意数的因数分解。使用 pollard_rho 算法,用同样的工作量,可以对到 B^4 的数进行因数分解[①]。

> **提示** pollard_rho 算法仍然是一种低效的方法,比试除法好一点,只能在算法竞赛这种小规模问题中使用。

思考一个问题:如何快速找到一个大数的因数?不能像试除法那样从小到大一个个检查,太慢了。可以挑一些数来"试",运气好的话说不定就碰到一个。这就是 pollard_rho 算法的思路,它使用了一个"随机"的方法。算法的主要内容只有两部分。

(1)"随机"函数。实际上不是随机,而是一个启发函数:$x_i = (x_{i-1}^2 + c) \bmod n$,其中 x 的初值 x_1 和 c 是随机数。计算结果是生成了一个 x 序列,这个序列的前半部分 $x_1, x_2, \cdots, x_{j-1}$ 不重复,后半部分 $x_j, x_{j+1}, \cdots, x_i$ 会重复并形成回路。rho 指希腊字母 ρ,不重复的序列是 ρ 的"尾巴",重复的回路是 ρ 的"身体",如图 6.7 所示。

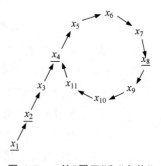

(2)计算 n 的一个因数。计算 $d = \gcd(y - x_i, n)$,其中 y 是第 x_{2^k},即第 $1, 2, 4, 8, \cdots$ 个 x,见图 6.7 中下画线的 x。如果 $d \neq 1$ 且 $d \neq n$,d 就是 n 的一个因数,原因很简单,gcd() 是求最大公约数,所以 d 肯定是 n 的因数。

图 6.7 ρ 的"尾巴"和"身体"

从上面的描述可以看出,pollard_rho 算法似乎极其简单,读者可能怀疑它是否真的有

[①] 参考《算法导论》(Thomas H. Cormen 等著,潘金贵等译,机械工业出版社出版)第 551 页。

效。确实,在一次 x 序列中,很可能计算不出因数,需要多次"随机"的 x 序列才能计算出一个因数。令人惊讶的是,这个算法的效果还不错,它可以用 $O(\sqrt{p})$ 次计算找到 n 的一个小因数 p。这其中的关键是启发函数的设计,似乎蕴含着深刻的数学规律,请读者查阅资料。

pollard_rho 算法的编码非常简单,见下面代码中的 pollard_rho() 函数。由于执行一次 pollard_rho() 函数只返回一个因数,要得到所有的因数,需要再写一个 findfac() 函数多次调用 pollard_rho() 函数,递归求得所有质因数。

注意代码中的 Gcd() 函数,应保证参数大于或等于 0。

```
1   //poj 1811 部分代码: 输入一个整数 n,2<=n<2^54,判断它是否为素数,如果不是,输出最小质因数
2   typedef long long ll;
3   ll Gcd (ll a, ll b){return b? Gcd(b, a%b):a;}
4   ll mult_mod (ll a, ll b, ll n){                    //返回(a*b) mod n
5       a %= n,  b %= n;
6       ll ret = 0;
7       while (b){
8           if (b&1){
9               ret += a;
10              if (ret >= n) ret -= n;
11          }
12          a <<= 1;
13          if (a >= n) a -= n;
14          b >>= 1;
15      }
16      return ret;
17  }
18  ll pollard_rho (ll n){                             //返回一个因数,不一定是质因数
19      ll i = 1, k = 2;
20      ll c = rand() % (n-1) + 1;
21      ll x = rand() % n;
22      ll y = x;
23      while (true){
24          i++;
25          x = (mult_mod(x, x, n) + c) % n;           //(x*x) mod n
26          ll d = Gcd(y>x?y-x:x-y, n);                //重要: 保证 gcd 的参数大于或等于 0
27          if (d!=1 && d!=n) return d;
28          if (y == x) return n;                      //已经出现过,直接返回
29          if (i == k) { y = x; k = k<<1;}
30      }
31  }
32  void findfac (ll n){                               //找所有的质因数
33      if (miller_rabin(n)) {                         //用 miller_rabin 判断是否为素数
34          factor[tol++] = n;                         //存储质因数
35          return;
36      }
37      ll p = n;
38      while (p >= n) p = pollard_rho(p);             //找到一个因数
39      findfac(p);                                    //继续寻找更小的因数
40      findfac(n/p);
41  }
```

扫一扫

视频讲解

【习题】

洛谷 P4718/P1075/P2441/P5535。

6.11 威尔逊定理

威尔逊定理 若 p 为素数,则 p 可以整除 $(p-1)!+1$。

威尔逊定理有多种表示方法,如下。

(1) $((p-1)!+1) \bmod p = 0$;

(2) $(p-1)! \bmod p = p-1$;

(3) $(p-1)! = pq-1$,q 为正整数;

(4) 用同余表示为 $(p-1)! \equiv -1 \pmod{p}$。

例如,5 是素数,5 可以整除 $(5-1)!+1=25$。非素数不可以,如 4 不能整除 $(4-1)!+1=7$。

下面用 3 道例题说明威尔逊定理的应用。

例 6.26 Zball in Tina Town(hdu 5391)

问题描述:计算 $(n-1)! \bmod n$。

输入:第 1 行输入整数 t,表示有 t 个测试;后面 t 行中,每行输入一个整数 n。$t \leqslant 10^5$,$2 \leqslant n \leqslant 10^9$。

输出:对每个 n,输出 $(n-1)! \bmod n$。

(1) 当 n 为合数时,除了 4 以外,$(n-1)!$ 中肯定有两个数的积为 n,得 $(n-1)! \bmod n = 0$。

(2) 当 n 为素数时,根据威尔逊定理,$(n-1)! \bmod n = n-1$。

例 6.27 YAPTCHA(hdu 2973)

问题描述:计算 $S_n = \sum_{k=1}^{n}\left[\dfrac{(3k+6)!+1}{3k+7} - \left[\dfrac{(3k+6)!}{3k+7}\right]\right]$,其中 $[x]$ 表示不大于 x 的最大整数。

输入:第 1 行输入整数 t,表示有 t 个测试;后面 t 行中,每行输入一个整数 n。$1 \leqslant n \leqslant 10^6$。

输出:对每个 n,输出 S_n。

设 $p=3k+7$,记 $f(k)=\left[\dfrac{(p-1)!+1}{p} - \left[\dfrac{(p-1)!}{p}\right]\right]$。

(1) 若 p 为合数,$(p-1)!$ 能被 p 整除,$S_n=0$。

（2）若 p 为素数，$(p-1)!=pq-1$，有 $f(k)=\left[\dfrac{pq-1+1}{p}-\left[\dfrac{pq-1}{p}\right]\right]=$

$\left[q-\left[q-\dfrac{1}{p}\right]\right]=[q-(q-1)]=1$。

所以 $S_n=\sum\limits_{k=1}^{n}f(k)$ 转换为求 $1\sim n$ 内的素数个数。因为 n 不大，用素数筛即可。

例 6.28　Fansblog（hdu 6608）

问题描述：给定一个素数 p，找到比 p 小的最大素数 q，输出 $q!\bmod p$。

输入：第 1 行输入整数 t，表示有 t 个测试；后面 t 行中，每行输入一个整数 p。$10^9\leqslant n\leqslant 10^{14}$。

输出：对每个 p，输出 $q!\bmod p$。

先用 Miller-Rabin 素性测试找到 q。根据威尔逊定理 $(p-1)!\bmod p=p-1$，有 $q!(q+1)(q+2)\cdots(p-1)\bmod p=p-1$，即 $q!\bmod p=1/((q+1)(q+2)\cdots(p-2))\bmod p$，需要用逆计算除法取模。

本题出现了对分数取模计算，分数取模是可计算的，根据费马小定理推出 $(b/a)\bmod m=(b\,a^{m-2})\bmod m$。例如，$(2/5)\bmod 3=(2\times 5^{3-2})\bmod 3=1$。

6.12　积 性 函 数

积性（乘性）函数是整数集合上的一类特殊函数。本节介绍的概念将用于后面几节的欧拉函数、狄利克雷卷积、莫比乌斯函数、莫比乌斯反演、杜教筛等内容中。

1. 积性函数定义[1]

（1）定义在所有正整数上的函数称为算术函数（或数论函数）。

（2）如果算术函数 f 对任意两个互素的正整数 p 和 q 均有 $f(pq)=f(p)f(q)$，称为积性函数（Multiplicative Functions，或译为乘性函数）[2]。

（3）如果对任意两个正整数 p 和 q 均有 $f(pq)=f(p)f(q)$，称为完全积性函数。

积性函数的一个重要性质：积性函数的和函数也是积性函数。如果 f 是积性函数，那么 f 的和函数 $F(n)=\sum\limits_{d\mid n}f(d)$ 也是积性函数。其中，$d\mid n$ 表示 d 整除 n。

　和函数在杜教筛中起到了关键的作用。

---

① 详见《初等数论及其应用》第 7 章"乘性函数"。
② 有乘性函数，也有加性函数。参考《初等数论及其应用》第 182 页。

2. 积性函数的基本问题

(1) 计算积性函数 f 的第 n 项 $f(n)$。

(2) 计算积性函数 f 在 $1 \sim n$ 范围内所有项：$f(1), f(2), \cdots, f(n)$。

(3) 计算积性函数 f 前 n 项的和 $\sum_{i=1}^{n} f(i)$，即前缀和。这是杜教筛的目标。

后面以欧拉函数和莫比乌斯函数为例，解答了这几个问题。

3. 常用积性函数

下面的积性函数，在狄利克雷卷积中常常用到。

$\mathrm{id}(n)$：单位函数，$\mathrm{id}(n) = n$。

$I_k(n)$：幂函数，$I_k(n) = n^k$。

$\varepsilon(n)$：元函数，$\varepsilon(n) = \begin{cases} 1, & n = 1 \\ 0, & n > 1 \end{cases}$。

$\sigma(n)$：因数和函数，$\sigma(n) = \sum_{d \mid n} d$。

$d(n)$：约数个数，$d(n) = \sum_{d \mid n} 1$。

6.13　欧 拉 函 数

为了彻底了解积性函数的运算，本节以欧拉函数为例进行讲解，这是一个经典的积性函数，并用这个例子引出为什么要使用杜教筛。

6.13.1　欧拉函数的定义和性质

欧拉函数定义[①]：设 n 是一个正整数，欧拉函数 $\phi(n)$ 定义为不超过 n 且与 n 互素的正整数的个数。

$$\phi(n) = \sum_{i=1}^{n} [\gcd(i, n) = 1]$$

例如，$n = 4$ 时，1 和 3 这两个数与 4 互素，$\phi(4) = 2$；$n = 9$ 时，1、2、4、5、7、8 这 6 个数与 9 互素，$\phi(9) = 6$。

定理 6.13.1[②]　设 p 和 q 是互素的正整数，那么 $\phi(pq) = \phi(p)\phi(q)$。

这个定理说明欧拉函数是一个积性函数，有以下推理。

若 $n = p_1^{a_1} \times p_2^{a_2} \cdots \times p_s^{a_s}$，其中 $p_1, p_2, \cdots, p_s$ 互素，$a_1, a_2, \cdots, a_s$ 是它们的幂，则 $\phi(n) = \phi(p_1^{a_1}) \times \phi(p_2^{a_2}) \times \cdots \times \phi(p_s^{a_s})$。

---

① 详见《初等数论及其应用》第 172 页欧拉定理。

② 有关欧拉函数的所有证明，详见《初等数论及其应用》第 176～180 页。

如果 $p_1, p_2, \cdots, p_s$ 互素，那么 $p_1^{a_1}, p_2^{a_2}, \cdots, p_s^{a_s}$ 也是互素的。

以 $n=84$ 为例，$84=2^2 \times 3 \times 7$，$\phi(84)=\phi(2^2 \times 3 \times 7)=\phi(2^2) \times \phi(3) \times \phi(7)$。

定理 6.13.2 设 n 为正整数，那么

$$n = \sum_{d \mid n} \phi(d)$$

其中，$d \mid n$ 表示 d 整除 n，上式表示对 n 的正因数求和。例如，$n=12$，那么 d 是 $1, 2, 3, 4, 6$，12，有 $12=\phi(1)+\phi(2)+\phi(3)+\phi(4)+\phi(6)+\phi(12)$。

这个定理说明了 n 与 $\phi(n)$ 的关系：n 的正因数（包括 1 和自身）的欧拉函数之和等于 n。

有很多方法可以证明。下面给出一种直接易懂的证明方法。

证明 n 个分数 $\dfrac{1}{n}, \dfrac{2}{n}, \cdots, \dfrac{n}{n}$ 互不相等。化简这些分数，得到新的 n 个分数，它们的分母和分子互素，形如 $\dfrac{a}{d}$，$d \mid n$ 且 a 与 d 互素。在所有 n 个分数中，分母为 d 的分数的数量为 $\phi(d)$。所有不同分母的分数，其总数为 $\sum\limits_{d \mid n} \phi(d)$，所以 $n = \sum\limits_{d \mid n} \phi(d)$，得证。

 定理 6.13.2 是欧拉函数特别重要的一个性质，这一性质用于杜教筛。

6.13.2　求欧拉函数的通解公式

欧拉函数有什么用？利用它可以推导出欧拉定理，欧拉定理可用于求大数的模、求解线性同余方程等，在密码学中有重要应用。所以，求 $\phi(n)$ 是一个常见的计算。

欧拉定理 设 m 是一个正整数，a 是一个整数且 a 与 m 互素，即 $\gcd(a, m)=1$，则有 $a^{\phi(m)} \equiv 1 \pmod{m}$。

从定理 6.13.1 可以推出定理 6.13.3，定理 6.13.3 是计算 $\phi(n)$ 的通解公式。

定理 6.13.3 设 $n = p_1^{a_1} \times p_2^{a_2} \cdots \times p_k^{a_k}$ 为正整数 n 的质幂因数分解，那么

$$\phi(n) = n\left(1-\frac{1}{p_1}\right)\left(1-\frac{1}{p_2}\right)\cdots\left(1-\frac{1}{p_k}\right) = n\prod_{i=1}^{k}\left(1-\frac{1}{p_i}\right)$$

上述公式有以下两种特殊情况。

(1) 若 n 是素数，$\phi(n)=n-1$。这一点很容易推理，请读者思考。

(2) 若 $n=p^k$，p 是素数，有 $\phi(n)=\phi(p^k)=p^k-p^{k-1}=p^{k-1}(p-1)=p^{k-1}\phi(p)$。

所以，欧拉函数 $\phi(n)$ 的求解归结到了分解质因数这个问题。

下面给出"求单个欧拉函数"的代码。先用试除法分解质因数，再用公式 $\phi(n) = n \times \prod\limits_{i=1}^{k}\left(1-\dfrac{1}{p_i}\right)$ 求得 $\phi(n)$。总复杂度仍然为 $O(\sqrt{n})$。

```
1   int euler(int n){
2       int ans = n;
3       for(int p = 2; p * p <= n; ++p){      //试除法:检查2~sqrt(n)的每个数
4           if(n % p == 0){                   //能整除,p是一个因数,而且是质因数,请思考
5               ans = ans/p * (p - 1);        //求欧拉函数的通式
6               while(n % p == 0)             //去掉这个因数的幂,并使下一个p是质因数
7                   n /= p;                   //减小了n
8           }
9       }
10      if(n != 1)  ans = ans/n * (n - 1);    //情况(1):n是一个质数,没有执行上面的分解
11      return ans;
12  }
```

6.13.3　用线性筛(欧拉筛)求 1~n 内的所有欧拉函数

现在要求 1~n 内的所有欧拉函数,而不是只求一个欧拉函数。前面求一个欧拉函数的复杂度为 $O(\sqrt{n})$,如果一个一个地求 1~n 内所有欧拉函数,那么总复杂度为 $O(n\sqrt{n})$,效率太低。

这个过程可以优化步骤如下。

(1) 利用积性函数的性质 $\phi(p_1 p_2) = \phi(p_1)\phi(p_2)$,求得 $\phi(p_1)$ 和 $\phi(p_2)$ 后,可以递推出 $\phi(p_1 p_2)$。

(2) 求 1~n 内的素数,用于上一步骤的递推。

编程时,可以进行如下操作。

(1) 求得 1~n 内每个数的最小质因数。所谓最小质因数,如 $84 = 2^2 \times 3 \times 7$,84 的最小质因数是 2。这步操作可以用欧拉筛,复杂度为 $O(n)$,不可能更快了。

(2) 在上一步的基础上,递推求 1~n 内每个数的欧拉函数。这一步的复杂度也为 $O(n)$。两者相加,总复杂度为 $O(n)$。

下面用一道模板题给出"欧拉筛+欧拉函数公式"模板代码。

 例 6.29　仪仗队(洛谷 P2158)

问题描述:作为体育委员,C 负责这次运动会仪仗队的训练。仪仗队是由学生组成的 $n \times n$ 的方阵,为了保证队伍在行进中整齐划一,C 会跟在仪仗队的左后方,根据其视线所及的学生人数判断队伍是否整齐如图 6.8 所示。现在,C 希望你告诉他队伍整齐时能看到的学生人数。

输入:一个数 n。

输出:C 应看到的学生人数。

图 6.8　仪仗队

本题可以建模为欧拉函数,建模过程留给读者思考。

这是欧拉函数的模板题。get_phi()函数是计算欧拉函数的模板,其中判断了 3 种情况,细节见代码注释。

（1）若 n 是素数，则 $\phi(n)=n-1$。

（2）若 $n=p^k$，p 是素数，有 $\phi(n)=p^{k-1}\phi(p)$。

（3）若 $n=p_1p_2$，用 $\phi(n)=\phi(p_1)\phi(p_2)$ 递推。

下面给出洛谷 P2158 的代码。

```
1   # include< bits/stdc++.h>
2   using namespace std;
3   const int N = 50000;
4   int vis[N];                        //记录是否被筛；或者用于记录最小质因数
5   int prime[N];                      //记录素数
6   int phi[N];                        //记录欧拉函数
7   int sum[N];                        //计算欧拉函数的和
8   void get_phi(){                    //模板：求 1~N 内的欧拉函数
9       phi[1] = 1;
10      int cnt = 0;
11      for( int i = 2;i < N;i++) {
12          if(!vis[i]) {
13              vis[i] = i; //vis[i] = 1;   //二选一：前者记录最小质因数,后者记录是否被筛
14              prime[cnt++] = i;          //记录素数
15              phi[i] = i - 1;            //(1)i 是素数,它的欧拉函数值为 i-1
16          }
17          for(int j = 0;j < cnt;j++) {
18              if(i * prime[j] > N)  break;
19              vis[i * prime[j]] = prime[j]; //vis[i * prime[j]] = 1;
20                             //二选一：前者记录最小质因数,后者记录是否被筛
21              if(i % prime[j] == 0){    //prime[j]是最小质因数
22                  phi[i * prime[j]] = phi[i] * prime[j]; //(2)i 是 prime[j]的 k 次方
23                  break;
24              }
25              phi[i * prime[j]] = phi[i] * phi[prime[j]];
26                             //(3)i 和 prime[j]互素,递推出 i * prime[j]
27          }
28      }
29  }
30  int main(){
31      get_phi();                                        //计算所有欧拉函数
32      sum[1] = 1;
33      for(int i = 2;i <= N;i++)  sum[i] = sum[i-1] + phi[i]; //计算欧拉函数的和
34      int n;   scanf(" % d",&n);
35      if(n == 1) printf("0\n");
36      else    printf(" % d\n",2 * sum[n-1] + 1);
37      return 0;
38  }
```

本节的例子是用欧拉筛求欧拉函数，读者可以认识到，**积性函数都可以用欧拉筛求解**。后面还有一个例子：用欧拉筛求解积性函数莫比乌斯函数。

在欧拉函数问题的最后，回到一个问题——求 $\sum\limits_{i=1}^{n}\varphi(i)$。简单的方法是计算出每个欧拉函数，再求和，复杂度为 $O(n)$。更快的方法是杜教筛，复杂度为 $O(n^{\frac{2}{3}})$。杜教筛需要整

除分块、狄利克雷卷积等前置知识。

【习题】

洛谷 P2568/P2398/P4139/P5221。

扫一扫
视频讲解

6.14　整除分块（数论分块）

整除分块是为了解决一个整除的求和问题：$\sum\limits_{i=1}^{n}\left\lfloor\dfrac{n}{i}\right\rfloor$。其中 $\left\lfloor\dfrac{n}{i}\right\rfloor$ 表示 n 除以 i 并向下取整[①]，n 是给定的一个整数。

如果直接暴力计算，复杂度为 $O(n)$，若 n 很大会超时。但是，用整除分块算法求解，复杂度为 $O(\sqrt{n})$。

以 $n=8$ 为例，列出每个情况，如表 6.2 所示。

表 6.2　整除分块示例

i	1	2	3	4	5	6	7	8
$8/i$	8	4	2	2	1	1	1	1

对第 2 行求和，结果为 $\sum\limits_{i=1}^{8}\left\lfloor\dfrac{8}{i}\right\rfloor=20$。

观察表 6.2 中第 2 行 $8/i$ 的值，发现是逐步变小的，并且很多值相等，这是整除操作的规律。例如：

$$8/1=8$$
$$8/2=4$$
$$8/3=8/4=2$$
$$8/5=8/6=8/7=8/8=1$$

为了对这些整除的结果进行快速求和，自然能想到把它们分块，其中每块的 $8/i$ 相同，将这一块一起算，就快多了。

设每块的左右区间为 $[L,R]$，上面的例子可以分为 4 块：$[1,1]$、$[2,2]$、$[3,4]$、$[5,8]$。

每块内部的求和计算，只要用数量乘以值就行了，如 $[5,8]$ 区间的整除和为 $(8-5+1)\times1=4$。这个计算的复杂度为 $O(1)$。

最后，还有两个问题。

(1) 把 $\left\lfloor\dfrac{n}{i}\right\rfloor$ 按相同值分块，一共需要分为几块？或者说，$\left\lfloor\dfrac{n}{i}\right\rfloor$ 有几种取值？这决定了算法的复杂度。

答　分块少于 $2\sqrt{n}$ 种，证明如下。

$i\leqslant\sqrt{n}$ 时，$\dfrac{n}{i}$ 的值有 $\left\{\dfrac{n}{1},\dfrac{n}{2},\dfrac{n}{3},\cdots,\dfrac{n}{\sqrt{n}}\right\}$，$\dfrac{n}{i}\geqslant\sqrt{n}$，共 $\sqrt{n}$ 个，此时 $\left\lfloor\dfrac{n}{i}\right\rfloor$ 有 $\sqrt{n}$ 种取值。

[①]　除法运算：向上取整，英文为 Ceiling，用符号「」表示；向下取整，英文为 Floor，用符号⌊⌋表示。

$i > \sqrt{n}$ 时，有 $\dfrac{n}{i} < \sqrt{n}$，此时 $\left\lfloor \dfrac{n}{i} \right\rfloor$ 也有 $\sqrt{n}$ 种取值。

两者相加，共 $2\sqrt{n}$ 种。所以，整除分块的数量为 $O(\sqrt{n})$。

（2）如何计算？或者说，给定每个块的第 1 个数 L，能推出这个块的最后一个数 R 吗？

答　可以证明 L 和 R 的关系是 $R = n/(n/L)$，证明略[①]。

下面给出代码，输入 n，输出分块、分块和。

```
1    # include < bits/stdc++.h>
2    using namespace std;
3    int main(){
4        long long n, L, R, ans = 0;
5        cin >> n;
6        for(L = 1; L <= n; L = R + 1){
7            R = n/(n/L);                              //计算 R，让分块右移
8            ans += (R − L + 1) * (n/L);               //分块求和
9            cout << L <<" − "<< R <<": "<< n/R << endl;  //打印分块的情况
10       }
11       cout << ans;                                  //打印和
12   }
```

【习题】

洛谷 P1829/P2261/P3935。

6.15　　　　　狄利克雷卷积

扫一扫

视频讲解

狄利克雷卷积（Dirichlet Convolution）是计算求和问题的有用工具。

设 f 和 g 是算术函数，记 f 和 g 的狄利克雷卷积为 $f * g$，定义为[②]

$$(f * g)(n) = \sum_{d \mid n} f(d) g\left(\frac{n}{d}\right)$$

这是一个求和公式，其中 $d \mid n$ 表示 d 整除 n，卷积是对正因数求和。

这个卷积有什么含义呢？现在给出一个特殊的例子。定义恒等函数 $I(n) = n$、常数函数 $1(n) = 1$，它们的卷积是

$$(I * 1)(n) = \sum_{d \mid n} I(d) 1\left(\frac{n}{d}\right) = \sum_{d \mid n} d \cdot 1 = \sum_{d \mid n} d = \sigma(n)$$

把它记为 $I * 1 = \sigma$。

$\sigma(n)$ 是"因数和函数"的符号。例如，$n = 12$，那么 $\sigma(n) = 1 + 2 + 3 + 4 + 6 + 12 = 28$。$\sigma(n)$ 是积性函数。

狄利克雷卷积的性质如下。

[①]　证明细节见 https://blog.csdn.net/qq_41021816/article/details/84842956。

[②]　https://brilliant.org/wiki/dirichlet-convolution/

(1) 交换律：$f * g = g * f$。

(2) 结合律：$(f * g) * h = f * (g * h)$。

(3) 分配律：$f * (g + h) = (f * g) + (f * h)$。

(4) 元函数的定义为 $\varepsilon(n) = \left\lfloor \dfrac{1}{n} \right\rfloor = \begin{cases} 1, & n = 1 \\ 0, & n > 1 \end{cases}$。对于任何 f，有 $\varepsilon * f = f * \varepsilon = f$。

(5) 两个积性函数的狄利克雷卷积仍然是积性函数。

6.16　莫比乌斯函数和莫比乌斯反演

本节简单介绍莫比乌斯函数。这个数学概念十分抽象，读者可能困惑莫比乌斯函数是怎么来的，本节将解答这个问题。

1. 莫比乌斯函数的定义和性质

莫比乌斯函数以数学家 Möbius 的名字命名[①]。莫比乌斯函数是狄利克雷卷积的重要工具，它也是数论和组合数学的重要的积性函数。

莫比乌斯函数 $\mu(n)$ 定义为[②]

$$\mu(n) = \begin{cases} 1, & n = 1 \\ (-1)^r, & n = p_1 p_2 \cdots p_r，\text{其中 } p_i \text{ 为不同的素数} \\ 0, & \text{其他} \end{cases}$$

举一些例子：$\mu(1) = 1, \mu(2) = -1, \mu(3) = -1, \mu(4) = \mu(2^2) = 0, \mu(5) = -1, \mu(6) = \mu(2 \times 3) = 1, \mu(7) = -1, \mu(8) = \mu(2^3) = 0, \mu(330) = \mu(2 \times 3 \times 5 \times 11) = (-1)^4 = 1, \mu(660) = \mu(2^2 \times 3 \times 5 \times 11) = 0$。

莫比乌斯函数 $\mu(n)$ 是积性函数。它有一个与欧拉函数 $n = \sum_{d \mid n} \phi(d)$ 类似的定理。

定理 6.16.1　莫比乌斯函数的和函数在整数 n 处的值 $F(n) = \sum_{d \mid n} \mu(d)$，满足

$$\sum_{d \mid n} \mu(d) = \begin{cases} 1, & n = 1 \\ 0, & n > 1 \end{cases}$$

证明

(1) $n = 1$ 时，显然有 $F(1) = \sum_{d \mid 1} \mu(1) = 1$。

(2) $n > 1$ 时，根据积性函数的定义，有 $F(n) = F(p_1^{a_1}) F(p_2^{a_2}) \cdots F(p_t^{a_t})$，其中 $n = p_1^{a_1} p_2^{a_2} \cdots p_t^{a_t}$ 是质因数分解。如果能证明 $F(p^k) = 0$，即有 $F(n) = 0$。因为当 $i \geqslant 2$ 时，$\mu(p^i) = 0$，有

$$F(p^k) = \sum_{d \mid p^k} \mu(d) = \mu(1) + \mu(p) + \mu(p^2) + \cdots + \mu(p^k) = 1 + (-1) + 0 + \cdots + 0 = 0$$

---

①　https://brilliant.org/wiki/mobius-function/

②　参考《初等数论及其应用》第 200 页。

下面给出莫比乌斯函数线性筛代码,求$1\sim n$内的莫比乌斯函数,与欧拉函数线性筛的代码几乎一样,此处不做解释。

```
1   bool vis[N];
2   int prime[N];
3   int Mob[N];
4   void Mobius_sieve(){
5       int cnt = 0;
6       vis[1] = 1;
7       Mob[1] = 1;
8       for(int i = 2; i <= N; i++){
9           if(!vis[i])  prime[cnt++] = i, Mob[i] = - 1;
10          for(int j = 0; j < cnt && 1LL * prime[j] * i <= N; j++){
11              vis[prime[j] * i] = 1;
12              Mob[i * prime[j]] = (i % prime[j] ? - Mob[i] : 0);
13              if(i % prime[j] == 0)  break;
14          }
15      }
16  }
```

2. 莫比乌斯函数的由来

看到莫比乌斯函数的定义,读者可能感到奇怪,它是怎么来的?有什么用?

下面的内容引用自《初等数论及其应用》第199页,解释了莫比乌斯函数的来龙去脉。

设f为算术函数,f的和函数F的值为$F(n) = \sum_{d|n} f(d)$,显然,F由f的值决定。这种关系可以反过来吗?也就是说,是否存在一种用F求出f的值的简便方法?本节给出这样的公式,看什么样的公式可行。

若f是算术函数,F是它的和函数$F(n) = \sum_{d|n} f(d)$,按定义展开$F(n)$,$n = 1, 2, \cdots, 8$,有

$$F(1) = f(1)$$
$$F(2) = f(1) + f(2)$$
$$F(3) = f(1) + f(3)$$
$$F(4) = f(1) + f(2) + f(4)$$
$$F(5) = f(1) + f(5)$$
$$F(6) = f(1) + f(2) + f(3) + f(6)$$
$$F(7) = f(1) + f(7)$$
$$F(8) = f(1) + f(2) + f(4) + f(8)$$

根据上述方程,可以解得

$$f(1) = F(1)$$
$$f(2) = F(2) - F(1)$$
$$f(3) = F(3) - F(1)$$
$$f(4) = F(4) - F(2)$$
$$f(5) = F(5) - F(1)$$
$$f(6) = F(6) - F(3) - F(2) + F(1)$$

$$f(7) = F(7) - F(1)$$
$$f(8) = F(8) - F(4)$$

注意 $f(n)$ 等于形式为 $\pm F\left(\dfrac{n}{d}\right)$ 的一些项之和，其中 $d \mid n$。从这一结果中，可能有这样一个等式，形式为

$$f(n) = \sum_{d \mid n} \mu(d) F\left(\frac{n}{d}\right)$$

其中，μ 为算术函数。如果等式成立，计算得到 $\mu(1) = 1, \mu(2) = -1, \mu(3) = -1, \mu(4) = 0$，$\mu(5) = -1, \mu(6) = 1, \mu(7) = -1, \mu(8) = 0$（读者已经发现和前面莫比乌斯函数的值一样）。

又因为 $F(p) = f(1) + f(p)$，得 $f(p) = F(p) - F(1)$，其中 p 是素数，则 $\mu(p) = -1$。

又因为 $F(p^2) = f(1) + f(p) + f(p^2)$，有 $f(p^2) = F(p^2) - (F(p) - F(1)) - F(1) = F(p^2) - F(p)$。

这要求对任意素数 p，有 $\mu(p^2) = 0$。类似地，推理得出对任意素数 p 及整数 $k > 1$，有 $\mu(p^k) = 0$。如果猜想 μ 是积性函数，则 μ 的值就由质数幂处的值决定。

3. 莫比乌斯反演

定理 6.16.2 莫比乌斯反演（Möbius Inversion）公式。若 f 是算术函数，F 为 f 的和函数，对任意正整数 n，满足 $F(n) = \sum_{d \mid n} f(d)$，则有 $f(n) = \sum_{d \mid n} \mu(d) F\left(\dfrac{n}{d}\right)$。

从定理 6.16.2 可以推出定理 6.16.3。

定理 6.16.3 设 f 是算术函数，它的和函数为 $F(n) = \sum_{d \mid n} f(d)$。如果 F 是积性函数，则 f 也是积性函数。

莫比乌斯反演不需要 f 是积性函数。运用莫比乌斯反演可以将一些函数转化，从而降低计算难度。

【习题】

洛谷 P3172/P2522/P3455/P3327/P1829/P4619/P3704/P5518。

扫一扫

视频讲解

6.17 杜 教 筛

与杜教筛有关的各种知识有积性函数、欧拉函数、整除分块、狄利克雷卷积、莫比乌斯反演等，前面已经详解了它们的理论知识、典型例题、关键代码。

杜教筛的核心内容可以总结为以下 3 条。

（1）杜教筛用途：在低于线性时间里高效率求一些积性函数的前缀和。

（2）杜教筛算法＝整除分块＋狄利克雷卷积＋线性筛。

（3）杜教筛公式：$g(1)S(n) = \sum_{i=1}^{n} h(i) - \sum_{i=2}^{n} g(i)S\left(\left\lfloor \dfrac{n}{i} \right\rfloor\right)$。

6.17.1　杜教筛的起源

"杜教筛"是一个亲切的算法名字,从 2016 年后流行于中国的 OI 圈。"杜教"是中学信息学奥赛队员杜瑜皓[①]。本书作者好奇"杜教筛"这个名称的来源,联系到他,他表示虽然算法的原理不是他的发明,但确实是他最早应用在 OI 竞赛中[②]。至于为什么被称为"杜教筛"并广为传播,可能是一个谜了。

这个算法的原始出处,在 skywalkert(唐靖哲)的博客中提到[③]:"这种黑科技大概起源于 Project Euler 这个网站[④],由 xudyh(杜瑜皓)引入中国 OI 和 ACM 界,目前出现了一些 OI 模拟题、OJ 月赛题、ACM 赛题,是需要这种技巧在低于线性时间的复杂度下解决一类积性函数的前缀和问题。"

洛谷 P4213 是经典的杜教筛题目求数论函数的前缀和。

 例 6.30　洛谷 P4213

给定一个正整数 $n,n \leqslant 2^{31}-1$,求

$$\text{ans1} = \sum_{i=1}^{n} \phi(i), \quad \text{ans2} = \sum_{i=1}^{n} \mu(i)$$

题目中的 $\phi(i)$ 是欧拉函数,$\mu(i)$ 是莫比乌斯函数。欧拉函数和莫比乌斯函数在算法竞赛中很常见,它们都是积性函数。题目要求这两个积性函数的前缀和,由于给的 n 很大,显然不能直接用暴力的复杂度为 $O(n)$ 的线性方法计算,如果用杜教筛计算,复杂度为 $O(n^{\frac{2}{3}})$。

提示　读者看到 $O(n^{\frac{2}{3}})$,可能感觉和 $O(n)$ 相差不大,但实际上这是一个很大的优化,两者相差 $n^{\frac{1}{3}}$ 倍。在上述例题中,$n=2^{31} \approx 21$ 亿,$n^{\frac{2}{3}} \approx 160$ 万,两者相差 1300 倍。

6.17.2　杜教筛公式的推导

杜教筛要解决的是这一类问题:设 $f(n)$ 是一个数论函数,计算 $S(n) = \sum_{i=1}^{n} f(i)$。

---

① 感谢杜瑜皓对本节提出细致的修改意见。

② 2016 年信息学奥林匹克中国国家队候选队员论文集中任之洲的论文《积性函数求和的几种方法》提到杜教筛:"这个算法在国内信息学竞赛中一般称为杜教筛,可以高效地完成一些常见数论函数的计算。"

③ blog. csdn. net/skywalkert/article/details/50500009

④ https://projecteuler. net/archives Project Euler 网站也是一个 OJ,题库中有很多高难度的数学题。不过这个 OJ 并不需要提交代码,只提交答案即可。这个网站被推崇的原因之一是如果提交的答案正确,就有权限看别人对这一题的解题方法以及上传的代码。

由于 n 很大，要求以低于 $O(n)$ 的复杂度求解，所以用线性筛是不够的。如果能用到整除分块，每块的值相等一起算，就加快了速度，也就是构造形如 $\sum\limits_{i=1}^{n}\left\lfloor\dfrac{n}{i}\right\rfloor$ 的整除分块。

简单地说，杜教筛的思路是把 $f(n)$ 构造成能利用整除分块的新的函数，这个构造用到了卷积。

记 $S(n)=\sum\limits_{i=1}^{n}f(i)$。根据 $f(n)$ 的性质，构造一个 $S(n)$ 关于 $S\left(\left\lfloor\dfrac{n}{i}\right\rfloor\right)$ 的递推式，构造方法如下[①]。

构造两个积性函数 h 和 g，满足卷积 $h=g*f$。

根据卷积的定义，有 $h(i)=\sum\limits_{d\mid i}g(d)f\left(\dfrac{i}{d}\right)$，对 $h(i)$ 求和，有

$$\sum_{i=1}^{n}h(i)=\sum_{i=1}^{n}\sum_{d\mid i}g(d)f\left(\frac{i}{d}\right)$$

$$=\sum_{d=1}^{n}g(d)\sum_{d\mid i}f\left(\frac{i}{d}\right)$$

$$=\sum_{d=1}^{n}g(d)\sum_{i=1}^{\left\lfloor\frac{n}{d}\right\rfloor}f(i)$$

$$=\sum_{d=1}^{n}g(d)S\left(\left\lfloor\frac{n}{d}\right\rfloor\right)$$

注意，其中的第 2 行变换 $\sum\limits_{i=1}^{n}\sum\limits_{d\mid i}g(d)f\left(\dfrac{i}{d}\right)=\sum\limits_{d=1}^{n}g(d)\sum\limits_{d\mid i}f\left(\dfrac{i}{d}\right)$，网上昵称为“杜教筛变换”[②]。

最后一步得到 $\sum\limits_{i=1}^{n}h(i)=\sum\limits_{d=1}^{n}g(d)S\left(\left\lfloor\dfrac{n}{d}\right\rfloor\right)$。为计算 $S(n)$，把等式右边的第 1 项提出来，得到

$$\sum_{i=1}^{n}h(i)=g(1)S(n)+\sum_{d=2}^{n}g(d)S\left(\left\lfloor\frac{n}{d}\right\rfloor\right)$$

$$g(1)S(n)=\sum_{i=1}^{n}h(i)-\sum_{d=2}^{n}g(d)S\left(\left\lfloor\frac{n}{d}\right\rfloor\right)$$

式中的 i 和 d 无关，为方便起见，改写为

$$g(1)S(n)=\sum_{i=1}^{n}h(i)-\sum_{i=2}^{n}g(i)S\left(\left\lfloor\frac{n}{i}\right\rfloor\right)$$

这就是杜教筛公式。

6.17.3　杜教筛算法和复杂度

一个积性函数求和问题，如果分析得到了杜教筛公式，工作已经完成了一大半，剩下的

---

① http://fzl123.top/archives/898

② https://blog.csdn.net/myjs999/article/details/78906549

是编程实现。

公式 $g(1)S(n) = \sum_{i=1}^{n} h(i) - \sum_{i=2}^{n} g(i)S\left(\left\lfloor \frac{n}{i} \right\rfloor\right)$ 是 $S(n)$ 的递归形式,编程时可以递归实现;递归时加上记忆化,让每个 $s[i]$ 只需要算一次。

其中的 $h(i)$ 和 $g(i)$,如果构造得好,就容易计算,详见后面欧拉函数和莫比乌斯函数的例子。为方便分析计算复杂度,下面省略 $h(i)$ 和 $g(i)$,分析简化后的 $S(n) = \sum_{i=2}^{n} S\left(\left\lfloor \frac{n}{i} \right\rfloor\right)$ 的复杂度。

设 $S(n)$ 的复杂度为 $T(n)$。

递归展开第 1 层,$S(n) = \sum_{i=2}^{n} S\left(\left\lfloor \frac{n}{i} \right\rfloor\right) = S\left(\left\lfloor \frac{n}{2} \right\rfloor\right) + S\left(\left\lfloor \frac{n}{3} \right\rfloor\right) + \cdots + S\left(\left\lfloor \frac{n}{n} \right\rfloor\right)$。根据整除分块的原理,等式右边共有 $O(\sqrt{n})$ 种 $S\left(\left\lfloor \frac{n}{i} \right\rfloor\right)$。另外,将它们相加时,还有 $O(\sqrt{n})$ 次合并。总时间为 $T(n) = O(\sqrt{n}) + O\left[\sum_{i=2}^{\sqrt{n}} T\left(\frac{n}{i}\right)\right]$。

再展开一层,$T\left(\frac{n}{i}\right) = O\left(\sqrt{\frac{n}{i}}\right) + O\left[\sum_{k=2}^{\sqrt{\frac{n}{i}}} T\left(\frac{\frac{n}{i}}{k}\right)\right] = O\left(\sqrt{\frac{n}{i}}\right)$。中间第 2 项是高阶小量,把它省略。

合并可得

$$T(n) = O(\sqrt{n}) + O\left[\sum_{i=2}^{\sqrt{n}} T\left(\frac{n}{i}\right)\right]$$
$$= O(\sqrt{n}) + O\left[\sum_{i=2}^{\sqrt{n}} \left(\sqrt{\frac{n}{i}}\right)\right]$$

可以看出后一项最大,只考虑它就够了,可得

$$T(n) = \sum_{i=2}^{\sqrt{n}} O\left(\sqrt{\frac{n}{i}}\right) \approx O\left(\int_0^{\sqrt{n}} \sqrt{\frac{n}{x}}\, dx\right) = O(n^{\frac{3}{4}})$$

上述计算还能优化,即预处理一部分 $S(n)$。$S(n)$ 是一个积性函数的前缀和,先用线性筛计算一部分,假设已经预处理了前 k 个正整数的 $S(n)$,且 $k \geqslant \sqrt{n}$。因为 $S(1) \sim S(k)$ 已经求出,那么 $\sum_{i=2}^{n} S\left(\left\lfloor \frac{n}{i} \right\rfloor\right)$ 中还没有求出的是 $k < \left\lfloor \frac{n}{i} \right\rfloor \leqslant n$ 部分,也就是要算 $1 < i \leqslant \frac{n}{k}$ 的这一部分。复杂度变为

$$T(n) = \sum_{i=2}^{\frac{n}{k}} O\left(\sqrt{\frac{n}{i}}\right) \approx O\left(\int_0^{\frac{n}{k}} \sqrt{\frac{n}{x}}\, dx\right) = O\left(\frac{n}{\sqrt{k}}\right)$$

k 取多大合适呢?线性筛计算也是要花时间的,而且是线性的 $O(k)$,线性筛计算加上杜教筛公式计算,总时间为

$$T'(n) = O(k) + T(n) = O(k) + O\left(\frac{n}{\sqrt{k}}\right)$$

差不多 $k = n^{\frac{2}{3}}$ 时,它有最小值,即 $O(n^{\frac{2}{3}}) + O\left(\dfrac{n}{\sqrt{n^{\frac{2}{3}}}}\right) = O(n^{\frac{2}{3}})$。它比 $O(n^{\frac{3}{4}})$ 要好。

以上就是杜教筛算法的全部。

综合起来,杜教筛算法可以概括为用狄利克雷卷积构造递推式,编程时用整除分块和线性筛优化,算法复杂度达到 $O(n^{\frac{2}{3}})$。可以理解为杜教筛算法=狄利克雷卷积＋整除分块＋线性筛。

应用杜教筛时,狄利克雷卷积是基本的工具。观察卷积的定义 $(f * g)(n) = \sum\limits_{d \mid n} f(d) g\left(\dfrac{n}{d}\right)$,那么,如果求解的函数有形如 $\sum\limits_{d \mid n} f(d)$ 这样的性质,把这个性质与卷积的定义对照,就容易找到 g 和 h。下面以欧拉函数和莫比乌斯函数为例进行说明。

6.17.4 杜教筛模板代码

用例 6.30 洛谷 P4213 模板题给出模板代码。

1．求欧拉函数前缀和

求欧拉函数前缀和 $\sum\limits_{i=1}^{n} \phi(i)$ 的杜教筛公式,需要用到欧拉函数性质 $n = \sum\limits_{d \mid n} \phi(d)$。

1) 直接套用杜教筛公式

按卷积定义 $h = f * g = \sum\limits_{d \mid n} f(d) g\left(\dfrac{n}{d}\right)$,把 $n = \sum\limits_{d \mid n} \phi(d)$ 改写为 $id = \phi * I$,那么有 $h = id, g = I$。代入杜教筛公式 $g(1) S(n) = \sum\limits_{i=1}^{n} h(i) - \sum\limits_{i=2}^{n} g(i) S\left(\left\lfloor \dfrac{n}{i} \right\rfloor\right)$,得

$$S(n) = \sum_{i=1}^{n} i - \sum_{i=2}^{n} S\left(\left\lfloor \dfrac{n}{i} \right\rfloor\right) = \dfrac{n(n+1)}{2} - \sum_{i=2}^{n} S\left(\left\lfloor \dfrac{n}{i} \right\rfloor\right)$$

2) 自己推导

读者如果有兴趣,也可以自己按部就班地以欧拉函数为例,做一次杜教筛公式推导的练习,推导过程如下[①]。

$$n = \phi(n) + \sum_{d \mid n, d < n} \phi(d)$$

$$\phi(n) = n - \sum_{d \mid n, d < n} \phi(d)$$

$$\sum_{i=1}^{n} \phi(i) = \sum_{i=1}^{n} \left(i - \sum_{d \mid i, d < i} \phi(d)\right)$$

$$\sum_{i=1}^{n} \phi(i) = \dfrac{n(n+1)}{2} - \sum_{i=1}^{n} \sum_{d \mid i, d < i} \phi(d)$$

现在改变枚举变量,枚举 $\dfrac{i}{d}$ 的值,即枚举 i 对 d 的倍数,因为 $i \neq d$,所以从 2 开始,有

---

① 推导过程参考 https://blog.csdn.net/qq_34454069/article/details/79492437。

$$\sum_{i=1}^{n}\phi(i)=\frac{n(n+1)}{2}-\sum_{\frac{i}{d}=2}^{n}\sum_{d=1}^{\left\lfloor\frac{n}{\frac{i}{d}}\right\rfloor}\phi(d)$$

设 $S(n)=\sum_{i=1}^{n}\phi(i)$，并把 $\dfrac{i}{d}$ 写成 i'，有

$$S(n)=\frac{n(n+1)}{2}-\sum_{i'=2}^{n}S\left(\left\lfloor\frac{n}{i'}\right\rfloor\right)$$

这样就得到了欧拉函数的杜教筛公式。

2. 求莫比乌斯函数前缀和

求莫比乌斯函数前缀和 $\sum_{i=1}^{n}\mu(i)$ 的杜教筛公式，方法和欧拉函数几乎一样。

需要用到莫比乌斯函数性质 $\sum_{d\mid n}\mu(d)=\begin{cases}1, & n=1 \\ 0, & n>1\end{cases}$，为方便书写，改写为 $\sum_{d\mid n}\mu(d)=[n=1]$。

1）套用杜教筛公式

按卷积定义 $h=f*g=\sum_{d\mid n}f(d)g\left(\dfrac{n}{d}\right)$，把 $\sum_{d\mid n}\mu(d)=[n=1]$ 改写为 $\varepsilon=\mu*I$，那么有 $h=\varepsilon, g=I$。代入杜教筛公式 $g(1)S(n)=\sum_{i=1}^{n}h(i)-\sum_{i=2}^{n}g(d)S\left(\left\lfloor\dfrac{n}{i}\right\rfloor\right)$，得

$$S(n)=\sum_{i=1}^{n}\varepsilon(i)-\sum_{i=2}^{n}S\left(\left\lfloor\frac{n}{i}\right\rfloor\right)=1-\sum_{i=2}^{n}S\left(\left\lfloor\frac{n}{i}\right\rfloor\right)$$

2）自己推导[①]

$$[n=1]=\mu(n)+\sum_{d\mid n,d<n}\mu(d)$$

$$\mu(n)=[n=1]-\sum_{d\mid n,d<n}\mu(d)$$

$$\sum_{i=1}^{n}\mu(i)=1-\sum_{i=1}^{n}\sum_{d\mid i,d<i}\mu(d)$$

$$\sum_{i=1}^{n}\mu(i)=1-\sum_{\frac{i}{d}=2}^{n}\sum_{d=1}^{\left\lfloor\frac{n}{\frac{i}{d}}\right\rfloor}\sum_{i=1}^{n}\mu(d)$$

令 $S(n)=\sum_{i=1}^{n}\mu(i)$，并把 $\dfrac{i}{d}$ 写成 i'，得

$$S(n)=1-\sum_{i'=2}^{n}S\left(\left\lfloor\frac{n}{i'}\right\rfloor\right)$$

---

① 推导过程参考 https://blog.csdn.net/qq_34454069/article/details/79492437。

下面给出洛谷 P4213 的代码,求欧拉函数前缀和、莫比乌斯函数前缀和。注释中说明了杜教筛的 3 个技术:整除分块、线性筛、狄利克雷卷积。其中,整除分块、线性筛的代码和前面有关的代码一样。

```
1    //代码改写自 https://blog.csdn.net/KIKO_caoyue/article/details/100061406
2    #include<bits/stdc++.h>
3    using namespace std;
4    typedef long long ll;
5    const int N = 5e6 + 7;                        //超过 n^(2/3),够大了
6    int prime[N];                                 //记录素数
7    bool vis[N];                                  //记录是否被筛
8    int mu[N];                                    //莫比乌斯函数值
9    ll phi[N];                                    //欧拉函数值
10   unordered_map<int,int> summu;                 //莫比乌斯函数前缀和
11   unordered_map<int,ll> sumphi;                 //欧拉函数前缀和
12   void init(){                                  //线性筛预计算一部分答案
13       int cnt = 0;
14       vis[0] = vis[1] = 1;
15       mu[1] = phi[1] = 1;
16       for(int i = 2;i < N;i++){
17           if(!vis[i]){
18               prime[cnt++] = i;
19               mu[i] = -1;
20               phi[i] = i-1;
21           }
22           for(int j = 0;j < cnt && i * prime[j] < N;j++){
23               vis[i * prime[j]] = 1;
24               if(i % prime[j]){
25                   mu[i * prime[j]] = -mu[i];
26                   phi[i * prime[j]] = phi[i] * phi[prime[j]];
27               }
28               else{
29                   mu[i * prime[j]] = 0;
30                   phi[i * prime[j]] = phi[i] * prime[j];
31                   break;
32               }
33           }
34       }
35       for(int i = 1;i < N;i++){                  //最后,mu[]和 phi[]改为记录 1~N 的前缀和
36           mu[i] += mu[i-1];
37           phi[i] += phi[i-1];
38       }
39   }
40   int gsum(int x){                              //g(i)的前缀和
41       return x;
42   }
43   ll getsmu(int x){
44       if(x < N) return mu[x];                    //预计算
45       if(summu[x]) return summu[x];              //记忆化
46       ll ans = 1;                                //杜教筛公式中的 1
47       for(ll l = 2,r;l <= x;l = r + 1){          //用整除分块计算杜教筛公式
48           r = x/(x/l);
```

```
49          ans -= (gsum(r) - gsum(l-1)) * getsmu(x/l);
50      }
51      return summu[x] = ans/gsum(1);
52  }
53  ll getsphi(int x){
54      if(x < N) return phi[x];
55      if(sumphi[x]) return sumphi[x];        //记忆化,每个 sumphi[x]只计算一次
56      ll ans = x * ((ll)x + 1)/2;            //杜教筛公式中的 n(n+1)/2
57      for(ll l = 2,r;l <= x;l = r + 1){      //用整除分块计算杜教筛公式,这里计算 sqrt(x)次
58          r = x/(x/l);
59          ans -= (gsum(r) - gsum(l-1)) * getsphi(x/l);
60      }
61      return sumphi[x] = ans/gsum(1);
62  }
63  int main(){
64      init();                                //用线性筛预计算一部分
65      int t; scanf("%d",&t);
66      while(t--){
67          int n;  scanf("%d",&n);
68          printf("%lld %lld\n",getsphi(n),getsmu(n));
69      }
70      return 0;
71  }
```

【习题】

(1) 求 $\sum_{i=1}^{n}\sum_{j=1}^{n}\sigma(ij)$,其中 $n \leqslant 10^9$。题解参考 www.cnblogs.com/zhugezy/p/11312301.html。

(2) 这里列出了一些可提交的题目:www.cnblogs.com/TSHugh/p/8361040.html。

(3) skywalkert 的博客:blog.csdn.net/skywalkert/article/details/50500009。

(4) 杜教筛的一些应用:www.luogu.com.cn/blog/lx-2003/dujiao-sieve。

小   结

本章介绍了竞赛常用的初等数论和线性代数的知识点。还有一些竞赛中用到的数学知识点,本书没有涉及,请读者自行了解,如原根、大步小步算法、快速数论变换、快速傅里叶变换、洲阁筛、Min-25 筛、微积分、概率论等。下面是一些典型题目。

洛谷:P3803(多项式乘法(FFT))、P1919(A * B Problem 升级版(FFT 快速傅里叶))、P4238(多项式乘法逆)、P4245(任意模数 NTT)、P4512(多项式除法)、P4717(快速沃尔什变换)、P4721(分治 FFT)、P4725(多项式对数函数)、P4726(多项式指数函数)、P4781(拉格朗日插值)、P5050(多项式多点求值)、P5158(多项式快速插值)、P5205(多项式开根)、P5245(多项式快速幂)、P5273(多项式幂函数(加强版))、P5282(快速阶乘算法)、P5373(多项式复合函数)、P5383(普通多项式转下降幂多项式)、P5393(下降幂多项式转普通多项式)、P5394

（下降幂多项式乘法）、P3338（力）、P3723（礼物）、P5437（约定）、P5293（白兔之舞）、P5432（A/B Problem（加强版））、P5472（斗地主）、P5577（算力训练）、P4525（Simpson 积分）。

概率问题：洛谷 P5104（红包发红包）/P1850（换教室）/P3830（随机树）/P4564（假面）/P2473（奖励关）/P2221（高速公路）/P3239（亚瑟王）/P3750（分手是祝愿）/P4284（概率充电器）/P5249（加特林轮盘赌）/P2081（迷失游乐园）/P3343（地震后的幻想乡）/P3600（随机数生成器）/P5326（开关）；poj2151/3071/3440。

第 7 章 组合数学

组合数学是研究离散结构的存在、计数、分析、优化等问题的一门学科。本章介绍与算法竞赛有关的组合数学内容[1],具体如下。

(1) 基本概念：加法原理、乘法原理、排列与组合的常用公式。

(2) 常用公式及定理：鸽巢原理、Ramsey 定理、二项式定理、常见恒等式、帕斯卡恒等式、卢卡斯定理推论、容斥原理、错排问题等。

(3) 特殊数列，以 Catalan 数、Stirling 数为例。

(4) 母函数：整数拆分、普通母函数、指数型母函数。

(5) Pólya 计数法和 Burside 定理。

(6) 公平组合游戏：公平组合游戏是博弈论的一个小分支。

---

[1] 本章涉及的数学理论主要参考了《组合数学》(Richard A. Brualdi 著，冯速等译，机械工业出版社出版)。

7.1 基本概念

1. 加法原理和乘法原理

有 4 个基本的计数原理：加法原理、乘法原理、除法原理、减法原理。下面介绍加法原理和乘法原理。

(1) 加法原理：设集合 S 划分为 $S_1, S_2, \cdots, S_m$，则 S 的元素个数可以通过找出它的每部分元素的个数来确定，即 $|S| = |S_1| + |S_2| + \cdots + |S_m|$。通俗地说，一件事可以用 m 类不同的方法完成，其中第 i 类有 a_i 种不同的方法，则总方法数为 $a_1 + a_2 + \cdots + a_m$。加法原理是全体等于部分和的公式化描述。在加法原理中，如果集合 $S_1, S_2, \cdots, S_m$ 可以重叠，就是容斥原理。

(2) 乘法原理：令 S 是元素的序偶 (a, b) 的集合，其中第 1 个元素 a 来自大小为 p 的一个集合，而对于 a 的每个选择，元素 b 有 q 种选择，则 S 的大小为 $p \times q$。乘法原理是加法原理的推论，因为整数的乘法就是重复的加法。例如，从 8 男 7 女 5 儿童中选出一男一女一儿童的方法有 $8 \times 7 \times 5 = 280$ 种。

2. 排列

排列是有序的，把 n 个元素的集合 S 的一个 r 排列理解为 n 个元素中的 r 个元素的有序摆放。

(1) **不可重复排列数**：从 n 个不同的物品中不重复地取出 r 个，排列数 $P_n^r = n(n-1)(n-2) \cdots (n-r+1) = n!/(n-r)!$。

(2) **可重复排列数**：从 n 个不同的物品中可重复地取出 r 个，排列数为 n^r。

例如，对 26 个字母排序，要求 5 个元音字母中的任意两个不能连续出现，问有多少种排序方法？

首先对 21 个辅音字母排序，有 $\dfrac{21!}{(21-21)!} = 21!$ 种（$0! = 1$）；然后把元音字母插到这 21 个辅音字母之间，有 22 个位置可以插，等价于从 22 个物品中取出 5 个，有 $\dfrac{22!}{(22-5)!} = \dfrac{22!}{17!}$ 种方法。最后根据乘法原理，把两个步骤相乘，得出有 $21! \times \dfrac{22!}{17!}$ 种方法。

上面的排列是线性的，所有元素排成一条线。如果不是排成一条线，而是一个圆，由于产生了循环，那么排列的数量要减少。如果把这个圆排列拆成线性排列，可以从任意位置拆开。

(3) **圆排列（循环排列、环排列）的排列数**：从 n 个元素中选 r 个的圆排列的排列数为 $\dfrac{P_n^r}{r} = \dfrac{n!}{r(n-r)!}$。

3. 组合

排列是有序的，组合是无序的，把 n 个元素的集合 S 的 r 组合理解为从 S 的 n 个元素中

对 r 个元素的无序选择，即 r 是 S 的一个子集。

如果 S 中的元素都不相同，组合数 $C_n^r = \binom{n}{r} = \dfrac{P_n^r}{r!} = \dfrac{n!}{r!(n-r)!}$。注意这里的符号，组合数的表示有两种常用符号：$C_n^r$、$\binom{n}{r}$，其中 C_n^r 的 n 在下面，$\binom{n}{r}$ 的 n 在上面。

例如，平面上的 20 个点，没有 3 个点共线。问这些点能确定多少条直线？能确定多少个三角形？

任意两点确定一条直线，即 $n=20, r=2$，$C_n^r = \binom{n}{r} = \dfrac{20!}{2!(20-2)!} = 190$；任意 3 点确定一个三角形，$C_n^r = \binom{20}{3} = \dfrac{20!}{3!(20-3)!} = 1140$。

组合数有 3 个重要性质。

(1) $C_n^r = C_n^{n-r}$。从 n 个元素中拿出 r 个，等价于从 n 个元素中丢掉 $n-r$ 个。

(2) $C_n^r = C_{n-1}^r + C_{n-1}^{r-1}$，称为帕斯卡公式。**可以用 DP 思路证明**，取或不取第 n 个元素：若取第 n 个元素，则在剩下的 $n-1$ 个元素中选 $r-1$ 个；若不取第 n 个元素，则在剩下的 $n-1$ 个元素中选 r 个。这个性质很有用，需要计算 C_n^r 时，为避免阶乘计算，可利用这个递推关系。这个性质也用于构造帕斯卡三角（杨辉三角）。

(3) $C_n^0 + C_n^1 + C_n^2 + \cdots + C_n^n = 2^n$。这个表达式体现了组合数与二进制的关系，竞赛时常常用到。一个 n 位的二进制数，其数值范围为 $0 \sim 2^n - 1$，共有 2^n 个，每个二进制数就是一种组合。例如，$n=4, r=2$，有 $C_4^2 = 6$ 种组合，对应二进制数：0011、0101、0110、1001、1010、1100。

提示 计算 C_n^r 的方法有多种，见 7.3 节"二项式定理和杨辉三角"。

4. 多重集的排列和组合

如果 S 中的元素可以相同，称为多重集，如 $S = \{5 \times a, 7 \times b, 4 \times c\}$。下面给出多重集的排列和组合的定义。

(1) 无限多重集的排列：令 S 是一个多重集，它有 k 个不同的元素，每个元素都有无穷重复个数，那么 S 的 r 排列的个数为 k^r。

(2) 有限多重集的排列：令 S 是一个多重集，它有 k 个不同的元素，每个元素的重数分别为 $n_1, n_2, \cdots, n_k$，S 的大小为 $n = n_1 + n_2 + \cdots + n_k$，则 S 的 n 排列的个数为 $\dfrac{n!}{n_1! \, n_2! \, \cdots n_k!}$。

(3) 有限多重集的组合：令 S 是一个多重集，它有 k 个不同的元素，每个元素都有无穷重复个数，那么 S 的 r 组合的个数为 $C_{r+k-1}^r = \binom{r+k-1}{r} = C_{r+k-1}^{k-1} = \binom{r+k-1}{k-1}$。

【习题】

洛谷 P2822/P5520/P3197/P2290/P4931/P5596。

7.2　鸽巢原理

鸽巢原理(Pigeonhole Principle)也称为抽屉原理(Drawer Principle),是很基本的组合原理。鸽巢原理的生活原型是 $n+1$ 只鸽子住在 n 个巢里,那么至少有一个巢里有两只或更多鸽子。稍微推广一下: $k \times n+1$ 只鸽子住在 n 个巢里,那么至少有一个巢里有 $k+1$ 只或更多鸽子。

有简单形式和加强形式的鸽巢原理。另外,鸽巢原理是 Ramsey 定理的一个特例。

1. 鸽巢原理的简单形式

鸽巢原理的简单形式:把 $n+1$ 个物体放进 n 个盒子,至少有一个盒子包含两个或更多的物体。

鸽巢原理的题目可以用"抽屉法"或"隔板法"来思考。竞赛题常常与整数求余结合,把余数用抽屉来处理。下面给出一些例子。

(1) 370 人中,至少有两人的生日相同。

题解:把 365 天分成 365 个抽屉,那么把 365 人放进 365 个抽屉后,剩下的人不管放进哪个抽屉,里面都已经有人了。

(2) n 个人,认识的人互相握手,至少有两个人握手次数相同。

题解:每人跟其他人握手,最少可以是 0 次,最多可以是 $n-1$ 次。

如果握手最少的张三握手 0 次,那么剩下的 $n-1$ 人中,握手最多的人不会超过 $n-2$ 次。$0 \sim n-2$,共有 $n-1$ 种情况。

如果握手最少的张三握手 1 次,那么剩下的 $n-1$ 人中,握手最多的李四除了跟张三握手一次,跟其他 $n-2$ 人最多握手 $n-2$ 次,李四最多握手 $n-1$ 次。$1 \sim n-1$,共有 $n-1$ 种情况。

如果握手最少的张三握手两次,那么剩下的 $n-1$ 人中,握手最多的李四除了跟张三握手一次,跟其他 $n-2$ 人最多握手 $n-2$ 次,李四最多握手 $n-1$ 次。$2 \sim n-1$,共有 $n-2$ 种情况。

……

所以,握手次数最多有 $n-1$ 种情况,最少只有一种情况。把最多的 $n-1$ 种情况看成 $n-1$ 个抽屉,n 个人放进这 $n-1$ 个抽屉,至少有一个抽屉里面有两人。

(3) 有 K 种糖果,给出每种糖果的数量;要求不能连续两次吃同样的糖果,问有没有可行的吃糖方案。

题解:找出最多的一种糖果,把它的数量 N 看作 N 个隔板(或抽屉),隔成 N 个空间(把每个隔板的右边看成一个空间);其他所有糖果的数量为 S。

若 $S<N-1$,把 S 个糖果放到隔板之间,这 N 个隔板不够放,必然至少有两个隔板之间没有糖果,由于这两个隔板是同一种糖果,所以无解。

若 $S \geqslant N-1$ 时,肯定有解。其中一个解是:把 S 个糖果按顺序排成一个长队,其中同种类的糖果放在一起,然后每次取 N 个糖果,按顺序一个一个地放进 N 个空间。由于隔板数量比每种糖果的数量都多,所以不可能有两个同样的糖果被放进一个空间里。把 S 个糖果放完,就是一个解,一些隔板里面可能放好几种糖果。

（4）任意 5 个自然数，其中必有 3 个数的和能被 3 整除。

题解：任何数除以 3，余数可以是 0、1、2。造 3 个抽屉，分别表示 3 种余数的情况。把 5 个数按余数放进 3 个抽屉。

若 5 个数分布在 3 个抽屉里，那么从 3 个抽屉中各取一个，其和能被 3 整除。

若 5 个数只分布在两个抽屉里，那么至少有一个抽屉里有 3 个数，取出这 3 个数，其和能被 3 整除。

若 5 个数全部在一个抽屉里，任取 3 个，其和肯定被 3 整除。

（5）任意 7 个不同的自然数，其中必有两个整数的和或差是 10 的倍数。

题解：这些数除以 10，余数为 0～9，造 10 个抽屉分别表示 10 种余数的情况。然后，把 6、7、8、9 这 4 个抽屉分别与 4、3、2、1 这 4 个抽屉合并，保持原来的 0、5 抽屉不变，得到新的 6 个抽屉。那么，至少有一个抽屉里面有两个数，它们的和或差是 10 的倍数。

（6）poj 2356。

 例 7.1　Find a multiple（poj 2356）

问题描述：输入 n 个正整数，$n \leqslant 10000$。每个数都不大于 15000，可能相同。从中找出一些数，使它们的和是 n 的倍数。

输入：第 1 行输入整数 n；后面 n 行中，每行输入一个整数。

输出：如果无解，输出 0。如果有解，第 1 行打印数字的数量，后面每行打印出一个数字，顺序任意。如果有多个解，随便打印一个解。

先求出这 n 个数的前缀和 $\text{sum}[1], \text{sum}[2], \cdots, \text{sum}[n]$，如果其中有 n 的倍数，直接输出。

如果这 n 个前缀和都不是 n 的倍数，把这些前缀和对 n 求余，余数为 $1 \sim n-1$，共 $n-1$ 个，用 $n-1$ 个抽屉表示这 $n-1$ 个余数。把 n 个前缀和放进这 $n-1$ 个抽屉，必然有一个抽屉中有两个前缀和。这两个前缀和相减，得到一个区间，就是答案。

poj 3370 是一道类似的题目。

2. 鸽巢原理的加强形式

鸽巢原理的简单形式是加强形式的特例。

鸽巢原理的加强形式：令 $q_1, q_2, \cdots, q_n$ 为正整数，如果将 $q_1 + q_2 + \cdots + q_n - n + 1$ 个物体放入 n 个盒子，那么，或者第 1 个盒子至少含有 q_1 个物体，或者第 2 个盒子至少含有 q_2 个物体，$\cdots$，或者第 n 个盒子至少含有 q_n 个物体。

例如，一个篮子里面有苹果、香蕉、梨，保证篮子里或者至少有 8 个苹果，或者至少有 6 个香蕉，或者至少有 9 个梨。问放进篮子的最少水果数量是多少？

题解：根据加强形式，无论如何选择，8+6+9−3+1=21 个水果满足要求。

3. Ramsey 定理

鸽巢原理是 Ramsey 定理的一个特例，Ramsey 定理是鸽巢原理的扩展。Ramsey 定理在竞赛中很少见，这里简要介绍。

Ramsey 定理[①]的一个简单例子是：在 6 人（或更多人）中，或者有 3 人，每两人都互相认识；或者有 3 人，每两人都不认识。

证明 用 6 个点 A、B、C、D、E、F 代表 6 个人。如果两人认识，连一条红线，否则连一条蓝线。从 A 点出发的 5 条线 AB、AC、AD、AE、AF，它们的颜色不超过两种。根据抽屉原理，其中至少有 3 条线同色，不妨设 AB、AC、AD 同为红色。下面看 B、C、D 这 3 个点，如果 BC、BD、CD 3 条线中有一条（不妨设为 BC）为红色，那么 A、B、C 互相用红线相连，这 3 人互相认识；如果 BC、BD、CD 3 条线全为蓝色，那么 B、C、D 这 3 个人互相不认识。得证。

扫一扫
视频讲解

7.3 二项式定理和杨辉三角

1. 杨辉三角计算公式

组合公式 $C_n^r = \binom{n}{r} = \dfrac{n!}{r!(n-r)!}$，把 C_n^r 称为二项式系数（Binomial Coefficient）。

杨辉三角（国外称帕斯卡三角）是二项式系数的典型应用。杨辉三角是排列成如下形式三角形的数字。

$$
\begin{array}{ccccccccccc}
&&&&&1&&&&&\\
&&&&1&&1&&&&\\
&&&1&&2&&1&&&\\
&&1&&3&&3&&1&&\\
&1&&4&&6&&4&&1&\\
1&&5&&10&&10&&5&&1\\
\end{array}
$$

杨辉三角中的每个数是它"肩上"两个数的和。如果编程求杨辉三角第 n 行的数字，可以模拟这个推导过程，逐层累加，复杂度为 $O(n^2)$。如果改用数学公式计算，能直接得到结果，这个公式是 $(1+x)^n$。

观察 $(1+x)^n$ 的展开：

$$(1+x)^0 = 1$$
$$(1+x)^1 = 1+x$$
$$(1+x)^2 = 1+2x+x^2$$
$$(1+x)^3 = 1+3x+3x^2+x^3$$

每行展开的系数正好对应杨辉三角每行的数字，所以杨辉三角可以用 $(1+x)^n$ 定义和计算。

如何计算 $(1+x)^n$？需要逐一展开算系数吗？并不需要，二项式系数 $C_n^r = \binom{n}{r} =$

---

① Ramsey 定理的严格定义和证明，参考《组合数学》3.3 节"Ramsey 定理"（Richard A. Brualdi 著，冯速等译，机械工业出版社出版）。

$\dfrac{n!}{r!(n-r)!}$ 就是 $(1+x)^n$ 展开后第 r 项的系数。它们的关系可以这样理解：$(1+x)^n$ 的第 r 项实际上就是从 n 个 x 中选出 r 个，这就是组合数的定义。所以有

$$(1+x)^n = \sum_{r=0}^{n} C_n^r x^r$$

推导得

$$(a+b)^n = \sum_{r=0}^{n} C_n^r a^r b^{n-r} = \sum_{r=0}^{n} C_n^r b^r a^{n-r}$$

这个公式称为**二项式定理**，可以用数学归纳法证明它。

有了这个公式，求杨辉三角第 n 行的数字时，就可以用公式直接计算了。不过，二项式系数的计算公式中有 $n!$，如果直接计算 $n!$，数值太大。而且，由于二项式系数增长极快，不管如何计算，大一点的二项式系数都会溢出。所以，题目一般会对输出取模。

当 n 较大，且需要取模时，二项式系数有两种计算方法。

（1）利用递推公式：$C_n^r = C_{n-1}^r + C_{n-1}^{r-1}$。

这个递推公式就是杨辉三角的定义，即每个数是它"肩上"两个数的和，在 7.1 节用 DP 思路给出了证明。利用这个递推公式能避免计算阶乘。递归公式的计算复杂度为 $O(n^2)$。

（2）用逆直接计算。

因为输出取模，那么不用递推公式，直接用公式 $C_n^r = \dbinom{n}{r} = \dfrac{n!}{r!(n-r)!}$ 计算更快。不过，由于除法不能直接取模，需要用到逆。6.9.3 节中提到除法取模用逆来实现：$(a/b) \bmod m = (ab^{-1}) \bmod m$。用逆计算二项式系数，有

$$C_n^r \bmod m = \dfrac{n!}{r!\,(n-r)!} \bmod m$$

$$= (n! \bmod m)((r!)^{-1} \bmod m)(((n-r)!)^{-1} \bmod m) \bmod m$$

用逆计算二项式系数比递推式更好，效率非常高，从后面的代码得知复杂度为 $O(n)$。两种实现见下面例题的代码。

2. 例题

1）计算杨辉三角
用递推公式计算二项式系数。

 例 7.2　计算杨辉三角

　　问题描述：输出杨辉三角的前 n 行。
　　输入：一个整数 n，$n \leqslant 20$。
　　输出：杨辉三角。

因为没有取模，只能用递推公式计算较小的二项式系数。代码如下。

```
1  # include<bits/stdc++.h>
2  using namespace std;
```

```
3    int a[21][21];
4    int main(){
5        int n; cin >> n;
6        for( int i = 1;i <= n;i++)   a[i][1] = a[i][i] = 1;      //赋初值
7        for( int i = 1;i <= n;i++)
8            for( int j = 2;j < i;j++)
9                a[i][j] = a[i-1][j] + a[i-1][j-1];          //递推求二项式系数
10       for( int i = 1;i <= n;i++){
11           for( int j = 1;j <= i;j++)
12               cout << a[i][j]<<" ";
13           cout << endl;
14       }
15   }
```

2）计算系数

用两种方法计算二项式系数：递推公式、逆。

 例 7.3   计算系数（洛谷 P1313）

问题描述：给定一个多项式 $(ax+by)^k$，求出多项式展开后第 $x^n \times y^m$ 项的系数。

输入：输入 5 个整数，分别是 a、b、k、n、m，用空格隔开。

输出：输出一个整数，表示所求的系数。系数可能很大，对 10007 取模。

数据范围：$0 \leqslant k \leqslant 1000, 0 \leqslant n, m \leqslant k, n+m=k, 0 \leqslant a, b \leqslant 10^6$。

根据二项式定理，有

$$(ax + by)^k = \sum_{r=1}^{k} C_k^r (ax)^r (by)^{k-r} = \sum_{r=1}^{k} C_k^r a^r x^r b^{k-r} y^{k-r} = \sum_{r=1}^{k} (C_k^r a^r b^{k-r}) x^r y^{k-r}$$

本题需要计算快速幂和二项式系数。

下面给出两种计算二项式系数的方法：一种用递推公式求二项式系数，请读者对比例 7.2 的递推写法；另一种是用逆直接计算二项式公式。

（1）用递推公式计算二项式系数（DFS 写法）。

```
1    # include < bits/stdc++.h>
2    using namespace std;
3    const int N = 1005;
4    # define mod 10007
5    int c[N][N];                                    //存二项式系数
6    int fastPow(int a, int n){                      //标准快速幂
7        int ans = 1;
8        a %= mod;                                    //防止下面的 ans * a 越界
9        while(n) {
10           if(n & 1)   ans = (ans * a) % mod;
11           a = (a * a) % mod;
12           n >>= 1;
13       }
14       return ans;
```

```
15   }
16   int dfs(int n,int m){                          //用递推公式求二项式系数
17       if(!m)          return c[n][m] = true;
18       if(m == 1)      return c[n][m] = n;
19       if(c[n][m])     return c[n][m];            //记忆化
20       if(n - m < m)   m = n - m;
21       return c[n][m] = (dfs(n - 1,m) + dfs(n - 1,m - 1)) % mod;
22   }
23   int main(){
24       int a,b,k,n,m;   cin >> a >> b >> k >> n >> m;
25       c[1][0] = c[1][1] = 1;
26       int ans = 1;
27       ans *= (fastPow(a,n) * fastPow(b,m)) % mod;
28       ans *= dfs(k,n) % mod;
29       ans %= mod;
30       cout << ans;
31       return 0;
32   }
```

（2）用逆直接计算二项式公式。

对组合数的计算，需要预计算阶乘和逆，复杂度为 $O(n)$，再用逆直接计算。总复杂度为 $O(n)$。

```
1    #include < bits/stdc++.h >
2    using namespace std;
3    #define mod 10007
4    int fac[10001];                                //预计算阶乘
5    int inv[10001];                                //预计算逆
6    int fastPow(int a, int n){}
7    int C(int n, int m){                           //计算组合数,用到除法取模的逆
8        return (fac[n] * inv[m] % mod * inv[n - m] % mod) % mod;
9    }
10   int main(){
11       int a,b,n,m,k,ans;   cin >> a >> b >> k >> n >> m;
12       fac[0] = 1;
13       for(int i = 1;i <= n + m;i++){
14           fac[i] = (fac[i - 1] * i) % mod;       //预计算阶乘,要取模
15           inv[i] = fastPow(fac[i],mod - 2);      //用费马小定理预计算逆
16       }
17       ans = (fastPow(a,n) % mod * fastPow(b,m) % mod * C(k,n) % mod) % mod;
18       cout << ans;
19       return 0;
20   }
```

3）组合数问题

例 7.4　组合数问题（洛谷 P2822）

问题描述：给定整数 n、m、k，对所有 $i \leqslant n$，$0 \leqslant j \leqslant \min(i,m)$，求有多少对 (i,j) 满足 k 整除 C_i^j？

输入：第 1 行输入两个整数 t 和 k，其中 t 表示测试数量；后面 t 行中，每行输入两个整数 n 和 m。

输出：共 t 行，每行输出一个整数，表示答案。

数据范围：$0 \leqslant n, m \leqslant 2000, 1 \leqslant t \leqslant 10000$。

本题需要结合二项式计算与前缀和，请读者练习。

从二项式定理扩展出牛顿二项式定理，在母函数中有应用，请阅读 7.8.3 节"母函数与泰勒级数"。

扫一扫
视频讲解

7.4　卢卡斯定理

卢卡斯定理(Lucas Theorem)用于计算组合数取模，即求 $C_n^r \bmod m$，其中 m 为素数。

1. 卢卡斯定理和证明

前面提到组合数的计算可以用逆，但是也有局限。回顾逆的定义：给定整数 a，满足 $\gcd(a, m) = 1$，称 $ax \equiv 1 \pmod{m}$ 的一个解为 a 模 m 的逆，记为 a^{-1}。从要求 $\gcd(a, m) = 1$ 可以看出，模 m 最好是一个大于 a 的素数，才能保证 $\gcd(a, m) = 1$。但是，7.3 节的利用逆计算组合数：

$$C_n^r \bmod m = (n! \bmod m)((r!)^{-1} \bmod m)(((n-r)!)^{-1} \bmod m) \bmod m$$

如果模 m 比 n 小，就不能保证 n 和 $n-r$ 的逆元存在。此时不能用逆计算，但是如果用递推公式计算，复杂度为 $O(n^2)$，比较低效。卢卡斯定理仍能高效率地处理这种情况。

卢卡斯定理　对于非负整数 n、r 和素数 m，有

$$C_n^r \equiv \prod_{i=0}^{k} C_{n_i}^{r_i} \pmod{m}$$

或者写成

$$C_n^r \bmod m = \prod_{i=0}^{k} C_{n_i}^{r_i} \bmod m$$

其中，$n = n_k m^k + \cdots + n_1 m + n_0$ 和 $r = r_k m^k + \cdots + r_1 m + r_0$ 是 n 和 r 的 m 进制展开，也就是把 n 和 r 表示为 m 进制数，对 m 进制下的每位分别计算组合数，最后乘起来。例如，计算 $C_{17}^8 \bmod 7$，$17 = 2 \times 7^1 + 3 \times 7^0$，$8 = 1 \times 7^1 + 1 \times 7^0$，$C_{17}^8 \bmod 7 = C_2^1 \times C_3^1 \bmod 7 = 6 \bmod 7 = 6$。

注意，在这个公式中有可能 $n_i < r_i$，此时规定 $C_{n_i}^{r_i} = 0$。如果有一个 $n_i < r_i$，就有 $C_n^r \bmod m = 0$。

编程时用卢卡斯定理的另一种表达：

$$C_n^r \equiv C_{n \bmod m}^{r \bmod m} \cdot C_{n/m}^{r/m} \pmod{m}.$$

下面证明这个公式。

证明　对于素数 m，$r \in (0, m)$，有

$$C_m^r = \frac{m!}{r!(m-r)!} = \frac{(m-1)!}{(r-1)!(m-r)!} \times \frac{m}{r} = C_{m-1}^{r-1} \times \frac{m}{r} \equiv 0 \pmod{m}$$

将其代入二项式定理的展开式,得

$$(1+x)^m = \sum_{r=0}^{m} C_m^r \times x^r = 1 + \sum_{r=1}^{m-1} C_m^r \times x^r + x^m \equiv 1 + x^m \pmod{m}$$

下面推导卢卡斯定理。令 $n = sm + a$,有

$$(1+x)^n = (1+x)^{sm+a} = (1+x)^{sm}(1+x)^a \equiv (1+x^m)^s (1+x)^a$$

$$\equiv \left(\sum_{i=0}^{s} C_s^i \times x^{im}\right) \times \left(\sum_{j=0}^{a} C_a^j \times x^j\right) \pmod{m}$$

又根据二项式定理 $(1+x)^n = \sum_{r=0}^{n} C_n^r \times x^r$,与上式对比得

$$\sum_{r=0}^{n} C_n^r \times x^r \equiv \left(\sum_{i=0}^{s} C_s^i \times x^{im}\right) \times \left(\sum_{j=0}^{a} C_a^j \times x^j\right) \pmod{m}$$

对比两边第 x^r 次项的系数,根据 $r = im + j$,$i = r/m$,$j = r \bmod m$,$a = n \bmod m$,$s = n/m$,得

$$C_n^r \equiv C_s^i \times C_a^j \pmod{m} \equiv C_{n/m}^{r/m} \times C_{n \bmod m}^{r \bmod m} \pmod{m}$$

注意,公式分为两部分:

(1) $C_{n \bmod m}^{r \bmod m} \pmod{m}$,因为 $r \bmod m$ 和 $n \bmod m$ 都比 m 小,仍然可以使用"用逆直接计算二项式公式"来求解;

(2) $C_{n/m}^{r/m}$,继续用卢卡斯定理展开,用递归实现。

2. 模板题

下面给出一道卢卡斯定理的模板题,实现了上述公式的两部分计算。

例 7.5　卢卡斯定理(洛谷 P3807)

问题描述:给定整数 a、b、m,求 $C_{a+b}^a \bmod m$。保证 m 为素数。

输入:第 1 行输入一个整数 T,表示测试数量;后面 T 行中,每行输入 3 个整数 a、b、m。

输出:共 T 行,每行输出一个整数,表示答案。

数据范围:$0 \leq a, b, m \leq 100000$,$1 \leq T \leq 10$。

下面代码的复杂度如何? Lucas() 函数用递归实现辗转相除 $n/\bmod$,当 mod 是一个较大的素数时,Lucas() 函数只需递归很少次。计算主要花在预计算阶乘上,复杂度为 $O(n)$。

```
1   # include< bits/stdc++.h>
2   using namespace std;
3   const int N = 100010;
4   typedef long long ll;
```

```
 5   ll fac[N];                                            //预计算阶乘,取模
 6   ll fastPow(ll a, ll n, ll m){                         //标准快速幂
 7       ll ans = 1;
 8       a % = m;                                          //防止下面的 ans * a 越界
 9       while(n) {
10           if(n & 1)   ans = (ans * a) % m;
11           a = (a * a) % m;
12           n >> = 1;
13       }
14       return ans;
15   }
16   ll inverse(ll a, int m){ return fastPow(fac[a], m - 2, m); }   //用费马小定理计算逆
17   ll C(ll n, ll r, int m){                  //用逆计算 C(n mod m, r mod m) mod m
18       if(r > n)return 0;
19       return ((fac[n] * inverse(r, m)) % m * inverse(n - r, m) % m);
20   }
21   ll Lucas(ll n, ll r, int m){                          //用递归计算 C(n, r) mod m
22       if(r == 0) return 1;
23       return C(n % m, r % m, m)  * Lucas(n / m, r / m, m) % m;   //分两部分计算
24   }
25   int main(){
26       int T; cin >> T;
27       while(T -- ){
28           int a, b, m; cin >> a >> b >> m;
29           fac[0] = 1;
30           for(int i = 1; i <= m; i++)   fac[i] = (fac[i - 1] * i) % m;  //预计算阶乘,取模
31           cout << Lucas(a + b, a, m) << endl;
32       }
33   }
```

3. 例题

 例 7.6   Binomial coefficients（poj 3219）

问题描述：判断组合数 C_n^r 的奇偶。

输入：输入两个整数 n 和 r。$0 \leqslant k \leqslant n \leqslant 2^{31}$。

输出：如果 C_n^r 是偶数，则输出 0，否则输出 1。

将题目转换为对 2 取模，计算 $C_n^r \bmod 2$，若等于 0 则是偶数，若等于 1 则是奇数。可以用卢卡斯定理计算 $C_n^r \bmod 2$ 的值。不过，更简单的做法是根据卢卡斯定理直接推导出结果。

根据卢卡斯定理 $C_n^r \bmod m = \prod\limits_{i=0}^{k} C_{n_i}^{r_i} \bmod m$，当 $m = 2$ 时，$C_n^r \bmod 2 = \prod\limits_{i=0}^{k} C_{n_i}^{r_i} \bmod 2$，其中 $n = n_k \times 2^k + \cdots + n_1 \times 2 + n_0, r = r_k \times 2^k + \cdots + r_1 \times 2 + r_0$，是 n 和 r 的二进制展开。前面提到，如果 $n_i < r_i$，规定 $C_{n_i}^{r_i} = 0$，如果有一个 $n_i < r_i$，就有 $C_n^r \bmod m = 0$。所以得出以下结论。

（1）将 n 和 r 的二进制作与运算，如果有 $n \& r = r$，设 r 有 t 位，那么 $\prod\limits_{i=0}^{k} C_{n_i}^{r_i}$ 的后 t 个或者是 C_1^1，或者是 C_0^0，都等于 1。答案为奇数。

（2）如果 $n \& r \neq r$，必然有一个 $C_{n_i}^{r_i} = 0$。答案为偶数。

【习题】

洛谷 P1680/P3726/P2480/P4345/P2675。

> **提示**　卢卡斯定理中的模 m 是一个素数，如果 m 不是素数，可以用"扩展卢卡斯定理"，请通过洛谷 P4720"扩展卢卡斯定理"了解。

7.5　容斥原理

扫一扫

视频讲解

容斥原理（Inclusion-Exclusion Principle）是一个基本的计数原理：不能重复也不能遗漏。在计数时，有时情况比较多，相互有重叠。为了使重叠部分不被重复计算，可以这样处理：先不考虑重叠的情况，把所有对象的数目先计算出来，然后再减去重复计算的数目。这种计数方法称为容斥原理。

1. 容斥原理的简单形式

容斥原理的简单形式：设 A 和 B 是分别具有性质 P_1 和 P_2 的有限集，则有

$$|A \cup B| = |A| + |B| - |A \cap B|$$

例 1　10 个学生选修古代诗歌，6 个学生选修现代诗歌，3 个学生同时选修古代诗歌和现代诗歌。问共有多少学生选修诗歌？

解　用集合 A 表示学古代诗歌的学生，B 表示学现代诗歌的学生。学诗歌的学生数量为 $|A \cup B|$，同时学两门诗歌的学生数量为 $|A \cap B|$。学诗歌的总人数为 $|A \cup B| = |A| + |B| - |A \cap B| = 10 + 6 - 3 = 13$。

例 2　一根长 60m 的绳子，每隔 3m 做一个记号，每隔 4m 也做一个记号，然后把有记号的地方剪断。问绳子共被剪成了多少段？

解　3 的倍数有 20 个，不算绳子两头，有 $20 - 1 = 19$ 个记号；4 的倍数有 15 个；既是 3 的倍数又是 4 的倍数有 $60/(3 \times 4) = 5$ 个。所以，记号的总数为 $(20-1) + (15-1) - (5-1) = 29$，绳子被剪成 29 段。

2. 容斥原理的定义

容斥原理[①]　集合 S 的子集 A_1 有性质 P_1，A_2 有性质 P_2，$\cdots$，A_n 有性质 P_n，有以下两种定义。

---

① 证明参考《组合数学》第 6 章（Richard A. Brualdi 著，冯速等译，机械工业出版社出版）。

(1) 集合 S 中不具有性质 $P_1, P_2, \cdots, P_n$ 的对象个数为

$$|\overline{A_1} \cap \overline{A_2} \cap \cdots \cap \overline{A_n}| = |S| - \sum |A_i| + \sum |\overline{A_i} \cap \overline{A_j}| -$$
$$\sum |\overline{A_i} \cap \overline{A_j} \cap \overline{A_k}| + \cdots + (-1)^n |\overline{A_1} \cap \overline{A_2} \cap \cdots \cap \overline{A_n}|$$

(2) 集合 S 中至少具有性质 $P_1, P_2, \cdots, P_n$ 之一的对象个数为

$$|A_1 \cup A_2 \cup \cdots \cup A_n| = \sum |A_i| - \sum |A_i \cap A_j| + \sum |A_i \cap A_j \cap A_k| + \cdots +$$
$$(-1)^{n+1} |A_1 \cap A_2 \cap \cdots \cap A_n|$$

用下面的例 3 说明容斥原理的应用。

例 3 求 1~2000 不能被 3、5、9 整除的整数个数。

解 设集合 A 是 S 中能被 3 整除的数的集合，B 是 S 中能被 5 整除的数的集合，C 是 S 中能被 8 整除的数的集合。用符号 $\lfloor r \rfloor$ 表示不超过 r 的最大整数。

$$|A| = \left\lfloor \frac{2000}{3} \right\rfloor = 666, \quad |B| = \left\lfloor \frac{2000}{5} \right\rfloor = 400, \quad |C| = \left\lfloor \frac{2000}{9} \right\rfloor = 222$$

一个数同时被 x 和 y 整除，当且仅当它能被最小公倍数 $\mathrm{lcm}(x, y)$ 整除，则有

$$|A| \cap |B| = \left\lfloor \frac{2000}{\mathrm{lcm}(3,5)} \right\rfloor = \left\lfloor \frac{2000}{15} \right\rfloor = 133$$

$$|B| \cap |C| = \left\lfloor \frac{2000}{\mathrm{lcm}(5,9)} \right\rfloor = \left\lfloor \frac{2000}{45} \right\rfloor = 44$$

$$|A| \cap |C| = \left\lfloor \frac{2000}{\mathrm{lcm}(3,9)} \right\rfloor = \left\lfloor \frac{2000}{9} \right\rfloor = 222$$

$$|A| \cap |B| \cap |C| = \left\lfloor \frac{2000}{\mathrm{lcm}(3,5,9)} \right\rfloor = \left\lfloor \frac{2000}{45} \right\rfloor = 44$$

根据容斥定理，答案为

$$|\overline{A} \cap \overline{B} \cap \overline{C}| = S - (|A| + |B| + |C|) + (|A| \cap |B|) + |B| \cap |C| +$$
$$|A| \cap |C| - |A| \cap |B| \cap |C|$$
$$= 2000 - (666 + 400 + 222) + 133 + 44 + 222 - 44$$
$$= 1067$$

3. 例题

与容斥原理有关的题目，一般要结合其他知识点，然后建模为容斥定理的两种定义，以提高计算的效率。下面用一个比较简单的例子说明这种思路。读者需要做一些习题熟练这种思路，对于和计数有关的问题，如果常用的算法超时，可以考虑用容斥原理加速。下面给出一道例题。

例 7.7 硬币购物（洛谷 P1450）

问题描述：有 4 种硬币，面值分别为 c_1、c_2、c_3、c_4。某人去买东西，去了 n 次，每次带 d_i 枚 i 种硬币，想购买 s 价值的东西，问每次有多少种付款方法？

输入：第 1 行输入 5 个整数，分别代表 c_1、c_2、c_3、c_4、n。后面 n 行中，每行输入 5 个整数，描述一次购买行为，分别代表 d_1、d_2、d_3、d_4、s。

输出：对于每次购买，输出一个整数，表示答案。

数据范围：$0 \leqslant c_i, d_i, s \leqslant 100000, 1 \leqslant n \leqslant 1000$。

本题看起来和 5.2 节的多重背包差不多，区别是这里求方案数（多少种付款方法）。本题即使用二进制拆分优化，也仍然超时。下面用 DP 结合容斥定理求解。

本题是这样一个问题：

$$\sum c_i x_i = s, \quad x_i \leqslant d_i$$

其中，x_i 表示第 i 种硬币的数量，求 x 的解有多少种。如果没有 d_i 的限制，这是一个完全背包问题，用 dp[j] 表示方案数求和为 j 的解的数量，有 dp[j]＝dp[j]＋dp[j－c[i]]，其中 $c[i]$ 为硬币面值。

对于不符合要求的方案，是这样一个问题：

$$\sum c_i x_i = s, \quad x_i \geqslant d_i + 1$$

变形得 $\sum c_i x_i = s - \sum (d_i + 1)$，也可以看作一个完全背包，解的数量是 dp[s－c[i] · (d[i]＋1)]。

合法方案数＝无限制方案数－不合法方案数。其中，无限制方案数和不合法方案数，经过上面的分析，都是完全背包。但是，不合法方案数，其中一些是有交集的，根据容斥定理第 2 种定义计算 $|A_1 \cup A_2 \cup \cdots \cup A_n|$，应该减去有奇数个元素的集合，加上有偶数个元素的集合。

下面给出洛谷 P1450 的代码，先预处理完全背包，然后对每次测试用容斥定理求解。另外，在第 16 行用状态压缩的技巧处理集合，统计集合中元素数量的奇偶。

```
1   # include < cstdio >
2   const int N = 100009;
3   long long dp[N];
4   int main(){
5       int c[4],d[4];
6       for(int i = 0;i < 4;i++)  scanf(" % d",&c[i]);
7       dp[0] = 1;
8       for(int i = 0;i < 4;i++)                //完全背包,预处理
9           for(int j = c[i];j < N;j++)
10              dp[j]  += dp[j - c[i]];
11      int T; scanf(" % d",&T);
12      while(T -- ){
13          for(int i = 0;i < 4;i++) scanf(" % d",&d[i]);
14          int s; scanf(" % d",&s);
15          long long ans = dp[s];             //容斥定理公式的第 1 项
16          for(int i = 1;i <= 15;i++){        //i: 0001～1111,二进制数枚举集合
17              int now = s;
18              int tmp = i;
19              int ov = 0;                    //用 ov 判断奇偶
20              for(int j = 0;tmp;j++){        //容斥
21                  if(tmp&1)
22                      ov^ = 1, now -= (d[j] + 1) * c[j];
23                  tmp  = tmp >> 1;           //tmp 找 i 中的 1
```

```
24                }
25            if(now < 0) continue;
26            if(ov) ans -= dp[now];        //奇数,减去
27            else   ans += dp[now];        //偶数,加上
28        }
29        printf("%lld\n",ans);
30    }
31    return 0;
32 }
```

【习题】

洛谷 P3349/P3270/P4336/P4448/P4491/P5339/P5400/P5664。

7.6   Catalan 数和 Stirling 数

7.6.1 Catalan 数

Catalan 数的计算公式涉及组合计数,它是很多组合问题的数学模型,是一个很常见的数列[①]。

1. 定义

Catalan 数是一个数列,它的一种定义是

$$C_n = \frac{1}{n+1}\binom{2n}{n}, \quad n=0,1,2,\cdots$$

列举一部分 Catalan 数:1,1,2,5,14,42,132,429,1430,4862,16796,…。Catalan 数的增长速度极快。

Catalan 数有 3 种计算公式。

公式 1:$C_n = \frac{1}{n+1}\binom{2n}{n} = \binom{2n}{n} - \binom{2n}{n+1} = \binom{2n}{n} - \binom{2n}{n-1}$。

$\binom{2n}{n}$ 是在 $2n$ 种情况中选 n 个的组合数;$\binom{2n}{n-1}$ 是在 $2n$ 种情况选 $n-1$ 个的组合数。

注意,$\binom{2n}{n-1}$ 和 $\binom{2n}{n+1}$ 等价。公式 1 可以从一个**基本模型**推导出来:把 n 个 1 和 n 个 0 排成一行,使这一行的任意前 k 个数中 1 的数量总是大于或等于 0 的数量(或者 0 的数量大于或等于 1 的数量,二者等价)。这样的排列有多少个?这样的排列一共有 C_n 个,即 Catalan 数。

公式 2:递推,$C_n = C_0 C_{n-1} + C_1 C_{n-2} + \cdots + C_{n-2} C_1 + C_{n-1} C_0 = \sum C_k C_{n-k}, C_0 = 1$。

---

① 这里列出了很多 Catalan 数的应用,注意看其中的棋盘问题(https://en.wikipedia.org/wiki/Catalan_number)。

公式 3：$C_n = \dfrac{4n-2}{n+1} C_{n-1}, C_0 = 1$。

从公式 3 可知，当 n 很大时，$C_n / C_{n-1} \approx 4$。所以 Catalan 数的增长是 $O(4^n)$ 的，增长极快。

下面说明这 3 种公式的应用场合。

(1) 公式 2 的应用场合：公式 2 的优点是不用算除法，此时 n 较小，需要输出 Catalan 数的值，如计算 $n \leqslant 500$ 内的 Catalan 数。编程需要二重循环，复杂度为 $O(n^2)$。不过，Catalan 数仍然是一个超级大的数。

(2) 公式 1 和公式 3 的应用场合：n 非常大，不能直接输出 Catalan 数，而是进行取模操作。例如，对第 10 万个 Catalan 数取模，用公式 2 计算就太慢了。用公式 1 和公式 3 更快。不过，公式 1 和公式 3 有大数除法，需要转换为逆元，然后再取模。先预计算 n 的阶乘(计算阶乘的同时对阶乘取模)，然后再用公式计算。类似的编码，参考 7.3 节的例题代码。

2. 应用

用上述公式解释下面几个应用问题，其中，二叉树问题是公式 2 的模型，其他问题是公式 1 的模型。

1) 棋盘问题

一个 n 行 n 列的棋盘，从左下角走到右上角，一直在对角线右下方走，不穿过主对角线，走法有多少种？例如，$n = 4$ 时，有 14 种走法。

这个问题就是公式 1 的模型，下面进行分析。

对方向编号，向上为 0，向右为 1，那么从左下角走到右上角一定会经过 n 个 1 和 n 个 0。满足要求的路线是：走到任意一步 k，前 k 步中向右的步数(1 的个数)大于或等于向上的步数(0 的个数)，否则就穿越对角线了。

设从左下角走到右上角的总路线有 X 条，分为 3 部分：对角线下面的 A 条路线、对角线上面的 B 条路线、穿过对角线的 C 条路线。不过，这 3 部分可以简化为两部分：对角线下面的 A、穿过对角线的 Y(包括 B 和 C)。$A = X - Y$ 就是答案。

总路线 $X = \dbinom{2n}{n}$，它的含义是：在 $2n$ 个位置放 n 个 1(剩下的 n 个肯定是 0)，这样的数有 $\dbinom{2n}{n}$ 个。

对于 Y，需要用到一种叫作 André's Reflection Method 的方法。图 7.1(a)给出了一条穿过对角线的路线(即 C 路线；或者给出一条在斜对角上方，并不穿过对角线的路线，即 B 路线，分析和 C 路线一样)。在图 7.1(b)中，画一条新的对角线，把它画在原来对角线的上面一格。

下面开始操作。原来的路线，从左下角出发，第 1 次接触到这条新对角线后，把剩下的部分以新对角线为轴进行映射，得到新的路线。这条新的路线即为图 7.1(b)中的加粗黑线。加粗黑线下面的一部分黑线是原来的，保持不变；上面一部分是新的，与原来那一部分对称。整个路线仍然是连续的，但是路线的终点变为 $(n-1, n+1)$。注意，"在原对角线右下方不穿过主对角线的走法"，即前文提到的 A 路线，与新对角线无交集，无法映射，被排除在外。

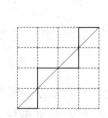
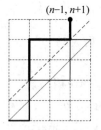

(a) 一条穿过对角线的路线　　(b) 按新对角线映射

图 7.1　André's Reflection Method

新的路线和原来的路线是一一对应的。这些新路线有多少条？此时，有 $n+1$ 个 0，$n-1$ 个 1，共 $2n$ 个；选出 $n-1$ 个 1（等价于选出 $n+1$ 个 0）的排列，有 $Y=\binom{2n}{n-1}$。可得

$$A=X-Y=\binom{2n}{n}-\binom{2n}{n-1}。$$

下面给出一道棋盘问题的题目。

例 7.8　树屋的阶梯（洛谷 P2532）

问题描述：树屋位于高度为 $n+1$ 的大树上。用钢材搭建一个到树屋的阶梯，钢材的宽和高不同，但都是 1 的整数倍。可以选 n 个钢材搭建一个总高度 n 的阶梯，每级阶梯高度为 1。每种钢材数量充足。问有多少种搭建方法？

输入：一个整数 n，表示阶梯高度。$1\leqslant n\leqslant 500$。

输出：一个整数，表示搭建方法数量。

例如，阶梯高度 $n=3$，有 5 种方法，如图 7.2 所示。

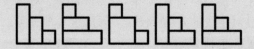

图 7.2　搭建方法示例

本题是棋盘问题，答案是第 n 个 Catalan 数，如 $n=3$ 时，第 3 个 Catalan 数是 5。

$n=500$ 时，Catalan 数极大，如果使用 C++ 语言，需要用高精度编程。下面给出 Python 代码，直接用公式 3 计算：$C_n=\dfrac{4n-2}{n+1}C_{n-1}$。

```
1  n = int(input())              #计算第 n 个 Catalan 数,注意 n 从 0 开始
2  c = 1
3  for i in range (1,n+1): c = c * (4 * i - 2)//(i + 1)   #不能写成 c = (4 * i - 2)//(i + 1) * c
4                                 #浮点数问题导致出错
5                                 #Python 3 大整数除法用"//",不能用"/",可能溢出
6  print(c)
```

2）括号问题

用 n 个左括号和 n 个右括号组成一串字符串,有多少种合法的组合? 例如,"()()(())"是合法的,而"())(()"是非法的。显然,合法的括号组合是任意前 k 个括号组合,左括号的数量大于或等于右括号的数量。

定义左括号为 0,右括号为 1。问题转换为 n 个 0 和 n 个 1 组成的序列,任意前 k 个序列中,0 的数量都大于或等于 1 的数量。模型和上面的棋盘问题一样。

3）出栈序列问题

 例 7.9　栈（洛谷 P1044）

问题描述:对给定的 n,计算并输出由操作数序列 $1,2,\cdots,n$ 经过操作可能得到的输出序列的总数。

输入:一个整数 n。$1 \leqslant n \leqslant 18$。

输出:可能输出序列的总数目。

给定一个以字符串形式表示的入栈序列,问一共有多少种可能的出栈顺序? 例如,入栈序列为 {1 2 3},则出栈序列一共有 5 种:{1 2 3}、{1 3 2}、{2 1 3}、{2 3 1}、{3 2 1}。

分析可知,合法的序列是对于出栈序列中的每个数字,在它后面的、比它小的所有数字,一定是按递减顺序排列的。例如,{3 2 1} 是合法的,3 出栈之后,比它小的后面的数字是 {2 1},且这个顺序是递减顺序。而 {3 1 2} 是不合法的,因为在 3 后面的数字 {1 2},是一个递增的顺序。

对于每个数,必须入栈一次,出栈一次。定义进栈操作为 0,出栈操作为 1。n 个数的所有状态对应 n 个 0 和 n 个 1 组成的序列。出栈序列,即要求入栈的操作数大于或等于出栈的操作数。问题转换为由 n 个 1 和 n 个 0 组成的 $2n$ 位二进制数,任意前 k 个序列,0 的数量大于或等于 1 的数量。结果仍然是 Catalan 数。

括号问题和出栈序列问题实质上是一样的,括号问题可以用栈来模拟。

4）二叉树问题

n 个节点构成二叉树,共有多少种情况?

例如,有 3 个节点(图中的圆点)的二叉树,可以构成 5 种二叉树,如图 7.3 所示。

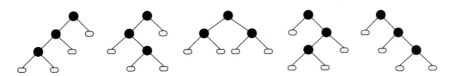

图 7.3 包括 3 个节点的二叉树

这个问题符合公式 2 的模型,即

$$C_n = C_0 C_{n-1} + C_1 C_{n-2} + \cdots + C_{n-2} C_1 + C_{n-1} C_0 = \sum C_k C_{n-k}, \quad C_0 = 1$$

其含义如下:

$C_0 C_{n-1}$:右子树有 0 个节点,左子树有 $n-1$ 个节点;

$C_1 C_{n-2}$:右子树有 1 个节点,左子树有 $n-2$ 个节点;

...

$C_{n-1}C_0$：右子树有 $n-1$ 个节点，左子树有 0 个节点。

5）三角剖分问题

有 $n+1$ 条边的凸多边形区域，在内部插入不相交的对角线，把凸多边形划分为多个三角形。有多少种方法？方法数是第 $n-1$ 个 Catalan 数[①]。

【习题】

洛谷 P1641/P1722/P1976/P3200/P4769/P3978。

7.6.2　Stirling 数

Stirling 数也是解决特定组合问题的数学工具，包括两种：第 1 类 Stirling 数、第 2 类 Stirling 数，它们有相似的地方。

首先通过经典的仓库钥匙问题了解第 1 类 Stirling 数。

问题描述：有 n 个仓库，每个仓库有两把钥匙，共 $2n$ 把钥匙，有 n 位保管员，提出下面两个问题。

问题 1：如何分配钥匙，使所有保管员都能够打开所有仓库？

问题 2：保管员分别属于 k 个不同的部门，部门中的保管员数量和他们管理的仓库数量一样多。例如，第 i 个部门有 m 个管理员，管理 m 个仓库。如何分配钥匙，使同部门的所有保管员能打开所有本部门的仓库，但是无法打开其他部门的仓库？

问题 1 很好解答。1 号仓库里放 2 号仓库的钥匙，2 号仓库放 3 号仓库的钥匙，…，n 号仓库放 1 号库的钥匙，n 个仓库形成了一个闭环。然后，每个保管员拿一把钥匙就好了，他打开一个仓库后，就能拿到下一把钥匙，继续打开其他所有的仓库。

问题 2 是问题 1 的扩展：把 n 个仓库分成 k 个圆排列，每个圆内部按问题 1 处理。这里的麻烦问题是把 n 个仓库分配到 k 个圆里，不能有空的圆，问有多少种分法？答案就是第 1 类 Stirling 数。

1. 第 1 类 Stirling 数

定义第 1 类 Stirling 数 $s(n,k)$：把 n 个不同的元素分配到 k 个圆排列里，圆不能为空。有多少种分法？

下面直接给出第 1 类 Stirling 数的递推公式[②]。

$$s(n,k)=s(n-1,k-1)+(n-1)\times s(n-1,k), \quad 1\leqslant k\leqslant n$$
$$s(0,0)=1, s(k,0)=0, \quad 1\leqslant k\leqslant n$$

$s(n,k)$ 是指数增长的。

根据递推公式计算部分第 1 类 Stirling 数，如表 7.1 所示。

---

① 《组合数学》(Richard A. Brualdi 著，冯速等译，机械工业出版社出版)第 162 页证明了三角剖分问题。

② 《组合数学》(Richard A. Brualdi 著，冯速等译，机械工业出版社出版)第 8 章定理 8.2.9 推导了第 1 类 Stirling 数的递推公式。

表 7.1　第 1 类 Stirling 数 $s(n,k)$ 的值

n	$s(n,k)$							
	$k=0$	$k=1$	$k=2$	$k=3$	$k=4$	$k=5$	$k=6$	$\cdots$
0	1							
1	0	1						
2	0	1	1					
3	0	2	3	1				
4	0	6	11	6	1			
5	0	24	50	35	10	1		
6	0	120	274	225	85	15	1	
$\cdots$								

例如：

$s(2,1)=1$，两个物体 a、b 放在一个圆圈里，有一种方案，即 $\{(ab)\}$；

$s(3,1)=2$，3 个物体 a、b、c 放在一个圆圈里，有两种方案，即 $\{(abc)\}$ 和 $\{(acb)\}$；

$s(3,2)=3$，3 个物体 a、b、c 放在两个圆圈里，有 3 种方案，即 $\{(ab),(c)\}$、$\{(ac),b\}$、$\{(a),(bc)\}$。

2. 第 2 类 Stirling 数

定义第 2 类 Stirling 数 $S(n,k)$：把 n 个不同的球分配到 k 个相同的盒子里[①]，不能有空盒子。有多少种分法？

$S(n,k)$ 的递推公式为

$$S(n,k)=kS(n-1,k)+S(n-1,k-1), \quad 1\leqslant k\leqslant n$$
$$S(0,0)=1, S(i,0)=0, \quad 1\leqslant i\leqslant n$$

从递推公式看出，$S(n,k)$ 是指数增长的，如表 7.2 所示。

表 7.2　第 2 类 Stirling 数 $S(n,k)$ 的值

n	$S(n,k)$							
	$k=0$	$k=1$	$k=2$	$k=3$	$k=4$	$k=5$	$k=6$	$\cdots$
0	1							
1	0	1						
2	0	1	1					
3	0	1	3	1				
4	0	1	7	6	1			
5	0	1	15	25	10	1		
6	0	1	31	90	65	15	1	
$\cdots$								

---

① 根据球是否一样、盒子是否相同、盒子是否可为空，可以组合成各种类似的问题。例如，把 n 个一样的球分配到 k 个相同的盒子里、把 n 个一样的球分配到 k 个不同的盒子里，等等。在这些问题中，第 2 类 Stirling 数比较复杂，但它是很基本的问题。所有情况，请参考《应用组合数学》(Fred S. Roberts，Barry Tesman 著，冯速译，机械工业出版社出版) 2.10 节"分装问题"；公式的推导见 5.5.3 节。

例如：

$S(2,1)=1$，两个球 a、b 放在一个盒子里，有一种方案，即 $\{(ab)\}$；

$S(3,1)=1$，3 个球 a、b、c 放在一个盒子里，有一种方案，即 $\{(abc)\}$；

$S(3,2)=3$，3 个球 a、b、c 放在两个相同盒子里，有 3 种方案，即 $\{(ab),(c)\}$、$\{(ac),b\}$、$\{(a),(bc)\}$。

下面给出一道模板题。

 例 7.10　小朋友的球（洛谷 P1655）

问题描述：把 N 个球放到 M 个相同的盒子里，要求每个盒子中至少一个球。问有几种放法？

输入：输入多组数据，每行输入两个整数 N 和 M。$1 \leqslant N, M \leqslant 100$。

输出：对每组数据，输出答案。

由于 $S(n,k)$ 是指数增长的，答案是极大的数字。如果用 C++ 语言，需要处理大数。这里简单地给出 Python 代码。

```
1  N = 105
2  S = [[0] * N for i in range(N)]
3  for i in range(1, N):
4      S[i][i] = S[i][1] = 1
5      for j in range(2, i):  S[i][j] = S[i - 1][j - 1] + j * S[i - 1][j]
6  while True:  # 多组数据
7      try:               n, k = map(int,input().split());  print(S[n][k])
8      except EOFError:  break
```

【习题】

Stirling 数的应用比较狭窄，常和其他知识点一起出题，参考以下习题。

洛谷 P5395/P5396/P5408/P5409/P4827。

扫一扫

视频讲解

7.7　Burnside 定理和 Pólya 计数

有一些带有旋转、对称的组合问题，例如：

（1）把 10 个不同颜色的珠子放在地上摆成一个圆，有多少种摆法？如果把这些珠子串成一串项链，又有多少种方法？

（2）有红色、黄色两种珠子各若干，串成项链，有多少种串法？

（3）有红色、黄色、绿色球各若干，放进两个不同的盒子里，有多少种放法？

（4）用红色、蓝色对正六边形的顶点着色，有多少种方案？

这样的组合问题如何研究？这就是本节的内容——置换群、Burside 定理、Pólya 计数。

下面用一个例子引导出解题方法：用白、黑两种颜色给正方形的 4 个顶点着色，有多少种方案？正方形旋转后如果重合,算同一种方案。

> **提示** 除了旋转,还可以翻转,不过此例比较特殊,翻转不影响结果,下面的解析不考虑翻转。7.7.3节会分析旋转加翻转的情况。

如图7.4所示,标识出了16种着色情况,但是旋转之后总共只有6种不同的方案,如下。

(1) 4白0黑:1。

(2) 3白1黑:2、3、4、5。

(3) 2白2黑(相邻):6、7、8、9。

(4) 2白2黑(交叉):10、11。

(5) 1白3黑:12、13、14、15。

(6) 0白4黑:16。

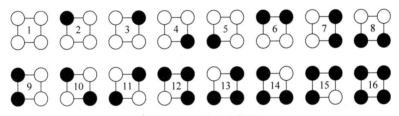

图7.4　16种着色情况

这个例子的情况比较少,可以通过观察得到结果。如果比较复杂,如颜色不止两种、正方形改成多边形等,观察法几乎不可能实现。

有没有一种组合数学理论给出求解方法？这就是Burnside定理和Pólya计数。由于这两种理论比较晦涩难懂,下面先以正方形着色问题为例,用这两种理论的操作方法求解作为思维引导,后面再分别对这两种理论做详细证明。

1. 利用Burnside定理求解

先用Burnside定理的方法求解正方形着色问题。

因为是研究旋转情况下的组合,把正方形的旋转分类为以下4种情况。

(1) 旋转$0°$。也就是用黑、白着色,且不允许旋转,那么有16种结果,记录为16种"不变元"。旋转前后的对应着色情况称为**"置换"**,表示为

$$\begin{bmatrix} 1 & 2 & 3 & 4 & 5 & 6 & 7 & 8 & 9 & 10 & 11 & 12 & 13 & 14 & 15 & 16 \\ 1 & 2 & 3 & 4 & 5 & 6 & 7 & 8 & 9 & 10 & 11 & 12 & 13 & 14 & 15 & 16 \end{bmatrix}$$

$$= [1][2][3][4][5][6][7][8][9][10][11][12][13][14][15][16]$$

(2) 旋转$90°$。其中,[1]、[16]保持不变,有两种"不变元",其他14种都会旋转到另一种。置换表示为

$$\begin{bmatrix} 1 & 2 & 3 & 4 & 5 & 6 & 7 & 8 & 9 & 10 & 11 & 12 & 13 & 14 & 15 & 16 \\ 1 & 3 & 4 & 5 & 2 & 7 & 8 & 9 & 6 & 11 & 10 & 13 & 14 & 15 & 12 & 16 \end{bmatrix}$$

$$= [1][2\ 3\ 4\ 5][6\ 7\ 8\ 9][10\ 11][12\ 13\ 14\ 15][16]$$

（3）旋转 $180°$。只有[1]、[10]、[11]、[16]保持不变，有 4 种"不变元"。置换表示为

$$\begin{bmatrix} 1 & 2 & 3 & 4 & 5 & 6 & 7 & 8 & 9 & 10 & 11 & 12 & 13 & 14 & 15 & 16 \\ 1 & 4 & 5 & 2 & 3 & 8 & 9 & 6 & 7 & 10 & 11 & 14 & 15 & 12 & 13 & 16 \end{bmatrix}$$
$$= [1][2\ 3\ 4\ 5][6\ 7\ 8\ 9][10][11][12\ 14][13\ 15][16]$$

（4）旋转 $270°$。只有[1]、[16]保持不变，有两种"不变元"。置换表示为

$$\begin{bmatrix} 1 & 2 & 3 & 4 & 5 & 6 & 7 & 8 & 9 & 10 & 11 & 12 & 13 & 14 & 15 & 16 \\ 1 & 5 & 2 & 3 & 4 & 9 & 6 & 7 & 8 & 11 & 10 & 15 & 12 & 13 & 14 & 16 \end{bmatrix}$$
$$= [1][2\ 3\ 4\ 5][6\ 7\ 8\ 9][10\ 11][12\ 13\ 14\ 15][16]$$

总着色方案数为 $(16+2+4+2)/4=6$，其中除以 4 表示有 4 种旋转。

以上步骤为什么是正确的？下面做简单证明。

（1）每种旋转中的变元会与其他旋转中的某个不变元重复，这些变元对组合计数没有贡献，应该去除，不做统计。例如，旋转 $270°$ 中的[10 11]与旋转 $0°$ 中的不变元[10][11]重复，也与旋转 $180°$ 中的[10][11]重复。

（2）每个不变元都应该对旋转数 4 取平均值。考虑以下两种情况。

① 这个不变元和其他旋转中的某个不变元重复，显然应该取平均值。例如，不变元[1]重复了 4 次。

② 这个不变元和其他旋转中的变元重复，它的统计数量也应该取平均值。例如，旋转 $0°$ 中的不变元[2]，在其他 3 种旋转时都出现在变元中，说明它不是独立存在的，不是一种独立的方案，应该取平均值。

虽然以上方法很容易操作，但是当规模变大时也难以进行。例如，用 p 种颜色着色，总着色方案数是多少？设 $p=3$，仅旋转 $0°$ 就有 $3^4=81$ 种不变元，此时统计不变元非常烦琐。这里直接给出结论：用 p 种颜色给正方形着色，总着色方案数为 $(p^4+p^1+p^2+p^1)/4$。

当颜色数 p 和旋转数 n 很大时，用 Burnside 定理进行计数十分麻烦。Pólya 计数法能极大简化计数计算，它是 Burnside 定理的改进操作。

2. 利用 Pólya 计数求解

用 Pólya 计数求解正方形着色问题，读者可以对比前面的利用 Burnside 定理的方法。

4 种旋转如图 7.5 所示，圆圈内的数字标记了圆圈旋转后的新位置。

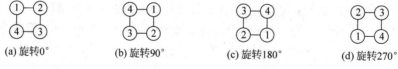

(a) 旋转 $0°$　　(b) 旋转 $90°$　　(c) 旋转 $180°$　　(d) 旋转 $270°$

图 7.5　4 种旋转后的新位置

（1）旋转 $0°$。用 $f_1 = \begin{bmatrix} 1 & 2 & 3 & 4 \\ 1 & 2 & 3 & 4 \end{bmatrix}$ 表示一个"置换"，第 1 行的 (1 2 3 4) 表示原位置，第 2 行的 (1 2 3 4) 表示旋转后的新位置。第 1 行和第 2 行对比，显示了旋转前后的位置变化情况。此时，f_1 有 4 种独立的对应关系，记为 $f_1 = \begin{bmatrix} 1 & 2 & 3 & 4 \\ 1 & 2 & 3 & 4 \end{bmatrix} = [1] \circ [2] \circ [3] \circ [4]$。符号 $\circ$ 表示合成，将在 7.7.1 节"置换群"中说明。

（2）旋转 $90°$。$f_2 = \begin{bmatrix} 1 & 2 & 3 & 4 \\ 4 & 1 & 2 & 3 \end{bmatrix} = [1\ 4\ 3\ 2]$，此时只有一个独立对应关系，是循环对应的，即 1-4-3-2-1。

（3）旋转 $180°$。$f_3 = \begin{bmatrix} 1 & 2 & 3 & 4 \\ 3 & 4 & 1 & 2 \end{bmatrix} = [1\ 3] \circ [2\ 4]$，此时有两个独立对应关系。

（4）旋转 $270°$。$f_4 = \begin{bmatrix} 1 & 2 & 3 & 4 \\ 2 & 3 & 4 & 1 \end{bmatrix} = [1\ 2\ 3\ 4]$，此时有一个独立对应关系。

着色的色彩有黑、白两种，总着色方案数为 $(2^4 + 2^1 + 2^2 + 2^1)/4 = 6$。

下面对以上步骤的正确性进行简单证明。在一种情况中，能循环对应的位置说明它们能通过旋转而重合，应该看作相同。例如，在旋转 $0°$ 中，有 4 个独立对应关系，对这 4 个位置用两种颜色着色，有 2^4 个结果；在旋转 $90°$ 中，4 个位置循环对应，这 4 个位置可以通过旋转而重合，用两种颜色着色，有 2^1 种结果；等等。最后对 4 种情况做平均。

用 Pólya 计数法扩展正方形旋转问题十分容易：用 p 种颜色对正方形着色，总着色方案数为 $(p^4 + p^1 + p^2 + p^1)/4$。

7.7.1　置换群

置换群是 Burside 定理、Pólya 计数用到的基本工具。下面介绍置换的定义、置换的运算、置换群。

1. 置换的定义[①]

令 X 是一个非空有限集合，把 X 的某个一一映射称为置换。一一映射是指 X 到自己的一对一变换。设 X 的元素为 $a_1, a_2, \cdots, a_n$，记一个置换 σ 为

$$\sigma = \begin{bmatrix} a_1 & a_2 & \cdots & a_n \\ b_1 & b_2 & \cdots & b_n \end{bmatrix}$$

其中，$b_1, b_2, \cdots, b_n$ 是 $a_1, a_2, \cdots, a_n$ 的一个全排列。显然，X 的置换共有 $n!$ 个，把所有 $n!$ 个置换构成的集合记为 S_n。例如，$X = \{1, 2, 3\}$ 有 $3! = 6$ 置换，即

$$S_3 = \left\{ \begin{bmatrix} 1 & 2 & 3 \\ 1 & 2 & 3 \end{bmatrix}, \begin{bmatrix} 1 & 2 & 3 \\ 1 & 3 & 2 \end{bmatrix}, \begin{bmatrix} 1 & 2 & 3 \\ 2 & 1 & 3 \end{bmatrix}, \begin{bmatrix} 1 & 2 & 3 \\ 2 & 3 & 1 \end{bmatrix}, \begin{bmatrix} 1 & 2 & 3 \\ 3 & 1 & 2 \end{bmatrix}, \begin{bmatrix} 1 & 2 & 3 \\ 3 & 2 & 1 \end{bmatrix} \right\}$$

置换是有限集到自己的一对一变换，那么可以把循环的部分放在一起。定义 $\begin{bmatrix} a_1 & a_2 & \cdots & a_{m-1} & a_m \\ a_2 & a_3 & \cdots & a_m & a_1 \end{bmatrix}$ 为 m 阶循环，简记为 $[a_1\ a_2\ \cdots\ a_m]$，称为循环节。例如，$\sigma = \begin{bmatrix} 1 & 2 & 3 & 4 & 5 & 6 \\ 3 & 1 & 2 & 5 & 6 & 4 \end{bmatrix} = [1\ 3\ 2][4\ 5\ 6]$，其中 $[1\ 3\ 2]$ 和 $[4\ 5\ 6]$ 这两个循环节没有公共元素，称它们是互不相交的。

[①]　参考《组合数学》（Richard A. Brualdi 著，冯速等译，机械工业出版社出版），第 14 章对置换群、Burnside 定理、Pólya 计数做了详细定义和证明。本书提取了其中的关键定义和结论。若读者想详细了解有关的数学证明，请阅读原文。

2. 置换的运算

1) 置换的合成运算

S_n 的两个置换 f 和 g，$f = \begin{bmatrix} 1 & 2 & \cdots & n \\ i_1 & i_2 & \cdots & i_n \end{bmatrix}$，$g = \begin{bmatrix} 1 & 2 & \cdots & n \\ j_1 & j_2 & \cdots & j_n \end{bmatrix}$，它们的合成为

$$g \circ f = \begin{bmatrix} 1 & 2 & \cdots & n \\ j_1 & j_2 & \cdots & j_n \end{bmatrix} \circ \begin{bmatrix} 1 & 2 & \cdots & n \\ i_1 & i_2 & \cdots & i_n \end{bmatrix}$$

其中，$g \circ f(k) = g(f(k)) = j_{i_k}$。

合成定义了 S_n 上的二元运算：如果 f 和 g 属于 S_n，那么 $g \circ f$ 也属于 S_n。

例如，设 S_3 的置换 f 和 g 为 $f = \begin{bmatrix} 1 & 2 & 3 \\ 2 & 1 & 3 \end{bmatrix}$ 和 $g = \begin{bmatrix} 1 & 2 & 3 \\ 2 & 3 & 1 \end{bmatrix}$，则

$$g \circ f(1) = 3, \quad g \circ f(2) = 2, \quad g \circ f(3) = 1$$

得 $g \circ f = \begin{bmatrix} 1 & 2 & 3 \\ 3 & 2 & 1 \end{bmatrix}$。同样可以计算出 $f \circ g = \begin{bmatrix} 1 & 2 & 3 \\ 1 & 3 & 2 \end{bmatrix}$。

二元合成运算不满足交换律。

2) 恒等置换

定义恒等置换为 $\tau = \begin{bmatrix} 1 & 2 & \cdots & n \\ 1 & 2 & \cdots & n \end{bmatrix}$。

恒等置换满足合成运算的交换律，即 $f \circ \tau = \tau \circ f$。

3) 置换的逆

定义置换的逆为 f^{-1}，有 $f \circ f^{-1} = f^{-1} \circ f = \tau$。

对于恒等置换，有 $\tau^{-1} = \tau$。

3. 置换群

如果 S_n 的非空子集 G 满足以下 3 个性质，则 G 是 S_n 的一个置换群。

(1) 合成运算的封闭性。对于 G 中所有的置换 f 和 g，$f \circ g$ 也属于 G。

(2) 单位元。S_n 中的恒等置换属于 G。

(3) 逆元的封闭性。对 G 中的每个置换 f，它的逆 f^{-1} 也属于 G。

7.7.2　Burnside 定理

这里提出"等价"的概念。如果存在从一种着色（置换）到另一个着色（置换）的旋转方法，称这两种着色（置换）是"等价"的。例如，正方形着色问题中，3 白 1 黑中的 4 种着色 {2, 3, 4, 5} 是等价的；不同部分的两类着色称为"不等价"。不等价的着色个数就是着色方案数。

Burnside 定理　设 G 是 S 的置换群，f 是 G 中的一个置换，设 $\lambda(f)$ 为置换 f 中不变元的个数，则置换群 G 的不等价类数（着色方法数）为[①]

---

① 　证明参考《组合数学》(Richard A. Brualdi 著，冯速等译，机械工业出版社出版）第 338 页。

$$\sum_{f \in G} |\lambda(f)| / |G|。$$

下面给出几个例子,是带有旋转、翻转的典型计数问题。

1. 循环排列计数

把数字 $1 \sim n$ 放在一个圆上,有多少种放法?

本题的特征是数字都不同,每个数字都用到;圆可以旋转,不能翻转。与前面的正方形着色问题类似,把数字 $1 \sim n$ 看作 n 种颜色,在圆上分为 n 种旋转,即 n 个置换。旋转 $0°$ 时有 $n!$ 种着色,即 $n!$ 种不变元。在其他所有旋转中,都是变元。所以,不等价类数为

$$\frac{1}{n}(n! + 0 + \cdots + 0) = (n-1)!$$

2. 项链计数

用 $n \geqslant 3$ 种不同颜色的珠子串成一串项链,有多少种方法?

本例与上一个例子的区别是项链既可以旋转,又可以翻转。共有 n 种旋转,每种旋转可以翻转,共有 $2n$ 个置换。唯一不变的置换只有一种,即旋转 $0°$ 的恒等置换。所以,不等价类数为

$$\frac{1}{2n}(n! + 0 + \cdots + 0) = \frac{(n-1)!}{2}$$

3. 正五角形着色

用红、蓝两色对正五角形顶点着色,有多少种方法?

本题的特征是只能用两种颜色,正五角形既可以旋转,又可以翻转。共有 10 种置换,分为两类,一类是只旋转不翻转,一类是既旋转又翻转。

(1) 只旋转不翻转:旋转 $0°$、$72°$、$144°$、$216°$、$288°$。

第 1 种置换,旋转 $0°$,有 $2^5 = 32$ 种不变元着色,用 0 表示红,1 表示蓝,着色方案为 $00000, 00001, 00010, \cdots, 11111$。

第 $2 \sim 5$ 种置换,旋转 $72° \sim 288°$,每种置换只有两个不变元:00000、11111。

(2) 既旋转又翻转。翻转之后,五角形的顶点 2、5 是同一位置,3、4 是同一位置。

第 6 种置换,旋转 $0°$ + 翻转,对五角形分 3 种情况进行组合:顶点 0、顶点 (2,5)、顶点 (3,4)。其中不变元有:顶点 0 选一种颜色(红或蓝)、顶点 (2,5) 选一种颜色、顶点 (3,4) 选一种颜色,共 $2 \times 2 \times 2 = 8$ 种不变元。

第 $7 \sim 10$ 种置换,旋转 $72° \sim 288°$ + 翻转,和第 6 种置换一样,各有 8 种不变元。

最后,根据 Burnside 定理,不等价类或着色方法的数量为

$$\frac{1}{10}(32 + 2 + 2 + 2 + 2 + 8 + 8 + 8 + 8 + 8) = 8$$

本例可以推广,如用 3 种颜色对五角形的顶点着色,着色方法数为

$$\frac{1}{10}(243 + 3 + 3 + 3 + 3 + 27 + 27 + 27 + 27 + 27) = 39$$

最后给出一道 Burnside 定理的编程题。

例 7.11　Cards(洛谷 P1446)

　　问题描述:有 n 张牌,用红、蓝、绿 3 种颜色染色,有多少种染色方案?进一步,要染出 r 张红色,b 张蓝色,g 张绿色,有多少种染色方案?最后,有 m 种不同的洗牌法,有多少种染色方案?两种染色方法相同,当且仅当其中一种可以通过任意洗牌法洗成另外一种。

　　输入:第 1 行输入 5 个整数,依次表示 r、b、g、m、P,其中 $n=r+b+g$。后面 m 行中,每行表示一种洗牌法,每行输入 n 个用空格隔开的整数,是 $1\sim n$ 的一个排列,表示用这种洗牌法,第 i 位变成原来的第 X_i 位的牌。输入数据保证任意多次洗牌都可用这 m 种洗牌法中的一种代替,且对每种洗牌法,都存在一种洗牌法使其能回到原状态。$\max\{r,b,g\}\leqslant 20$。

　　输出:不同染色法对 P 取模的结果。保证 P 是质数。

输入样例:	输出样例:
1 1 1 2 7	2
2 3 1	
3 1 2	

　　样例说明:有两种本质不同的染色法 RGB 和 RBG,使用一次 231 洗牌法,可得 GBR 和 BGR;使用一次 312 洗牌法,可得 BRG 和 GRB。

　　Burnside 定理需要用到置换和不变元,本题已经给出了置换(m 种洗牌法就是 m 种置换,每个初始态经过 m 种洗牌法可以变为另外 m 种状态,所以置换群数量为 $m+1$),下一步需要考虑不变元的数量。不变元共有多少个?首先选 r 有 C_{r+b+g}^r 种,接着选 b 有 C_{b+g}^b 种,最后选 g 有 C_g^g 种,共 $C_{r+b+g}^r \times C_{b+g}^b \times C_g^g = \dfrac{(r+b+g)!}{r!b!g!}$ 种,最后根据 Burnside 定理,答案为 $\dfrac{1}{|G|}\sum_{f\in G}|\lambda(f)| = \dfrac{1}{(m+1)}\dfrac{(r+b+g)!}{r!b!g!}$。输出中有大数除法,且对 P 取模,需要用到逆;因为 P 是素数,用费马小定理求逆比较简单。本题的染色有数量限制,不能直接用 Pólya 计数。

> **提示**　利用 Burnside 定理,需要列出 n^m 种可能的染色方案,然后找到每种置换下保持不变的染色方案数。其中 n 是颜色数,m 是位置,如果 n、m 较大,利用 Burnside 定理计数将十分复杂。

7.7.3　Pólya 计数

　　任何一种置换都能表示成若干互不相交的循环的乘积。在一种置换中,用 $\lambda_i(f)$ 表示长度为 i 的循环的个数,用 $\lambda(f)$ 表示 $f\in G$ 中循环的个数,$\lambda(f)=\lambda_1(f)+\lambda_2(f)+\cdots+\lambda_n(f)$。

Pólya 定理　设 $G=\{f_1,f_2,\cdots,f_n\}$ 是 S_n 的置换群,用 m 种颜色对 n 个对象着色,G 的不等价类数(着色方法数)为

$$\frac{1}{|G|}\sum_{f\in G}m^{\lambda(f)}=\frac{1}{|G|}\sum_{f\in G}m^{\lambda_1(f)+\lambda_2(f)+\cdots+\lambda_n(f)}$$

1. 应用

用下面的两个问题说明 Pólya 定理的应用。

1) 正方形着色问题

回顾本节开始的用两种颜色对正方形着色的问题,下面考虑旋转和翻转,共 8 种置换,如图 7.6 所示。

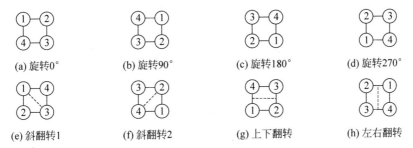

| (a) 旋转0° | (b) 旋转90° | (c) 旋转180° | (d) 旋转270° |

| (e) 斜翻转1 | (f) 斜翻转2 | (g) 上下翻转 | (h) 左右翻转 |

图 7.6　4 种旋转和 4 种翻转后的新位置

图 7.6(a)～图 7.6(d)是 4 种旋转;图 7.6(e)～图 7.6(h)是 4 种翻转,分别从图 7.6(a)沿着虚线翻转而来。这 8 种置换如下。

(1) 旋转 0°:$\boldsymbol{f_1}=\begin{bmatrix}1&2&3&4\\1&2&3&4\end{bmatrix}=[1]\circ[2]\circ[3]\circ[4]$,共 4 个循环节。

(2) 旋转 90°:$\boldsymbol{f_2}=\begin{bmatrix}1&2&3&4\\4&1&2&3\end{bmatrix}=[1\ 4\ 3\ 2]$,一个循环节。

(3) 旋转 180°:$\boldsymbol{f_3}=\begin{bmatrix}1&2&3&4\\3&4&1&2\end{bmatrix}=[1\ 3]\circ[2\ 4]$,共两个循环节。

(4) 旋转 270°:$\boldsymbol{f_4}=\begin{bmatrix}1&2&3&4\\2&3&4&1\end{bmatrix}=[1\ 2\ 3\ 4]$,一个循环节。

(5) 斜翻转 1:$\boldsymbol{f_5}=\begin{bmatrix}1&2&3&4\\1&4&3&2\end{bmatrix}=[1]\circ[2\ 4]\circ[3]$,共 3 个循环节。

(6) 斜翻转 2:$\boldsymbol{f_6}=\begin{bmatrix}1&2&3&4\\3&2&1&4\end{bmatrix}=[1\ 3]\circ[2]\circ[4]$,共 3 个循环节。

(7) 上下翻转:$\boldsymbol{f_7}=\begin{bmatrix}1&2&3&4\\4&3&2&1\end{bmatrix}=[1\ 4]\circ[2\ 3]$,共两个循环节。

(8) 左右翻转:$\boldsymbol{f_8}=\begin{bmatrix}1&2&3&4\\2&1&4&3\end{bmatrix}=[1\ 2]\circ[3\ 4]$,共两个循环节。

总着色方法数为 $(2^4+2^1+2^2+2^1+2^3+2^3+2^2+2^2)/8=6$

扩展到用 3 种颜色对正方形着色,既旋转又翻转,总着色方法数为

$$\frac{1}{8}(3^4+3^1+3^2+3^1+3^3+3^3+3^2+3^2)=21$$

2) 正五角形着色问题

用红、蓝两色对正五角形顶点着色,有多少种方法?若用3种颜色着色,有多少种方法?

7.7.2 节用 Burnside 定理求解了正五角形顶点着色问题,下面用 Pólya 计数重新做一遍。

共有 10 种置换。图 7.7 给出了其中几个例子。

图 7.7(a)是原位置,也可以看成旋转 $0°$,$f_1 = \begin{bmatrix} 1 & 2 & 3 & 4 & 5 \\ 1 & 2 & 3 & 4 & 5 \end{bmatrix} = [1] \circ [2] \circ [3] \circ [4] \circ [5]$,共 5 个循环节。

图 7.7(b)旋转 $72°$,$f_2 = \begin{bmatrix} 1 & 2 & 3 & 4 & 5 \\ 5 & 1 & 2 & 3 & 4 \end{bmatrix} = [1\ 5\ 4\ 3\ 2]$,一个循环节。

图 7.7(c)是图 7.7(a)沿虚线翻转,$f_3 = \begin{bmatrix} 1 & 2 & 3 & 4 & 5 \\ 2 & 1 & 5 & 4 & 3 \end{bmatrix} = [1\ 2] \circ [3\ 5] \circ [4]$,共 3 个循环节。

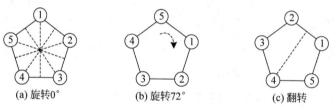

(a) 旋转0°   (b) 旋转72°   (c) 翻转

图 7.7　五角形的旋转和翻转

请读者自己完成其他置换的计算。共 10 种置换,总着色方法数为

$$\frac{1}{10}(2^5 + 2^1 + 2^1 + 2^1 + 2^1 + 2^3 + 2^3 + 2^3 + 2^3 + 2^3) = 8$$

扩展到用 3 种颜色对五角形着色,总着色方法数为

$$\frac{1}{10}(3^5 + 3^1 + 3^1 + 3^1 + 3^1 + 3^3 + 3^3 + 3^3 + 3^3 + 3^3) = 39$$

2. 例题

进一步扩展,用 3 种颜色对 n 角形着色。请通过以下例题了解循环节数的规律。

例 7.12　Necklace of beads(poj 1286)

问题描述:任选 n 个红、蓝、绿 3 种颜色的珠子串成项链,能串成多少种项链?项链可以旋转、翻转。

输入:输入多行,每行输入一个整数 n。输入 -1 表示结束。$n < 24$。

输出:对每个 n,输出一行表示答案。

仍然把项链看作多边形,下面分别讨论旋转和翻转的置换。

置换是旋转时,每个旋转的循环节数是否有规律?第 i 个旋转与原位置错位了 i 个,容易分析得知,第 i 个旋转的循环节数为 $\gcd(n, i)$,n 表示 n 边形,$0 \leqslant i < n$。例如,$n = 5$ 时,

循环节数分别是{5,1,1,1,1}。

翻转的循环节数是否有规律? 对照上面正方形和五边形的例子,总结出以下规律。

(1) n 为偶数。经过多边形顶点的对称轴有 $n/2$ 个,即 $n/2$ 种置换,每种置换方案有 $n/2+1$ 个循环节。例如,$n=4$ 时,是上面的正方形例子,其中斜翻转的每种置换有 $4/2+1=3$ 个循环节。

不经过顶点的对称轴有 $n/2$ 个,每种置换方案有 $n/2$ 个循环节。在正方形例子中,上下翻转的每种置换有 $4/2=2$ 个循环节。

(2) n 为奇数。对称轴都经过顶点,有 n 种置换,每种置换有 $n/2+1$ 个循环节。

下面给出 poj 1286 的代码。

```
1    # include < cstdio >
2    # include < cmath >
3    # include < algorithm >
4    using namespace std;
5    # define ll long long
6    int main(){
7        ll n;
8        while(scanf(" % lld", &n) && n != −1 ) {
9            if(n == 0 ){ printf("0\n"); continue;}
10           ll ans = 0;                                    //答案数值很大,用 long long 型
11           for(ll i = 0; i < n; i++) ans += (ll)pow(3, __gcd(n,i)); //旋转,3 指 3 种颜色
12           if(n % 2) ans += n * (ll)pow(3,n/2+1);         //翻转:n 为奇数
13           else{                                          //翻转:n 为偶数
14               ans += n/2 * (ll)pow(3,n/2);
15               ans += n/2 * (ll)pow(3,n/2+1);
16           }
17           printf(" % lld\n", ans/(n * 2));
18       }
19       return 0 ;
20   }
```

【习题】

本节介绍有关置换群的计数问题,对基本概念进行通俗的讲解,但是给出的例子都不太难。竞赛中 Burnside 定理和 Pólya 计数的题目都比较难,请通过以下题目深入掌握。

(1) 洛谷 P2561/P4128/P4727/P6598/P5818/P6597/P4708/P4980。

(2) poj 2154/3270/2888/1026/1721。

7.8 母 函 数

扫一扫

视频讲解

母函数(Generating Function,又译为生成函数)是求解递推关系的巧妙数学方法,它通过代数手段解决组合计数问题。例如,以下组合问题[①],用母函数求解简单而直接。

(1) 在袋子中装 n 个水果,要求苹果是偶数个,香蕉数是 5 的倍数,橘子最多 4 个,梨有

---

① 参考《组合数学》(Richard A. Brualdi 著,冯速等译,机械工业出版社出版)第 7 章"递推关系和生成函数"。

0 个或 1 个。

（2）对 1 行 n 列的棋盘，用红、白、蓝色涂色，要求红方格的个数是偶数并且至少有一个蓝方格。

（3）n 位数，要求每位都是奇数，且 1 和 3 出现偶数次。

本节首先用整数规划问题引出母函数的概念和编码，最后说明它的数学实质——泰勒级数。

7.8.1　普通型母函数

在讲解母函数之前，先介绍一个经典问题：整数划分，用它引出普通型母函数的应用。

1. 整数划分

整数划分是指把一个正整数 n 分解成多个正整数的和。不同划分法的总数叫作划分数。例如，$n=4$ 时，有 5 种划分：$\{1,1,1,1\}$、$\{1,1,2\}$、$\{2,2\}$、$\{1,3\}$、$\{4\}$。

这个问题有很多扩展，如将 n 划分成最大数不超过 m 的划分数，$m\leqslant n$。当 $n=4$，$m=2$ 时，有 3 种划分：$\{1,1,1,1\}$、$\{1,1,2\}$、$\{2,2\}$。

例 7.13　整数划分（hdu 1028）

问题描述：求整数 n 有多少种划分，$1\leqslant n\leqslant 120$。

输入：一个数字 n。

输出：划分数。

在引入母函数之前，先用 DP 求解。part() 函数预计算所有整数的划分数，代码的计算复杂度为 $O(n^2)$。

```
1   # include<bits/stdc++.h>
2   using namespace std;
3   const int N = 200;
4   int dp[N+1][N+1];            //dp[n][m]:将 n 划分为最大数不超过 m 的划分数
5   void part() {               //预计算 dp[n][m],求出所有 n 的划分
6       for( int n = 1; n <= N; n++)
7           for( int m = 1; m <= N; m++){
8               if((n==1)||(m==1))   dp[n][m] = 1;
9               else if(n < m)       dp[n][m] = dp[n][n];
10              else if(n == m)      dp[n][n] = dp[n][n-1]+1;
11              else                 dp[n][m] = dp[n-m][m] + dp[n][m-1];
12          }
13  }
14  int main(){
15      int n;
16      part();
17      while(cin >> n)   cout << dp[n][n] << endl;
18      return 0;
19  }
```

part()函数的最后一行是状态转移方程。根据划分数中是否包含 m，分为两种情况：

(1) dp$[n-m][m]$：划分中必有一个数为 m，等价于对 $n-m$ 进行划分；

(2) dp$[n][m-1]$：划分中每个数都小于 m，即每个数不大于 $m-1$。

下面用母函数方法求解整数划分问题。

2. 母函数

在解决整数划分问题之前，先通过一个更简单的问题介绍母函数的概念。

问题：从数字 1、2、3、4 中取出一个或多个相加（每个数最多只能用一次），能组合成几个数？每个数有几种组合？

如表 7.3 所示，第 1 行是组合得到的数字，第 2 行是组合的具体情况，第 3 行是有几种组合。

表 7.3 数字 1～4 的组合

数字 S	1	2	3	4	5	6	7	8	9	10
组合	1	2	1+2；3	1+3；4	1+4；2+3	1+2+3；2+4	1+2+4；3+4	1+3+4	2+3+4	1+2+3+4
数量 N	1	1	2	2	2	2	2	1	1	1

下面引入一个公式，并把公式展开。这个公式能解决上面的数字组合问题，后文将介绍这个公式是怎么来的。

$$(1+x)(1+x^2)(1+x^3)(1+x^4) = 1+x+x^2+2x^3+2x^4+2x^5+$$
$$2x^6+2x^7+x^8+x^9+x^{10}$$

仔细观察，发现公式和表 7.3 的关系如下。

(1) 公式左边 x 的幂与组合用到的数字 1、2、3、4 相对应。观察公式左边，包括 4 部分，$(1+x)$ 中的 x 是 1 次幂，$(1+x^2)$ 中的 x^2 是 2 次幂，…这些幂正好是数字 1、2、3、4。

(2) 公式右边 x 的幂与表 7.3 中的组合数 S 是对应的。公式右边 x 的幂为 1～10，组合数 S 也是 1～10。

(3) 公式右边的系数与表 7.3 中的数量 N 相对应，都是 1、1、2、2、2、2、2、1、1、1。

因此，用这个公式可以计算上面的组合数问题。

这就是母函数的原理：**把组合问题的加法与幂级数的乘幂对应起来。**

这个公式是如何得到的？

为了更容易理解，把公式左边写成如下形式。

$$(1+x)(1+x^2)(1+x^3)(1+x^4) = (x^{0×1}+x^{1×1})(x^{0×2}+x^{1×2})(x^{0×3}+x^{1×3})(x^{0×4}+x^{1×4})$$

以公式右边的 $(x^{0×1}+x^{1×1})$ 为例，$x^{0×1}$ 表示不用数字 1，$x^{1×1}$ 表示用数字 1。

所以，这个公式实际上就是组合问题的反映：**用或不用数字 1，用或不用数字 2，用或不用数字 3，**…公式就是这样构造出来的。公式构造出来后，把它展开后的结果就是组合问题的答案。

母函数定义：对于序列 $h_0, h_1, h_2, \cdots$，构造函数 $g(x) = h_0 + h_1 x + h_2 x^2 \cdots$，称 $g(x)$ 为序列 $h_0, h_1, h_2, \cdots$ 的母函数。

> **提示** 简单地说，母函数是一种幂级数，其中每项的系数反映了这个序列的信息。在本例中，$h_k x^k$ 的 h_k 是数 k 的组合数量。

3．用母函数解决整数划分问题

整数划分比数字组合问题复杂一些，因为整数划分的数字是可以重复的。可以这样设计整数划分的母函数：

$$(x^{0\times1}+x^{1\times1}+x^{2\times1}+\cdots)(x^{0\times2}+x^{1\times2}+x^{2\times2}+\cdots)(x^{0\times3}+x^{1\times3}+x^{2\times3}+\cdots)\cdots$$
$$=(1+x+x^2+\cdots)(1+x^2+x^4+\cdots)(1+x^3+x^6+\cdots)\cdots$$

其中，$(x^{0\times1}+x^{1\times1}+x^{2\times1}+\cdots)$ 的含义是**不用数字 1，用一次 1，用两次 1，**$\cdots$

母函数展开后，x^n 项的系数就是数字 n 的划分数。

那么，如何编程计算母函数展开后的系数？模拟手工计算过程，首先把前两部分 $(1+x+x^2+\cdots)(1+x^2+x^4+\cdots)$ 相乘并展开；展开的结果再与第 3 部分 $(1+x^3+x^6+\cdots)$ 相乘并展开；继续这个过程直到完成。下面给出代码。

```
1   //用母函数求整数划分(hdu 1028)
2   #include<bits/stdc++.h>
3   using namespace std;
4   const int N = 200;
5   int c1[N+1], c2[N+1];
6   void part() {
7       int i, j, k;
8       for(i = 0; i <= N; i++){          //初始化,第 1 部分(1 + x + x² + …)的系数,都是 1
9           c1[i] = 1;  c2[i] = 0;
10      }
11      for(k = 2; k <= N; k++){          //从第 2 部分(1 + x² + x⁴ + …)开始展开
12          for(i = 0; i <= N; i++)       //k = 2 时,i 循环第 1 部分(1 + x + x² + …),
13                                        //j 循环第 2 部分(1 + x² + x⁴ + …)
14              for(j = 0; j + i <= N; j += k)
15                  c2[i+j] += c1[i];
16          for(i = 0; i <= N; i++) { c1[i] = c2[i];  c2[i] = 0; }   //更新本次展开的结果
17      }
18  }
19  int main(){
20      int n;
21      part();
22      while(cin >> n)   cout << c1[n] << endl;
23      return 0;
24  }
```

数组 c1[]用来记录每次展开后 x^n 项的系数；计算结束后，c1[n]就是整数 n 的划分数。数组 c2[]用于记录临时计算结果。

可将上述代码当作模板，请仔细理解细节。虽然不同的问题有不同的母函数，但都是方程式的展开，代码类似，只要做相应的修改即可。

求组合方案的题目,如果能用普通型母函数求解,一般也能用DP求解。但是,DP的难点在于递推关系,可能不太容易想到;而母函数的思路是很直观的,容易理解。例如求解整数划分问题,母函数的思路比DP直接,两者的计算复杂度差不多。

7.8.2　指数型母函数

7.8.1节介绍了普通型母函数,可用于求组合方案数。还有一种指数型母函数,用于求排列数。例如,数字{1,2,3,4},要求每个数字用且只用一次,那么组合方案只有一种,而排列则有4!=24种。下面给出一道典型例题。

 例7.14　排列组合(hdu 1521)

问题描述:有n种物品,并且知道每种物品的数量。求从中选出m件物品的排列数。例如,有两种物品A和B,并且数量都是1,从中选两件物品,则排列有AB、BA两种。

输入:每组输入数据有两行,第1行输入两个数n和m($1 \leqslant m, n \leqslant 10$),表示物品数;第2行输入$n$个数,分别表示这$n$件物品的数量。

输出:对应每组数据输出排列数(任何运算不超出2^{31}的范围)。

分析题目,假设有3种物品A、B、C,数量分别是2、3、1,即{A,A,B,B,B,C},从中选两件物品,则排列是{AA,AB,BA,AC,CA,BB,BC,CB},共有8种。

直接给出指数型母函数的解决方案,下面表达式的第1行是母函数公式,第2行展开,第3行整理。

$$g(x) = \left(1 + \frac{x}{1!} + \frac{x^2}{2!}\right)\left(1 + \frac{x}{1!} + \frac{x^2}{2!} + \frac{x^3}{3!}\right)\left(1 + \frac{x}{1!}\right)$$

$$= 1 + 3x + 4x^2 + \frac{19}{6}x^3 + \frac{19}{12}x^4 + \frac{1}{2}x^5 + \frac{1}{12}x^6$$

$$= 1 + \frac{3x}{1!} + \frac{8x^2}{2!} + \frac{19}{3!}x^3 + \frac{38}{4!}x^4 + \frac{60}{5!}x^5 + \frac{60}{6!}x^6$$

第1行等号右侧的3个括号内,分别代表两个A、3个B、一个C。

答案就在最后一行中。例如,$\frac{19}{3!}x^3$,x^3的幂3表示选3件物品,系数19表示有19种排列。这一行给出了所有的答案:物品A、B、C,数量分别有2、3、1个,那么选一件物品的排列有3种、选两件物品的排列有8种、选3件物品的排列有19种、选4件物品的排列有38种、选5件物品的排列有60种、选6件物品的排列有60种。

是不是很神奇?下面分析母函数公式。

把公式写成$\frac{x}{1!}$、$\frac{x^2}{2!}$、$\frac{x^3}{3!}$这样的形式,实际上是在处理排列。例如,第1行的第1部分$\left(1 + \frac{x}{1!} + \frac{x^2}{2!}\right)$是对物品A(有两个A)的排列。为容易理解,把它改写成$\left(\frac{1x^0}{0!} + \frac{1x^1}{1!} + \frac{1x^2}{2!}\right)$,含义是:

$\frac{1x^0}{0!}$，不选 A 的排列有一种，表示为 $\{\phi\}$；

$\frac{1x^1}{1!}$，选一件 A 的排列有一种，即 $\{A\}$；

$\frac{1x^2}{2!}$，选两件 A 的排列有一种，即 $\{AA\}$。

同理，选 B 物品（有 3 个 B）的计算公式是 $\left(1+\frac{x}{1!}+\frac{x^2}{2!}+\frac{x^3}{3!}\right)$，选 C 物品（有一个 C）的计算公式是 $\left(1+\frac{x}{1!}\right)$。

同时选多个物品时，把对应的公式相乘，其展开项就是排列情况。例如，选 A、B 两种物品时，A 的 $\frac{x}{1!}$ 与 B 的 $\frac{x^3}{3!}$ 相乘，表示选一个 A 和 3 个 B 的排列数量，计算得到 $\frac{x}{1!}\times\frac{x^3}{3!}=\frac{x^4}{6}=\frac{4x^4}{4!}$，分子系数是 4，表示有 4 种排列，即 $\{ABBB, BABB, BBAB, BBBA\}$。

为什么要将分母写成 1!、2!、3! 这样的形式？它体现了排列和组合的关系：k 个物品的排列，和 k 个物品的组合，数量相差 $k!$ 倍。在选多个物品时，利用这个特点，可以处理多重组合的排列问题。

例如，A 有两个，B 有 3 个，组合只有一种，即 $\{A, A, B, B, B\}$，下面求排列数。

（1）两个 A 的排列公式是 $\frac{x^2}{2!}$，分母 2! 处理了排列的问题：如果是两个不同的 A_1、A_2，应该有两种排列 $\{A_1 A_2, A_2 A_1\}$，但是 A_1 和 A_2 相同，所以需要除以 2!，得到一种排列 $\{AA\}$。

（2）3 个 B 的排列公式是 $\frac{x^3}{3!}$，分析是一样的，分母除以 3!，剔除重复的排列，得到一种排列 $\{BBB\}$。

（3）合起来的排列公式是 $\frac{x^2}{2!}\times\frac{x^3}{3!}=\frac{x^5}{12}=\frac{10x^5}{5!}$，分子系数是 10，表示有 10 种排列，即 $\{AABBB, ABABB, ABBAB, \cdots\}$。

最后给出指数型母函数的定义：对序列 $h_0, h_1, h_2, \cdots$，构造函数 $g(x)=h_0+\frac{h_1}{1!}x+\frac{h_2}{2!}x^2+\frac{h_3}{3!}x^3+\cdots$，称 $g(x)$ 为序列 $h_0, h_1, h_2, \cdots$ 的指数型母函数。

指数型母函数的代码和普通型母函数的代码非常相似，只多了对分母 $k!$ 的处理。

7.8.3　母函数与泰勒级数

母函数的数学实质是无限可微分函数的泰勒级数，下面推导它们的关系。

1. 普通型母函数与泰勒级数

例如，整数划分的母函数为

$$(1+x+x^2+\cdots)(1+x^2+x^4+\cdots)(1+x^3+x^6+\cdots)\cdots$$

其中，第 1 项 $1+x+x^2+\cdots$ 是 $g(x)=\dfrac{1}{1-x}$ 的泰勒级数展开式，则整数划分的母函数可以写为

$$(1+x+x^2+\cdots)(1+x^2+x^4+\cdots)(1+x^3+x^6+\cdots)\cdots=\frac{1}{1-x}\cdot\frac{1}{1-x^2}\cdot\frac{1}{1-x^3}$$

根据泰勒展开，重新给出普通型母函数的定义：令 $h_0,h_1,h_2,\cdots,h_n$ 为一个无穷数列，它的普通型母函数定义为无穷级数 $g(x)=h_0+h_1x+h_2x^2+\cdots+h_nx^n$。第 n 项 x^n 的系数 h_n 是 n 对应的答案，把 x^n 看作 h_n 的"位置持有者"。

利用母函数的泰勒级数表达，有时能很简单地演算组合计数问题。

例如[①]，在袋子中装 n 个水果，要求苹果是偶数个，香蕉数是 5 的倍数，橘子最多 4 个，梨有 0 个或 1 个。给出 n，共有多少种情况？

写出母函数：

$$g(x)=(1+x^2+x^4+\cdots)(1+x^5+x^{10}+\cdots)(1+x+x^2+x^3+x^4)(1+x)$$

$$=\frac{1}{1-x^2}\frac{1}{1-x^5}\frac{1-x^5}{1-x}(1+x)=\frac{1}{(1-x)^2}=\sum_{n=0}^{\infty}(n+1)x^n$$

最后一步根据牛顿二项式定理得到[②]，得 $h_n=n+1$。

下面介绍牛顿二项式定理。牛顿二项式定理给出了形如 $(a+b)^n$ 的无穷级数展开式。

牛顿二项式定理 令 n 是一个实数，对于所有满足 $0\leqslant|a|<|b|$ 的 a 和 b，有

$$(a+b)^n=\sum_{k=0}^{n}\binom{n}{k}a^kb^{n-k},\qquad\binom{n}{k}=\frac{n(n-1)\cdots(n-k+1)}{k!}$$

如果置 $x=a/b$，则上式等价为 $(1+x)^n=\displaystyle\sum_{k=0}^{\infty}\binom{n}{k}x^k$。

可以推导出[③]：$\dfrac{1}{(1-x)^n}=\displaystyle\sum_{k=0}^{\infty}\binom{n+k-1}{k}x^k$。

下面给出一些展开式的例子。

$$\frac{1}{1-x}=1+x+x^2+x^3+\cdots$$

$$\frac{x}{1-x}=x+x^2+x^3+\cdots$$

$$\frac{1}{1-x^6}=1+x^6+x^{12}+\cdots$$

$$\frac{1-x^6}{1-x}=1+x+x^2+x^3+x^4+x^5$$

$$\frac{x}{(1-x)^2}=x+2x^2+3x^3+\cdots$$

---

① 参考《组合数学》(Richard A. Brualdi 著，冯速等译，机械工业出版社出版)，这是第 136 页的例题。

② 一些泰勒级数：https://mathworld.wolfram.com/GeneratingFunction.html。

③ 《组合数学》第 90 页有牛顿二项式定理的证明。

$$\frac{x(x+1)}{(1-x)^3} = x + 4x^2 + 9x^3 + 16x^4 \cdots$$

2. 指数型母函数与泰勒级数

指数的泰勒级数为 $e^x = 1 + \frac{1}{1!} + \frac{1}{2!}x^2 + \frac{1}{3!}x^3 + \cdots$。

同样,根据泰勒级数重新给出指数型母函数的定义:令 $h_0, h_1, h_2, \cdots, h_n$ 为一个无穷数列,它的指数型母函数定义为无穷级数 $g(x) = h_0 + \frac{h_1}{1!}x + \frac{h_2}{2!}x^2 + \cdots + \frac{h_n}{n!}x^n$。第 n 项 x^n 的系数 h_n 是 n 对应的答案。

利用指数型母函数的泰勒级数展开式,有时也能很简单地演算组合计数问题。

 例 7.15 "红色病毒"问题(hdu 2065)

问题描述:有一长度为 N 的字符串,满足以下条件:

(1) 字符串仅由 A、B、C、D 4 个字母组成;

(2) A 出现偶数次(也可以不出现);

(3) C 出现偶数次(也可以不出现)。

例如,$N = 2$ 时,所有满足条件的字符串有 6 个:BB、BD、DB、DD、AA、CC。

输入 N,计算满足条件的字符串个数。由于这个数据可能非常庞大,只要给出最后两位数字即可。

写出母函数表达式,并用泰勒级数演算。

$$g(x) = \left[1 + \frac{1}{2!}x^2 + \cdots + \frac{1}{(2n)!}x^{2n}\cdots\right] \cdot \left(1 + \frac{1}{1!}x + \frac{1}{2!}x^2 + \cdots + \frac{1}{n!}x^n\cdots\right) \cdot$$

$$\left[1 + \frac{1}{2!}x^2 + \cdots + \frac{1}{(2n)!}x^{2n}\cdots\right] \cdot \left(1 + \frac{1}{1!}x + \frac{1}{2!}x^2 + \cdots + \frac{1}{n!}x^n\cdots\right)$$

$$= \frac{1}{2}(e^x + e^{-x}) \cdot e^x \cdot \frac{1}{2}(e^x + e^{-x}) \cdot e^x$$

$$= \frac{1}{4}(e^{4x} + 2e^{2x} + 1)$$

$$= \frac{1}{4}\left[\left(1 + \frac{4}{1!}x + \frac{4^2}{2!}x^2 + \cdots + \frac{4^n}{n!}x^n\cdots\right) + \right.$$

$$\left. 2\left(1 + \frac{2}{1!}x + \frac{2^2}{2!}x^2 + \cdots + \frac{2^n}{n!}x^n\cdots\right) + 1\right]$$

x^n 的系数 $h_n = \frac{1}{4}(4^n + 2 \times 2^n) = 4^{n-1} + 2^{n-1}$,这就是答案[①]。

---

① 参考《组合数学》(Richard A. Brualdi 著,冯速等译,机械工业出版社出版)第 7 章递推关系和生成函数。练习这一章的大量习题,能彻底掌握母函数和泰勒级数的关系。

前面提到母函数的题目也能用 DP 求解，请读者用 DP 自行练习。

【习题】

(1) poj 1014/1322/3734。

(2) 洛谷 P4451/P4463。

(3) 与 NTT(FFT)结合：洛谷 P4705/P2000。

7.9 公平组合游戏（博弈论）

扫一扫

视频讲解

公平组合游戏[①](Impartial Combinatorial Game，ICG)是满足以下特征的一类问题：

(1) 有两个玩家，游戏规则对两人是公平的；

(2) 游戏的状态有限，能走的步数也有限；

(3) 两人轮流走步，一个玩家不能走步时，游戏结束；

(4) 游戏的局势不能区分玩家身份，像围棋这样有黑、白两方的游戏，就不属于此类问题。

ICG 问题有一个特征：给定初始局势，并且指定先手玩家，如果双方都采取最优策略，那么获胜者就已经确定了。也就是说，ICG 问题存在必胜策略。

本节讲解 ICG 问题的必胜策略。有关的知识点有 P-position、N-position、Nim Game、Sprague-Grundy 函数、Wythoff's Game 等。ICG 很早就得到了研究，如 Nim Game 问题，1902 年，C. Bouton 在一本著作中对它进行了分析；Sprague-Grundy 函数，由数学家 Grundy 和 Sprague 在 20 世纪 30 年代分别独立发现。

Sprague-Grundy 函数是本节最重要的内容。

7.9.1 巴什游戏与 P-position、N-position

巴什游戏是只有一堆石子的简单游戏，这种游戏的分析方法是 P-position、N-position。

1. 巴什游戏（Bash Game）

用以下例题说明巴什游戏。

> 📖 **例 7.16 巴什游戏**
>
> 问题描述：有 n 颗石子，甲先取，乙后取，每次可以拿 $1\sim m$ 颗石子，轮流拿下去，拿到最后一颗的人获胜。

---

① 在算法竞赛中常常称这类问题是"博弈论"问题，但实际上竞赛只涉及了博弈论中一个简单分支"公平组合游戏"。在普通的博弈论教材中一般没有公平组合游戏，在应用组合数学书中可能有，如《应用组合数学》（Alan Tucker 著，冯速译，人民邮电出版社出版）第 11 章"图游戏"。

输入:n 和 m,$1 \leqslant n$,$m \leqslant 1000$。

输出:如果先拿的甲赢了,输出 first;否则输出 second。

算法非常简单,若 $n \% (m+1)==0$,则先手败,否则先手胜。

```
1  cin >> n >> m;
2  if(n % (m + 1) == 0)    printf("second\n");
3  else                    printf("first\n");
```

分析如下。

(1) $n \leqslant m$ 时,由于一次最少拿一个,最多拿 m 个,甲可以一次拿完,先手赢。

(2) $n=m+1$ 时,无论甲拿走多少个($1 \sim m$ 个),剩下的都多于 1 个且少于或等于 m 个,乙都能一次拿走剩余的石子,后手取胜。

上面两种情况可以扩展为以下两种情况。

(1) 如果 $n \% (m+1)=0$,即 n 是 $m+1$ 的整数倍,那么不管甲拿多少,如 k 个,乙都拿 $m+1-k$ 个,使剩下的永远是 $m+1$ 的整数倍,直到最后的 $m+1$ 个,所以后拿的乙一定赢。

(2) 如果 $n \% (m+1) \neq 0$,即 n 不是 $m+1$ 的整数倍,还有余数 r,那么甲拿走 r 个,剩下的是 $m+1$ 的倍数,这样就转移到了情况(1),相当于甲乙互换,结果是甲赢。

在这个拿石子的游戏中,对于后拿的乙来说是很不利的,只有在 $n \% (m+1)=0$ 的情况下乙才能赢,其他所有情况都是甲赢。

下面给出一道类似的题目。

例 7.17 取石头(洛谷 P4018)

问题描述:两人玩游戏,共有 n 颗石头,两人每次只能取 p^k 个,p 是素数,k 是自然数,且 p^k 小于当前剩余石头数。谁取走最后的石头,谁就赢了。现在 October 先取,如果必胜,则输出"October wins!";否则输出"Roy wins!"。

输入:输入一个正整数 n,表示石头的个数。

输出:输出"October wins!"或"Roy wins!"。

如果 n 是 6 的倍数,后手赢。如果 n 不是 6 的倍数,先手拿走 $1 \sim 5$ 个石头后,使剩下的数量是 6 的倍数,那么先手就赢了。

(1) 若 $n=1 \sim 5$,都存在 $p^k=n$,可以一次拿完,先手赢。当 $n=6$ 时,不存在 $p^k=6$,先手只能拿 $1 \sim 5$ 个,后手把剩下的全拿走就赢了。

(2) n 等于 6 的倍数时,一定不等于素数的 k 次方。证明:除了 2 以外的素数 p 都是奇数,而奇数乘奇数都是奇数,所以 6 的倍数都不是 p 的 k 次方;若 $p=2$,由于 6 中存在因数 3,$6n$ 也不是 2 的 k 次方。

如果 n 是 6 的倍数,先手无法拿 6 的倍数个,后手只要拿 $1 \sim 5$ 个,把剩下的石头变成 6 的倍数,就赢了。

2. P-position、N-position 与动态规划

上面对巴什游戏的解答虽然很好理解,但是稍作扩展就不容易了。例如,取石子的数量不是 $1 \sim m$ 的连续数字,而是只能在 $\{a_1, a_2, \cdots, a_k\}$ 中选。对于此类问题,需要一种通用的方法。

定义 P-position 为前一个玩家(Previous Player,即刚走过一步的玩家)的必胜位置;N-position 为下一个玩家(Next Player)的必胜位置。

当前状态是 N-position,表示马上走下一步的先手必胜;P-position 表示先手必败。

设只能拿数量为 $\{1, 4\}$ 的石头。表 7.4 中,x 是石头的数量,pos 是对应的 N/P-position。

表 7.4　位置计算(1)

x	0	1	2	3	4	5	6	7	8	9	10	11	12	13	⋯
pos	P	N	P	N	N	P	N	P	N	N	P	N	P	N	⋯

表 7.4 中的 pos 计算如下。

(1) $x = 0, 1, 2, 3, 4$ 时,pos=P,N,P,N,N。特别注意 $x = 0$,即没有石头的情况,可以看作下一个玩家(先手玩家)没有石头可拿,输了,pos=P。$x = 1$ 时,先手玩家必赢,pos=N。$x = 2$ 时,先手只能拿一个,后手拿剩下的一个,后手赢,pos=P。

(2) $x = 5$ 时,分两种情况:①如果先手玩家拿一个,退回到 $x = 5 - 1 = 4$ 的情况,此时,后手玩家处于 N,即后手处于赢的位置;②如果先手拿 4 个,退回到 $x = 5 - 4 = 1$ 的情况,此时,后手仍然处于 N。两种情况下,后手都赢了。所以 $x = 5$ 时,pos=P,即先手必输。

(3) $x = 6$ 时,分别退回到 $x = 6 - 1 = 5$ 和 $x = 6 - 4 = 2$ 的情况,后手都处于 P。两种情况下,后手都输了。所以 $x = 6$ 时,pos=N,先手必赢。

(4) $x = 7$ 时,略。

(5) $x = 8$ 时,退回到 $x = 8 - 1 = 7$,后手处于 P;退回到 $x = 8 - 4 = 4$,后手处于 N。在后手有输有赢的情况下,先手肯定选让对方必败的方案,所以 $x = 8$ 时,pos=N。

可以观察到,pos 值是周期性变化的,周期为 5。

下面再举一个例子,设只能拿数量为 $\{1, 3, 4\}$ 的石头,请读者自行验证表 7.5。

表 7.5　位置计算(2)

x	0	1	2	3	4	5	6	7	8	9	10	11	12	13	14
pos	P	N	P	N	N	N	N	P	N	P	N	N	N	N	P

pos 仍然是周期变化的,周期是 7。

> **提示**　上面的计算过程符合动态规划的思路。编程时可以用动态规划,也可以直接按周期性变化规律计算。

7.9.2 尼姆游戏

巴什游戏只有一堆石子,如果扩展到多堆石头的复杂情况,就是尼姆游戏(Nim Game)。

尼姆游戏规则:有 n 堆石子,数量分别是 $\{a_1,a_2,a_3,\cdots,a_n\}$;两个玩家轮流拿石子,每次从任意一堆中拿走任意数量的石子;拿走最后一个石子的人获胜。

以 3 堆石子为例,简单情况的胜负是:

$\{0,0,0\}$、$\{0,1,1\}$、$\{0,k,k\}$:先手必败;

$\{1,1,1\}$、$\{1,1,2\}$、$\{1,1,3\}$:先手必胜。

对于任意的 $\{a_1,a_2,a_3,\cdots,a_n\}$,尼姆游戏有一个极其简单的胜负判断方法——异或运算。

定理 7.9.1 若 $a_1\oplus a_2\oplus a_3\oplus\cdots\oplus a_n\neq 0$,先手必胜,记此时的状态为 N-position;若 $a_1\oplus a_2\oplus a_3\oplus\cdots\oplus a_n=0$,先手必败,记此时的状态为 P-position。

例如,3 堆石子数量分别是 $\{5,7,9\}$,转换为二进制数后进行异或运算,结果是

$$
\begin{array}{r}
0\,1\,0\,1 \\
0\,1\,1\,1 \\
1\,0\,0\,1 \\
\hline
1\,0\,1\,1
\end{array}
$$

异或运算的结果不等于 0,先手必胜。

在数学中,二进制的异或运算,也可以看作统计每位上 1 的总个数的奇偶性。如果这一位上有偶数个 1,那么这一位的计算结果为 0;如果有奇数个 1,计算结果为 1。所以,尼姆游戏中的异或运算也称为 **Nim-sum 运算**。

下面对定理 7.9.1 做简单的证明。

(1) 必定能够从 N-position 转换到 P-position。也就是说,先手处于必胜点 N-position 时,可以拿走一些石子,让后手必败。读者可以先自己思考如何转换。具体方法:任选一堆石子,如第 i 堆,石头数量为 k;对剩下的 $n-1$ 堆进行异或运算,设结果为 H;如果 $H<k$,就把第 i 堆石子减少到 H;这样操作之后,因为 $H\oplus H=0$,所以 n 堆石子的异或等于 0。可以证明,总会存在这样的第 i 堆石子,而且可能有多种转化方案。

(2) 进入 P-position 后,轮到的下一个玩家,不管拿多少石子,都会转换到 N-position。因为任何一堆的数量变化都会使这一堆的二进制数至少有一位发生变化,导致异或运算的结果不等于 0。也就是说,这个玩家不管怎么拿石子,都必败。

(3) 在游戏过程中,按上述步骤,在 N-position 和 P-position 之间交替转换,直到每堆石子都是 0,即终止于 P-position。

上述证明过程也说明了玩家该如何进行游戏。下面给出尼姆游戏的例题。

 例 7.18 Being a good boy in spring festival(hdu 1850)

问题描述:桌子上有 n 堆扑克牌,每堆牌的数量分别为 a_i,两人轮流进行,每步可以在任意一堆中取走任意张牌,桌子上的扑克全部取光,则游戏结束,最后一次取牌的人为胜者。问先手的人如果想赢,第 1 步有几种选择?

> 输入：n，表示扑克牌的堆数；$a_i (i=1 \sim n)$，分别表示每堆扑克的数量。
>
> 输出：如果先手能赢，输出他第 1 步可行的方案数，否则输出 0。

主要代码如下。

```
1    int sum = 0, ans = 0;              //sum 为 Nim - sum,ans 为第 1 步可行方案数
2    for(int i = 0; i < n; i++)    sum ^ = a[i];   //异或计算，求 Nim - sum
3    if(sum == 0)    cout << 0 << endl;            //开始局面是 P - position,先手必败
4    else{                                          //开始局面是 N - position,先手胜
5        for(int i = 0; i < n; i++)
6            if((sum^a[i]) <= a[i])                 //计算第 1 步所有可能方案
7                ans++;
8        cout << ans << endl;
9    }
```

代码中的 if((sum^a[i]) <= a[i]) 计算第 1 步的方案数，它利用了异或运算的原理：$A \oplus B \oplus B = A$。设 H 等于除了 $a[i]$ 之外其他所有数的异或，有

$$\text{sum} = H \ \hat{} \ a[i]$$

$$\text{sum} \ \hat{} \ a[i] = H \ \hat{} \ a[i] \ \hat{} \ a[i] = H$$

所以，代码中的 (sum^a[i]) <= a[i] 就是 $H <= a[i]$。把 $a[i]$ 减少到 H，就是一种可行的方案。

7.9.3　图游戏与 Sprague-Grundy 函数

巴什游戏和尼姆游戏比较简单，用 P-position 和 N-position 作为分析工具即可，但是如果遇到更复杂的游戏，则很难分析。有一种高级的分析方法，即 Sprague-Grundy 函数，是巴什游戏、尼姆游戏这类问题的通用方法，该方法用图作为分析工具。

图游戏的规则是给定一个有向无环图，在一个起点上放一枚棋子，两个玩家交替将这枚棋子沿有向边进行移动，无法移动者判负。有向无环图不会有环路，保证游戏有终点。

像巴什游戏、尼姆游戏这样的 ICG 问题，都可以转化为图游戏。把 ICG 中的每个局势看作图上的一个节点，在每个局势和它的后继局势之间连一条有向边，就抽象成了图游戏。下面给出图游戏的严格定义。

1. 图游戏

图游戏的定义：一个有向无环图 $G(X,F)$，X 是点（局势）的非空集合，F 是 X 上的函数，对 $x \in X$，有 $F(x) \subset X$；对于给定的 $x \in X$，$F(x)$ 表示玩家从 x 出发能够移动到的位置；如果 $F(x)$ 为空，说明无法继续移动，称 x 是终点位置。

两个玩家的游戏过程按以下规则进行：一个玩家先走，起点是 x_0，然后两人交替走步；在位置 x，玩家可以选择移动到 y 点，$y \in F(x)$；位于终点位置的玩家判负。

例如，在巴什游戏中，设一次可以拿的石子是 $\{1,2\}$，节点集合是 $X = \{0,1,2,\cdots,n\}$。例如，$F(0)$ 为空，因为石子数量是 0，已经到达终点，无法再转移；$F(1) = \{0\}$，表示从 1 可以转移到 0；$F(2) = \{0,1\}$，表示从 2 可以转移到 0 或 1；等等。以 $n = 6$ 为例，画出游戏图，如

图 7.8 所示。

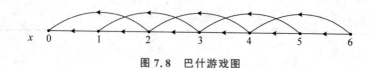

图 7.8 巴什游戏图

图 7.8 中的每个点表示一个可能的局势,箭头表示局势的转移方向。玩家的所有步骤都在这个图上。图上有一些是先手必胜点(N-position),如 1、2、4、5 等,以及先手必败点(P-position),如 3、6 等。确定了这些关键的点,就能得到解决方案。

但是,大多数情况下,游戏图是很复杂的,如尼姆游戏,给定 3 堆石头{5,7,9},图上每个点是一个局势,如{0,0,0}、{0,1,1}等,可能的局势有 $6×8×10=480$ 个,点与点之间的转移关系也很复杂。

利用 Sprague-Grundy 函数,可以轻松地找到这些关键点。

2. Sprague-Grundy 函数

在一个图 $G(X,F)$ 中,把节点 x 的 Sprague-Grundy 函数定义为 $sg(x)$,它等于没有指定给它的任意的后继节点的 sg 值的最小非负整数。

上述定义有些拗口,下面的例子清晰地说明了它的含义。图 7.8 的每个节点的 sg 值如图 7.9 所示。

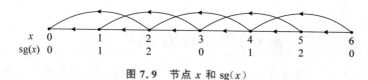

图 7.9 节点 x 和 $sg(x)$

$x=0$ 时,$sg(0)=0$,因为节点 0 没有后继点,0 是最小的非负整数;

$x=1$ 时,节点 1 的后继是节点 0,由于 $sg(0)=0$,不等于 $sg(0)$ 的最小非负整数是 1,所以 $sg(1)=1$;

$x=2$ 时,节点 2 的后继是节点 0 和节点 1,由于 $sg(0)=0$,$sg(1)=1$,不等于 $sg(0)$ 和 $sg(1)$ 的最小非负整数是 2,所以 $sg(2)=2$;

$x=3$ 时,节点 3 的后继是节点 1 和节点 2,由于 $sg(1)=1$,$sg(2)=2$,不等于 $sg(1)$ 和 $sg(2)$ 的最小非负整数是 0,所以 $sg(3)=0$;

$x=4$ 时,节点 4 的后继是节点 2 和节点 3,由于 $sg(2)=2$,$sg(3)=0$,不等于 $sg(1)$ 和 $sg(2)$ 的最小非负整数是 1,所以 $sg(4)=1$;

...

上述说明也给出了求每个节点的 sg 值的过程,和前面提到的用动态规划思路求 P-position、N-position 的过程相似,复杂度为 $O(nm)$,其中 n 为石子数量,m 为一次最多可拿的石子数。

3. 用 Sprague-Grundy 函数求解巴什游戏

在只有一堆石子的巴什游戏中,以下判断成立:$sg(x)=0$ 的节点 x 是必败点,即

P-position 点。

证明如下。

(1) 根据 Sprague-Grundy 函数的性质,有以下推论:sg$(x)=0$ 的节点 x 没有 sg 值等于 0 的后继点;sg$(y)>0$ 的任意节点 y,必有一条边通向 sg 为 0 的某个后继点。

(2) 如果 sg$(x)=0$ 的节点 x 是图上的终点(没有后继节点,在图论中,称这个点的出度为 0),显然有 $x=0$,它是一个 P-position 点;如果 x 有后继节点,那么这些后续节点都能通向某个 sg 值为 0 的节点。当玩家甲处于 sg$(x)=0$ 的节点时,它只能转移到 sg$(x)\neq 0$ 的节点,下一个玩家乙必然转移到 sg$(x)=0$ 的点,从而再次让甲处于不利的局势。所以,sg$(x)=0$ 的点是必败点。

仍然以 hdu 1846 为例,用 Sprague-Grundy 函数的方法编程实现。

```
1   #include<bits/stdc++.h>
2   using namespace std;
3   const int MAX = 1001;
4   int n, m, sg[MAX], s[MAX];
5   void getSG(){
6       memset(sg, 0, sizeof(sg));
7       for (int i=1; i<=n; i++){
8           memset(s, 0, sizeof(s));
9           for (int j=1; j<=m && i-j>=0; j++) s[sg[i-j]] = 1;
10                                              //把 i 的后继点放到集合 s 中
11          for (int j=0; j<=n; j++)            //计算 sg[i]
12              if(!s[j]){ sg[i] = j; break;}
13      }
14  }
15  int main(){
16      int c;  cin>>c;
17      while (c--){
18          cin>>n>>m;
19          getSG();
20          if (sg[n])  cout<<"first\n";        //sg != 0,先手胜
21          else        cout<<"second\n";       //sg == 0,后手胜
22      }
23      return 0;
24  }
```

4. 用 Sprague-Grundy 函数求解尼姆游戏

尼姆游戏中有多堆石子,也可以用 Sprague-Grundy 函数求解,步骤如下。

(1) 计算每堆石子的 sg 值;

(2) 求所有石子堆的 sg 值的异或,其结论是:若 sg$(x_1)\oplus$sg$(x_2)\oplus\cdots\oplus$sg$(x_n)\neq 0$,先手必胜;若 sg$(x_1)\oplus$sg$(x_2)\oplus\cdots\oplus$sg$(x_n)=0$,先手必败。

请读者根据前面对尼姆游戏的说明以及 Sprague-Grundy 函数的特征,证明其正确性。

下面用 Sprague-Grundy 函数求解 hdu 1848 例题。

 例 7.19 Fibonacci again and again（hdu 1848）

问题描述：一共有 3 堆石子，数量分别是 m, n, p 个；两人轮流走，每步可以选择任意一堆石子，然后取走 f 个，f 只能是斐波那契数列中的元素（即每次只能取 $1, 2, 3, 5, 8, \cdots$ 等数量）；最先取光所有石子的人为胜者。

输入：3 个整数 $m, n, p(1 \leqslant m, n, p \leqslant 1000)$，若 $m = n = p = 0$，则表示输入结束。

输出：如果先手的人能赢，输出 Fibo；否则输出 Nacci。

这一题属于典型的尼姆游戏，代码如下。

```
1   #include<bits/stdc++.h>
2   using namespace std;
3   const int N = 1001;
4   int sg[N], s[N];
5   int fibo[15] = {1, 2, 3, 5, 8, 13, 21, 34, 55, 89, 144, 233, 377, 610, 987};
6   void getSG(){                          //计算每堆的 sg 值
7       for(int i = 0;i <= N;i++){
8           sg[i] = i;
9           memset(s, 0, sizeof(s));
10          for(int j = 0; j < 15 && fibo[j]<= i; j++){
11              s[sg[i - fibo[j]]] = 1;
12              for(int j = 0; j <= i; j++)
13                  if(!s[j]) { sg[i] = j; break;}
14          }
15      }
16  }
17  int main(){
18      getSG();                           //预计算 sg 值
19      int n,m,p;
20      while(cin >> n >> m >> p && n + m + p){
21          if(sg[n]^sg[m]^sg[p])          cout << "Fibo" << endl;
22          else                           cout << "Nacci"<< endl;
23      }
24      return 0;
25  }
```

7.9.4 威佐夫游戏

威佐夫游戏（Wythoff's Game）是一种结论非常有趣的游戏，其原型见洛谷 P2252 的描述。

 例 7.20 取石子游戏（洛谷 P2252）

问题描述：有两堆石子，数量任意，可以不同。游戏开始，由两人轮流取石子。游戏规定每次有两种不同的取法，一种是可以在任意一堆中取走任意多个石子；另一种是可以在两堆中同时取走相同数量的石子。最后把石子全部取完者为胜者。

输入：a 和 b，表示两堆石头的数量。

输出：问先手玩家是不是最后的胜者，如果是则输出 1，否则输出 0。

　　分析两堆石子的数量(a,b),使先手必输的局势有:$(0,0)$、$(1,2)$、$(3,5)$、$(4,7)$、$(6,10)$、$(8,13)$、$(9,15)$,等等,称这些局势为"奇异局势"。

　　观察发现,奇异局势有两个特征:①差值是递增的,分别是$0,1,2,3,4,\cdots$;②每个局势的第 1 个值是未在前面出现过的最小自然数。再分析可以发现,每个奇异局势的第 1 个值总是等于这个局势的差值乘上黄金分割比例 1.618,然后取整。

　　需要注意的是,推导奇异局势时,用到的黄金分割数需要较高的精度,直接用 1.618 这个估值是不行的。在代码中用公式计算高精度黄金分割数,能精确到小数点后 15 位:
double gold＝(1＋sqrt(5))/2。

　　下面给出洛谷 P2252 的代码。

```
1   # include < bits/stdc++. h >
2   using namespace std;
3   int main(){
4       int n, m;
5       double gold = (1 + sqrt(5))/2;   //黄金分割数 1.618033988749894…,精确到小数点后 15 位
6       while(cin >> n >> m){
7           int a = min(n, m), b = max(n, m);
8           double k = (double)(b - a);
9           int test = (int)(k * gold);              //乘以黄金分割数,然后取整
10          if(test == a)      cout << 0 << endl;     //先手败
11          else               cout << 1 << endl;     //先手胜
12      }
13      return 0;
14  }
```

【习题】

洛谷 P2599/P3210/P2953/P5675/P2575/P1288/P5652/P1290。

小　结

　　在算法竞赛中,组合数学专题属于比较难的一部分。即使是容易理解的排列组合、鸽巢原理、容斥原理,也常与其他知识点结合出难题,需要巧妙灵活的思维和建模。请读者在了解本章介绍的基本知识之后,再通过大量综合性的习题掌握这些知识点与其他算法的结合。

第 8 章

8 计算几何

本章介绍常见的计算几何概念、算法理论和代码实现,包括二维几何和三维几何。计算几何的基础是点积和叉积,它们定义了向量的大小和方向的关系,是其他计算几何概念和算法的出发点。在点积和叉积的基础上,本章将重点介绍点线关系、凸包、圆覆盖等。

计算几何题目的代码大多烦琐冗长,因此,掌握模板代码是学习计算几何的关键。本章精心组织了经典的几何模板供读者参考。

在展开本章之前,先说明计算几何中的数值计算问题。计算几何题目的计算量大多是实数,需要处理小数,注意以下两点。

(1) 实数的输入和输出。几何坐标值一般是实数,编程时用 double 型,不用精度较低的 float 型。double 型读入时用%lf 格式,输出时用%f 格式。

(2) 实数的精度判断。对实数进行浮点数运算会产生精度误差,为了控制精度,可以设置一个偏差值 eps(epsilon)。判断一个浮点数是否等于 0,不能直接用"==0"来判断,而是用 sgn()函数,判断是否小于 eps。比较两个浮点数时,也不能直接用"=="判断是否相等,而是用 dcmp()函数判断是否相等。eps 要大于浮点运算结果的不确定量,一般取 10^{-8}。如果 eps 取 10^{-10},可能会出现问题。下面给出代码。

```
1  const double pi = acos( - 1.0);          //圆周率,精确到 15 位小数: 3.141592653589793
2  const double eps = 1e - 8;               //偏差值,有时用 1e - 10,但是要注意精度
3  int sgn(double x){                        //判断 x 的大小
4      if(fabs(x) < eps)   return 0;         //x == 0,返回 0
5      else return x < 0? - 1:1;             //x < 0 返回 - 1,x > 0 返回 1
6  }
7  int dcmp(double x, double y){             //比较两个浮点数
8      if(fabs(x - y) < eps)    return 0;    //x == y,返回 0
9      else return x < y ? - 1:1;            //x < y 返回 - 1,x > y 返回 1
10 }
```

8.1 二维几何

扫一扫

视频讲解

二维几何的基本概念有点、向量、点积、叉积等。在这些概念的基础上,二维几何的经典应用有点和线的关系、多边形、凸包、最近点对、旋转卡壳、半平面交等。

8.1.1 点和向量

本节定义二维平面的点和向量,并给出模板代码。

1. 点

二维平面中的点用坐标 (x, y) 表示。

```
1  struct Point{
2      double x,y;
3      Point(){}
4      Point(double x,double y):x(x),y(y){}
5  };
```

2. 两点之间的距离

把两点看作直角三角形的两个顶点,斜边就是两点的距离。

(1) 用库函数 hypot() 计算直角三角形的斜边长。

```
double Distance(Point A, Point B){ return hypot(A.x-B.x,A.y-B.y); }
```

(2) 或者用 sqrt() 函数计算。

```
double Dist(Point A,Point B){ return sqrt((A.x-B.x) * (A.x-B.x) + (A.y-B.y) * (A.y-B.y)); }
```

3. 向量

有大小有方向的量称为向量(矢量);只有大小而没有方向的量称为标量。平面上的两点可以确定一个向量,如起点 P_1 和终点 P_2 表示一个向量,如图 8.1 所示。为了简化描述,可以把它平移到原点,把向量看作从原点 $(0,0)$ 指向点 (x,y) 的一个有向线段。

向量的表示在形式上与点的表示完全相同,可以用点的数据结构表示向量。

```
typedef Point Vector;
```

 提示 向量并不是一个有向线段,只是表示方向和大小,所以向量平移后仍然不变。

4. 向量的运算

在 struct Point 中,对向量运算重载加、减、乘、除运算符。

(1) 加:点与点的加法运算没有意义;点与向量相加得到另一个点;向量与向量相加得到另一个向量,如图 8.2 所示。

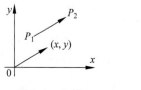

图 8.1　向量

图 8.2　向量的加法和减法

```
Point operator + (Point B){return Point(x+B.x,y+B.y);}
```

(2) 减:两个点的差是一个向量;向量 **A** 减 **B**,得到由 **B** 指向 **A** 的向量。

```
Point operator - (Point B){return Point(x-B.x,y-B.y);}
```

(3) 乘:向量与实数相乘得到等比例放大的向量。

```
Point operator * (double k){return Point(x*k,y*k);}
```

（4）除：向量与实数相除得到等比例缩小的向量。

```
Point operator / (double k){return Point(x/k,y/k);}
```

（5）等于。

```
bool operator == (Point B){return sgn(x - B.x) == 0 && sgn(y - B.y) == 0;}
```

8.1.2 点积和叉积

向量的基本运算是点积和叉积,它们定义了向量的大小、方向的基本关系,计算几何的各种操作几乎都基于这两种运算。

1. 点积(Dot Product)

记向量 $\boldsymbol{A}$ 和 $\boldsymbol{B}$ 的点积为 $\boldsymbol{A} \cdot \boldsymbol{B}$,定义

$$\boldsymbol{A} \cdot \boldsymbol{B} = |\boldsymbol{A}||\boldsymbol{B}| \cos\theta$$

其中,θ 为向量 $\boldsymbol{A}$、$\boldsymbol{B}$ 之间的夹角。点积的几何意义为 $\boldsymbol{A}$ 在 $\boldsymbol{B}$ 上的投影长度乘以 $\boldsymbol{B}$ 的模长,如图 8.3 所示。

不过,点积的计算并不需要知道 θ,有很简单的计算方法。如果已知 $\boldsymbol{A} = (A.x, A.y)$,$\boldsymbol{B} = (B.x, B.y)$,有

图 8.3 点积的几何表示

$$\boldsymbol{A} \cdot \boldsymbol{B} = A.x \times B.x + A.y \times B.y$$

下面推导这个公式。设 θ_1 是 $\boldsymbol{A}$ 与 x 轴的夹角,θ_2 是 $\boldsymbol{B}$ 与 x 轴的夹角,向量 $\boldsymbol{A}$ 与 $\boldsymbol{B}$ 的夹角 θ 等于 $\theta_1 - \theta_2$,有

$$A.x \times B.x + A.y \times B.y$$
$$= (|\boldsymbol{A}|\cos\theta_1)(|\boldsymbol{B}|\cos\theta_2) + (|\boldsymbol{A}|\sin\theta_1)(|\boldsymbol{B}|\sin\theta_2)$$
$$= |\boldsymbol{A}||\boldsymbol{B}|(\cos\theta_1\cos\theta_2 + \sin\theta_1\sin\theta_2)$$
$$= |\boldsymbol{A}||\boldsymbol{B}|(\cos(\theta_1 - \theta_2))$$
$$= |\boldsymbol{A}||\boldsymbol{B}|\cos\theta$$

下面是求向量 $\boldsymbol{A}$、$\boldsymbol{B}$ 点积的代码。用这种简单的计算方法,如果坐标都是整数,可以避免求三角函数等可能导致小数的计算,使结果仍然是整数。

```
double Dot(Vector A,Vector B){ return A.x * B.x + A.y * B.y; }
```

2. 点积的应用

（1）判断 $\boldsymbol{A}$ 与 $\boldsymbol{B}$ 的夹角是钝角还是锐角。
点积有正负,利用正负号可以判断向量的夹角:
若 $\text{dot}(\boldsymbol{A}, \boldsymbol{B}) > 0$,$\boldsymbol{A}$ 与 $\boldsymbol{B}$ 的夹角为锐角;
若 $\text{dot}(\boldsymbol{A}, \boldsymbol{B}) < 0$,$\boldsymbol{A}$ 与 $\boldsymbol{B}$ 的夹角为钝角;
若 $\text{dot}(\boldsymbol{A}, \boldsymbol{B}) = 0$,$\boldsymbol{A}$ 与 $\boldsymbol{B}$ 的夹角为直角。

（2）求向量 A 的长度。

```
double Len(Vector A){return sqrt(Dot(A,A));}
```

由于开方运算可能导致小数，可以改为求长度的平方，避免开方运算。

```
double Len2(Vector A){return Dot(A,A);}
```

（3）求向量 A 与 B 的夹角。

```
double Angle(Vector A,Vector B){return acos(Dot(A,B)/Len(A)/Len(B));}
```

3. 叉积（Cross Product）

叉积是比点积更常用的几何概念，它的定义为
$$A \times B = |A||B|\sin\theta$$
其中，θ 为向量 A 旋转到向量 B 所经过的夹角。

两个向量的叉积是一个带正负号的数值。$A \times B$ 的几何意义为向量 A 和 B 形成的平行四边形的"有向"面积，这个面积是有正负的。叉积的正负符合"右手定则"，可以用图 8.4 中的正负情况帮助理解。

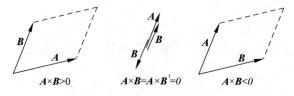

$A \times B > 0$ $A \times B = A \times B' = 0$ $A \times B < 0$

图 8.4　叉积与叉积的正负

计算叉积 $A \times B$ 时，也不需要用到夹角 θ，而是用下面的简单代码计算。

```
double Cross(Vector A,Vector B){return A.x * B.y - A.y * B.x;}
```

关于其正确性，读者可以用前文证明点积的推导方法来证明。这个计算方法也可以避免小数。

注意 Cross() 函数中的参数是有顺序的，叉积有正负，$A \times B$ 与 $B \times A$ 相反。

叉积有正负，这个性质使叉积能用于很多重要的场合。

4. 叉积的基本应用

下面给出叉积的几个基本应用。其他应用，如求两个线段的方向关系、求多边形面积等，将在后文讲解。

（1）判断向量 A、B 的方向关系：

若 $A \times B > 0$，B 在 A 的逆时针方向；

若 $A \times B < 0$，B 在 A 的顺时针方向；

若 $A \times B = 0$，B 与 A 共线，可能是同方向的，也可能是反方向的。

（2）计算两个向量构成的平行四边形的有向面积。

3 个点 A、B、C，以 A 为公共点，得到两个向量 $B - A$ 和 $C - A$，它们构成的平行四边形的面积是。

```
double Area2(Point A, Point B, Point C){ return Cross(B - A, C - A);}
```

如果以 B 或 C 为公共点构成平行四边形，面积是相等的，但是正负不一样。

（3）计算三点构成的三角形的面积。

3 个点 A、B、C 构成的三角形面积等于平行四边形面积 Area2(A, B, C) 的一半。

（4）向量旋转。

使向量 (x, y) 绕起点逆时针旋转，设旋转角度为 θ，那么旋转后的向量 (x', y') 为

$$x' = x\cos\theta - y\sin\theta$$
$$y' = x\sin\theta + y\cos\theta$$

代码如下，向量 A 逆时针旋转角度 rad。

```
1   Vector Rotate(Vector A, double rad){
2       return Vector(A.x * cos(rad) - A.y * sin(rad), A.x * sin(rad) + A.y * cos(rad));
3   }
```

特殊情况是旋转 90°。逆时针旋转 90°：Rotate(A, pi/2)，返回 Vector$(-A.y, A.x)$；顺时针旋转 90°：Rotate(A, -pi/2)，返回 Vector$(A.y, -A.x)$。

有时需要求单位法向量，即逆时针转 90°，然后取单位值。

```
Vector Normal(Vector A){return Vector(-A.y/Len(A), A.x/Len(A));}
```

（5）用叉积检查两个向量是否平行或重合。

```
bool Parallel(Vector A, Vector B){return sgn(Cross(A,B)) == 0;}    //返回 true 表示平行或重合
```

8.1.3　点和线

判断点和线的关系是二维几何的基本操作，下面首先给出直线和线段的表示，然后介绍十几种点和线的关系，它们都基于点积和叉积。

1. 直线的表示

直线有多种表示方法。

（1）用直线上的两个点表示。

（2）普通式：$ax + by + c = 0$。

（3）斜截式：$y = kx + b$。

（4）根据一个点和倾斜角确定直线。

（5）点向式：$P = P_0 + vt$。即用 P_0 和 v 表示直线 P，t 是变量，可以取任意值。

$P_0(x_0,y_0)$ 是直线上的一个点；v 是方向向量,给定两个点 A、B,那么 $v = B - A$。点向式非常便于计算机处理,也能方便地表示射线、线段：①如果 t 无限制,P 是直线；②如果 t 在 $[0,1]$ 内,P 是 A、B 之间的线段；③如果 $t > 0$,P 是射线。

下面给出表示方法(1)、(2)、(4)的代码。

```
1   struct Line{
2       Point p1,p2;                                //(1)线上的两个点
3       Line(){}
4       Line(Point p1,Point p2):p1(p1),p2(p2){}
5       Line(Point p,double angle){   //(4)根据一个点和倾斜角 angle 确定直线,0<= angle < pi
6           p1 = p;
7           if(sgn(angle - pi/2) == 0){p2 = (p1 + Point(0,1));}
8           else{p2 = (p1 + Point(1,tan(angle)));}
9       }
10      Line(double a,double b,double c){           //(2)ax + by + c = 0
11          if(sgn(a) == 0){
12              p1 = Point(0, - c/b);
13              p2 = Point(1, - c/b);
14          }
15          else if(sgn(b) == 0){
16              p1 = Point( - c/a,0);
17              p2 = Point( - c/a,1);
18          }
19          else{
20              p1 = Point(0, - c/b);
21              p2 = Point(1,( - c - a)/b);
22          }
23      }
24  };
```

2. 线段的表示

可以用两个点表示线段,起点是 p_1,终点是 p_2。直接用直线的数据结构定义线段即可。

```
typedef Line Segment;
```

3. 点和直线的位置关系

二维平面上,点和直线有 3 种位置关系：点在直线左侧、点在直线右侧、点在直线上。用直线上的两点 p_1 和 p_2 与点 p 构成两个向量,用叉积的正负判断方向,就能得到位置关系。

```
1   int Point_line_relation(Point p, Line v){
2       int c = sgn(Cross(p - v.p1,v.p2 - v.p1));
3       if(c < 0)return 1;              //1: p 在 v 的左侧
4       if(c > 0)return 2;              //2: p 在 v 的右侧
5       return 0;                       //0: p 在 v 上
6   }
```

4. 点和线段的位置关系

判断点 p 是否在线段 v 上：先用叉积判断是否共线；然后用点积判断 p 和 v 的两个端点产生的角是否是钝角（实际上应该是 $180°$）。

```
1    bool Point_on_seg(Point p, Line v){   //0:点 p 不在线段 v 上; 1:点 p 在线段 v 上
2        return sgn(Cross(p - v.p1, v.p2 - v.p1)) == 0 && sgn(Dot(p - v.p1, p - v.p2)) <= 0;
3    }
```

5. 点到直线的距离

已知点 p 和直线 $v(p_1, p_2)$，求 p 到 v 的距离。首先用叉积求 p、p_1、p_2 构成的平行四边形面积，然后用面积除以平行四边形的底边长，也就是线段 $p_1 p_2$ 的长度，就得到了平行四边形的高，即 p 点到直线的距离。

```
1    double Dis_point_line(Point p, Line v){
2        return fabs(Cross(p - v.p1, v.p2 - v.p1))/Distance(v.p1, v.p2);
3    }
```

6. 点在直线上的投影

已知直线上两点 p_1 和 p_2，以及直线外一点 p，求投影点 p_0，如图 8.5 所示。

令 $k = \dfrac{|p_0 - p_1|}{|p_2 - p_1|}$，即 k 是线段 $p_0 p_1$ 和 $p_2 p_1$ 长度的比值。因为 $p_0 = p_1 + k(p_2 - p_1)$，如果求得 k，就能得到 p_0。

根据点积的概念，有 $(p - p_1) \cdot (p_2 - p_1) = |p_2 - p_1||p_0 - p_1|$，即 $|p_0 - p_1| = \dfrac{(p - p_1) \cdot (p_2 - p_1)}{|p_2 - p_1|}$，代入得 $k = \dfrac{|p_0 - p_1|}{|p_2 - p_1|} = \dfrac{(p - p_1) \cdot (p_2 - p_1)}{|p_2 - p_1||p_2 - p_1|}$，所以，$p_0 = p_1 + k(p_2 - p_1) = p_1 + \dfrac{(p - p_1) \cdot (p_2 - p_1)}{|p_2 - p_1||p_2 - p_1|}(p_2 - p_1)$。

```
1    Point Point_line_proj(Point p, Line v){
2        double k = Dot(v.p2 - v.p1, p - v.p1)/Len2(v.p2 - v.p1);
3        return v.p1 + (v.p2 - v.p1) * k;
4    }
```

7. 点关于直线的对称点

求一个点 p 对一条直线 v 的对称点。先求点 p 在直线上的投影 q，再求对称点 p'，如图 8.6 所示。

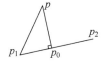

图 8.5　点在直线上的投影

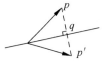

图 8.6　对称点

```
1   Point Point_line_symmetry(Point p, Line v){
2       Point q = Point_line_proj(p,v);
3       return Point(2 * q.x − p.x, 2 * q.y − p.y);
4   }
```

8. 点到线段的距离

求点 p 到线段 AB 的距离。在以下 3 个距离中取最小值：从 p 出发对 AB 作垂线，如果交点在 AB 线段上，这个距离就是最小值；p 到 A 的距离；p 到 B 的距离。

```
1   double Dis_point_seg(Point p, Segment v){
2       if(sgn(Dot(p − v.p1, v.p2 − v.p1)) < 0 || sgn(Dot(p − v.p2, v.p1 − v.p2)) < 0)
3           return min(Distance(p, v.p1), Distance(p, v.p2));
4       return Dis_point_line(p, v);              //点的投影在线段上
5   }
```

9. 两条直线的位置关系

```
1   int Line_relation(Line v1, Line v2){
2       if(sgn(Cross(v1.p2 − v1.p1, v2.p2 − v2.p1)) == 0){
3           if(Point_line_relation(v1.p1, v2) == 0) return 1; //1: 重合
4           else return 0;                                    //0: 平行
5       }
6       return 2;                                             //2: 相交
7   }
```

10. 两条直线的交点

可以通过 $a_1 x + b_1 y + c_1 = 0$ 与 $a_2 x + b_2 y + c_2 = 0$ 联立方程求解两条直线的交点。不过，借助叉积，有更简单的方法。

图 8.7 中有 4 个点 A、B、C、D，组成两条直线 AB 和 CD，交点是 P。则以下两个关系成立：

$$\frac{|DP|}{|CP|} = \frac{S_{\triangle ABD}}{S_{\triangle ABC}} = \frac{\overrightarrow{AD} \times \overrightarrow{AB}}{\overrightarrow{AB} \times \overrightarrow{AC}}$$

其中，$S_{\triangle ABD}$、$S_{\triangle ABC}$ 表示三角形面积。

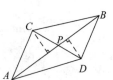

图 8.7　直线的交点

$$\frac{|DP|}{|CP|} = \frac{x_D - x_P}{x_P - x_C} = \frac{y_D - y_P}{y_P - y_C}$$

其中，x、y 表示各点的坐标。

联立上述两个方程，得交点 P 的坐标为

$$x_P = \frac{S_{\triangle ABD} x_C + S_{\triangle ABC} x_D}{S_{\triangle ABD} + S_{\triangle ABC}}$$

$$y_P = \frac{S_{\triangle ABD} y_C + S_{\triangle ABC} y_D}{S_{\triangle ABD} + S_{\triangle ABC}}$$

三角形面积可以通过叉积求得：$S_{\triangle ABD} = \overrightarrow{AD} \times \overrightarrow{AB}$，$S_{\triangle ABC} = \overrightarrow{AB} \times \overrightarrow{AC}$。

```
1   Point Cross_point(Point a, Point b, Point c, Point d){   //线段1:ab,   线段2:cd
2       double s1 = Cross(b-a, c-a);
3       double s2 = Cross(b-a, d-a);                          //叉积有正负
4       return Point(c.x*s2-d.x*s1, c.y*s2-d.y*s1)/(s2-s1);
5   }
```

注意：Cross_point() 函数中要作除法，所以在调用 Cross_point() 函数之前，应该保证 $s2-s1 \neq 0$，即直线 AB、CD 不共线且不平行。

11. 两条线段是否相交

这里仍然利用叉积有正负的特点。如果一条线段的两端在另一条线段的两侧，那么两个端点与另一线段的产生的两个叉积正负相反，也就是说，两个叉积相乘为负。如果两条线段互相满足这一点，那么就是相交的。

```
1   bool Cross_segment(Point a, Point b, Point c, Point d){     //线段1:ab, 线段2:cd
2       double c1 = Cross(b-a, c-a), c2 = Cross(b-a, d-a);
3       double d1 = Cross(d-c, a-c), d2 = Cross(d-c, b-c);
4       return sgn(c1)*sgn(c2) < 0 && sgn(d1)*sgn(d2) < 0;     //1 相交；0 不相交
5   }
```

12. 两条线段的交点

先判断两条线段是否相交，若相交，将问题转换为两条直线求交点。
最后用一道例题演示上述代码的应用。

 ### 例 8.1　神秘大三角（洛谷 P1355）

问题描述：判断一个点与已知三角形的位置关系。

输入：前 3 行每行输入一个坐标，分别表示三角形的 3 个顶点；第 4 行输入一个点 p 的坐标，判断 p 与三角形的位置关系。所有坐标值都是整数。

输出：若 p 在三角形内（不含边界），输出 1；若 p 在三角形外（不含边界），输出 2；若 p 在三角形边界上（不含顶点）输出 3；若 p 在三角形顶点上，输出 4。

输入样例：	输出样例：
(0,0)	1
(3,0)	
(0,3)	
(1,1)	

把三角形的 3 条边看作向量，用叉积判断点 p 与 3 条边的位置关系。

```
1   #include <bits/stdc++.h>
2   using namespace std;
```

```
 3  struct Point{
 4      int x,y;
 5      Point (){}
 6      Point (int x,int y):x(x),y(y){}
 7      Point operator + (Point B){return Point(x + B. x,y + B. y);}
 8      Point operator - (Point B){return Point(x - B. x,y - B. y);}
 9  }v[3],p;                                          //v:三角形, p:点
10  typedef Point Vector;                             //定义向量
11  double Cross(Vector A,Vector B){return A. x * B. y - A. y * B. x;}   //叉积
12  int main(){
13      int left = 0,right = 0;
14      for(int i = 0;i < 3;i++) scanf(" ( %d, %d)",&v[i]. x,&v[i]. y);
15      scanf(" ( %d, %d)",&p. x,&p. y);
16      for(int i = 0;i < 3;i++) {
17          int relation = Cross(p - v[i],p - v[(i + 1) % 3]);
18          if(relation > 0) right++;                 //p 在直线 v 右侧
19          if(relation < 0) left++;                  //p 在直线 v 左侧
20      }
21      if(right == 3 || left == 3)    puts("1");     //在三角内
22      else if(right > 0 && left > 0) puts("2");     //在三角外
23      else if(right + left == 1)     puts("4");     //在顶点上
24      else puts("3");                               //在边界上,不含顶点
25      return 0;
26  }
```

第 21 行：如果 p 都在 3 条边的右侧或左侧，说明在三角形内部。

第 22 行：如果 p 在一条或两条边的右侧，且在其他边的左侧，说明在三角形外部。

第 23 行：如果 p 同时在两条边上，说明在两条边的交叉点，即顶点上。

第 24 行：其他情况，在边界上。

8.1.4　多边形

多边形是常见的计算几何问题，如点和多边形的关系、多边形的面积、多边形的重心等。

1. 点和多边形的关系

给定一个点 P 和一个多边形，判断 P 是否在多边形内部。有射线法与转角法两种方法。

（1）射线法：从 P 引出一条射线，穿过多边形，如果与多边形的边相交偶数次，说明 P 在多边形外部；如果相交奇数次，说明 P 在多边形内部。这种方法比较烦琐，很少使用。

（2）转角法：把点 P 和多边形的每个点连接，逐个计算角度，绕多边形一周，看多边形相对于这个点总共转了多少度。如果是 $360°$，说明点在多边形内；如果是 $0°$，说明点在多边形外；如果是 $180°$，说明点在多边形边界上。但是，如果直接计算角度，需要计算反三角函数，不仅速度慢，而且有精度问题。

下面的方法是转角法思想的另一种实现：以点 P 为起点引出一条水平线，检查与多边形每条边的相交情况。例如，沿逆时针检查 P 和每条边的相交情况，统计 P 穿过这些边的次数。如图 8.8 和图 8.9 所示，检查以下 3 个参数：

$$c = \text{Cross}(P - j, i - j)$$
$$u = i.y - P.y$$
$$v = j.y - P.y$$

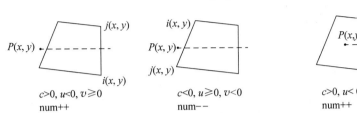

图 8.8　P 在多边形左侧

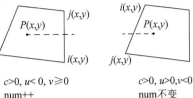

图 8.9　P 在多边形内部

叉积 c 用来检查 P 点在线段 ij 的左侧还是右侧，u、v 用来检查经过 P 的水平线是否穿过线段 ij。

用 num 计数，代码如下。

```
if(c > 0 && u < 0 && v >= 0) num++;
if(c < 0 && u >= 0 && v < 0) num--;
```

当 num>0 时，P 在多边形内部。读者可以验证其他情况：P 在多边形右侧、多边形是凹多边形，看上述判断是否成立。

下面给出代码，注意多边形的形状是由各顶点的排列顺序决定的。

```
1    int Point_in_polygon(Point pt,Point * p,int n){          //点 pt,多边形 Point * p
2        for(int i = 0;i < n;i++){                            //3: 点在多边形的顶点上
3            if(p[i] == pt)   return 3;
4        }
5        for(int i = 0;i < n;i++){                            //2: 点在多边形的边上
6            Line v = Line(p[i],p[(i + 1) % n]);
7            if(Point_on_seg(pt,v)) return 2;
8        }
9        int num = 0;
10       for(int i = 0;i < n;i++){
11           int j = (i + 1) % n;
12           int c = sgn(Cross(pt - p[j],p[i] - p[j]));
13           int u = sgn(p[i].y - pt.y);
14           int v = sgn(p[j].y - pt.y);
15           if(c > 0 && u < 0 && v >= 0) num++;
16           if(c < 0 && u >= 0 && v < 0) num--;
17       }
18       return num != 0;                                     //1: 点在内部; 0: 点在外部
19   }
```

2. 多边形的面积

给定一个凸多边形，求它的面积。读者很容易想到，可以在凸多边形内部找一个点 P，然后以这个点为中心，与凸多边形的边结合，对多边形进行三角剖分，所有三角形面积的和就是凸多边形的面积。每个三角形的面积用叉积求得。

这个方法不仅适用于凸多边形,也适用于非凸多边形。而且,点 P 并不需要在多边形内部,在任何位置都可以。例如,以 P 为原点,编程最简单。这是因为叉积是有正负的,它可以抵消多边形外部的面积,图 8.10 给出了各种情况,最后一种情况是以原点 O 为 P。

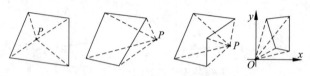

图 8.10 求任意多边形的面积

下面给出代码,以原点为中心点划分三角形,然后求多边形面积。

```
1   double Polygon_area(Point * p, int n){       //Point * p表示多边形
2       double area = 0;
3       for(int i = 0;i < n;i++)
4           area += Cross(p[i],p[(i + 1) % n]);
5       return area/2;                    //面积有正负,返回时不能简单地取绝对值
6   }
```

3. 多边形的重心

将多边形三角剖分,计算出每个三角形的重心,三角形的重心是顶点坐标的平均值,然后对每个三角形的有向面积求加权平均。以下例题求多边形重心。

例8.2 Lifting the stone(poj 1385)

问题描述:给定一个 N 多边形,$3 \leqslant N \leqslant 1000000$,求重心。

输入:第 1 行输入整数 t,表示有 t 组测试。每组测试的第 1 行输入整数 n,$3 \leqslant n \leqslant 1000000$,表示多边形的顶点数。后面 n 行中,每行输入两个整数,表示第 i 个点的坐标。

输出:对每个测试,输出两个数,表示重心坐标。四舍五入,保留两位小数。

以下代码中的 Polygon_center() 函数返回多边形的重心。

```
1    # include < stdio. h>
2    struct Point{
3        double x,y;
4        Point(double X = 0, double Y = 0){x = X, y = Y;}
5        Point operator + (Point B){return Point (x + B. x,y + B. y);}
6        Point operator - (Point B){return Point (x - B. x,y - B. y);}
7        Point operator * (double k){return Point (x * k,y * k);}
8        Point operator / (double k){return Point (x/k,y/k);}
9    };
10   typedef Point Vector;
11   double Cross(Vector A,Vector B){return A. x * B. y - A. y * B. x;}
12   double Polygon_area(Point * p, int n){          //求多边形面积
```

```
13      double area = 0;
14      for(int i = 0;i < n;i++)  area += Cross(p[i],p[(i+1)%n]);
15      return area/2;                        //面积有正负,不能取绝对值
16  }
17  Point Polygon_center(Point * p, int n){       //求多边形重心
18      Point ans(0,0);
19      if(Polygon_area(p,n) == 0) return ans;
20      for(int i = 0;i < n;i++)
21          ans = ans + (p[i] + p[(i+1)%n]) * Cross(p[i],p[(i+1)%n]);
22      return ans/Polygon_area(p,n)/6;
23  }
24  Point p[100000];
25  int main(){
26      int t; scanf("%d",&t);
27      while(t--){
28          int n; scanf("%d",&n);
29          for(int i = 0;i < n;i++) scanf("%lf %lf",&p[i].x,&p[i].y);
30          Point c = Polygon_center(p,n);        //重心坐标
31          printf("%.2f %.2f\n",c.x,c.y);        //注意,这里输出用%f,不是%lf
32      }
33      return 0;
34  }
```

8.1.5 凸包

凸包(Convex Hull)是著名的计算几何问题,有非常广泛的应用[①]。

凸包问题:给定一些点,求能把所有点包含在内的面积最小的多边形。可以想象,有一个很大的橡皮箍,它把所有点都箍在里面,橡皮箍收紧之后,绕着最外围的点形成的多边形就是凸包。

求凸包的常用算法有两种:①Graham 扫描法,复杂度为 $O(n\log_2 n)$;②Jarvis 步进法,复杂度为 $O(nh)$,h 为凸包上的顶点数。这两种算法的基本思路是“旋转扫除”,设定一个参照顶点,逐个旋转到其他所有顶点,并判断这些顶点是否在凸包上。

下面介绍 Graham 扫描法的变种——Andrew 算法,它更快,更稳定。Andrew 算法做两次扫描,先从最左边的点沿下凸包扫描到最右边,再从最右边的点沿上凸包扫描到最左边,上凸包和下凸包合起来就是完整的凸包。

Andrew 算法的具体步骤如下。

(1) 把所有点按照横坐标 x 从小到大进行排序,如果 x 相同,再按 y 从小到大排序。并删除重复的点,得到序列 $\{p_0, p_1, p_2, \cdots, p_m\}$。

(2) 从左向右扫描所有点,求下凸包。p_0 一定在凸包上,它是凸包最左边的顶点,从 p_0 开始,依次检查 $\{p_1, p_2, \cdots, p_m\}$,扩展出下凸包。判断依据:如果新点在凸包“前进”方向的左边,说明在下凸包上,把它加入凸包;如果在右边,说明拐弯了,删除最近加入下凸包的点。继续这个过程,直到检查完所有点。拐弯方向用叉积判断即可。例如,如图 8.11 所

---

① https://en.wikipedia.org/wiki/Convex_hull

示,检查 p_4 时,发现 $p_4 - p_3$ 对 $p_3 - p_2$ 是右拐弯的,说明 p_3 不在下凸包上(有可能在上凸包上,在步骤(3)中会判断);退回到 p_2,继续发现 $p_4 - p_2$ 对 $p_2 - p_1$ 也是右拐弯的,退回到 p_1。

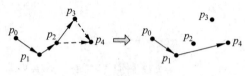

图 8.11 下凸包

（3）从右向左重新扫描所有点,求上凸包。与求下凸包过程类似,最右边的点 p_m 一定在凸包上。

分析 Andrew 算法的复杂度:步骤(1)对点排序,复杂度为 $O(n\log_2 n)$[①];步骤(2)扫描 $O(n)$ 次得到凸包;两者合起来,算法的总复杂度为 $O(n\log_2 n)$。

下面用一个例题给出凸包模板代码。

 例 8.3　圈奶牛（洛谷 P2742）

问题描述:输入 n 个点,求凸包的周长。

输入:第 1 行输入整数 n,表示点的数量;后面 n 行中,每行输入两个实数,表示点的坐标。

输出:输出一个实数,表示凸包的周长,四舍五入保留两位小数。

用 Convex_hull() 函数求凸包,用 unique() 函数去重,细节详见以下代码。

```
1    # include < bits/stdc++.h>
2    using namespace std;
3    const int N = 1e5 + 1;
4    const double eps = 1e - 6;
5    int sgn(double x){                                         //判断 x 是否等于 0
6        if(fabs(x) < eps)   return 0;
7        else return x < 0? - 1:1;
8    }
9    struct Point{
10       double x, y;
11       Point(){}
12       Point(double x, double y):x(x),y(y){}
13       Point operator + (Point B){return Point(x + B. x,y + B. y);}
14       Point operator - (Point B){return Point(x - B. x,y - B. y);}
15       bool operator == (Point B){return sgn(x - B. x) == 0 && sgn(y - B. y) == 0;}
16       bool operator < (Point B){           //用于 sort()函数排序,先按 x 排序,再按 y 排序
17           return sgn(x - B. x)< 0 || (sgn(x - B. x) == 0 && sgn(y - B. y)< 0);}
18   };
19   typedef Point Vector;
20   double Cross(Vector A,Vector B){return A. x * B. y － A. y * B. x;}       //叉积
```

① 证明详见《计算几何算法与应用(第 3 版)》(Mark de Berg 等著,邓俊辉译,清华大学出版社出版)第 8 页。

```
21    double Distance(Point A, Point B){return hypot(A.x - B.x, A.y - B.y);}
22    //Convex_hull()函数求凸包,凸包顶点放在 ch 中,返回值是凸包的顶点数
23    int Convex_hull(Point * p, int n, Point * ch){
24        n = unique(p, p + n) - p;            //去除重复点
25        sort(p, p + n);                       //对点排序:按 x 从小到大排序,如果 x 相同,按 y 排序
26        int v = 0;
27        //求下凸包.如果 p[i]是右拐弯的,这个点不在凸包上,退回
28        for(int i = 0; i < n; i++){
29            while(v > 1 && sgn(Cross(ch[v - 1] - ch[v - 2], p[i] - ch[v - 1])) <= 0)
30                                              //把后面 ch[v - 1]改成 ch[v - 2]也可以
31                v -- ;
32            ch[v++] = p[i];
33        }
34        int j = v;
35        //求上凸包
36        for(int i = n - 2; i >= 0; i -- ){
37            while(v > j && sgn(Cross(ch[v - 1] - ch[v - 2], p[i] - ch[v - 1])) <= 0)
38                                              //把后面 ch[v - 1]改成 ch[v - 2]也可以
39                v -- ;
40            ch[v++] = p[i];
41        }
42        if(n > 1) v -- ;
43        return v;                             //返回值 v 是凸包的顶点数
44    }
45    Point p[N], ch[N];                        //输入点是 p[],计算得到的凸包顶点放在 ch[]中
46    int main(){
47        int n;    cin >> n;
48        for(int i = 0; i < n; i++)  scanf("%lf%lf", &p[i].x, &p[i].y);
49        int v = Convex_hull(p, n, ch);        //返回凸包的顶点数 v
50        double ans = 0;
51        for(int i = 0; i < v; i++)  ans += Distance(ch[i], ch[(i + 1) % v]); //计算凸包周长
52        printf("%.2f\n", ans);
53        return 0;
54    }
```

代码第 29 行用叉积 Cross()函数判断拐弯方向,其中的 i 对应图 8.11 的 p_4,$v-1$ 对应 p_3,$v-2$ 对应 p_2。叉积 $\text{Cross}(p_3 - p_2, p_4 - p_3) < 0$,说明是右拐弯,$i$ 不在下凸包上,需要退回。另外,把 $\text{Cross}(p_3 - p_2, p_4 - p_3)$ 改成 $\text{Cross}(p_3 - p_2, p_4 - p_2)$ 也可以,请自己思考。

8.1.6 最近点对

平面最近点对问题:给定平面上 n 个点,找出距离最近的两个点。

先考虑暴力法,即列出所有的点对,然后比较每对的距离,找出其中距离最短的点对。n 个点有 $n(n-1)$ 种组合,复杂度为 $O(n^2)$。

最近点对的标准算法是分治法,复杂度为 $O(n\log_2 n)$。分治法的步骤为划分、解决、合并。

(1)划分。把点的集合 S 平均分为两个子集 S_1 和 S_2(按点的 x 坐标排序,然后按 x 的大小分成两半),然后将每个子集再划分为更小的两个子集,递归这个过程,直到子集中只有一个点或两个点。

（2）解决。在每个子集中递归地求最近点对。

（3）合并。求出子集 S_1 和 S_2 的最接近点对后，合并 S_1 和 S_2。合并时有以下两种情况。

① 集合 S 中的最近点对在子集 S_1 内部或 S_2 内部，那么可以简单地直接合并 S_1 和 S_2，如图 8.12 所示。

② 这两个点一个在 S_1 中，一个在 S_2 中，不能简单合

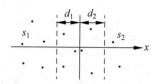

图 8.12　分治法求最近点对

并。设 S_1 中的最短距离为 d_1，S_2 中的最短距离为 d_2，在 S_1 和 S_2 的中间点 $p[\text{mid}]$ 附近，找到所有离它小于 d_1 和 d_2 的点（仍然按 x 坐标值计算距离），记录在点集 tmp_p[] 中，那么最近点对就在这些点中。在这些点中找最近点对就可以了，但是，仍然不能直接用暴力法列出点集 tmp_p[] 中的所有点对，会超时。可以先按 y 坐标值对 tmp_p[] 的点排序（这次不能按 x 坐标值排序，请思考为什么），然后用剪枝把不符合条件的去掉。具体见下面例题的代码。

 例 8.4　平面上的最接近点对（洛谷 P1257）

问题描述：给定平面上 n 个点，找到最近点对，输出最近点对距离。

输入：第 1 行输入一个整数 n，$2 \leqslant n \leqslant 10000$；后面 n 行中，每行输入两个实数 x 和 y，表示一个点的坐标。

输出：输出一个实数，表示最短距离。四舍五入，保留 4 位小数。

下面给出代码，注意其中分治法和剪枝的内容。

```
1    # include < bits/stdc++ .h >
2    using namespace std;
3    const double eps = 1e - 8;
4    const int N = 100010;
5    const double INF = 1e20;
6    int sgn(double x){
7        if(fabs(x) < eps)   return 0;
8        else return x < 0? - 1:1;
9    }
10   struct Point{double x,y;};
11   double Distance(Point A, Point B){return hypot(A.x - B.x, A.y - B.y);}
12   bool cmpxy(Point A,Point B){             //排序：先对 x 坐标排序，再对 y 坐标排序
13       return sgn(A.x - B.x)< 0 || (sgn(A.x - B.x) == 0 && sgn(A.y - B.y)< 0);
14   }
15   bool cmpy (Point A,Point B){return sgn(A.y - B.y)< 0;}        //只对 y 坐标排序
16   Point p[N],tmp_p[N];
17   double Closest_Pair(int left,int right){
18       double dis = INF;
19       if(left == right) return dis;                            //只剩一个点
20       if(left + 1 == right) return Distance(p[left], p[right]); //只剩两个点
21       int mid = (left + right)/2;                              //分治
22       double d1 = Closest_Pair(left,mid);                     //求 s1 内的最近点对
23       double d2 = Closest_Pair(mid + 1,right);               //求 s2 内的最近点对
24       dis = min(d1,d2);
```

```
25        int k = 0;
26        for(int i = left;i <= right;i++)              //在 s1 和 s2 中间附近找可能的最小点对
27            if(fabs(p[mid].x - p[i].x) <= dis)        //按 x 坐标查找
28                tmp_p[k++] = p[i];
29        sort(tmp_p,tmp_p + k,cmpy);      //按 y 坐标排序,用于剪枝,这里不能按 x 坐标排序
30        for(int i = 0;i < k;i++)
31            for(int j = i + 1;j < k;j++){
32                if(tmp_p[j].y - tmp_p[i].y >= dis)  break;      //剪枝
33                dis = min(dis,Distance(tmp_p[i],tmp_p[j]));
34            }
35        return dis;                                  //返回最小距离
36 }
37 int main(){
38     int n;   cin >> n;
39     for(int i = 0;i < n;i++) scanf("%lf%lf",&p[i].x,&p[i].y);
40     sort(p,p + n,cmpxy);                          //先排序
41     printf("%.4f\n",Closest_Pair(0,n-1));         //输出最短距离
42     return 0;
43 }
```

8.1.7　旋转卡壳

对于平面上的点集,可以用两条或更多平行线"卡"住它们,从而解决很多问题。图 8.13 给出了一些应用场合。

(a) 凸包最大距离点对　(b) 凸包最短距离点对　(c) 最小面积外接矩形　(d) 最小周长外接矩形

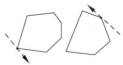 

(e) 凸包间的最大距离　　　　　(f) 凸包间的最小距离

图 8.13　旋转卡壳的应用

两条平行线与凸包的交点称为对踵点对(Antipodal Pair),如图 8.13(a)中的 A、B 点。找对踵点对,可以使用被形象地称为"旋转卡壳"(Rotating Calipers)的方法。

旋转卡壳方法操作如下。

(1) 找初始的对踵点对和平行线。可以取 y 坐标最大和最小的两个点,经过这两个点作两条水平线,一条向左,一条向右。

(2) 同时逆时针旋转两条线,直到其中一条线与多边形的一条边重合,此时得到新的对踵点对。如果题目要求最大距离点对,可以计算新对踵点对的距离,并比较和更新。

(3) 重复步骤(2),直到回到初始对踵点。

请通过下面的模板题了解旋转卡壳的实现。

例 8.5　旋转卡壳（洛谷 P1452）

问题描述：给定平面上 n 个点，求凸包直径。

输入：第 1 行输入一个整数 n，$2 \leqslant n \leqslant 50000$；后面 n 行中，每行输入两个整数 x 和 y，表示一个点的坐标。

输出：输出一个实数，表示答案的平方。

8.1.8　半平面交

半平面就是平面的一半。

一个半平面用一条有向直线定义。一条直线把平面分为两部分，为区分这两部分，这条直线应该是有向的，可以定义它左侧的平面是它代表的半平面。

给定一些半平面，它们相交会围成一片区域，如图 8.14 所示。

(a) 围成一个凸多边形　　(b) 新的凸多边形　　(c) 不闭合的情况

图 8.14　半平面交

图 8.14(a) 的 5 个半平面围成了一个凸多边形。如果再添加一个穿过凸多边形的半平面，那么凸多边形会变成图 8.14(b)。半平面交也可能不会闭合成一个凸多边形，而是成为图 8.14(c) 的不闭合的情况。编程时为方便处理，可以在合适的地方人为添加半平面，闭合为凸多边形。

半平面的交一定是凸多边形（可能不闭合），所以半平面交问题就是求解形成的凸多边形。

1. 半平面的表示

表示半平面的有向直线定义如下。

```
1   struct Line{
2       Point p;                                    //直线上一个点
3       Vector v;                                   //方向向量，它的左边是半平面
4       double ang;                                 //极角，从 x 正半轴旋转到 v 的角度
5       Line(){};
6       Line(Point p, Vector v):p(p),v(v){ang = atan2(v.y, v.x);}
7       bool operator < (Line &L){return ang < L.ang;}   //用于排序
8   };
```

2. 半平面交算法

半平面交有一个显而易见的算法，即增量法，描述如下。

（1）初始凸包。先人为设定一个极大的矩形,作为初始凸多边形,它能把最后形成的凸多边形包含进来。

（2）逐一添加半平面,更新凸多边形。例如,添加半平面 K,如果它能切割当前的凸多边形,则保留 K 左侧的点,删除它右侧的点,并把 K 与原凸多边形的交点加入新的凸多边形中。

增量法不太好,它的复杂度为 $O(n^2)$：一共 n 次切割,每次切割为 $O(n)$。在下面的例题 hdu 2297 中,$0 < n \leqslant 50000$,用增量法会超时。

下面介绍的算法,复杂度为 $O(n\log_2 n)$。

思考半平面交最终形成的凸多边形,沿逆时针方向看,它的边的极角（或斜率）是单调递增的。那么,可以先按极角递增的顺序对半平面进行排序,然后逐个进行半平面交,最后就得到了凸多边形。在这个过程中,用一个双端队列记录构成凸多边形的半平面：队列首部指向最早加入凸多边形的半平面,尾部指向新加入的半平面。

算法的具体步骤如下。

（1）对所有半平面按极角排序。

（2）初始时,加入第 1 个半平面,双端队列的首部和尾部都指向它。

（3）逐个加入和处理半平面。图 8.15 演示了基本情况,原来的半平面只有 1 和 2,加入半平面 3。注意,由于半平面已经排序,半平面 3 的极角比 1 和 2 大,所以有 4 种情况。

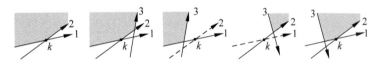

图 8.15   在半平面 1 和 2 上加入半平面 3 的 4 种情况

如果当前双端队列中不止有两个半平面,可以根据上面的讨论进行扩展。例如,当前处理到半平面 L_i,有 4 种情况：L_i 可以直接加入队列；L_i 覆盖原队尾；L_i 覆盖原队首；L_i 不能加入队列。下面讨论后 3 种情况。

（1）L_i 覆盖原队尾。如果队尾的两个半平面的交点在 L_i 外面,那么删除队尾半平面。如图 8.16(a)所示,队尾的两个半平面 L_2、L_3 的交点是 k。图 8.16(b)中新加入半平面 L_4,因为 k 在 L_4 的外面（点 k 在有向直线 L_4 的右侧）,删除队尾的半平面 L_3。

（2）L_i 覆盖原队首。如果队首的两个半平面的交点在 L_i 外面,那么删除队首的半平面。如图 8.17(a)中,队首 L_1、L_2 的两个半平面的交点是 z,图 8.17(b)中新加入半平面 L_5,因为 z 在 L_5 的外面,删除队首的半平面 L_1。

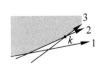

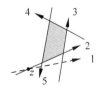

(a)队尾半平面交点k (b)k在L_4的外面,删除L_3 (a)队首半平面交点z (b)z在L_5的外面,删除L_1

图 8.16   处理队尾   图 8.17   处理队首

(3) L_i 不能加入队列。例如，图 8.18 的半平面 L_5，在步骤 (3)中是合法的，但是它其实是无用的，不能加入队列。判断条件是如果尾部 L_4、L_5 的交点 r 在首部 L_1 外面，则删除 L_5。

上述步骤的代码实现详见例 8.6。

复杂度分析：排序复杂度为 $O(n\log_2 n)$；逐个加入半平面，共检查 $O(n)$ 次；所以总复杂度为 $O(n\log_2 n)$。

图 8.18　删除无用半平面 L_5

3. 例题

例 8.6　Run（hdu 2297）

问题描述：n 个人（$0<n\leqslant 50000$）在一条笔直的路上跑马拉松。设初始时每个人处于不同的位置，然后每个人都以自己的恒定速度不停地向前跑。给定这 n 个人的初始位置和速度，问有多少人可能在某时刻成为第 1？

这一题如何建模？它实际上是半平面交问题，图 8.19 所示为建模过程。

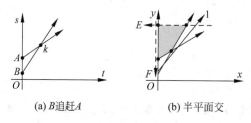

(a) B 追赶 A　　　　　(b) 半平面交

图 8.19　追赶问题

以时间 t 为横轴，距离 s 为纵轴。设某人的初始位置在 A 点，从 A 出发作一条直线。他在某个时间段 Δt 内经过距离 Δs，两者的比值是直线的斜率，其物理意义正好是速度。他在某时刻 t' 的位置，就是他在这条直线上的纵坐标 s'。这条直线代表了他的运动轨迹。运动轨迹始终位于第 1 象限。

图 8.19(a)中的两条直线是两个人 A 和 B 的运动轨迹，交叉点 k 是 B 追上 A 的点。

如果有 n 个人，那么就有 n 条直线在第 1 象限，如图 8.19(b)所示。相交的点是追上的点，但追上后不一定排在第 1，如图 8.19(b)中的线 1，它与其他线有两个交点，但都不是第 1。只有凸面上的点才是题目要求的排名第 1 的点。另外，由于这些直线的半平面交不是一个完整的凸多边形，为方便编程，可以加两个半平面 E 和 F，形成闭合的凸多边形，其中 E 是 y 值无穷大的向左的水平线，F 是反向的 y 轴。图 8.19(b)中阴影是半平面交形成的凸多边形，凸多边形的顶点数量，去掉最上面的两个黑点，就是题目要求的排过第 1 名的数量。

下面给出 hdu 2297 的代码[①]。

---

① 其中 HPI()函数代码改编自《算法竞赛入门经典训练指南》(刘汝佳、陈锋编著，清华大学出版社出版)第 278 页。

```
1   # include < bits/stdc++.h>
2   using namespace std;
3   const double INF = 1e12;
4   const double pi = acos( - 1.0);        //圆周率,精确到 15 位小数: 3.141592653589793
5   const double eps = 1e - 8;
6   int sgn(double x){
7       if(fabs(x) < eps)   return 0;
8       else return x < 0? - 1:1;
9   }
10  struct Point{
11      double x,y;
12      Point(){}
13      Point(double x,double y):x(x),y(y){}
14      Point operator + (Point B){return Point(x + B.x,y + B.y);}
15      Point operator - (Point B){return Point(x - B.x,y - B.y);}
16      Point operator * (double k){return Point(x * k,y * k);}
17  };
18  typedef Point Vector;
19  double Cross(Vector A,Vector B){return A.x * B.y - A.y * B.x;} //叉积
20  struct Line{
21      Point p;
22      Vector v;
23      double ang;
24      Line(){};
25      Line(Point p,Vector v):p(p),v(v){ang = atan2(v.y,v.x);}
26      bool operator < (Line &L){return ang < L.ang;}            //用于极角排序
27  };
28  //点 p 在线 L 左边,即点 p 在线 L 在外面
29  bool OnLeft(Line L,Point p){return sgn(Cross(L.v,p - L.p))> 0;}
30  Point Cross_point(Line a,Line b){                             //两直线交点
31      Vector u = a.p - b.p;
32      double t = Cross(b.v,u)/Cross(a.v,b.v);
33      return a.p + a.v * t;
34  }
35  vector < Point > HPI(vector < Line > L){                      //求半平面交,返回凸多边形
36      int n = L.size();
37      sort(L.begin(),L.end());                                  //将所有半平面按照极角排序
38      int first,last;                                           //指向双端队列的第 1 个和最后一个元素
39      vector < Point > p(n);                                    //两个相邻半平面的交点
40      vector < Line > q(n);                                     //双端队列
41      vector < Point > ans;                                     //半平面交形成的凸包
42      q[first = last = 0] = L[0];
43      for(int i = 1;i < n;i++){
44          //删除尾部的半平面
45          while(first < last && !OnLeft(L[i], p[last - 1])) last -- ;
46          //删除首部的半平面
47          while(first < last && !OnLeft(L[i], p[first]))  first++;
48          q[++last] = L[i];                                     //将当前的半平面加入双端队列尾部
49          //极角相同的两个半平面,保留左边
50          if(fabs(Cross(q[last].v,q[last - 1].v)) < eps){
51              last -- ;
52              if(OnLeft(q[last],L[i].p)) q[last] = L[i];
53          }
```

```
54          //计算队列尾部半平面交点
55          if(first < last) p[last − 1] = Cross_point(q[last − 1],q[last]);
56      }
57      //删除队列尾部的无用半平面
58      while(first < last && !OnLeft(q[first],p[last − 1])) last − − ;
59      if(last − first <= 1) return ans;                          //空集
60      p[last] = Cross_point(q[last],q[first]);                   //计算队列首尾部的交点
61      for(int i = first;i <= last;i++)  ans.push_back(p[i]);     //复制
62      return ans;                                                //返回凸多边形
63  }
64  int main(){
65      int T,n; cin >> T;
66      while(T − − ){
67          cin >> n;
68          vector < Line > L;
69          L.push_back(Line(Point(0,0),Vector(0, − 1)));     //加一个半平面 F:反向 y 轴
70      L.push_back(Line(Point(0,INF),Vector( − 1,0)));       //加一个半平面 E:y 极大的向左的直线
71          while(n − − ){
72              double a,b; scanf(" % lf % lf",&a,&b);
73              L.push_back(Line(Point(0,a),Vector(1,b)));
74          }
75          vector < Point > ans = HPI(L);                    //得到凸多边形
76          printf(" % d\n",ans.size() − 2);                  //去掉人为加的两个点
77      }
78      return 0;
79  }
```

扫一扫

视频讲解

8.2 　　　　　　　　　　　　　　　　圆 　　✳

圆也是二维几何的内容,由于比较重要,这里单独用一节来解析。本节首先给出圆的基本定义和计算,然后介绍重要应用——最小圆覆盖。

8.2.1　基本的定义和计算

1. 圆的定义

用圆心和半径表示圆。

```
1  struct Circle{
2      Point c;        //圆心
3      double r;       //半径
4      Circle(){}
5      Circle(Point c,double r):c(c),r(r){}
6      Circle(double x,double y,double _r){c = Point(x,y);r = _r;}
7  };
```

2. 点和圆的关系

根据点到圆心的距离判断点和圆的关系。

```
1  int Point_circle_relation(Point p, Circle C){
2      double dst = Distance(p,C.c);
3      if(sgn(dst - C.r) < 0) return 0;      //0:点在圆内
4      if(sgn(dst - C.r) == 0) return 1;     //1:点在圆上
5      return 2;                              //2:点在圆外
6  }
```

3. 直线和圆的关系

根据圆心到直线的距离判断直线和圆的关系。

```
1  int Line_circle_relation(Line v,Circle C){
2      double dst = Dis_point_line(C.c,v);
3      if(sgn(dst - C.r) < 0) return 0;      //0:直线和圆相交
4      if(sgn(dst - C.r) == 0) return 1;     //1:直线和圆相切
5      return 2;                              //2:直线在圆外
6  }
```

4. 线段和圆的关系

根据圆心到线段的距离判断线段和圆的关系。

```
1  int Seg_circle_relation(Segment v,Circle C){
2      double dst = Dis_point_seg(C.c,v);
3      if(sgn(dst - C.r) < 0) return 0;      //0：线段在圆内
4      if(sgn(dst - C.r) == 0) return 1;     //1：线段与圆相切
5      return 2;                              //2：线段在圆外
6  }
```

5. 直线和圆的交点

求直线和圆的交点,如图 8.20 所示,先求圆心 c 在直线上的投影 q,再求得距离 d,然后根据 r 和 d 求出长度 k,最后求出两个交点 $p_a = q + nk$,$p_b = q - nk$,其中 n 为直线的单位向量。

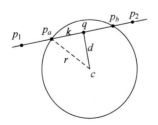

图 8.20　直线和圆的交点

```
1  //pa 和 pb 是交点,返回值是交点个数
2  int Line_cross_circle(Line v,Circle C,Point &pa,Point &pb){
3      if(Line_circle_relation(v, C) == 2)   return 0;   //无交点
4      Point q = Point_line_proj(C.c,v);                  //圆心在直线上的投影点
```

```
5        double d = Dis_point_line(C.c,v);                //圆心到直线的距离
6        double k = sqrt(C.r * C.r - d * d);
7        if(sgn(k) == 0){                                 //一个交点,直线和圆相切
8            pa = q; pb = q; return 1;
9        }
10       Point n = (v.p2 - v.p1)/ Len(v.p2 - v.p1);       //单位向量
11       pa = q + n * k;  pb = q - n * k;
12       return 2;                                        //两个交点
13   }
```

8.2.2 最小圆覆盖

最小圆覆盖问题:给定 n 个点的坐标,求一个半径最小的圆,把 n 个点全部包围,部分点在圆上。

常见的算法有两种:几何算法、模拟退火算法。本节只介绍几何算法,如果数据规模不大,还可以用模拟退火算法求解[①]。

这个最小圆可以由 n 个点中的两个或 3 个点确定。两点定圆时,圆心是线段 AB 的中点,半径是 AB 长度的一半,其他点都在这个圆内。如果两点不足以包围所有点,就需要三点定圆,此时圆心是 A、B、C 这 3 个点组成的三角形的外心,如图 8.21 所示。

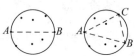

图 8.21 两点定圆和三点定圆

获得最小覆盖圆,就是寻找能两点定圆或三点定圆的那几个点。

一般用增量法求最小圆覆盖。算法从一个点开始,每次加入一个新的点,更新最小圆,直到扩展到全部 n 个点。设前 i 个点的最小覆盖圆为 C_i,过程如下。

(1)加入第 1 个点 p_1。C_1 的圆心就是 p_1,半径为 0。

(2)加入第 2 个点 p_2。新的 C_2 的圆心是线段 $p_1 p_2$ 的中心,半径为两点距离的一半。这一步操作是两点定圆。

(3)加入第 3 个点 p_3。有两种情况:p_3 在 C_2 的内部或圆周上,不影响原来的最小圆,忽略 p_3;p_3 在 C_2 的外部,此时 C_2 已不能覆盖所有 3 个点,需要更新。下面讨论 p_3 在 C_2 外部的情况。因为 p_3 一定在新的 C_3 上,现在的任务转换为在 p_1、p_2 中找一个点或两个点,与 p_3 一起两点定圆或三点定圆。重新定圆的过程,相当于回到步骤(1),把 p_3 作为第 1 个点加入,然后再加入 p_1、p_2。

(4)加第 4 个点 p_4。分析和步骤(3)类似,为加强理解,这里重复说明一次。如果 p_4 在 C_3 内部或圆周上,忽略它;如果在 C_3 外部,那么需要求新的最小圆,此时 p_4 肯定在新的 C_4 的圆周上。任务转换为在 p_1、p_2、p_3 中找一个点或两个点,与 p_4 一起构成最小圆。先检查能不能找到一个点,用两点定圆;如果两点不够,就找到第 3 个点,用三点定圆。重新定圆的过程和前 3 步类似,即把 p_4 作为第 1 个点加入,然后加入 p_1、p_2、p_3。

(5)持续进行下去,直到加完所有点。

算法思路概括如下。

[①] 参考《算法竞赛入门到进阶》(罗勇军等著,清华大学出版社出版),11.2.2 节"最小圆覆盖"中详解了模拟退火算法。

假设已经得前 $i-1$ 个点的 C_{i-1}，现在加入第 i 个点，有以下两种情况：

(1) i 在 C_{i-1} 的内部或圆周上，忽略 i；

(2) i 在 C_{i-1} 的外部，需要求新的 C_i。首先，i 肯定在 C_i 上，然后重新把前面的 $i-1$ 个点依次加入，根据两点定圆或三点定圆，重新构造最小圆。

现在分析最小圆覆盖的几何算法的复杂度。例 8.7 给出了模板代码。其中，有 3 层 for 循环，看起来复杂度似乎是 $O(n^3)$。不过，如果点的分布是随机的，用概率进行分析可以得出，程序的复杂度接近 $O(n)$。在代码中，用 random_shuffle() 函数进行随机打乱。例如，如果前两个点 p_1 和 p_2 恰好就是最后的两点定圆，那么其他点都只需要检查一次是否在 C_2 内就可以了，程序在第 1 层 for 循环就结束了。

 例 8.7　最小圆覆盖（洛谷 P1742）

问题描述：输入 n 个点的坐标，求最小圆覆盖。

输入：第 1 行输入一个整数 n，表示点的个数。后面 n 行中，每行输入两个实数，表示点的坐标。

输出：第 1 行输出一个实数，表示圆的半径。第 2 行输出两个实数，表示圆心的坐标。保留 10 位小数。

下面给出最小圆覆盖的几何代码。circle_center() 函数求三角形 abc 的外接圆的圆心，min_cover_circle() 函数返回最小覆盖圆的圆心 c 和半径 r。

```
1   # include < bits/stdc++. h>
2   using namespace std;
3   # define eps 1e - 8
4   const int N = 1e5 + 1;
5   int sgn(double x){
6       if(fabs(x) < eps)   return 0;
7       else return x < 0? - 1:1;
8   }
9   struct Point{ double x, y; };
10  double Distance(Point A, Point B){return hypot(A. x – B. x, A. y – B. y);}
11  Point circle_center(const Point a, const Point b, const Point c){
12      Point center;
13      double a1 = b. x – a. x, b1 = b. y – a. y, c1 = (a1 * a1 + b1 * b1)/2;
14      double a2 = c. x – a. x, b2 = c. y – a. y, c2 = (a2 * a2 + b2 * b2)/2;
15      double d  = a1 * b2 – a2 * b1;
16      center. x = a. x + (c1 * b2 – c2 * b1)/d;
17      center. y = a. y + (a1 * c2 – a2 * c1)/d;
18      return center;
19  }
20  void min_cover_circle(Point * p, int n, Point &c, double &r){
21      random_shuffle(p, p + n);            //随机函数,打乱所有点.这一步很重要
22      c = p[0]; r = 0;                     //从第 1 个点 p[0]开始,圆心为 p[0],半径为 0
23      for(int i = 1; i < n; i++)           //扩展所有点
24          if(sgn(Distance(p[i],c) – r)>0){ //点 p[i]在圆外部
25              c = p[i]; r = 0;             //重新设置圆心为 p[i],半径为 0
```

```
26              for(int j = 0;j < i;j++)                      //重新检查前面所有点
27                  if(sgn(Distance(p[j],c) − r)> 0){          //两点定圆
28                      c.x = (p[i].x + p[j].x)/2;
29                      c.y = (p[i].y + p[j].y)/2;
30                      r = Distance(p[j],c);
31                      for(int k = 0;k < j;k++)
32                          if (sgn(Distance(p[k],c) − r)> 0){ //两点不能定圆,就三点定圆
33                              c = circle_center(p[i],p[j],p[k]);
34                              r = Distance(p[i], c);
35                          }
36                  }
37          }
38  }
39  Point p[N];
40  int main(){
41      int n; cin >> n;
42      for(int i = 0;i < n;i++) scanf("%lf %lf",&p[i].x,&p[i].y);
43      Point c; double r;                                   //最小覆盖圆的圆心和半径
44      min_cover_circle(p,n,c,r);
45      printf("%.10f\n%.10f %.10f\n",r,c.x,c.y);
46      return 0;
47  }
```

扫一扫

视频讲解

8.3 三维几何 ✳

三维几何与二维几何的有关概念和应用十分相似,所以很多定义和函数是二维几何中相关知识点的扩展。本节先给出三维的基本概念和定义,然后介绍经典应用。

从二维扩展到三维后,很多问题变得复杂,如最小球覆盖和三维凸包,代码很长,几乎不会出现在算法竞赛中。

8.3.1 三维点和线

1. 点和向量

在三维几何中,点和向量的表示、空间距离的计算与二维几何类似。

```
1   struct Point3{              //三维点
2       double x, y, z;
3       Point3(){}
4       Point3(double x, double y, double z):x(x),y(y),z(z){}
5       Point3 operator + (Point3 B){return Point3(x + B.x,y + B.y,z + B.z);}
6       Point3 operator − (Point3 B){return Point3(x − B.x,y − B.y,z − B.z);}
7       Point3 operator * (double k){return Point3(x * k,y * k,z * k);}
8       Point3 operator / (double k){return Point3(x/k,y/k,z/k);}
9       bool operator == (Point3 B){ return sgn(x − B.x) == 0 && sgn(y − B.y) == 0 &&
        sgn(z − B.z) == 0;}
10  };
11  typedef Point3 Vector3;     //三维向量
```

两点之间的距离计算如下[①]。

```
1   double Distance(Vector3 A, Vector3 B){
2       return sqrt((A.x - B.x) * (A.x - B.x) + (A.y - B.y) * (A.y - B.y) + (A.z - B.z) *
        (A.z - B.z));
3   }
```

2. 线和线段

和二维一样,三维的直线和线段也用两点定义。

```
1   struct Line3{
2       Point3 p1, p2;
3       Line3(){}
4       Line3(Point3 p1, Point3 p2):p1(p1), p2(p2){}
5   };
6   typedef Line3 Segment3;          //定义线段,两端点是 Point3 p1, p2
```

8.3.2　三维点积

1. 三维点积的定义

三维点积的定义和二维点积类似,定义为

$$\boldsymbol{A} \cdot \boldsymbol{B} = |\boldsymbol{A}| \, |\boldsymbol{B}| \cos\theta$$

求向量 $\boldsymbol{A}$、$\boldsymbol{B}$ 点积的代码如下。

```
double Dot(Vector3 A, Vector3 B){return A.x * B.x + A.y * B.y + A.z * B.z;}
```

2. 三维点积的基本应用

和二维点积一样,三维点积有以下基本应用。

(1) 判断向量 $\boldsymbol{A}$ 与 $\boldsymbol{B}$ 的夹角是钝角还是锐角。

点积有正负,利用正负号,可以判断向量的夹角:若 $\mathrm{Dot}(\boldsymbol{A}, \boldsymbol{B}) > 0$,$\boldsymbol{A}$ 与 $\boldsymbol{B}$ 的夹角为锐角;若 $\mathrm{Dot}(\boldsymbol{A}, \boldsymbol{B}) < 0$,$\boldsymbol{A}$ 与 $\boldsymbol{B}$ 的夹角为钝角;若 $\mathrm{Dot}(\boldsymbol{A}, \boldsymbol{B}) = 0$,$\boldsymbol{A}$ 与 $\boldsymbol{B}$ 的夹角为直角。

(2) 求向量 $\boldsymbol{A}$ 的长度。

```
double Len(Vector3 A){ return sqrt(Dot(A, A));}
```

或者求长度的平方,避免开方运算。

```
double Len2(Vector3 A){ return Dot(A, A);}
```

---

①　本章给出的三维函数和二维函数,很多是重名的,如这里的 Distance()。C++语言允许函数重载,所以,即使在同一个代码中用同名定义不同的函数,也是允许的。而且,建议重载函数,这样做可以简化编程。

（3）求向量 **A** 与 **B** 的夹角。

```
double Angle(Vector3 A,Vector3 B){return acos(Dot(A,B)/Len(A)/Len(B));}
```

8.3.3 三维叉积

1. 三维叉积的定义

二维叉积是一个带符号的数值,而三维叉积是一个向量。可以把三维向量 **A**、**B** 的叉积看作垂直于 **A** 和 **B** 的向量,其方向符合"右手定则",如图 8.22 所示。

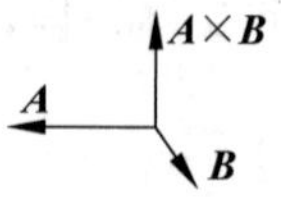

三维叉积的计算和二维叉积相似,不同的是计算后返回一个向量。

图 8.22 三维叉积

```
1   Vector3 Cross(Vector3 A,Vector3 B){
2       return Point3(A.y*B.z-A.z*B.y, A.z*B.x-A.x*B.z, A.x*B.y-A.y*B.x);
3   }
```

2. 三维叉积的基本应用

1）求三角形面积
三维的三角形面积计算和二维相似,也是有向面积。先求三维叉积,然后取叉积的长度值。

```
1   //三角形面积的 2 倍
2   double Area2(Point3 A,Point3 B,Point3 C){return Len(Cross(B-A, C-A));}
```

判断点 p 是否在三角形 ABC 内,可以用 Area2() 函数计算。如果点 p 在三角形内部,那么用点 p 对三角形 ABC 进行三角剖分,形成的 3 个三角形的面积和与直接算三角形 ABC 的面积应该相等。

```
Dcmp(Area2(p,A,B) + Area2(p,B,C) + Area2(p,C,A), Area2(A,B,C)) == 0
```

2）点和线的有关问题
三维几何中点到直线的距离、点是否在直线上、点到线段的距离、点在直线上的投影等问题的代码与二维几何相似。

```
1   //三维: 点在直线上
2   bool Point_line_relation(Point3 p,Line3 v){
3       return sgn( Len(Cross(v.p1-p,v.p2-p))) == 0 && sgn(Dot(v.p1-p,v.p2-p)) == 0;
4   }
5   //三维: 点到线段距离.
6   double Dis_point_seg(Point3 p, Segment3 v){
7       if(sgn(Dot(p- v.p1,v.p2-v.p1)) < 0 || sgn(Dot(p- v.p2,v.p1-v.p2)) < 0)
```

```
8          return min(Distance(p,v.p1),Distance(p,v.p2));
9      return Dis_point_line(p,v);
10  }
11  //三维: 点在直线上的投影
12  Point3 Point_line_proj(Point3 p, Line3 v){
13      double k = Dot(v.p2 - v.p1, p - v.p1)/Len2(v.p2 - v.p1);
14      return v.p1 + (v.p2 - v.p1) * k;
15  }
```

3）平面

在三维空间中，一个平面由不共线的 3 个点确定。

```
1  struct Plane{
2      Point3 p1,p2,p3;        //平面上的 3 个点
3      Plane(){}
4      Plane(Point3 p1,Point3 p2,Point3 p3):p1(p1),p2(p2),p3(p3){}
5  };
```

4）平面法向量

平面法向量是垂直于平面的向量，在平面问题中非常重要。用叉积的概念计算即可，代码如下。

```
Point3 Pvec(Point3 A, Point3 B, Point3 C){return Cross(B - A, C - A);}
```

或

```
Point3 Pvec(Plane f){return Cross(f.p2 - f.p1, f.p3 - f.p1);}
```

5）平面的有关问题

四点共平面、两平面平行、两平面垂直等问题的代码如下。

```
1  //四点共平面
2  bool Point_on_plane(Point3 A,Point3 B,Point3 C,Point3 D){
3      return sgn(Dot(Pvec(A,B,C),D - A)) == 0;
4  }
5  //两平面平行
6  int Parallel(Plane f1, Plane f2){ return Len(Cross(Pvec(f1),Pvec(f2))) < eps; }
7  //两平面垂直
8  int Vertical (Plane f1, Plane f2){ return sgn(Dot(Pvec(f1),Pvec(f2))) == 0; }
```

6）直线和平面的交点

直线和平面有 3 种关系：直线在平面上、直线与平面平行、直线与平面有交点。

一个平面可以用平面 f 上的一点 $f.p_1$，以及平面的法向量 v 决定。直线 u 用两点 $u.p_1$ 和 $u.p_2$ 决定。

下面的函数计算直线与平面的交点，交点是 p，函数的返回值是交点的个数。

```
1  int Line_cross_plane(Line3 u,Plane f,Point3 &p){
2      Point3 v = Pvec(f);                          //平面的法向量
```

```
3        double x = Dot(v, u.p2 - f.p1);
4        double y = Dot(v, u.p1 - f.p1);
5        double d = x - y;
6        if(sgn(x) == 0 && sgn(y) == 0) return -1;        //-1: v在f上
7        if(sgn(d) == 0) return 0;                        //0: v与f平行
8        p = ((u.p1 * x) - (u.p2 * y))/d;                 //v与f相交
9        return 1;
10   }
```

下面解释代码的正确性。

代码中的 v 是平面的法向量,它不一定是单位法向量,不过这里把它看作单位法向量,不影响后续推理的正确性。$x = Dot(v, u.p_2 - f.p_1)$ 是 $u.p_2$ 到平面 f 的距离,$y = Dot(v, u.p_1 - f.p_1)$ 是 $u.p_1$ 到平面的距离。如果 $x = y = 0$,说明直线在平面上;如果有 $x = y \neq 0$,即直线上的两点到平面的距离相等,说明直线和平面平行。

如果直线和平面相交,如何计算交点?

如图 8.23 所示,在 x、y、z 轴任何一个方向上,都有

$\dfrac{p - p_1}{p - p_2} = \dfrac{y}{x}$,推导得 $p = \dfrac{p_1 x - p_2 y}{x - y}$。

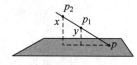

图 8.23　直线和平面的交点

7) 四面体的有向体积

四面体是最简单的立体结构。四面体的体积等于底面三角形面积乘以高的 $1/3$,利用叉积和点积很容易计算,代码如下。

```
1    //四面体有向体积 * 6
2    double volume4(Point3 a,Point3 b,Point3 c,Point3 d){
3        return Dot(Cross(b - a,c - a),d - a); }
```

8.3.4　最小球覆盖

最小球覆盖问题:给定 n 个点的三维坐标,求一个半径最小的球,把 n 个点全部包围进来。

和最小圆覆盖一样,最小球覆盖问题也有两种解法:几何算法、模拟退火算法。

1. 几何解法

和最小圆覆盖增量法的思路类似,最小球覆盖也可以由一些点来确定。一个三维空间的球,需要 $1 \sim 4$ 个点确定。可以从一个点开始,每次加入一个新的点,更新最小球,直到扩展到全部 n 个点。设前 i 个点的最小覆盖球是 C_i,简单说明如下。

(1) 1 个点。C_1 的球心就是 p_1,半径为 0。

(2) 2 个点。新的 C_2 的球心是线段 $p_1 p_2$ 的中心,半径为两点距离的一半。

(3) 3 个点。3 个点构成的平面一定是球的大圆所在的平面,所以球心是三角形的外心,半径就是球心到某个点的距离。

(4) 4 个点。若 4 个点共面,则转换到考虑某 3 个点的情况;若 4 点不共面,四面体可以唯一确定一个外接球。

(5) 对于 5 个及以上点,其最小球必为其中某 4 个点的外接球。

 最小球覆盖的几何代码很复杂,竞赛中不太可能出现需要使用几何方法的题目。

2. 模拟退火解法

如果数据规模较小,可以用模拟退火算法求最小球覆盖。算法竞赛中如果出现最小球覆盖,一般是用模拟退火求解,代码简短易写。

模拟退火[①]是一种贪心算法,基于一个物理原理:高温物体降温到低温,温度越高,降温越快;温度越低,降温越慢。模拟退火进行多次降温(迭代),直到获得一个可行的近似解。模拟退火的缺点是:①效率低下,计算复杂度比几何解法差很多;②求得的解不是精确解,而是近似解。

模拟退火算法的主要步骤如下。

(1) 设置一个初始温度 T。

(2) 从当前温度按降温系数下降到一个温度,在新的温度计算状态。

(3) 如果温度下降到设定的温度下界,程序停止。

下面给出最小球覆盖问题的例题。

 例 8.8 Super star(poj 2069)

问题描述:输入 n 个点的坐标,求最小球覆盖。

输入:有多个测试,每个测试的第 1 行输入整数 n;后面 n 行中,每行输入 3 个整数,表示点的坐标。$4 \leqslant n \leqslant 30$。最后一行输入 0,表示结束。

输出:对每个测试,输出最小覆盖球的半径,精确到 5 位小数。

下面给出最小球覆盖的模拟退火代码,代码十分简短。

```
1   # include < algorithm >
2   # include < cmath >
3   using namespace std;
4   const double eps = 1e - 7;
5   struct Point3{double x, y, z;} p[35];
6   int n;
7   double Distance(Point3 A, Point3 B){
8       return sqrt((A.x - B.x) * (A.x - B.x) + (A.y - B.y) * (A.y - B.y) + (A.z - B.z) * (A.z - B.z));
9   }
10  double solve(){
11      double T = 100.0;                    //初始温度
12      double delta = 0.98;                 //降温系数
```

---

① 参考《算法竞赛入门到进阶》(罗勇军等著,清华大学出版社出版)6.1.4 节"模拟退火",解释了模拟退火算法的原理,以及模拟退火的一个应用:求函数最值。

```
13        Point3 c = p[0];                        //球心
14        int pos;
15        double r;                               //半径
16        while(T > eps)    {                     //eps 为终止温度
17            pos = 0; r = 0;                     //初始：p[0]为球心,半径为 0
18            for(int i = 0; i < n; i++)          //迭代：找距离球心最远的点
19                if(Distance(c,p[i]) > r){
20                    r = Distance(c,p[i]);       //距离球心最远的点肯定在球周上
21                    pos = i;
22                }
23            c.x += (p[pos].x - c.x)/r * T;      //逼近最后的解
24            c.y += (p[pos].y - c.y)/r * T;
25            c.z += (p[pos].z - c.z)/r * T;
26            T * = delta;                        //降温
27        }
28        return r;
29   }
30   int main(){
31        double ans;
32        while(~scanf("%d",&n),n) {
33            for(int i = 0;i < n;i++) scanf("%lf%lf%lf",&p[i].x,&p[i].y,&p[i].z);
34            ans = solve();
35            printf("%.5f\n",ans);
36        }
37        return 0;
38   }
```

8.3.5　三维凸包

三维凸包问题：给定三维空间的一些点,找到包含这些点的最小凸多面体。三维凸包问题是二维凸包问题的扩展,它是一个困难的问题。

如果用暴力法求解三维凸包问题,可以枚举任意 3 个点组成的三角形,判断其他点是否都在三角形构成的平面的一侧,如果是,则这个三角形是凸包的一个面。

三维凸包的常用算法是增量法。算法的思想和最小圆覆盖的增量法有些类似,即把点一个个地加入凸包中。首先找到 4 个不共线、不共面的点,一起构成一个四面体,这是初始凸包,然后依次检查其他点,看这个点是否能在原凸包的基础上构成新的凸包。例如,当检查到点 p_i 时,有两种情况：

（1）如果 p_i 在当前的凸包内,忽略它；

（2）如果 p_i 不在凸包内,说明用 p_i 可以更新凸包。具体做法是从 p_i 点向凸包看去,能看到的面全部删除,并把 p_i 和留下的轮廓组合成新的面,填补被删除的面。

三维凸包的相关问题有：凸包有几个表面、凸包的表面积、凸包的重心等。

用增量法求三维凸包,如果给定的点是随机排列的,算法的期望时间复杂度为 $O(n\log_2 n)$[1],效率很高。

可参考模板题洛谷 P4724"三维凸包"。

---

[1]　证明见《计算几何算法与应用(第 3 版)》(Mark de Berg 等著,邓俊辉译,清华大学出版社出版)第 257 页。

> 提示   三维凸包的代码非常复杂,不太可能出现在算法竞赛中,所以本书没有给出代码[①]。

8.3.6   三维几何例题

最后,用两道复杂的例题说明三维几何模板代码的使用。

1. 化球为圆

 例 8.9   Ghost busters(poj 2177)

问题描述:在立体空间的第 1 象限内($x,y,z \geqslant 0$)有很多球,这些球可能互相包含、重合。从原点$(0,0,0)$发出一条射线,问最多能穿过多少球?穿过球的边界也算。

输入:第 1 行输入整数 N,表示球的数量,$0 \leqslant N \leqslant 100$。后面 N 行中,每行描述一个球,输入 4 个整数 x_i、y_i、z_i、r_i,表示第 i 个球的球心坐标和半径,$1 \leqslant r_i \leqslant \min(x_i, y_i, z_i)$。

输出:第 1 行输出能穿过的球的最多个数;第 2 行输出这些球的号码,按从小到大顺序输出。

从原点出发的射线太多,不可能一一检查,需要缩小检查范围。应该检查哪些射线?显然,那些经过球体交点的射线能穿过更多的球体。为了简化求交点,用"化球为圆"的技巧:从原点$(0,0,0)$看去,这些球都是圆圈,这样就把穿过球体的问题变成了穿过圆圈的问题。

本题的求解步骤:①求出所有圆圈的交点;②对每个交点,与原点连成一条射线,暴力统计这条射线能穿过多少球体;③对最佳射线,求它穿过的球体。

(1) 求任意两个球的交点。

任选两个球,从原点看过去,这两个球变成两个圆圈。这两个圆圈是否相交?为了判断它们的关系,把它们的圆心调整到与原点等距的位置,它们的半径做等比缩放。如图 8.24 所示,保持球 1 不变,调整球 2,把球心 c_2 与原点的距离调整到与球心 c_1 相等的位置。根据三角形的比例关系,此时球 2 的新球心位置是 $c_2' = \dfrac{d_1}{d_2} \times c_2$,注意 c_2 是三维坐标点;新半径为 $r_2' = \dfrac{d_1}{d_2} \times r_2$。

两个圆的关系有 4 种:相切、相离、包含、相交。相切时,有一个交点;相交时,有两个交点,图 8.25 是相交的情况,交点是 v 和它的对称点。后面代码中的 intersect() 函数求任意两个圆圈的交点,存储到 vector<Point3>P 中。请对照图 8.25 分析函数的代码。

---

① 三维凸包的计算几何代码,参考《算法竞赛入门到进阶》(罗勇军等著,清华大学出版社出版)11.3.5 节"三维凸包"。

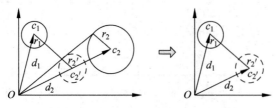

图 8.24　把两个球调整到与原点等距的位置

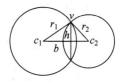

图 8.25　两圆相交

（2）计算射线能穿过的最多球体数量。得到交点后,连接原点与每个交点产生射线,统计每条射线能经过的球体数量,记录最大数量并输出。详见代码第 75～80 行。

（3）计算这条最佳射线穿过的球体。详见代码第 81～85 行。

```
1    # include < cmath >
2    # include < vector >
3    # include < algorithm >
4    using namespace std;
5    const int N = 105;
6    const double eps = 1e - 7;
7    int sgn(double x){                                    //判断 x 是否等于 0
8        if(fabs(x)< eps) return 0;
9        else            return x < 0? - 1:1;
10   }
11   struct Point3{
12       double x, y, z;
13       Point3(){}
14       Point3(double x, double y, double z):x(x),y(y),z(z){}
15       Point3 operator + (Point3 B){return Point3(x + B. x, y + B. y, z + B. z);}
16       Point3 operator - (Point3 B){return Point3(x - B. x, y - B. y, z - B. z);}
17       Point3 operator * (double k){return Point3(x * k, y * k, z * k);}
18       Point3 operator / (double k){return Point3(x/k, y/k, z/k);}
19       Point3 adjust (double L){                         //调整长度
20           double len = sqrt(x * x + y * y + z * z);
21           L/ = len;
22           return Point3(x * L, y * L, z * L);
23       }
24   };
25   typedef Point3 Vector3;
26   double Dot(Vector3 A, Vector3 B){return A. x * B. x + A. y * B. y + A. z * B. z;}    //点积
27   Vector3 Cross(Vector3 A, Vector3 B)
28   { return Point3(A. y * B. z - A. z * B. y, A. z * B. x - A. x * B. z, A. x * B. y - A. y * B. x);} //叉积
29   double Len(Vector3 A){return sqrt(Dot(A, A));}        //向量的长度
30   double Distance(Point3 A, Point3 B)                   //两点的距离
31   { return sqrt((A. x - B. x) * (A. x - B. x) + (A. y - B. y) * (A. y - B. y) + (A. z - B. z) * (A. z - B. z)); }
32   struct Line3{                                         //三维:线
33       Point3 p1, p2;
34       Line3(){}
35       Line3(Point3 p1, Point3 p2):p1(p1),p2(p2){}
36   };
37   double Dis_point_line(Point3 p, Line3 v)              //三维:点到直线距离
```

```
38  {  return Len(Cross(v.p2 - v.p1, p - v.p1))/Distance(v.p1, v.p2); }
39  vector < Point3 > P;                              //存储球的交点
40  void intersect(Point3 c1, double r1, Point3 c2, double r2){        //计算球的交点
41      double d1 = Len(c1), d2 = Len(c2);            //球心到原点距离
42      c2 = c2/d2 * d1;                              //调整球 2, 让两个球心与原点等距
43      r2 = r2/d2 * d1;
44      double d = Len(c1 - c2);                      //连心线长度
45      if(sgn(d - r1 - r2) == 0){P.push_back(c1 + (c2 - c1)/d * r1); return;}   //(1)相切, 存相切的点
46      if(sgn(d - r1 - r2) > 0)           return;    //(2)相离, 没有交点
47      if(sgn(d - fabs(r1 - r2)) <= 0) return;       //(3)包含, 没有交点
48      //(4)下面处理两个圆相交, 有两个交点
49      double b = (r1 * r1 + d * d - r2 * r2)/(2 * d);   //余弦定理
50      double h = sqrt(r1 * r1 - b * b);
51      Point3 M = c1 + (c2 - c1)/d * b;              //两交点中点所在位置
52      Point3 v = Cross(c1, M);                      //叉积求得两交点所在直线的向量
53      v = v.adjust(h) + M;
54      P.push_back(v);
55      P.push_back(M * 2 - v);
56  }
57  int check(Point3 p, Point3 c, double r){          //检查交点 p 是否在球内或球面上
58      Line3 v(Point3(0,0,0), p);
59      double x = Dis_point_line(c, v);
60      return sgn(x - r) <= 0;
61  }
62  Point3 c[N];                                      //球心
63  double r[N];                                      //球半径
64  int main (){
65      int n; scanf("%d", &n);
66      for(int i = 1; i <= n; i++) {
67          scanf("%lf%lf%lf", &(c[i].x), &(c[i].y), &(c[i].z));
68          scanf("%lf", &r[i]);
69          P.push_back(c[i]);
70      }
71      for(int i = 1; i <= n; i++)                   //求任意两个球的交点, 记录在 vector P 中
72          for(int j = i + 1; j <= n; j++)
73              intersect(c[i], r[i], c[j], r[j]);
74      int ans = 0, temp, w;                         //w 记录选中的交点
75      for(int i = 0; i < P.size(); i++) {           //检查每条射线, 记录穿过最多球体的数量
76          temp = 0;
77          for(int j = 1; j <= n; j++) temp += check(P[i], c[j], r[j]);
78          if(temp > ans)           ans = temp, w = i;
79      }
80      printf("%d\n", ans);
81      for(int i = 1; i <= n && ans; i++)            //枚举所有球, 判断与选定的最佳射线是否相交
82          if(check(P[w], c[i], r[i])) {
83              ans -- ;
84              printf(ans != 0 ? "%d " : "%d\n", i);
85          }
86      return 0;
87  }
```

2. 仿射变换

 例 8.10　A letter to programmers[①]

问题描述：在立体空间中对坐标点做以下操作。

translate tx ty tz：平移，把点(x,y,z)移动到$(x+\text{tx},y+\text{ty},z+\text{tz})$。

scale $a\ b\ c$：缩放，把点(x,y,z)移动到(ax,by,cz)。

rotate $a\ b\ c\ d$：旋转，旋转轴是从$(0,0,0)$到(a,b,c)的直线，旋转角度为d。如果站在(a,b,c)看向$(0,0,0)$，会看见旋转是逆时针的。

repeat k：重复k次，整数k是一个 32 位的非负整数。

end：repeat 指令的结束指令。若前面没有 repeat，则表示整个结束。

输入：每个测试第 1 行输入整数n，表示给定点的数量，然后有不多于 100 行指令，每行代表一个指令。指令后有n行，每行输入一个坐标点。除了n和k，其他数字都是不大于 1000 的浮点数。最后以 0 结尾。

输出：对每个测试，打印n行，每行输出 3 个浮点数，表示点的新位置。保留两位小数。在每两个测试之间打印一个空行。

　　本题是三维平移、缩放、旋转，是一道模拟"仿射变换"的题目。由于重复次数k非常大，需要使用矩阵快速幂。

　　本题的求解过程直接模拟题目的要求即可，不需要更多解释，细节见下面的代码。

```
1    //改写自 www.cppblog.com/hanfei19910905/archive/2012/06/24/180035.html
2    #include<bits/stdc++.h>
3    using namespace std;
4    const double eps = 1e-6;
5    const double pi = acos(-1.0);        //圆周率,精确到 15 位小数: 3.141592653589793
6    const int N = 4;
7    struct matrix {
8        double num[N][N];
9        matrix (double a){                                    //单位矩阵乘以 a
10           memset(num,0,sizeof(num));
11           for(int i = 0;i < N;i++)  num[i][i] = a;
12       }
13       matrix(double x,double y,double z){                   //平移变换
14           memset(num,0,sizeof(num));
15           for(int i = 0;i < N;i++)  num[i][i] = 1;          //单位矩阵
16           num[3][0] = x;   num[3][1] = y;   num[3][2] = z;
17       }
18       matrix(double x,double y,double z, int X){            //缩放变换
19           memset(num,0,sizeof(num));
20           for(int i = 0;i < N;i++)  num[i][i] = 1;          //单位矩阵
21           num[0][0] = x;   num[1][1] = y;   num[2][2] = z;
22       }
```

---

① https://vjudge.net/problem/UVALive-5719

```
23      matrix(double P[3],double ang){                   //旋转变换
24          memset(num,0,sizeof(num));
25          for(int i = 0;i < N;i++)   num[i][i] = 1;        //单位矩阵
26          double flag [3][3] = {0,1,-1, -1,0,1, 1,-1,0};
27          double sum = P[0] + P[1] + P[2];
28          for(int i = 0;i < 3;i++)
29            for(int j = 0;j < 3;j++)
30              if(i == j) num[i][j] = P[i] * P[i] + (1 - P[i] * P[i]) * cos(ang);
31              else num[i][j] = P[i] * P[j] * (1 - cos(ang)) + (sum - P[i] - P[j]) *
                   sin(ang) * flag[i][j];
32      }
33  };
34  matrix operator * (const matrix& a, const matrix& b){        //普通矩阵乘法,注意 const
35      matrix c(0);
36      for(int i = 0; i < N; i++)
37          for(int j = 0; j < N; j++)
38              for(int k = 0; k < N; k++)
39                  c.num[i][j] += a.num[i][k] * b.num[k][j];
40      return c;
41  }
42  matrix pow_matrix(matrix a, int n){                       //普通矩阵快速幂
43      matrix ans(1);
44      while(n) {
45          if(n&1) ans = ans * a;
46          a = a * a;
47          n >> = 1;
48      }
49      return ans;
50  }
51  matrix dfs(){
52      matrix ans(1);
53      while(1){
54          string cmd; cin >> cmd;
55          if(cmd == "end")      return ans;
56          if(cmd == "repeat"){
57              int k; scanf(" % d",&k);
58              matrix temp = dfs();
59              ans = ans * pow_matrix(temp, k);
60          }
61          else {
62              double x,y,z; scanf(" % lf % lf % lf",&x,&y,&z);
63              if(cmd == "translate") {matrix temp(x,y,z);    ans = ans * temp;}
64              else if(cmd == "scale"){matrix temp(x,y,z,0); ans = ans * temp;}
65              else if(cmd == "rotate"){
66                  double a; scanf(" % lf",&a);
67                  a = a/180 * pi;
68                  double sum = sqrt(x * x + y * y + z * z);
69                  double p[3] = {x/sum, y/sum, z/sum};
70                  matrix temp(p,a);
71                  ans = ans * temp;
72              }
73          }
74      }
```

```
75    }
76    int main(){
77        int n;
78        while(~scanf("%d",&n) && n){
79            matrix t = dfs();
80            while(n--){
81                double x,y,z,px,py,pz;    scanf("%lf%lf%lf",&x,&y,&z);
82                px = x*t.num[0][0] + y*t.num[1][0] + z*t.num[2][0] + t.num[3][0];
83                py = x*t.num[0][1] + y*t.num[1][1] + z*t.num[2][1] + t.num[3][1];
84                pz = x*t.num[0][2] + y*t.num[1][2] + z*t.num[2][2] + t.num[3][2];
85                printf("%.2f %.2f %.2f\n",px+eps,py+eps,pz+eps);
86            }
87            puts("");
88        }
89    }
```

【习题】

最后统一给出本章的习题,主要是二维几何的题目。

(1) 线段相交的判定、点到线段的距离:poj 2031/1039。

(2) 多边形:poj 1408/1584。

(3) 凸包:poj 1696/2187/1113;洛谷 P2742/P2287/P3829/P4557/P5403。

(4) 旋转卡壳:洛谷 P1452/P3187。

(5) 半平面交:洛谷 P3256/P2600/P4196/P3297/P4250/P5328;poj 3130/3335。

(6) 扫描线算法:poj 1765/1177/1151/3277/2280/3004。

(7) 综合应用:poj 1819/1066/2043/3227/2165/3429。

小　结

　　计算几何专题也是算法竞赛的难关。几何题以繁杂冗长的编程闻名,是考验编程能力的标志性题目。在日常训练中,队员往往不愿意花太多时间在这种题目的练习上。比赛时,几何题目一般逻辑复杂,不易编码,影响了其他题目的编程和调试,所以常常被放在最后做,如果时间不够就会被选手放弃,成为赛场上的把关题。这也说明,如果能成功做出计算几何的难题,必定会成为赛场上的佼佼者。

　　本章介绍了常用的计算几何知识点和模板代码,读者也可以总结一套适合自己的模板,并通过大量做练习题熟悉它的使用。

第 9 章 字 符 串

    字符串处理是算法竞赛中的常见题目。阅读本章之前，请读者先熟悉字符串的基本操作，如读取、查找、替换、截取、数字和字符串转换等。

    本章介绍字符串的常见算法，这些算法主要用于解决在主串上查找、统计、修改子串的问题。进制哈希是处理字符串的"通用"算法，效率不高但通常够用。回文串问题使用 Manacher 算法和回文树这两种 $O(n)$ 的算法。在模式匹配问题中，如果模式串只有一个，KMP 是 $O(n)$ 的高效算法；如果模式串有很多，AC 自动机是接近 $O(n)$ 的算法。另外，还有字典树、后缀树、后缀数组、后缀自动机等"通用"算法，其中后缀自动机是目前竞赛中常用的算法。

9.1 进制哈希

进制哈希是很常见的字符串处理手段。用进制哈希解字符串问题,求解步骤和暴力法一样简单直接,而且因为借助了哈希,算法的效率也相当高。虽然它的时间和空间复杂度不如 Manacher、KMP 等专用算法,但是也足够好。竞赛中常用的进制哈希函数是 BKDRHash[①]。

9.1.1 BKDRHash 哈希函数

1. 字符串哈希函数

首先看一个比较特殊的字符串匹配问题:在很多字符串中,尽快操作某个字符串,如查询、修改等。如果字符串的规模很大,访问速度很关键。这个问题用哈希解决是最快的。用哈希函数对每个子串进行哈希,分别映射到不同的数字,即一个整数哈希值,然后根据哈希值找到子串。

哈希函数是算法的核心。理论上任意函数 $h(x)$ 都可以是哈希函数,不过一个好的哈希函数应该尽量避免冲突。这个字符串哈希函数最好是完美哈希函数。完美哈希函数是指没有冲突的哈希函数:把 n 个子串的 key 值映射到 m 个整数上,如果对任意的 key1 $\neq$ key2,都有 $h(\text{key1}) \neq h(\text{key2})$,这就是完美哈希函数。此时必然有 $n \leqslant m$,特别地,如果 $n = m$,称为最小完美哈希函数。

如何找到一个好的字符串哈希函数?有一些经典的字符串哈希函数,如 BKDRHash、APHash、DJBHash、JSHash 等。其中最好的是 BKDRHash,计算的哈希值几乎不会冲突碰撞。另外,由于得到的哈希值都很大,不能直接映射到一个巨大的空间上,所以一般都需要限制空间。方法是取余,把得到的哈希值对一个设定的空间大小 M 取余数,以余数作为索引地址。当然,这样做可能产生冲突问题。

编程时可以采用一种"隐性取余"的简化方法。取空间大小为 $M = 2^{64}$,64 是 unsigned long long 型的长度,一个 unsigned long long 型的哈希值 H,当 $H > M$ 时会自动溢出,等价于自动对 M 取余,这样能避免低效的取余运算。

2. BKDRHash

BKDRHash 是一种"**进制哈希**",计算步骤非常简单。设定一个进制 P,需要计算一个字符串的哈希值时,把每个字符看作每个进制位上的一个数字,这个串转换为一个基于进制 P 的数,最后对 M 取余数,就得到了这个字符串的哈希值。

例如,计算只用小写字母组成的字符串的哈希值,以字符串"abc"为例,令进制 $P = 131$,有以下两种方法。

(1) 把每个字符看作一个数字,即 a $= 1$, b $= 2$, c $= 3$, $\cdots$, z $- 26$,然后把字符串的每位按

---

① 参考 Brian Kernighan 和 Dennis Ritchie 的著作 *The C Programming Language*。

进制 P 的权值相加得：$'a' \times 131^2 + 'b' \times 131^1 + 'c' \times 131^0 = 1 \times 131^2 + 2 \times 131^1 + 3 \times 131^0 = 17426$。不需要再除 M 取余，原因在前面已解释，即大于 M 时溢出，自动取余。

（2）直接把每个字符的 ASCII 码看作代表它的数字也可以，计算得：$'a' \times 131^2 + 'b' \times 131^1 + 'c' \times 131^0 = 97 \times 131^2 + 98 \times 131^1 + 99 \times 131^0 = 1677554$。

进制 P 常用的值有 31、131、1313、13131、131313 等，用这些数值能有效避免碰撞。

3. 模板代码

用下面的例题给出 BKDRHash 的代码。

例 9.1 【模板】字符串哈希（洛谷 P3370）

问题描述：给定 N 个字符串，第 i 个字符串长度 M_i，字符串内包含数字和大小写字母。求 N 个字符串中共有多少个不同的字符串？

ull BKDRHash(char $* s$) 函数生成字符串 s 的哈希值并返回。代码第 9~10 行计算权值之和，注意代码的写法，第 10 行给出了上述两种方法。另外，把第 8~10 行改写成第 12 行，效果一样。

```
1    # include < bits/stdc++.h >
2    using namespace std;
3    # define ull unsigned long long
4    ull a[10010];
5    char s[10010];
6    ull BKDRHash(char * s){              //哈希函数
7        ull P = 131, H = 0;             //P是进制,H是哈希值
8        int n = strlen(s);
9        for(int i = 0;i < n;i++)
10           H = H * P + s[i] - 'a' + 1;  //H = H * P + s[i];   //两种方法
11       //上面3行可以简写为一行
12       //while( * s)   H = H * P + ( * s++);
13       return H;                        //隐含了取模操作,等价于 H % 2^64
14   }
15   int main(){
16       int n; scanf(" % d",&n);
17       for(int i = 0;i < n;i++) {
18           scanf(" % s",s);
19           a[i] = BKDRHash(s);          //把字符串 s 的哈希值记录在a[i]中
20       }
21       int ans = 0;
22       sort(a,a + n);
23       for(int i = 0;i < n;i++)          //统计有多少个不同的哈希值
24           if(a[i]!= a[i + 1])
25               ans++;
26       printf(" % d",ans);
27   }
```

9.1.2 进制哈希的应用

由于进制哈希把字符串的每位看作一个数字,所以字符串的各种操作对应的哈希计算都能按 P 进制数的运算规则进行。设字符串 S 的哈希值为 $H(S)$,长度为 $\text{len}(S)$。以两个字符串的组合为例,两个字符串的组合 S_1+S_2 的哈希值为 $H(S_1)\times P^{\text{len}(S_2)}+H(S_2)$。其中,乘以 $P^{\text{len}(S_2)}$ 相当于左移了 $\text{len}(S_2)$ 位。例如,$S_1=\text{"abc"}$,$S_2=\text{"xy"}$,$S_1+S_2=\text{"abcxy"}$ 的哈希值等于 $H(\text{abc})\times P^2+H(\text{xy})$。

利用进制哈希可以按进制做算数运算的这个特征,能用来快速计算字符串 S 的所有前缀。例如,$S=\text{"abcdefg"}$,它的前缀有 $\{a,ab,abc,abcd,\cdots\}$。计算过程如下。

(1) 计算前缀 a 的哈希值,得 $H(a)$,计算时间为 $O(1)$。

(2) 计算前缀 ab 的哈希值。$H(\text{ab})=H(\text{a})\times P+H(\text{b})$,计算时间为 $O(1)$。

(3) 计算前缀 abc 的哈希值。$H(\text{abc})=H(\text{ab})\times P+H(\text{c})$,计算时间为 $O(1)$,等等。

只需一个 for 循环遍历 S,就能在 $O(n)$ 的时间内预处理所有前缀的哈希值。

计算出 S 的所有前缀的哈希值后,能以 $O(1)$ 的复杂度查询它的任意子串的哈希值,如 $H(\text{de})=H(\text{abcde})-H(\text{abc})\times P^2$。求区间 $[L,R]$ 的哈希值的代码可以这样写(其中 $P[i]$ 表示 P 的 i 次方):

```
ull get_hash(ull L, ull R) { return H[R] - H[L - 1] * P[R - L + 1]; }
```

很多字符串问题和前缀、后缀有关,如回文串问题、字符串匹配问题等。利用进制哈希,能以不错的时间复杂度求解。虽然效率比 KMP、Manacher 等经典算法差一些,占用空间也大一些,但是一般情况下够用。下面给出两个例子。

1. 进制哈希与最长回文串

查找一个长度为 n 的字符串 S 中的最长回文子串,标准解法是 Manacher 算法,复杂度为 $O(n)$。请先阅读 9.2 节,了解回文串以及"奇"回文串、"偶"回文串的概念。

用进制哈希求最长回文子串,复杂度为 $O(n\log_2 n)$,也是很好的解法。

一个回文串是正向读和反向读都相同的串,为了利用哈希找到这样的串,先预处理出字符串 S 的所有前缀的哈希值,再把 S 倒过来得 T,预处理出 T 的所有前缀的哈希值。

如果 S 的某个子区间是一个回文串,那么对应 T 的子区间也是回文串,只要比较这两个区间的哈希值是否相等,就找到了一个回文串,一次比较的计算量为 $O(1)$。例如,$S=\text{"abxyxc"}$,$T=\text{"cxyxba"}$,S 的 $[2,4]$ 区间是回文串 "xyx",对应 T 的 $[1,3]$ 区间。

不过,如果简单地从头到尾遍历 S 的所有子区间,需 $O(n^2)$ 次。这里需要使用 9.2 节提到的"中心扩展法":以 S 的每个字符为中心,左右扩展,如果左右对应的字符相同,就是一个回文串。但是,如果简单地扩展,复杂度为 $O(n)$,还是不够快。注意到扩展中心字符的左右求回文串的长度具有单调性,可以用二分法加速。

概括进制哈希求解最长回文串的步骤:遍历 S 的每个字符,遍历到第 i 个字符时,以它为中心,用二分法扩展它的左右两边,用哈希判断这个区间是否为回文串。共 n 个字符,向每个字符左右扩展的二分复杂度为 $O(\log_2 n)$,一次哈希判断复杂度为 $O(1)$,总复杂度为

$O(n\log_2 n)$。

注意,上面对回文串的判断,有点小问题。回文串长度是奇数时,可以用中间字符为中心扩展左右两边,如"xyx"的中间字符是"y"。如果回文串长度是偶数,如"xyyx",那么就没有中间字符。解决方案见下一节的"中心扩展法"。

> 提示
>
> 回文串的题目一般用 Manacher 算法求解,但是由于"进制哈希十二分"的思路很简单,编码快,比赛时使用它也有优势。

例 9.2 ANT-Antisymmetry(洛谷 P3501)

问题描述:对于一个 0/1 字符串,如果将这个字符串中的 0 和 1 取反后,再将整个串反过来,和原串一样,就称作"反对称"字符串。例如,00001111 和 010101 就是反对称的,1001 就不是。现在给出一个长度为 n 的 0/1 字符串,求它有多少个子串是反对称的?不同位置的相同回文串需要重复统计。

输入:第 1 行输入字符的长度 n;第 2 行输入一个只包含 0 和 1 的字符串,没有空格。

输出:一个数字,表示答案。

下面的代码用 BKDRHash 求哈希值,见第 24 和第 25 行。注意以下 3 个细节。

(1) 本题的回文串长度一定是偶数。题目中"整个串反过来和原串一样",那么这样的回文串长度肯定是偶数,如 $S=0011$,反串 $T=1100$,S 符合要求。但是,像 $S=100$ 这样的长度为奇数的串肯定不符合要求,因为它的反串 $T=011$ 的中间字符与 S 的中间字符相反。

(2) 判断回文。代码第 14 行判断左半部分 $[x-mid,x]$ 和右半部分 $[x+1,x+1+mid]$ 是否相等。本题的回文串没有中间字符。

(3) bin_search()函数用二分法找以 $s[x]$ 为中心的回文串,L 是以 $s[x]$ 为中心。找到的最长回文串是 $[x-mid,x]$ 加 $[x+1,x+1+mid]$,它的半径是 mid。$L=mid$,在这个最长回文串内部共有 L 个回文串。

```
1   //改写自 https://www.luogu.com.cn/blog/xrx/solution-p3501
2   #include<bits/stdc++.h>
3   using namespace std;
4   #define ull unsigned long long
5   const int N = 5e5+10;
6   char s[N],t[N];
7   int n,PP = 131;
8   long long ans;
9   ull P[N],f[N],g[N];          //P:计算PP的i次方,f:s的前缀哈希值,g:t的前缀哈希值
10  void bin_search(int x){      //用二分法寻找以s[x]为中心的回文串
11      int L = 0,R = min(x,n-x);
12      while(L<R){
13          int mid = (L+R+1)>>1;
14          if((ull)(f[x]-f[x-mid]*P[mid]) == (ull)(g[x+1]-g[x+1+mid]*P[mid]))L = mid;
```

```
15              else R = mid - 1;
16          }
17          ans += L;                    //最长回文串的长度为L,它内部有L个回文串
18      }
19  int main(){
20      scanf("%d",&n);   scanf("%s",s+1);
21      P[0] = 1;
22      for(int i=1;i<=n;i++)  s[i] == '1'? t[i] = '0':t[i] = '1'; //t是反串
23      for(int i=1;i<=n;i++)  P[i] = P[i-1] * PP;               //P[i] = PP 的 i 次方
24      for(int i=1;i<=n;i++)  f[i] = f[i-1] * PP + s[i];       //求 s 所有前缀的哈希值
25      for(int i=n;i>=1;i--)  g[i] = g[i+1] * PP + t[i];      //求 t 所有前缀的哈希值
26      for(int i=1;i<n;i++)   bin_search(i);
27      printf("%lld\n",ans);
28      return 0;
29  }
```

2. 进制哈希与循环节

下面例题的标准解法是 KMP 算法,复杂度为 $O(n)$,见 9.5 节的题解。这里用进制哈希求解,复杂度非常接近 $O(n)$。

 例 9.3　最短循环节问题(洛谷 P4391)

问题描述:字符串 S_1 由某个字符串 S_2 不断自我连接形成,但是字符串 S_2 未知。给出 S_1 的一个长度为 n 的片段 S,问可能的 S_2 的最短长度是多少?例如,给出 S_1 的一个长度为 8 的片段 P = "cabcabca",求最短的 S_2 长度,答案是 3,S_2 可能是"abc""cab""bca"等。

先预处理出 S 的所有前缀的哈希值,用于求区间哈希值。代码的流程非常简单,当遍历到 i 时,用暴力验证区间 $[1,i]$ 是否为循环节即可,即比较后面每个区间是否与 $[1,i]$ 的哈希值相同,如果都相同,就是循环节,如果有一个不同,这轮验证结束。复杂度接近 $O(n)$。

```
1   #include<bits/stdc++.h>
2   using namespace std;
3   #define ull unsigned long long
4   const int N = 1e6 + 100;
5   ull PP = 131;
6   char s[N];
7   ull P[N],H[N],n;
8   ull get_hash(ull L,ull R){return H[R] - H[L-1] * P[R-L+1];}//区间[L,R]的哈希值
9   int main(){
10      P[0] = 1;
11      for(int i=1; i<=N-1; i++)   P[i] = P[i-1] * PP;       //预处理 PP 的 i 次方
12      cin>>n;   scanf("%s",s+1);                            //s[0]不用
13      for(ull i=1; i<=n; i++)  H[i] = H[i-1] * PP + s[i]; //预处理所有前缀的哈希值
14      for(ull i=1; i<=n; i++) {
15          ull flag = 1;
```

```
16        ull last = get_hash(1,i);                  //暴力验证区间[1,i]是否为循环节
17        for(int j = 1; (j + 1) * i <= n; j++) {     //逐个区间判断
18            if(get_hash(j * i + 1,(j + 1) * i) != last){  //这一区间是否与第 1 区间相同
19                flag = 0;
20                break;
21            }
22        }
23        if(n % i != 0){                              //末位多了一小截,单独判断
24            ull len = n % i;
25            if(get_hash(1,len) != get_hash(n - len + 1,n))    flag = 0;
26        }
27        if(flag){ printf("% d\n",(int)i); break;}    //找到了答案,输出然后退出
28    }
29    return 0;
30 }
```

【习题】

(1) 洛谷 P5270/P5537。

(2) hdu 4821/4080/4622/4622。

9.2　Manacher

扫一扫

视频讲解

Manacher 算法[①]应用于一个特定场景:查找一个长度为 n 的字符串 S 中的最长回文子串(Longest Palindromic Substring)。Manacher 算法的复杂度为 $O(n)$,是这种场景中效率最高的回文串算法。

回文串是从头到尾读与从尾到头读都相同的字符序列。一个回文串是"镜像对称"的,**反转之后与原串相同**。回文串有两种,一种长度为奇数,有一个中心字符,如"abcba"中的 'c';一种长度为偶数,有两个相同的中心字符(也可以看作没有中心字符),如"abba"中的"bb"。

如果仅判断一个串是否为回文串,是简单问题,在本书第 2 章"尺取法"一节中,讲解了用尺取法判断回文串的例题。本节介绍的是在一个字符串 S 中找最长回文子串,是一个比较难的问题,下面先用暴力法求解,然后引出 Manacher 算法。

9.2.1　暴力法求最长回文子串

一种比较有效的暴力法是"中心扩展法"。把 S 的每个字符或每两个相同的字符看作中心,然后左右扩展检查,判断它左右的对称位置是否相同,若相同,则是回文的一部分,直到对称位置不同为止。

中心扩展法的效率如何? 分析以下两种情况。

---

① Manacher 被中国人戏称为"马拉车"。参考文献:Manacher G K. A New Linear-Time "On-Line" Algorithm for Finding the Smallest Initial Palindrome of a String[J]. Journal of the ACM,1975,22(3):346-351.

（1）S 中几乎没有长度大于 1 的回文串。检查每个字符的对称位置时，只需要比较左右各一个邻居字符就发现不同，停止检查。S 中的 n 个字符，共检查 $O(n)$ 次就够了。

（2）S 中有大量回文串，且长度较长。例如，图 9.1 中，当检查到 i 时，以 i 为中心点扩展左右的邻居，最后得到阴影所示的回文串，这次检查复杂度为 $O(n)$。当检查到 j 时，同理复杂度为 $O(n)$。S 中共 n 个字符，检查 n 次，总复杂度为 $O(n^2)$，效率低。

图 9.1　求以 i 和 j 为中心点的回文串

仔细分析中心扩展法低效的原因，是因为有大量重复检查。例如，图 9.1 中 w 区间的字符，在检查 i 和 j 为中心点的回文串时，被重复检查了两次。

如果能改善这种重复，就能设计出一个高效的算法。Manacher 算法巧妙地利用了回文串本身的特征实现了极大的改善。

9.2.2　Manacher 算法

首先对 S 做一个变换以简化问题。中心为一个字符或两个中心字符，有两种情况，编码比较麻烦，用一个小技巧统一成一种情况。在 S 的每个字符左右插入一个不属于 S 的字符，如'#'。把"abcba"变成了"#a#b#c#b#a#"，中心字符为'c'；把"abba"变成了"#a#b#b#a#"，中心字符为'#'。经过这样的变换，字符串 S 的新长度都是奇数，中心字符都只有一个。另外，为了编程方便，在 S 的首尾再加上两个奇怪字符防止越界，如把"#a#b#b#a#"的首尾分别加上'\$'和'&'变成"\$#a#b#b#a#&"。经过变换后的字符串，不影响对其中回文串的认定。

根据中心扩展法的讨论，定义数组 $P[]$，其中 $P[i]$ 是以字符 $s[i]$ 为中心字符的最长回文串的半径。例如，$S=$"\$#a#b#b#a#&"对应的 $P[]$ 如下。

i:	0	1	2	3	4	5	6	7	8	9	10
原 S:			a		b		b		a		
新 S:	\$	#	a	#	b	#	b	#	a	#	&
P:	1	1	2	1	2	5	2	1	2	1	1

如果已经计算出 $P[]$，其中最大的 $P[i]-1$ 就是答案。例如，最大的 $P[5]=5$，它对应"#a#b#b#a#"，回文串是"abba"，长度为 $P[i]-1=5-1=4$。这个最长回文串在原字符串的开头位置是 $(i-P[i])/2$。

如何高效地计算 $P[]$？前面提到中心扩展法低效的原因是有重复的检查，如何减少重复检查？Manacher 算法的核心思想是利用"回文的镜像也是回文"这个特征减少重复。

设当前已经计算出以 $S[C]$ 为中心的回文，见图 9.2 的阴影部分。它左边的虚线框部

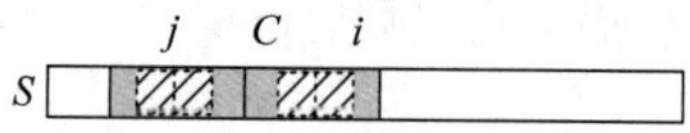

$$S\ \boxed{\ \ \begin{smallmatrix}j & C & i\end{smallmatrix}\ \ }$$

图 9.2　j 被包含在 C 的左半部分，回文串 C 中的镜像 i 和 j 相等

分是以 $S[j]$ 为中心的一个回文,回文长度对应 $P[j]$。根据回文的镜像原理,j 以 C 为轴的镜像部分 i 也是一个相同的回文。当后面计算以 $s[i]$ 为中心的回文时,i 这部分镜像不用再次检查,这样就减少了重复检查。

不过,细化算法的设计时,问题并不这么简单。$P[j]$ 可能比 $P[C]$ 更大,以 j 为中心的回文串比以 C 为中心的回文串更长。$P[i]$ 不一定与 $P[j]$ 相等,当 j 的回文串不能被 C 的左半阴影中包含时,对应的 i 也会越过右半阴影,扩展到阴影之外右侧的未检查过的字符,可能会扩展出更长的回文。

下面给出 Manacher 算法的巧妙设计。

设已经计算出了 $P[0] \sim P[i-1]$,下一步继续计算 $P[i]$。令 R 为 $P[0] \sim P[i-1]$ 这些回文串中最大的右端点,C 是这个 R 对应的回文串的中心点。也就是说,$P[C]$ 是已经求得的一个回文串,它的右端点是 R,且 R 是所有已经求得的回文串的右端点最大值。$R = C + P[C]$。在字符串 S 上,R 左边的字符已经检查过,R 右边的字符还未检查。

下面计算 $P[i]$。设 j 是 i 关于 C 的镜像点,$P[j]$ 已经计算出来了。

若 $i \geqslant R$,由于 R 右边的字符都没有检查过,只能初始化 $P[i] = 1$,然后用暴力中心扩展法求 $P[i]$。

若 $i < R$,细分为两种情况。

(1) j 的回文串(见图 9.3 中 j 的虚线框部分)被 C 的回文串包含,即 j 回文串的左端点比 C 回文串的左端点大,按照镜像原理,镜像 i 的回文不会越过 C 的右端点 R,有 $P[i] = P[j]$。根据 $(i+j)/2 = C$,得 $j = 2C - i$,$P[i] = P[j] = P[2C - i]$。然后继续用暴力中心扩展法完成 $P[i]$ 的计算,如图 9.3(a)所示。

(2) j 的回文串(j 的虚线框部分)不被 C 的回文串包含,即 j 回文串的左端点比 C 回文串的左端点小。i 回文串的右端点比 R 大,但是由于 R 右边的字符还没有检查过,只能先让 $P[i]$ 被限制在 R 之内,有 $P[i] = w = R - i = C + P[C] - i$。然后继续用暴力中心扩展法完成 $P[i]$ 的计算,如图 9.3(b)所示。

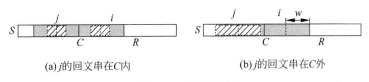

(a) j 的回文串在 C 内　　　　　(b) j 的回文串在 C 外

图 9.3　$P[\ ]$ 的计算

以上两种情况可以一起处理,$P[i]$ 取两者的较小值,然后用暴力法完成计算。

Manacher 算法的复杂度在例 9.4 中说明。

 求 $P[\ ]$ 的过程是动态规划的思路,所以 Manacher 算法是一种动态规划算法。

9.2.3　模板代码

下面给出 Manacher 算法代码,manacher() 函数完成求解 $P[i]$ 的任务。

 例 9.4   Manacher 算法(洛谷 P3805)

问题描述:给出一个由小写字母组成的字符串 S,求 S 中最长回文串的长度。

输入:字符串 S。

输出:一个整数,表示答案。

下面给出代码。

```
1    # include < bits/stdc++.h >
2    using namespace std;
3    const int N = 11000002;
4    int n,P[N << 1];                                    //P[i]为以 S[i]为中心的回文半径
5    char a[N],S[N << 1];
6    void change(){                                      //变换
7        n = strlen(a);
8        int k = 0;   S[k++] = '$'; S[k++] = '#';
9        for(int i = 0;i < n;i++){S[k++] = a[i]; S[k++] = '#';}   //在每个字符后面插入一个#
10       S[k++] = '&';                                   //首尾不一样,保证第 18 行的 while 循环不越界
11       n = k;
12   }
13   void manacher(){
14       int R = 0, C;
15       for(int i = 1;i < n;i++){
16           if(i < R)   P[i] = min(P[(C << 1) - i],P[C] + C - i); //合并处理两种情况
17           else        P[i] = 1;
18           while(S[i + P[i]] == S[i - P[i]])   P[i]++;        //暴力:中心扩展法
19           if(P[i] + i > R){
20               R = P[i] + i;                              //更新最大 R
21               C = i;
22           }
23       }
24   }
25   int main(){
26       scanf("% s",a);   change();
27       manacher();
28       int ans = 1;
29       for(int i = 0;i < n;i++)   ans = max(ans,P[i]);
30       printf("% d",ans - 1);
31       return 0;
32   }
```

最后分析 Manacher 算法的复杂度。深入理解 manacher() 函数,它表面上是在 for 循环中逐步求解 $P[i]$,而实际上是在**扩展 R**。R 的扩展是通过 while 循环实现的,算法的计算量取决于 R 的计算。而从 $S[1]$ 到 $S[n]$ 的整个扩展过程中,R 对每个字符只计算了一次,所以总复杂度为 $O(n)$。

> 提示 对 R 的操作是 Manacher 算法的核心技巧,并决定了算法的复杂度。

【习题】

(1) hdu 3294。

(2) 洛谷 P1659/P4555。

9.3　字 典 树

有一个常见的字符串匹配问题：在 n 个字符串中，查找某个字符串。如果用暴力法，需要逐个匹配每个字符串，复杂度为 $O(nm)$，m 为字符串的平均长度，效率十分低下。有没有很快的方法？大家都有查英语字典的经验，如查找单词 dog，先翻到字典的 d 部分，再翻到第 2 个字母 o、第 3 个字母 g，一共查找 3 次即可。查找任意单词，查找次数最多只需要这个单词的长度，与单词的总数量无关。

字典树(Trie[①]，又译为**前缀树**)就是模拟这个操作的数据结构。字典树是一棵多叉树，如英文字母的字典树是 26 叉树，数字的字典树是 10 叉树。字典树是很多其他算法和数据结构的基础，如本章的回文树、AC 自动机、后缀自动机，都建立在字典树上。

9.3.1　字典树的构造

图 9.4 所示为单词 be、bee、may、man、mom、he 的字典树。多个单词存储时共用相同的前缀(Prefix)。为区分一条链上的不同字符，可以在节点上设置一个标志，标记该节点是否是一个单词的末尾，如图 9.4 中的带下画线的阴影字符。这棵字典树用 12 个节点存储了 7 个单词，共 16 个字符。

从图 9.4 可以归纳出字典树的基本性质：①根节点不包含字符，除根节点外的每个子节点都包含一个字符；②从根节点到某一个节点，路径上经过的字符连接起来，为该节点对应的字符串；③一个完整的单词并不是存储在某个节点上，而是存储在一条链上；④一个节点的所有子节点都有相同的前缀。

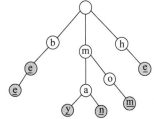
图 9.4　字典树

字典树的节点的数据结构可以这样定义：

```
1  struct TrieNode {
2      < Type > data;
3      bool isEndOfWord;              //标记是否为单词的末尾
4      TrieNode * children[SIZE];     //指向多个子节点,可能有很多空指针
5  }
```

字典树的时间复杂度很好，但空间复杂度比较差。

(1) 时间复杂度。插入和查找一个单词的复杂度为 $O(m)$，其中 m 为待插入/查询的字符串长度，与整棵树的大小无关。由于一般情况下 m 很小，可以认为复杂度为 $O(1)$。

(2) 空间复杂度。从表面看，由于多个字符串可以共享相同的前缀，很节省空间。但是

---

① 　Trie 是 Retrieval Tree 的简写，由 Edward Fredkin 提出。

在前面所定义的字典树的数据结构中,每个节点都需要设置 SIZE 个子节点,而其中大多数并不会被用到,导致空间浪费。在后面的例题中,使用了静态数组存储字典树,浪费的空间更多[①]。

 字典树是一种**空间换时间**的数据结构,所有基于字典树的数据结构和算法都有这个特征。

字典树有以下常见的应用。

(1)字符串检索。检索、查询功能是字典树的基本功能。

(2)词频统计。统计一个单词出现次数。

(3)字典序排序。插入时,在树的平级按字母表的顺序插入。字典树建好后,用先序遍历,就得到了字典序的排序。

(4)前缀匹配。字典树是按公共前缀来建树的,很适合搜索提示符。例如 Linux 的行命令,输入一个命令的前面几个字母,系统会自动补全命令后面的字符。字典树常用于处理有相同前缀的字符串问题。

9.3.2 模板代码

用下面的例题给出字典树的代码。

> **例 9.5 于是错误的点名开始了(洛谷 P2580)**
>
> 问题描述:给出学生人数和名单,教练点名。
>
> 输入:第 1 行输入一个整数 n,表示人数;接下来 n 行中,每行输入一个字符串表示学生名字(互不相同,且只含小写字母,长度不超过 50);第 $n+2$ 行输入一个整数 m,表示点名的人数;接下来 m 行中,每行输入一个字符串,表示点名的名字(只含小写字母,且长度不超过 50)。
>
> 输出:对于每个教练报的名字,输出一行。如果该名字正确且是第 1 次出现,输出 OK;如果该名字错误,输出 WRONG;如果该名字正确但不是第 1 次出现,输出 REPEAT。

求解本题有两种方法:STL map、字典树。

作为参考,首先看本题的 STL map 代码实现。map 做一次插入和查询的复杂度为 $O(\log_2 n)$,比字典树慢一些。

 普通的字符串插入和查询,用 map 处理非常简便,竞赛中如果能用 map,就用它。

---

① 为解决空间浪费问题,可用 Ternary Tree 实现字典树。

```
1   //洛谷 P2580 的 map 实现
2   # include < bits/stdc++.h>
3   using namespace std;
4   int main(){
5       map < string,int > student;       string name;
6       int n;   cin >> n;
7       while(n -- ){ cin >> name;   student[name] = 1; }   //直接把名字当作下标处理
8       int m;   cin >> m;
9       while(m -- ){
10          cin >> name;
11          if(student[name] == 1){       puts("OK"); student[name] = 2;}
12          else if(student[name] == 2)   puts("REPEAT");
13          else                          puts("WRONG");
14      }
15      return 0;
16  }
```

下面说明如何用字典树解这一题。后面的代码用静态数组存储字典树,而不是用动态分配空间存储字典树。用静态数组在一般情况下会导致很多空间空闲,不过如果存储大量字符串,这些空间都会填满,从整体上看比动态分配更紧凑,更节省空间。

用结构体数组 $t[]$ 存储字典树的节点。每个节点有 26 个子节点,即 26 个小写字母。在一个节点上,若 $t[now].son[v-'a'] \,!=0$,表示这个节点存储了一个字符 v,并且让 now 指向下一个字符的存储位置,now 是用 cnt 累加的一个存储位置。特别地,用 $t[0]$ 表示字符串的起点,即第 1 个字符。存储结构如图 9.5 所示。

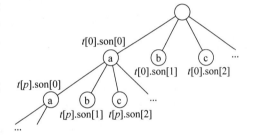

图 9.5 用静态数组 $t[]$ 存储字典树

字典树有插入和查询两个主要操作。

(1)插入操作。例如,存储字符串"ab",插入第 1 个字符 'a',设此时 cnt = 5,令 $t[0].$ son['a'−'a']=now=cnt=5,表示存储了字符'a',且下一个字符存储在 $t[5]$,然后把'b'存储在 $t[5].son['b'-'a']$。若再存储一个字符串"ac",先查询到'a'已经存储,且下一个字符存储在 now=5 位置,那么把字符'c'存储在 $t[5].son['c'-'a']$。

(2)查询操作。例如,查询字符串"abc"是否存在,先检查 $t[0].son['a'-'a']$=now 是否等于 0,若 now $\neq$ 0,说明 'a' 存在,然后再检查下一个字符 'b',即查询 $t[p].son['b'-'a']$ 是否等于 0,以此类推。

```
1   # include < bits/stdc++.h>
2   using namespace std;
3   const int N = 800000;
4   struct node{
5       bool repeat;                      //这个前缀是否重复
6       int son[26];                      //26 个字母
7       int num;                          //这个前缀出现的次数
8       bool isend;                       //是否为单词的结尾
9   }t[N];                                //字典树
```

```
10    int cnt = 1;                              //当前新分配的存储位置,把 cnt = 0 留给根节点
11    void Insert(char * s){
12        int now = 0;
13        for(int i = 0;s[i];i++){
14            int ch = s[i] - 'a';
15            if(t[now].son[ch] == 0)           //如果这个字符还没有存储过
16                t[now].son[ch] = cnt++;       //把 cnt 位置分配给这个字符
17            now = t[now].son[ch];             //沿着字典树向下走
18            t[now].num++;                     //统计这个前缀出现过多少次
19            if(i == strlen(s) - 1) t[now].isend = true;   //单词结尾,做个标记
20        }
21    }
22    int Find(char * s){
23        int now = 0;
24        for(int i = 0;s[i];i++){
25            int ch = s[i] - 'a';
26            if(t[now].son[ch] == 0) return 3; //第 1 个字符就找不到
27            now = t[now].son[ch];
28        }
29        if(t[now].isend == false) return 3;   //这个字母不是结尾
30        if(t[now].num == 0) return 3;         //这个前缀没有出现过
31        if(t[now].repeat == false){           //第 1 次被点名
32            t[now].repeat = true;
33            return 1;
34        }
35        return 2;
36        //return t[p].num;                    //若有需要,返回以 s 为前缀的单词的数量
37    }
38    int main(){
39        char s[51];
40        int n;cin >> n;
41        while(n--){ scanf("%s",s); Insert(s); }
42        int m; scanf("%d",&m);
43        while(m--) {
44            scanf("%s",s);
45            int r = Find(s);
46            if(r == 1)  puts("OK");
47            if(r == 2)  puts("REPEAT");
48            if(r == 3)  puts("WRONG");
49        }
50        return 0;
51    }
```

提示　字典树是一种基础方法,请掌握字典树的静态数组存储方法,它在后缀树、回文树、AC 自动机、后缀自动机中都会用到。

【习题】

洛谷 P3879/P2292/P2922/P3065/P3294/P4407/P4551/P4683/P3783。

9.4 回 文 树

Manacher 算法解决了求最长回文子串的问题，下面考虑一个一般性的回文串问题：求一个字符串 S 中的所有回文串。用 Manacher 算法可以求解，先求出 $P[]$ 数组，$P[i]$ 对应的就是以 $S[i]$ 为中心的一个最长回文串，统计所有 $P[i]$ 即可。但是，如果问题复杂一些，如本节的例题 hdu 5421，动态在字符串 S 的首尾加入字符，然后在线求所有回文串，这种情况无法使用 Manacher 算法。

回文串问题有很多，有没有一种通用且高效的算法？这就是回文树[①]（又称为回文自动机），它具有以下优点[②]。

（1）效率高，时间复杂度为 $O(n)$。

（2）代码简短。

（3）支持在线查询和更新。

回文树的缺点是空间复杂度较差，比 Manacher 这样的专用算法使用的空间大。

9.4.1 回文树的关键技术

回文树的关键技术可以概括为"**奇偶字典树＋后缀链跳跃**"。下面循序渐进地给出这种巧妙方法的思维过程。

后缀（Suffix）：一个字符串的一个后缀是指从某个位置开始到末尾的一个子串。后缀在本章 9.7 节"后缀树和后缀数组"中也有应用，并有更详细的解释，请参考。

1. 后缀链跳跃

如何设计一种高效的求 S 的所有回文串的算法？如果读者翻阅本章，会发现很多字符串算法有一个相似点：在已经求得 $S[0] \sim S[i-1]$ 结果的基础上，递推到 $S[0] \sim s[i]$ 的解，从而实现线性的 $O(n)$ 复杂度的算法。例如，Manacher 算法是从 $P[0] \sim P[i-1]$ 递推到 $P[i]$。

观察字符串 S 中的回文串，思考是否有这种递推的方法。例如，$S = $ "abcba"，从"abc"递推到"abcb"时，检查最后的'b'是否与前面的"abc"形成回文；再递推到"abcba"，检查最后的'a'是否与前面的"abcb"形成回文。有以下观察结果。

（1）如果末尾的新字符能产生回文，一定是与前面的后缀一起。例如，"abc"后插入'b'，是与前面的后缀"bc"一起形成了回文"bcb"；再如，"abcb"后插入 'a'，是与前面的后缀"abcb"一起形成回文"abcba"。

（2）若末尾新字符能产生回文，则前面的对称位置一定有一个相同的字符。例如，"abcb"后插入'a'形成回文"abcba"，最后的'a'与第 1 个'a'相同。

（3）在这两个相同的字符之间，也是一个回文。例如，"abcba"中间的"bcb"也是回文。

---

① Palindromic Tree 是很新的算法，由 Mikhail Rubinchik 于 2014 年提出。Mikhail Rubinchik 是俄罗斯人，获得 2011 年 ICPC 总决赛铜牌。

② https://tutorialspoint.dev/data-structure/advanced-data-structures/palindromic-tree-introduction-implementation

（4）末尾新插入字符后，应该从前面尽量远的地方检查，才能更快找到回文串。例如，"abcb"后新插入'a'，得到的回文串是最远的"abcba"。但是这个"尽量远"，不能从开头开始逐个检查，否则就变成暴力的中心扩展法了。这个"尽量远"显然是从前面的最长后缀开始，即"bcb"的前面。

图 9.6 演示了递推计算过程。方括号内是回文串，也是 $S[i]$ 之前的后缀。虚线箭头演示了查找的过程，从 $S[i]$ 前面最长的回文串（后缀）开始查找，最后找到 $S[v]=S[i]$，$S[v]\sim S[i]$ 是一个新的回文串，而且是包含 $S[i]$ 的最长回文串。设 $S[i]$ 前面的后缀的长度为 len，那么应该比较 $S[i]$ 和 $S[i-\text{len}-1]$ 是否相同。称这个操作为**"后缀链跳跃"**，它是跳跃前进的，速度很快。

2. 奇偶字典树

总结以上观察结果，其核心是记录回文串（后缀），并能做"后缀链跳跃"。用回文树这种数据结构能完美地实现，其要点如下。

（1）用字典树存储回文串。这些回文串也是前文提到的后缀，用于从 $S[0]\sim S[i-1]$ 递推到 $s[i]$。字典树是一种高效率存储字符串的数据结构，能帮助提高访问速度。

（2）回文串（后缀）之间有包含关系。回顾字典树的存储方式，每个节点是一个字符，从根到一个子节点的链路，存储了一个字符串。这条链路上的节点正好体现了字符串的包含关系。

（3）用一个辅助数据（虚线箭头表示的后缀链）定位到新的回文串，即包含 $S[i]$ 的最长回文串。然后把这个新回文串也存储到字典树上。

以 $S=$ "zaacaac" 为例图示回文树。

回文树包括奇、偶两棵字典树。前面提到按长度分有奇回文串和偶回文串两种情况，为了简化问题，用两棵字典树分别存储，0 节点是偶回文串的根，1 节点是奇回文串的根。

任意一个子节点都表示一个不同的回文串，从根出发到一个子节点的一条链路存储一个回文串的一半。读一条链上回文串的方法是从子节点向上读到根，再从根向下读回到子节点，如果是 1 号根，最靠近 1 的边只读一次，如果是 0 号根，靠近 0 号根的边读两次。这样就解决了奇回文串和偶回文串的存储问题。图 9.7 中，1 号根字典树存奇回文串：2 号点是回文串'z'，3 号点是'a'，5 号点是'c'，6 号点是"aca"，7 号点是"aacaa"；0 号根字典树存偶回文串：4 号点是"aa"，8 号点是"caac"。共 7 种不同的回文串，存储在 7 个子节点上。这两棵字典树将用"后缀链"连接成一棵回文树。

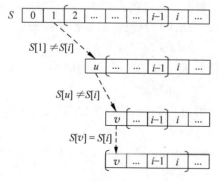

图 9.6　从 $S[0]\sim S[i-1]$ 递推到 $S[i]$

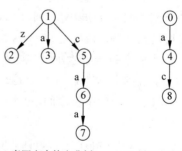

(a) 奇回文串的字典树　　(b) 偶回文串的字典树

图 9.7　一棵回文树包括奇、偶两棵字典树

3. 建回文树

如何建这棵回文树？建树的过程是按顺序逐个处理 S 的字符的过程，也就是从 $S[0]\sim$ $S[i-1]$ 递推到 $S[i]$ 求回文串的过程。由于每个节点表示一个不同的回文串，那么每处理一个 $S[i]$，最多只会在回文树上增加一个节点。可以推论出，长度为 n 的字符串 S，最多有 n 个不同的回文串。

图 9.8 给出了建回文树的过程。初始时，回文树有 0 号和 1 号点，然后逐个加入 S 的字符，建树的过程就是求解回文串的过程。

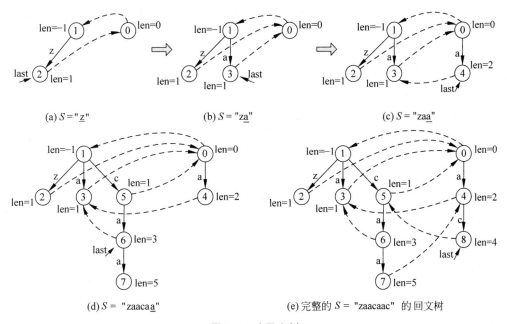

(a) $S=$ "z" (b) $S=$ "za" (c) $S=$ "zaa"

(d) $S=$ "zaacaa" (e) 完整的 $S=$ "zaacaac" 的回文树

图 9.8 建回文树

图 9.8 中的边有以下两种。

(1) 带权有向边，用**实线**箭头表示，它的作用是表达回文串。边的起点为 u，终点为 v，边的权值是字符 x，在起点 u 的前后加上字符 x，得到终点 v。例如，图 9.8(d) 中，5 号点是起点 $u=$'c'，6 号点是终点 v，边的权值 $x=$'a'，则 6 号点 $v=$'a'+'c'+'a'="aca"。

(2) 后缀链，用**虚线**箭头表示，是无权边，它们连接了两棵字典树。其作用即是图 9.6 中的虚线箭头，用于查找新加入字符前面的回文串（后缀）。在代码中定义虚线箭头为 **Fail 指针**。

为了逐个处理 S 的字符，代码中用 last 变量记录上次处理到 S 的第几个字符，具体存储位置是 tree[last]。

设已经处理好了 $S[0]\sim S[i-1]$，现在处理 $S[i]$。首先根据 last 找到前一个字符 $S[i-1]$ 在回文树上的位置，然后执行"后缀链跳跃"过程。设 $S[i-1]$ 的最长后缀 X 的长度为 len，比较 $S[i]$ 和 $S[i-\text{len}-1]$ 是否相同，分以下两种情况。

(1) $S[i]$ 和 $S[i-\text{len}-1]$ 相同。此时 $S[i-\text{len}-1]+X+S[i]$ 是一个新的回文串，把 $S[i]$ 挂到回文树上 $S[i-1]$ 的子节点上。如图 9.8(d) 所示，检查到 $S=$ "zaacaac" 中的 $S[5]=$

'a'时,前一个回文 X="aca"存在于 last=6 号点上,而 $S[5]$ 和 $S[i-len-1]=S[5-3-1]=S[1]$='a'相等,则 $S[i-len-1]+X+S[i]$='a'+"aca"+'a'="aacaa"是一个新的回文。建立一个新节点 7,把 7 号点挂在 6 号点的子节点上。

(2) $S[i]$ 和 $S[i-len-1]$ 不同。此时 $S[i-len-1]+X+s[i]$ 不是回文串,需要缩小并查找一个新的后缀 X。如图 9.8(e)所示,检查到 S="zaacaac"中的 $S[6]$='c'时,前一个回文 X="aacaa"存在于 last=7 号点上,但是 $S[6]$ 和 $S[i-len-1]=S[6-5-1]=S[0]$='z'不等,不能构成新的回文。查找新的后缀,即沿着 7 号点的后缀链找到 4 号点,4 号点表示回文"aa"。这次 $S[6]$ 能与 4 号点构成新的回文"caac",新建节点 8,并把 8 号点挂在 4 号点的子节点上。

请根据上述解释自己分析图 9.8(a)～图 9.8(c)。

图 9.8 中节点上的 len 是回文串的长度,len 用于前文提到的比较 $S[i]$ 和 $S[i-len-1]$ 是否相同。例如,6 号点表示回文串"aca",它的 len=3。奇字典树上的 len 是奇数,偶字典树上的 len 是偶数。编码时用到一个小技巧,置 1 号点的 len=-1,0 号点的 len=0,这样所有实线边上的父子节点的 len 相差 2。父子节点的 len 相差 2,是因为子节点表示的回文串是在父节点的两侧各扩展一个字符。

4. Fail 指针

前面提到,定义虚线箭头为 Fail 指针。这里讨论一个关键问题:如何给新节点的 Fail 指针赋值? Fail 指针指向它的最长回文后缀,建立了后缀链。例如,图 9.8(d)中,把 7 号点挂在 6 号点下面后,让 7 号点的 Fail 指针指向 4 号点,4 号点"aa"是 7 号点"aacaa"的最长回文后缀。

一个节点(设这个节点的新字符为 Y)的最长回文后缀,是在它父节点的某个回文后缀两侧各拓展一个 Y 得到的,那么在新建一个节点之后,可以沿着它的父节点的后缀链找,直到跳到第 1 个两侧能拓展这个字符 Y 的节点(这个节点有 Y 儿子)为止,这个 Y 儿子就是新建节点的最长回文后缀。

7 号点表示回文"aacaa",它的新字符是'a'。7 号点的父亲是 6 号点,沿着 6 号点的后缀链一直找到 0 号点,0 号点有一个等于'a'的子节点 4,让 7 号点的 Fail 指针指向 4 号点。

5. 复杂度分析

回文树的时间复杂度如何? 回文树的建立是通过逐一处理 S 的每个字符得到的,最多加入 n 个节点,所以复杂度为 $O(n)$。加入一个节点最耗时的操作是搜索后缀链(模板代码中的 getfail()函数),这与回文树的形态有关。若回文树都是短链,即 S 中几乎没有长度大于 1 的回文串,getfail()函数复杂度为 $O(1)$;若回文树有长链,getfail()函数计算量可能较大,但仍是一个很小的数。总体上看回文树的时间复杂度为 $O(n)$。

> **提示** 回文树的空间复杂度较差,因为它本质上是字典树,所以也继承了字典树较差的空间复杂度。

9.4.2　模板代码

下面给出一道模板题,在字符串的首尾扩展新字符,统计回文串的数量。

例 9.6　Victor and string(hdu 5421)

问题描述:字符串 S 初始为空,做 n 个操作。

操作1:在 S 的头部加一个字符 c;

操作2:在 S 的尾部加一个字符 c;

操作3:查询不同回文串的数量;

操作4:查询所有回文串的数量。

输入:有很多测试,每个测试的第 1 行输入 n,后面有 n 个操作。$1 \leqslant n \leqslant 100000$。

输出:对于操作 3 和操作 4,输出结果。

虽然前面对回文树的解释看起来比较复杂,但是代码很短。以下代码在前面已经有详细解释。

```
1   //改写自 https://blog.csdn.net/qq_40858062/article/details/103956999
2   # include < bits/stdc++.h>
3   using namespace std;
4   typedef long long ll;
5   const int N = 3e5 + 8;
6   int s[N];
7   struct node{
8       int len,fail,son[26],siz;
9       void init(int _len){
10          memset(son,0,sizeof(son));
11          fail = siz = 0;
12          len = _len;
13      }
14  }tree[N];
15  ll num,last[2],ans,L,R;          //L:在 S 的头部加字符; R:在 S 的尾部加字符
16  void init() {                    //初始化一个节点
17      last[0] = last[1] = 0;       //从 0 号点开始
18      ans = 0;    num = 1;
19      L = 1e5 + 8, R = 1e5 + 7;
20      tree[0].init(0);             //小技巧,置 0 号点 len = 0
21      memset(s, -1,sizeof(s));
22      tree[1].init( -1);           //小技巧,置 1 号点 len = -1
23      tree[0].fail = 1;            //0 指向 1,1 不必指向 0
24  }
25  int getfail(int p,int d){        //后缀链跳跃,复杂度可以看作 O(1)
26      if(d)                        //新字符在尾部
27          while(s[R - tree[p].len -1] != s[R])
28              p = tree[p].fail;
29      else                         //新字符在头部
30          while(s[L + tree[p].len +1] != s[L])
31              p = tree[p].fail;
32      return p;                    //返回节点 p
33  }
```

```
34   void Insert(int x,int d){               //向回文树上插入新节点,这个节点表示一个新回文串
35       if(d) s[++R] = x;                    //新字符 x 插到 S 的尾部
36       else   s[--L] = x;                   //新字符 x 插到 S 的头部
37       int father = getfail(last[d],d);     //插到一个后缀的子节点上
38       int now = tree[father].son[x];
39       if(!now){                            //字典树上还没有这个字符,新建一个
40           now = ++num;
41           tree[now].init(tree[father].len + 2);
42           tree[now].fail = tree[getfail(tree[father].fail,d)].son[x];
43           tree[now].siz = tree[tree[now].fail].siz + 1;
44           tree[father].son[x] = now;
45       }
46       last[d] = now;
47       if(R - L + 1 == tree[now].len)   last[d^1] = now;
48       ans += tree[now].siz;
49   //char ch = x + 'a';                      //在这里打印回文树,帮助理解
50   //cout <<" fa = "<< father <<",me = "<< now <<",char = "<< ch;
51   //cout <<",fail = "<< tree[now].fail <<",len = "<< tree[now].len << endl;
52   }
53   int main(){
54       int op,n;
55       while(scanf(" % d",&n)!= EOF){
56           init();
57           while(n--) {
58               char c;   scanf(" % d",&op);
59               if(op == 1) scanf(" % c",&c), Insert(c - 'a',0);
60               if(op == 2) scanf(" % c",&c), Insert(c - 'a',1);
61               if(op == 3) printf(" % lld\n",num - 1);
62               if(op == 4) printf(" % lld\n",ans);
63           }
64       }
65       return 0;
66   }
```

【习题】

洛谷 P5496/P3649/P4287/P4762。

扫一扫

视频讲解

9.5   KMP ❋

KMP 是单模匹配算法:在一个文本串中查找一个模式串。算法包括预处理模式串和匹配两部分,计算复杂度为 $O(m+n)$,是此类算法能达到的最优复杂度,而且空间复杂度为 $O(n)$,不需要额外空间。

KMP 算法可能是最有名的字符串算法。首先,KMP 是 3 个人名字的缩写,其中的 K 是 Knuth,众所周知的计算机宗师,他是定义"算法(Algorithm)"和"数据结构(Data Structure)"的人。其次,KMP 算法的效率极高,但是代码非常短,是一个公认的高超的算法。但是,KMP 的代码虽然短,却相当难懂。

本节对 KMP 算法进行了透彻的解析,帮助读者从根本上理解 KMP 算法的思想。

9.5.1 朴素的模式匹配算法

在介绍 KMP 之前,先对比朴素的模式匹配算法的操作方法和效率。通过对朴素算法的研究,读者能了解 KMP 算法是如何用巧妙的思路改进朴素的模式匹配算法的。

在 9.1 节中,曾用哈希解决了特定字符子串的匹配问题,现在讨论更一般性的问题。

模式匹配(Pattern Matching):在一篇长度为 n 的文本 S 中,找某个长度为 m 的关键词 P。P 可能多次出现,都需要找到。

最优的模式匹配算法复杂度能达到多好?由于至少需要检索文本 S 的 n 个字符和关键词 P 的 m 个字符,所以以复杂度至少为 $O(m+n)$。

先考虑朴素的模式匹配算法(暴力法)。从 S 的第 1 个字符开始,逐个匹配 P 的每个字符。例如,$S=$ "abcxyz123",$P=$ "123"。第 1 轮匹配,$P[0]\neq S[0]$,称为"失配",后面的 $P[1]$ 和 $P[2]$ 不用再比较。一共比较 $6+3=9$ 次:前 6 轮比较 P 的第 1 个字符,第 7 轮比较 P 的 3 个字符[①],如图 9.9 所示。

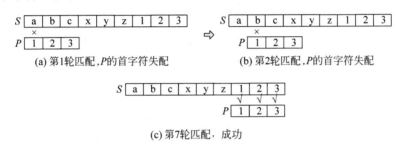

(a) 第1轮匹配,P的首字符失配   (b) 第2轮匹配,P的首字符失配

(c) 第7轮匹配,成功

图 9.9 朴素的模式匹配算法(1)

这个例子比较特殊,P 和 S 的字符基本都不一样。在每轮匹配时,往往第 1 个字符就对不上,用不着继续匹配 P 后面的字符。复杂度约为 $O(n)$,这已经是字符串匹配能达到的最优复杂度了。所以,如果字符串 S 和 P 符合这个特征,**暴力法是不错的选择**。

但是如果情况很坏,如 P 的前 $m-1$ 个字符都容易找到匹配,只有最后一个字符不匹配,那么复杂度就退化成 $O(nm)$。例如,$S=$ "aaaaaaaab",$P=$ "aab"。如图 9.10 所示。i

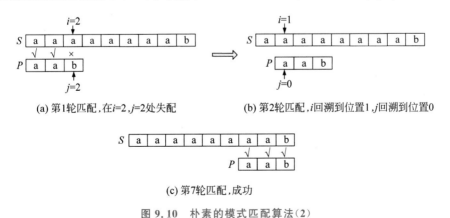

(a) 第1轮匹配,在$i=2$,$j=2$处失配   (b) 第2轮匹配,i回溯到位置1,j回溯到位置0

(c) 第7轮匹配,成功

图 9.10 朴素的模式匹配算法(2)

---

① 把 P 看作一个滑块,在轨道 S 上滑动,直到匹配。

指向 $S[i]$，j 指向 $P[j]$，$0 \leqslant i < n$，$0 \leqslant j < m$。第 1 轮匹配后，在 $i=2$，$j=2$ 的位置失配。第 2 轮让 i 回溯到 1，j 回溯到 0，重新开始匹配。最后经过 7 轮，共匹配 $7 \times 3 = 21$ 次，远远超过上一例中的 9 次。

9.5.2　KMP 算法

KMP 是一种在任何情况下都能达到 $O(n+m)$ 复杂度的算法。它是如何做到的？使用 KMP 算法时，指向 S 的 i 指针不会回溯，而是一直向后走到底。与朴素方法比较，大大加快了匹配速度。

KMP 算法的要点是避免回溯和 Next[] 数组。下面详细介绍这两个要点。

1. 避免回溯

在朴素方法中，每次新的匹配都需要对比 S 和 P 的全部 m 个字符，这实际上做了重复操作。例如，第 1 轮匹配 S 的前 3 个字符"aaa"和 P 的"aab"，第 2 轮从 S 的第 2 个字符 'a' 开始，与 P 的第 1 个字符 'a' 比较，这其实不必要，因为在第 1 轮比较时已经检查过这两个字符，知道它们相同。如果能记住每次的比较，用于指导下一次比较，使 S 的 i 指针不用回溯，就能提高效率。

如何让 i 不回溯？分析两种情况。

1）P 在失配点之前的每个字符都不同

例如，$S=$"abcabcd"，$P=$"abcd"，第 1 次匹配的失配点为 $i=3$，$j=3$。失配点之前的 P 的每个字符都不同，即 $P[0] \neq P[1] \neq P[2]$；而失配点之前的 S 与 P 相同，即 $P[0]=S[0]$，$P[1]=S[1]$，$P[2]=S[2]$。下一步如果使用朴素方法，j 要回到位置 0，i 要回到位置 1，比较 $P[0]$ 和 $S[1]$。但 i 的回溯是不必要的。由 $P[0] \neq P[1]$ 和 $P[1]=S[1]$ 推出 $P[0] \neq S[1]$，所以 i 没有必要回到位置 1。同理，$P[0] \neq S[2]$，i 也没有必要回溯到位置 2。所以 i 不用回溯，继续从 $i=3$、$j=0$ 开始下一轮的匹配，如图 9.11 所示。

如图 9.12 所示，当 P 滑动到左图位置时，i 和 j 所处的位置是失配点，S 与 P 的阴影部分相同，且阴影内部的 P 的字符都不同。下一步直接把 P 滑到 S 的 i 位置，此时 i 不变、j 回到位置 0，然后开始下一轮的匹配。

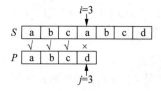

图 9.11　P 在失配点之前的每个字符都不同

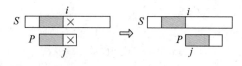

图 9.12　P 的每个字符都不同的滑动情况

2）P 在失配点之前的字符有部分相同

再细分为两种情况。

（1）相同的部分是前缀（位于 P 的最前面）和后缀（在 P 中位于 j 前面的部分字符）。

前缀和后缀的定义：字符串 A 和 B，若存在 $A=BC$，其中 C 是任意的非空字符串，称 B 为 A 的前缀；同理，可定义后缀，若存在 $A=CB$，C 是任意非空字符串，称 B 为 A 的后缀。由定义可知,一个字符串的前缀和后缀不包括自己本身。

当 P 滑动到图 9.13 的左图位置时,i 和 j 所处的位置是失配点,j 之前的部分与 S 匹配,且子串 1(前缀)和子串 2(后缀)相同,设子串长度为 L。下一步把 P 滑到右图位置,让 P 的子串 1 和 S 的子串 2 对齐,此时 i 不变,$j=L$,然后开始下一轮的匹配。注意,前缀和后缀可以部分重合。

(2)相同部分不是前缀或后缀。如图 9.14 所示,P 滑动到失配点 i 和 j,前面的阴影部分是匹配的,且子串 1 和子串 2 相同,但是子串 1 不是前缀(或者子串 2 不是后缀),这种情况与"P 在失配点之前的每个字符都不同"类似,下一步滑动到右图位置,即 i 不变,j 回溯到位置 0。请读者自行分析其正确性。

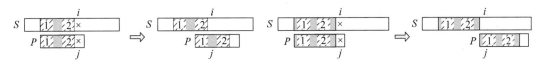

图 9.13 相同的部分是前缀和后缀   图 9.14 相同的部分不是前缀或后缀

2. 最长公共前后缀和 Next[] 数组

通过上面的分析可知,不回溯 i 完全可行。KMP 算法的关键在于模式 P 的前缀和后缀,计算每个 $P[j]$ 的前缀、后缀,记录在 Next[] 数组[①]中,Next[j] 的值等于 $P[0]\sim P[j-1]$ 这部分子串的前缀集合和后缀集合的最长交集的长度,把这个最长交集称为"**最长公共前后缀**[②]"。

例如,$P=$"abcaab",Next[] 数组计算过程如表 9.1 所示,每行带下画线的子串是最长公共前后缀。

表 9.1 Next[] 数组计算

j	$P[0]\sim P[j-1]$	前　　缀	后　　缀	Next[j]
1	a	空	空	0
2	ab	a	b	0
3	abc	a,ab	bc,c	0
4	abca	a,ab,abc	bca,ca,a	1
5	abcaa	a,ab,abc,abca	bcaa,caa,aa,a	1
6	abcaab	a,ab,abc,abca,abcaa	bcaab,caab,aab,ab,b	2

Next[] 数组只与 P 有关,通过预处理 P 得到。下面介绍一种复杂度只有 $O(m)$ 的极快的方法,它巧妙地利用了前缀和后缀的关系,从 Next[i] 递推到 Next[$i+1$]。

假设已经计算出了 Next[i],它对应 $P[0]\sim P[i-1]$ 这部分子串的后缀和前缀,如图 9.15(a)所示。后缀的最后一个字符是 $P[i-1]$。阴影部分 w 是最长交集,交集 w 的长度为 Next[i],这个交集必须包括后缀的最后一个字符 $P[i-1]$ 和前缀的第 1 个字符 $P[0]$。前缀中阴影的最后一个字符是 $P[j]$,$j=$ Next[i]-1。

图 9.15(b)所示为推广到求 Next[$i+1$],它对应 $P[0]\sim P[i]$ 的后缀和前缀。此时,后缀

---

① 也有写成 shift[] 或 fail[] 的。

② Next[] 数组在英文中称为 LPS Table,LPS 是"Longest proper Prefix which is also Suffix",即最长公共前后缀。

的最后一个字符是 $P[i]$，与这个字符相对应，把前缀的 j 也向后移一个字符，$j = \text{Next}[i]$。判断以下两种情况。

（1）若 $P[i] = P[j]$，则新的交集等于"阴影 $w + P[i]$"，交集的长度 $\text{Next}[i+1] = \text{Next}[i]+1$，如图 9.15(b) 所示。

(a) 已经计算出 Next[i]   (b) 若 P[i] = P[j]，得 Next[i+1] =Next[i]+1

图 9.15　若 $P[i] = P[j]$，从 $\text{Next}[i]$ 推广到求 $\text{Next}[i+1]$

（2）若 $P[i] \neq P[j]$，说明后缀的"阴影 $w + P[i]$"与前缀的"阴影 $w + P[j]$"不匹配，只能缩小范围找新的交集。把前缀向后滑动，也就是通过减小 j 缩小前缀的范围，直到找到一个匹配的 $P[i] = P[j]$ 为止。如何减小 j？只能在 w 上继续找最大交集，这个新的最大交集是 $\text{Next}[j]$，所以更新 $j' = \text{Next}[j]$。图 9.16(b) 给出了完整的子串 $P[0] \sim P[i]$，最后的字符 $P[i] \neq P[j]$。斜线阴影 v 是 w 上的最大交集，下一步判断：若 $P[i] = P[j']$，则 $\text{Next}[i+1]$ 等于 v 的长度加 1，即 $\text{Next}[j']+1$；若 $P[i] \neq P[j']$，继续更新 j'。

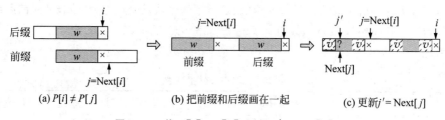

(a) P[i] ≠ P[j]   (b) 把前缀和后缀画在一起   (c) 更新 j' = Next[j]

图 9.16　若 $P[i] \neq P[j]$，更新 $j' = \text{Next}[j]$

重复以上操作，逐步扩展 i，直到求得所有的 $\text{Next}[i]$。

在 9.5.3 节的模板题中说明 KMP 算法的复杂度。

> **提示**　9.5.3 节的模板代码第 23～24 行用 while 循环动态更新 j，即 $j = \text{Next}[j]$。例如 $P = "\text{ababXababY}"$，若在 $P[9] = 'Y'$ 处失配，P 的指针 j 下一步跳到 $j = \text{Next}[9] = 4$ 处；若继续在 $P[4] = 'X'$ 处失配，下一步跳到 $j = \text{Next}[4] = 2$ 处。在这个例子中，"ababXabab" 的公共前后缀是 "abab"，对应 $\text{Next}[9] = 4$；而 "abab" 的公共前后缀是 "ab"。对应 $\text{Next}[4] = 2$，所以可以连续跳。

9.5.3　模板代码和例题

1. 模板代码

用 hdu 2087 例题给出模板代码，包括 getNext()、kmp() 两个函数。getNext() 函数预

计算 Next[]数组,是前面图解思路的完全实现,请对照注释学习这种巧妙的方法。kmp()函数在 S 中匹配所有的 P,注意每次匹配到的起始位置是 $S[i+1-\text{plen}]$,末尾是 $S[i]$。

KMP 算法的复杂度分析:getNext()函数的复杂度为 $O(m)$;匹配函数 kmp()从 $S[0]$ 到 $S[n-1]$ 只走了一遍,S 的每个字符只与 P 的某个字符比较了一次,复杂度为 $O(n)$;总复杂度为 $O(n+m)$。

 例 9.7　剪花布条(hdu 2087)

问题描述:有一块花布条,上面印有一些图案;另有一块直接可用的小饰条,也印有一些图案。对于给定的花布条和小饰条,计算能从花布条中尽可能剪出几块小饰条。

输入:每行输入成对出现的花布条和小饰条。♯表示结束。

输出:输出能从花纹布中剪出的最多小饰条个数。

输入样例:	输出样例:
abcde a3	0
aaaaaa　aa	3
♯	

本题代码套用了 KMP 的模板。找到的 P 有很多个,而且可能重合。例如,"aaaaaa"包含了 5 个"aa"。但在本题中,需要找到能分开的子串,即剪出不同的小饰条。这个问题容易解决,只需要在程序中加一句 if($i-\text{last}>=\text{plen}$)进行判断即可。

```
1   # include< bits/stdc++.h>
2   using namespace std;
3   const int N = 1005;
4   char str[N], pattern[N];
5   int Next[N];
6   int cnt;
7   void getNext(char * p, int plen){        //计算 Next[1]～Next[plen]
8       Next[0] = 0; Next[1] = 0;
9       for(int i=1; i< plen; i++){           //把 i 的增加看作后缀的逐步扩展
10          int j = Next[i];                  //j 的后移: j 指向前缀阴影 w 的后一个字符
11          while(j && p[i] != p[j])          //阴影的后一个字符不相同
12              j = Next[j];                  //更新 j
13          if(p[i]== p[j])   Next[i+1] = j+1;
14          else              Next[i+1] = 0;
15      }
16  }
17  void kmp(char * s, char * p) {            //在 s 中找 p
18      int last = -1;
19      int slen = strlen(s), plen = strlen(p);
20      getNext(p, plen);                     //预计算 Next[]数组
21      int j = 0;
22      for(int i = 0; i < slen; i++) {       //匹配 s 和 p 的每个字符
23          while(j && s[i]!= p[j])           //失配了
24              j = Next[j];                  //j 滑动到 Next[j]位置
25          if(s[i]== p[j])   j++;            //当前位置的字符匹配,继续
26          if(j == plen) {                   //j 到了 p 的末尾,找到了一个匹配
27              //这个匹配,在 s 中的起点是 i+1-plen,末尾是 i,如有需要可以打印:
```

```
28        //printf("at location = % d, % s\n", i+1-plen,&s[i+1-plen]);
29        //-------------------- 第30～33行是本题相关
30        if( i - last >= plen) {      //判断新的匹配和上一个匹配是否能分开
31            cnt++;
32            last = i;                //last指向上一次匹配的末尾位置
33        }
34        //--------------------
35      }
36    }
37  }
38  int main(){
39    while(~scanf("% s", str)){       //读串
40        if(str[0] == '#')  break;
41        scanf("% s", pattern);       //读模式串
42        cnt = 0;
43        kmp(str, pattern);
44        printf("% d\n", cnt);
45    }
46    return 0;
47  }
```

2. 例题

KMP的题目与Next[]数组、最长公共前后缀、i 和 j 指针的移动有关。下面给出两道例题。

1）最短循环节问题

例9.8   最短循环节问题（洛谷 P4391）

问题描述：字符串 S_1 由某个字符串 S_2 不断自我连接形成,但是字符串 S_2 未知。给出 S_1 的一个长度为 n 的片段 S,问可能的 S_2 的最短长度是多少？例如,给出 S_1 的一个长度为8的片段 P ="cabcabca",求最短的 S_2 长度,答案是3,S_2 可能是"abc""cab""bca"等。

求字符串 P 的最短循环节,读者可能想不到与最长公共前后缀、KMP的Next[]数组有关。下面讨论两种情况,请读者自己画图帮助理解。

（1）P 由完整的 k 个 S_2 连接而成,则 $\text{Next}[n]$ 等于 $k-1$ 个 S_2 的长度,那么剩下的 $n-\text{Next}[n]$ 等于一个 S_2 的长度。

（2）P 由 k 个完整的 S_2 和一个不完整的 S_2 连接而成。设 S_2 长度为 L,不完整的部分长度为 Z,则 $\text{Next}[n]=(k-1)L+Z$,$n-\text{Next}[n]=kL+Z-(k-1)L-Z=L$ 就是答案。

综合起来,答案等于 $n-\text{Next}[n]$。本题示例"cabcabca",$n=8$,$\text{Next}[n]=5$,最长公共前后缀是"cabca",答案是 $n-\text{Next}[n]=3$。

本题可以帮助深入理解最长公共前后缀和Next[]数组。

2) 在 S 中删除所有 P

> **例 9.9 在 S 中删除所有 P（洛谷 P4824）**
>
> 问题描述：给定一个字符串 S 和一个子串 P，删除 S 中第 1 次出现的 P，把剩下的拼在一起，然后继续删除 P，直到 S 中没有 P，最后输出 S 剩下的部分。S 中最多有 10^6 个字符。
>
> 本题的麻烦之处在于删除一个 P 之后两端的字符串有可能会拼接出一个新的 P。例如，S = "ababccy"，P = "abc"，删除第 1 个 P 后，S = "abcy"，出现了一个新的 P，继续删除，得 S = 'y'。

在 S 中找 P 是典型的 KMP 算法。不过，如果每找到并删除一个 P 后就重组 S，然后在新的 S 上再做一次 KMP，会超时。能不能在删除一个 P 后，继续在原 S 上匹配和删除，总共只做一次 KMP？

如果对 KMP 算法中 i、j 指针的移动有深刻理解，本题的任务是能用一次 KMP 完成的。如图 9.17 所示，图 9.17(a) 中在 $i = 2$，$j = 2$ 处失配；图 9.17(b) 中，找到了一个匹配，$i = 4$，在正常情况下，j 应该回到 0 位置开始下一轮的匹配，但是这里让 j 回到被删除的 P 前面的值，即 $i = 2$ 时的 $j = 2$，然后直接与 $i = 5$ 对比，这样就衔接上了被删除的 P 前后的字符串。在这个过程中 S 不用重组，i 不用回溯，共只做了一次 KMP。

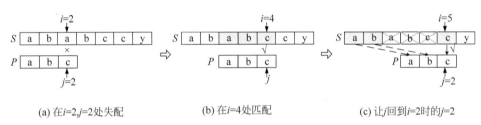

(a) 在 $i=2$，$j=2$ 处失配   (b) 在 $i=4$ 处匹配   (c) 让 j 回到 $i=2$ 时的 $j=2$

图 9.17 删除 P 后衔接前后的字符

编码时，在正常的 KMP 中加入以下两条。

（1）定义一个和 S 一样大的数组记录每个字符对应的 j 值，用于删除一个 P 后 j 回到 P 前面的值。

（2）用一个栈记录删除 P 后的结果。每移动一次 i 就把 $S[i]$ 入栈，若 KMP 匹配到一个 P，此时栈顶的几个字符就是 P，把栈顶的 P 弹出，相当于删除了这个 P。最后栈中留下的就是 S 中删除了所有 P 的结果。

9.5.4 扩展 KMP

扩展 KMP 是这样一个问题：给定一个长度为 n 的字符串 S，一个长度为 m 的模式 P，求 P 和 S 的每个后缀的最长公共前缀。

定义 extend[]，用 extend[i] 表示 P 与 $S[i \sim n]$ 的最长公共前缀，求所有 extend[]。如果有一个 extend[i] = m，表明 P 在 S 中出现了，位置是 $S[i]$。注意，这里让 S 和 P 从 $S[1]$ 和 $P[1]$ 开始。

扩展 KMP 问题可以利用 KMP 的思想来求解。以 S = "aaaaabaa"，P = "aaaaaa" 为例，

S 的长度 $n=8$，P 的长度 $m=6$，计算过程如下。

(1) 首先计算出 extend[1]=5，有 $S[1\sim5]=P[1\sim5]$，$S[2\sim5]=P[2\sim5]$。

(2) 计算 extend[2]，就是匹配 $S[2\sim n]$ 和 P。由上一步已知 $S[2\sim5]=P[2\sim5]$，所以此时求 $P[2\sim5]$ 和 P 的匹配。定义 Next[]，用 Next[i] 表示 $P[i\sim m]$ 与 P 的最长公共前缀长度。在上述例子中，Next[2]=5，即 $P[2\sim6]=P[1\sim5]$，得 $P[2\sim5]=P[1\sim4]$，所以 $S[2\sim5]=P[2\sim5]=P[1\sim4]$，extend[2] 的前 4 位已经匹配成功，不用再匹配，后面直接从 $S[5]$ 和 $P[5]$ 开始匹配。这也是 KMP 的思想。

请通过以下例题理解扩展 KMP 的编码。

例 9.10　扩展 KMP（洛谷 P5410）

问题描述：给定字符串 a 和 b，a 和 b 的长度 $\leqslant2\times10^7$。求两个数组：

(1) b 的 z 函数数组 z，即 b 与 b 的每个后缀的 LCP（最长公共前缀）长度；

(2) b 与 a 的每个后缀的 LCP 长度数组 p。

对于一个长度为 n 的数组 a，设权值为 $\mathrm{xor}_{i=1}^{n}\ i\times(a_i+1)$。

输入：输入两行，分别为两个字符串 a 和 b。

输出：第 1 行输出一个整数，表示 z 的权值；第 2 行输出一个整数，表示 p 的权值。

【习题】

(1) hdu 1686/1711/2222/2896/3065/3336/2594。

(2) poj 1961/2406。

(3) 洛谷 P3375/P3435/P2375/P3426/P3193。

扫一扫

视频讲解

9.6　AC 自 动 机　　※

AC 自动机（Aho-Corasick Automaton[1]）在一定程度上可以看作 KMP 的升级版。KMP 是单模匹配算法，在一个文本串中查找一个模式串；AC 自动机是多模匹配算法，在一个文本串中同时查找多个不同的模式串。

多模匹配问题：给定一个长度为 n 的文本 S，以及 k 个平均长度为 m 的模式串 P_1，$P_2,\cdots,P_k$，要求搜索这些模式串出现的位置。

在解析 AC 自动机之前，先思考如何用暴力法解决多模匹配问题。

用暴力法求解多模匹配问题，就是对每个 $P_1,P_2,\cdots,P_k$ 分别在 S 上做一次匹配。可以用 KMP 对每个 P 分别做一次 KMP，总复杂度为 $O((n+m)k)$。这种方法的效率很低，问题出在需要按部就班地以 S 的每个字符为开头检查是否匹配每个 P，指向 S 的 i 指针发生了多次回溯。图 9.18（a）在文本串 $S=$"abcde" 中匹配 3 个模式串 $P_1=$"abcd"，$P_2=$ 'b'，$P_3=$"cd"。若一个个地匹配，第 1 次匹配了 $S[0]\sim S[3]$ 的"abcd"，i 移动到了 3 位置；

---

① Alfred Aho 和 Margaret Corasick 于 1975 年发表。

第 2 次从 $S[1]$ 开始匹配,i 需要回溯到 1 位置,匹配了 P_2;等等。

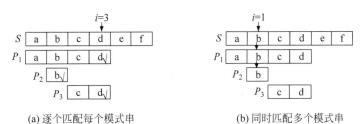

(a) 逐个匹配每个模式串　　　　　(b) 同时匹配多个模式串

图 9.18　模式匹配

暴力法是低效的,对于这种复杂的多模匹配问题,需要用复杂的算法 AC 自动机来解决。

9.6.1　AC 自动机算法

用一句话概括 AC 自动机的思想:**AC 自动机＝用字典树组织多个模式串＋KMP 避免回溯**。

有没有优化的方法,使 i 不用回溯? 在图 9.18(b)中,若能在 i 移动过程中同时匹配多个 P,就能避免回溯 i。例如,$i=1$ 时,同时匹配了 P_1 和 P_2。

考虑以下两个问题。

(1) 如何同时处理多个串? 字典树能高效地处理多个字符串,可以应用在这里。先把 k 个 P 建成一棵普通的字典树,然后把 S 看作很多单词的组合体,在字典树上找这些单词。

在字典树上匹配多个 P 的最简单的方法是:从 $S[0]$ 开始,到字典树上找以 $S[0]$ 开头的模式串,无论是否找到以 $S[0]$ 开头的模式串,下一步再从 $S[1]$ 开始,找以 $S[1]$ 开头的模式串;下一步再从 $S[2]$ 开始,一直到 $S[n-1]$。共找 n 次,每次平均匹配 m 个字符,总复杂度为 $O(nm)$,和简单地在 S 上做 k 次 KMP 差不多。

(2) 如何避免回溯 S 的指针 i? 回忆 KMP 加快匹配的思路,KMP 的根本思想是利用 $Next[]$ 数组避免回溯 S 的 i 指针。那么在字典树上,是否能有一个类似 $Next[]$ 数组的数据,避免回溯 i 指针?

以上两点就是 AC 自动机算法的思路:**用字典树组织多个模式串＋KMP 避免回溯**。概括如表 9.2 所示。

表 9.2　AC 自动机算法的思路

单模匹配	暴力法:S 的 i 指针需要回溯	KMP:用基于模式串的 $Next[]$ 数组避免 i 回溯
多模匹配	暴力法:S 的 i 指针需要回溯	AC 自动机:用基于字典树的 Fail 指针避免 i 回溯

1. AC 自动机的构造

首先把模式串"abcd""b""cd"建成一棵字典树,如图 9.19(a)所示,带下画线的节点是一个模式串的终点。圆圈外的数字是节点编号,节点 0 是根节点,不存储字符。

为了同时匹配多个模式串,引入图 9.19(b)虚线箭头所示的 Fail 指针,它以长链上的节点为起点,终点是**上层**的一个**同字符**节点,且这个节点满足**后缀**包含关系。Fail 指针的作用是标识多个模式串之间的**后缀**包含关系,因为后缀是能同时匹配多个模式串的根本原因。

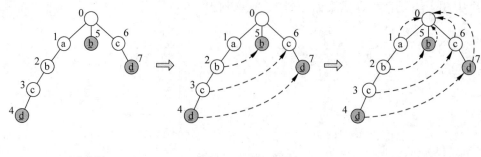

(a) 字典树　　　　　　(b) 节点2、3、4的Fail指针　　　　　(c) 完整的Fail指针

图 9.19　AC 自动机的 Fail 指针

模拟 S ="abcde"在字典树上的匹配过程,观察图 9.19(b)。

(1)从字符'a'出发,匹配到 2 号点'b'时,查询到它的 Fail 指针指向 5 号点的'b',且 5 号点是一个终点,则找到了一个匹配 P_2 ='b'。P_2 ='b'是"ab"的一个后缀。

(2)继续匹配到 3 号点'c',它的 Fail 指针指向 6 号点'c',但 6 号点不是一个终点。'c'也是"abc"的一个后缀。

(3)匹配到 4 号点'd',4 号点自己是终点,找到了一个匹配 P_1 ="abcd"。另外,4 号点的 Fail 指针指向 7 号点,且 7 号点是一个终点,找到了一个匹配 P_3 ="cd"。"cd"是"abcd"的一个后缀。

以上匹配过程,只做了 n =5 次比较操作。

完整的 Fail 指针如图 9.19(c)所示,每个节点都有一个指针,若上层没有同字符时,Fail 指向根节点。

若上层的同字符节点**不在后缀中**,则无法完成同时匹配多个模式串的功能。图 9.20(b)有一个错误的 Fail 指针,"yc"不是"abc"的后缀。

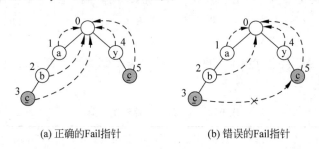

(a) 正确的Fail指针　　　　　　　　(b) 错误的Fail指针

图 9.20　正确与错误的 Fail 指针

2. Fail 指针的计算

如何编码求得 Fail 指针?每个节点都有 Fail 指针,而指针指向上层的某个节点,这显然是一个 BFS 过程:求得一层所有节点的 Fail 指针后,再继续求下一层所有节点的 Fail 指针。

一个节点 x 的 Fail 指针指向的节点是"父节点的 Fail 指针所指向的节点的与 x 同字符的子节点"。通过这样的赋值,x 得到了这个同字符节点的后缀关系。

以如图 9.21 所示的 2 号点和 3 号点为例说明 Fail 指针的计算。2 号点的 Fail 指针指向上一层,计算比较简单;3 号点的 Fail 计算需要跨层,计算比较复杂。下面详细说明 2 号点和 3 号点的 Fail 指针计算。

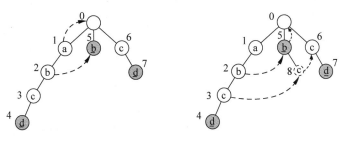

(a) 2号点的Fail指针　　　　　(b) 3号点的Fail指针

图 9.21　Fail 指针示例

（1）2 号点'b'的 Fail 指针。它的父节点 1 号点'a'的 Fail 指针指向根节点 0，0 号点有一个与'b'同字符的子节点 5 号点'b'，这就是 2 号点的 Fail 指针所指向的节点。

（2）3 号点'c'的 Fail 指针。它的父节点 2 号点'b'的 Fail 指针指向 5 号点，但是 5 号点并没有一个同字符子节点'c'。这里用到一个关键技巧：在上一层处理 5 号点时，虚拟一个子节点 8 号点'c'，它直接等于同层的同字符 6 号点'c'。此时，3 号点的父节点 2 号点的 Fail 指针所指向的 5 号点，就有了一个同字符孩子 8 号点，而 8 号点就是 6 号点。最后的结果是 3 号点的 Fail 指针指向 6 号点，实现了跨层计算。

3．AC 自动机的复杂度

k 个模式串，平均长度为 m；文本串长度为 n。建立 Trie 树复杂度为 $O(km)$；求 km 个节点的 Fail 指针，复杂度为 $O(km)$；模式匹配复杂度为 $O(nm)$，乘以 m 的原因是 S 的每个字符找 Fail 指针可能需要检查 m 个模式串，如 4 个模式串为"abcd""bcd""cd""d"，匹配到'd'时，Fail 指针需要操作 4 次。总时间复杂度为 $O(km+km+nm)=O(km+nm)$，看起来似乎仍然很高。不过，模式匹配的效率与模式串的特征有关，一般情况下 $O(nm)$ 接近于 $O(n)$。只在极恶劣的情况下，即 k 个模式串是上述例子这种奇怪的后缀包含关系，此时复杂度才退化到了 $O(nm)$。

9.6.2　模板代码

下面用 hdu 2222 例题给出模板代码。

例 9.11　Keywords search（hdu 2222）

问题描述：有多个关键词，在一个文本中找到它们。

输入：第 1 行输入测试个数。每个测试包括一个整数 n，表示关键词个数，下面输入 n 个关键词，$n \leqslant 10000$。每个关键词只包括小写字母，长度不超过 50。最后一行输入文本，长度不大于 1000000。

输出：输出文本中能找到多少关键词。关键词可以重复。

AC 自动机的代码并不长，请对照前面的解释仔细理解。

```
1   //改写自 https://blog.csdn.net/u011815404/article/details/88245190
2   # include < bits/stdc++.h >
3   using namespace std;
4   const int N = 1000005;
5   struct node{
6       int son[26];                    //26 个字母
7       int end;                        //字符串结尾标记
8       int fail;                       //失配指针
9   }t[N];                              //trie[],字典树
10  int cnt;                            //当前新分配的存储位置
11  void Insert(char * s){              //在字典树上插入单词 s
12      int now = 0;                    //字典树上当前匹配到的节点,从 root = 0 开始
13      for(int i = 0; s[i]; i++){      //逐一在字典树上查找 s[]的每个字符
14          int ch = s[i] - 'a';
15          if(t[now].son[ch] == 0)     //如果这个字符还没有存过
16              t[now].son[ch] = cnt++; //把 cnt 位置分配给这个字符
17          now = t[now].son[ch];       //沿着字典树向下走
18      }
19      t[now].end++;                   //end > 0,它是字符串的结尾,end = 0 不是结尾
20  }
21  void getFail(){                     //用 BFS 构建每个节点的 Fail 指针
22      queue < int > q;
23      for(int i = 0; i < 26; i++)     //把第 1 层入队,即 root 的子节点
24          if(t[0].son[i])             //这个位置有字符
25              q.push(t[0].son[i]);
26      while(!q.empty()){
27          int now = q.front();        //队首的 Fail 指针已求得,下面求它孩子的 Fail 指针
28          q.pop();
29          for(int i = 0; i < 26; i++){ //遍历 now 的所有孩子
30              if(t[now].son[i]){      //若这个位置有字符
31                  t[t[now].son[i]].fail = t[t[now].fail].son[i];
32          //这个孩子的 Fail = "父节点的 Fail 指针所指向的节点的与 x 同字符的子节点"
33                  q.push(t[now].son[i]); //这个孩子入队,后面再处理它的孩子
34              }
35              else                    //若这个位置无字符
36                  t[now].son[i] = t[t[now].fail].son[i];
37                                      //虚拟节点,用于底层的 Fail 指针计算
38          }
39      }
40  }
41  int query(char * s){                //在文本串 s 中找有多少个模式串
42      int ans = 0;
43      int now = 0;                    //从 root = 0 开始找
44      for(int i = 0; s[i]; i++){      //对文本串进行遍历
45          int ch = s[i] - 'a';
46          now = t[now].son[ch];
47          int tmp = now;
48          while(tmp && t[tmp].end!= -1){ //利用 Fail 指针找出所有匹配的模式串
49              ans += t[tmp].end;      //累加到答案中,若这不是模式串的结尾,end = 0
50              t[tmp].end = -1;        //以这个字符为结尾的模式串已经统计,后面不再统计
51              tmp = t[tmp].fail;      //fail 指针跳转
52              cout << "tmp = " << tmp << "  " << t[tmp].son;
```

```
52              }
53          }
54          return ans;
55      }
56  char str[N];
57  int main(){
58      int k;
59      scanf("%d",&k);
60      while(k--){
61          memset(t,0,sizeof(t));              //清空,准备一个测试
62          cnt = 1;                            //把 cnt = 0 留给 root
63          int n;    scanf("%d",&n);
64          while(n--){scanf("%s",str);Insert(str);}  //输入模式串,插入字典树中
65          getFail();                          //计算字典树上每个节点的失配指针
66          scanf("%s",str);                    //输入文本串
67          printf("%d\n",query(str));
68      }
69      return 0;
70  }
```

【习题】

（1）hdu 2243/2825/2296/3341/4758。

（2）洛谷 P3808/P3796/P5357/P2414/P3966/P3311/P4052/P5599/P3121/P2444。

扫一扫

视频讲解

9.7　后缀树和后缀数组

后缀树和后缀数组可以解决大部分字符串问题,前面提到的字符串匹配问题,如查找子串、最长重复子串、最长公共子串等,都可以用后缀数组解决,这类题目是编程竞赛的常见题型。

本节首先讲解后缀树和后缀数组的概念,然后用后缀数组解决一些经典字符串问题。

9.7.1　后缀树和后缀数组的概念

1. 后缀树

后缀(Suffix):一个字符串的一个后缀是指从某个位置开始到末尾的一个子串。例如,字符串 $s[]$ ="vamamadn",它的后缀有 8 个,$s[0]$ = "vamamadn",$s[1]$ = "amamadn",$s[2]$ = "mamadn",等等,见图 9.22 左半部分。

后缀树(Suffix Tree)是把所有的后缀子串用字典树的方法建立的一棵树,如图 9.23 所示。

根节点为空,符号 $ 表示一个后缀子串的末尾。用 $ 的原因是它比较特殊,不会在字符串中出现,适合用来做标识。如果要利用后缀树查找某个子串,如"mam",只需要从根节点出发,查找 3 次即可,这就是后缀树的优势。

后缀树的空间复杂度比较差。 后缀树的本质是把一个长度为 n 的字符串拆成 n 个后

缀子串,然后按字典树来构造,借助字典树的极高效率处理子串问题。但是后缀树和普通字典树不同。普通字典树的每个单词都不长,所以适合把每个单词都直接存储在字典树上;而后缀树的子串很多很长。长度为 n 的字符串,有 n 个后缀子串,长度分别为 $n, n-1, n-2, \cdots, 2, 1$,总长度和存储空间为 $O(n^2)$,所以直接按字典树处理并不合适,更何况普通字典树本身也有空间浪费问题。

后缀 $s[i]$	下标 i		字典序	后缀数组 $sa[j]$	下标 j
vamamadn	0		adn	5	0
amamadn	1		amadn	3	1
mamadn	2		amamadn	1	2
amadn	3		dn	6	3
madn	4		madn	4	4
adn	5		mamadn	2	5
dn	6		n	7	6
n	7		vamamadn	0	7

图 9.22　后缀和后缀数组

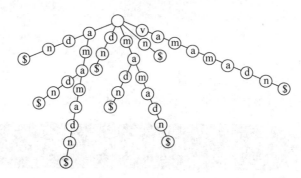

图 9.23　后缀树

2. 后缀数组

由于不方便直接对后缀树进行构造和编程,所以用后缀数组(Suffix Array)这种简单的方法替代它。在图 9.22 中,后缀数组就是按字典序对应的后缀下标:int sa[]={5,3,1,6,4,2,7,0}。很明显,后缀数组的数字顺序就是后缀子串的字典顺序,记录了子串的有序排列。例如,sa[0]=5,意思是排名 0(即字典序最小)的子串,是原字符串中从第 5 个位置开始的后缀子串,即"adn"。

如果已经得到了后缀数组,可以很方便地解决一些字符串问题。下面介绍查找子串(单模匹配)问题,即在母串 S 中查找子串 T。只需要在后缀数组 sa[] 上做二分搜索,能很快找到子串。例如,查找子串 T="ad",代码如下:

```
1   #include<bits/stdc++.h>
2   using namespace std;
3   int find(string S, string T, int * sa){      //在 S 中查找子串 T; sa 是 S 的后缀数组
4       int i = 0, j = S.length();
5       while(j - i > 1) {
6           int k = (i + j)/2;                   //二分法,操作 O(log₂n)次
```

```
7              if(S.compare(sa[k], T.length(), T)< 0)     //匹配一次,复杂度为O(m)
8                  i = k;
9              else j = k;
10         }
11         if(S.compare(sa[j], T.length(), T) == 0)        //找到了,返回T在S中的位置
12             return sa[j];
13         if(S.compare(sa[i], T.length(), T) == 0)
14             return sa[i];
15         return −1;                                      //没找到
16     }
17     int main(){
18         string s = "vamamadn", t = "ad";                //母串和子串
19         int sa[] = {5, 3, 1, 6, 4, 2, 7, 0};            //sa是s的后缀数组,假设已经得到了
20         int location = find(s, t, sa);
21         cout << location <<":"<< &s[location]<< endl << endl; //打印t在s中的位置
22     }
```

每次查找,复杂度为 $O(m\log_2 n)$,m 为子串长度,n 为母串长度。

在上述代码中事先已经计算好了后缀数组 sa[]。所以,最关键的问题是如何高效地求后缀数组,即如何对后缀子串进行排序。

后缀数组的标准排序方法为倍增法,复杂度为 $O(n\log_2 n)$,9.7.2 节详细介绍这种方法。

后缀数组是很高效的方法。例如,在上面的查找子串问题中,先求后缀数组,再找子串,总复杂度为 $O(n\log_2 n + m\log_2 n)$。对比复杂度为 $O(n+m)$ 的经典字符串匹配 KMP 算法,前缀数组相差不大。

> **提示** 对比后缀数组和后缀树,根据前面的讲解可知,后缀树用空间换时间,时间复杂度好而空间复杂度差;后缀数组虽然时间复杂度稍微差一点,但是使用的空间小,编码简单。一般使用后缀数组。

9.7.2 倍增法求后缀数组

在讲解倍增法之前,先考虑常见的排序方法,如快速排序。快速排序中,所有元素的比较次数为 $O(n\log_2 n)$,在应用到字符串排序时,每两个字符串还有 $O(n)$ 的比较,所以总复杂度为 $O(n^2\log_2 n)$,显然不够好。

1. 倍增法求后缀数组的原理

倍增法后缀排序是从字符串的第 1 个字符开始比较,然后每次倍增比较长度,直到比较完成。

下面以求字符串"vamamadn"的后缀数组为例说明算法的原理,如图 9.24 所示。

第 1 步,用数字代表字母,如 a 最小,记为 0;v 最大,记为 4。这个转换对后缀子串的排序没有影响。这一步操作,实际上是对所有的后缀子串的最高位进行大小判定。但是,因为很多子串的最高位相同,对应的数字也相同,所以还不能比较大小。

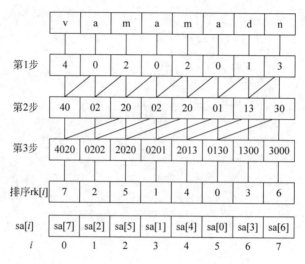

图 9.24　名次数组和后缀数组

第 2 步,连续两个数字的组合,相当于连续两个字符。例如,40 代表"va";02 代表"am"等。最后一个 3 没有后续,在尾部加上 0,组成 30。这并不影响字符的比较,因为字符是从头到尾比较大小的。这一步操作是取后缀子串的最高两位,数字的大小代表子串的最高两位的大小。

第 3 步,连续 4 个数字的组合,相当于连续 4 个字符。例如,4020 代表"vama";0202 代表"amam"等。最后的 30 没有后续,加上 00,组成 3000。这一步操作是用数字代表后缀子串的高 4 位。

在第 3 步操作后,产生的 8 个数字已经全部都不一样,能区分大小了。然后,进行排序,得到 rk[]={7,2,5,1,4,0,3,6}。rk 是 rank 的缩写,表示"名次数组"。rk[]是字符串 "vamamadn" 的 8 个后缀子串的排序。得到 rk[]后,可以求得后缀数组 sa[]={ 5,3,1,6, 4,2,7,0}。

上述操作,因为每步都递增 2 倍,所以总步骤一共只有 $\log_2 n$ 次,非常高效。

2. 倍增法求后缀数组的改进

虽然上述过程看起来很不错,却并不实用。因为字符串可能很长,如包含 10000 个字符,那么在最后一步,产生的每个数字都有 10000 位,根本无法存储和排序。

能不能在每步中不仅缩小产生的组合数字的大小,而且还能保持顺序呢?方法是在每步操作后就对组合数字进行排序,用序号产生一个新数字;然后用新数字再进行下一步操作。过程如图 9.25 所示。

可以发现,每步排序后产生的新数字,实际上仍然是对后缀子串的高位的排序。所以,最后的结果和图 9.24 是一样的。

产生的新数字有多大?假设字符串长度 $n=10000$,即每步处理 10000 个数,那么产生的新数字是对这 10000 个数的排序结果,最大就是 10000。所以,每步的排序,只是对 10000 个大小为 1~10000 的数字进行排序,这是很容易做到的。

在这个过程中,核心是处理 sa[]和 rk[]。

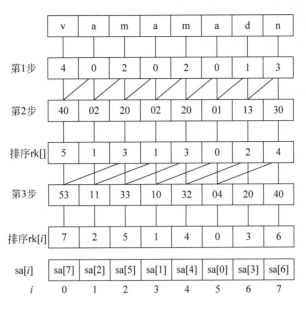

图 9.25　改进后的名次数组和后缀数组

3. 后缀数组 sa[]和名次数组 rk[]

在后缀数组的代码实现中,有3个关键的数组:sa[]、rk[]和 height[]。下面给出 sa[]、rk[]的概念和相互关系,请对照图 9.25 进行理解。height[]数组在下文讲解。

 "后缀数组"这个算法的名称,来自它使用的关键技术之一——后缀数组 sa[]。

sa[]表示后缀数组(Suffix Array),保存 0~$n-1$ 的全排列,其含义是把所有后缀按字典序排序后,后缀在原串中的位置。性质:suffix(sa[i])<suffix(sa[$i+1$])。

 sa[]记录位置,即"排第 i 的是谁?"——"排第 i 的后缀子串在原串的 sa[i]位置。"

rk[]表示名次数组(Rank Array)。最后得到的 rk[]也是 0~$n-1$ 的全排列,保存 suffix(i)在所有后缀中按字典序排序的"名次"。

 rk[]记录排名,即"第 i 个后缀子串排第几?"——"原串从头数第 i 个后缀子串,排名为 rk[i]。"

rk[]和 sa[]是一一对应关系,互为逆运算,可以互相推导。

(1) 用 rk[]推导 sa[]:

```
for(int i = 0; i < n; i++)  sa[rk[i]] = i;
```

(2) sa[]推导 rk[]:

```
for(int i = 0; i < n; i++)   rk[sa[i]] = i;
```

4. sort()函数求后缀数组

下面用 STLsort()函数对 rk[]排序,并求得后缀数组。代码的核心就是上述两个推导,读者需要透彻理解,才能看懂下面的代码。

比较函数 comp_sa()判断每步中得到的组合数的大小。例如,在图 9.24 和图 9.25 中,第 1 步到第 2 步把 4 和 0 组合成 40,把 0 和 2 组合成 02,等等,然后再用于比较。comp_sa()函数省去了组合过程,直接进行比较:首先比较 40 和 02 的高位,再比较低位。

代码的逻辑如下。

(1) 首先用 sort()函数在每步用当前的 rk[]计算出当前的 sa[]。

(2) 然后用 sa[]更新下一步用到的 rk[]。注意到每步的 sa[],其中任意两个 sa[i] 和 sa[j]都不同,但是下一步的 rk[]中有一些是相同的,所以 sa[]和 rk[]还不是一一对应的;需要先用 sa[]根据原来的 rk[]中的记录推导新的 rk[],这需要用一个临时 tmp[]数组存放新值,然后再赋值给 rk[]。只有到了最后,sa[]和 rk[]才是一一对应的。

```
1   //计算后缀数组 sa[]模板.参考秋叶拓哉《挑战程序设计竞赛》第379页4.7.3节"后缀数组"
2   #include<bits/stdc++.h>
3   using namespace std;
4   const int N = 200005;              //字符串的长度
5   char s[N];                         //输入字符串
6   int sa[N], rk[N], tmp[N + 1];
7   int n, k;
8   bool comp_sa(int i, int j){        //组合数有两部分,高位是 rk[i],低位是 rk[i+k]
9       if(rk[i] != rk[j])             //先比较高位: rk[i]和 rk[j]
10          return rk[i] < rk[j];
11      else{                          //高位相等,再比较低位的 rk[i+k]和 rk[j+k]
12          int ri = i+k <= n? rk[i+k] : -1;
13          int rj = j+k <= n? rk[j+k] : -1;
14          return ri < rj;
15      }
16  }
17  void calc_sa( ) {                  //计算字符串 s 的后缀数组
18      for(int i = 0; i <= n; i++)    {  //字符串的原始数值
19          rk[i] = s[i];              //字符串的原始数值
20          sa[i] = i;                 //后缀数组,在每步记录当前排序后的结果
21      }
22      for( k =1; k <= n; k = k * 2){ //开始一步步操作,每步递增2倍进行组合
23          sort(sa, sa + n, comp_sa); //排序,结果记录在 sa[]中
24          tmp[sa[0]] = 0;
25          for(int i = 0; i < n; i++) //用 sa[]倒推组合数,并记录在 tmp[]中
26              tmp[sa[i+1]] = tmp[sa[i]] + (comp_sa(sa[i],sa[i+1]) ? 1 : 0);
27          for(int i = 0; i < n; i++) //把 tmp[]复制给 rk[],用于下一步操作
28              rk[i] = tmp[i];
29      }
30  }
```

```
31   int main(){
32       while(scanf(" % s",s)!= EOF){                //读字符串
33           n = strlen(s);
34           calc_sa();                                //求后缀数组 sa[]
35           for(int i = 0;i < n;i++)                  //打印后缀数组
36               cout << sa[i]<<" ";
37       }
38       return 0;
39   }
```

上述代码中用到的 sort()函数,实际是快速排序,每步排序复杂度为 $O(n\log_2 n)$,一共有 $\log_2 n$ 个步骤,总复杂度为 $O(n(\log_2 n)^2)$。虽然已经很好了,不过还有一种更快的排序方法基数排序,总复杂度只有 $O(n\log_2 n)$。在 9.7.3 节"后缀数组的经典应用"的 hdu 1403 例题中,分别提交用 sort()函数和基数排序两种方案的倍增法代码,执行时间分别为 1000ms 和 80ms。

5. 用基数排序求后缀数组

基数排序(Radix Sort)是一种**反常识**的排序方法,它不是先比较高位再比较低位,而是反过来,先比较低位再比较高位。例如,排序{47,23,19,17,31},步骤如下。

第 1 步,先按个位大小排序,得到{31,23,47,17,19}。

第 2 步,再按十位大小排序,得到{17,19,23,31,47},结束,得到有序排列。

更特别的是,上述操作并不是用比较的方法得到的,而是用"哈希"的思路:直接把数字放到对应的"桶"中,第 1 步按个位放,第 2 步按十位放。表 9.3 中第 2 步得到的序列就是结果。

表 9.3 基数排序

桶	0	1	2	3	4	5	6	7	8	9
第 1 步		31		23				47、17		19
第 2 步		17、19	23	31	47					

基数排序的复杂度分析:有 n 个数,每个数有 d 位(如上面例子的 17～47,都是两位数),每位有 k 种可能(十进制,0～9 共 10 种情况),复杂度为 $O(d(n+k))$,存储空间为 $O(n+k)$。例如,对长度为 10000 的字符串进行一次后缀排序,$n=10000,d\leqslant 5,k=10$,复杂度 $d(n+k)\leqslant 10000\times 5$。而一次快速排序的复杂度 $n\log_2 n\approx 10000\times 13$。

对比快速排序等排序方法,基数排序在 d 比较小的情况下,即所有的数字差不多大时,是更好的方法。如果 d 比较大,基数排序并不比快速排序更好。在后缀数组的排序问题中,d 都不大,用基数排序效率很高。

下面的代码用基数排序求后缀数组。

```
1   //改编自《算法竞赛入门经典训练指南》(刘汝佳,陈锋编著,清华大学出版社出版)3.4.1 节
2   //main()函数部分和上面用 sort()函数的版本一样
3   char s[N];
4   int sa[N],cnt[N],t1[N],t2[N],rk[N],height[N];
```

```
 5   int n;
 6   void calc_sa() {
 7       int m = 127;
 8       int i, * x = t1, * y = t2;
 9       for(i = 0;i < m;i++)   cnt[i] = 0;
10       for(i = 0;i < n;i++)    cnt[x[i]] = s[i]]++;
11       for(i = 1;i < m;i++)   cnt[i] += cnt[i-1];
12       for(i = n-1;i >= 0;i--)   sa[ -- cnt[x[i]]] = i;
13       //sa[]: 从 0 到 n-1
14       for(int k = 1;k <= n;k = k * 2){        //利用对长度为 k 的数组的排序结果对长度为 2k 的
15                                   //数组排序
16           int p = 0;
17           //2nd
18           for(i = n-k;i < n;i++)   y[p++] = i;
19           for(i = 0;i < n;i++)     if(sa[i] >= k) y[p++] = sa[i]-k;
20           //1st
21           for(i = 0;i < m;i++)   cnt[i] = 0;
22           for(i = 0;i < n;i++)   cnt[x[y[i]]]++;
23           for(i = 1;i < m;i++)   cnt[i] += cnt[i-1];
24           for(i = n-1;i >= 0;i--)   sa[ -- cnt[x[y[i]]]] = y[i];
25           swap(x, y);
26           p = 1; x[sa[0]] = 0;
27           for(i = 1;i < n;i++)
28               x[sa[i]] =
29                   y[sa[i-1]] == y[sa[i]]&&y[sa[i-1]+k] == y[sa[i]+k]?p-1:p++;
30           if(p >= n) break;
31           m = p;
32       }
33   }
```

6. 高度数组 height[]

height[]数组也是后缀数组中的关键技术。它是一个辅助数组,和最长公共前缀(Longest Common Prefix,LCP)相关。height[]数组非常重要,使用后缀数组解决的题目,很多都依赖 height[]数组完成。

最长公共前缀 $LCP(i,j)$ 是 suffix($sa[i]$)与 suffix($sa[j]$)的最长公共前缀长度,即排序后第 i 个后缀和第 j 个后缀的最长公共前缀长度。

$$LCP(i,j) = \min\{LCP(k-1,k)\}, \quad i < k \leqslant j$$

定义 height[i]为 $sa[i-1]$和 $sa[i]$(也就是排名相邻的两个后缀)的最长公共前缀长度。例如,前面的例子"vamamadn"中,$sa[1]$表示"amadn",$sa[2]$表示"amamadn",那么 height[2] = 3,表示 $sa[1]$和 $sa[2]$这两个后缀的前 3 个字符相同。

用暴力法可以推导 height[]数组,即比较所有相邻的 $sa[]$,复杂度为 $O(n^2)$。下面给出一段复杂度为 $O(n)$ 的代码。

```
 1   void getheight(int n){                      //n 为字符串长度
 2       int i, j, k = 0;
 3       for(i = 0 ;i < n; i++)   rk[sa[i]] = i;        //用 sa[]推导 rk[]
```

```
 4      for(i = 0; i < n; i++) {
 5          if(k)  k--;
 6          int j = sa[rk[i] - 1];
 7          while(s[i + k] == s[j + k])  k++;
 8          height[rk[i]] = k;
 9      }
10  }
```

height[]数组的应用非常广泛,其中最直接的应用是最长重复子串问题、最长公共子串问题。

9.7.3 后缀数组的经典应用

在字符串问题中,有这样一些经典问题,可以用后缀数组解决。

(1) 在字符串 S 中查找子串 T。具体操作见9.7.1节。

(2) 在字符串 S 中找最长重复子串。先求 height[]数组,其中的最大值 height[i]就是最长重复子串的长度。如果需要打印最长重复子串,它就是后缀子串 sa[$i-1$]和 sa[i]的最长公共前缀。

(3) 找字符串 S_1 和 S_2 的最长公共子串,以及扩展到求多个字符串的最长公共子串。最长公共子串(Longest Common Substring)和最长公共子序列(Longest Common Subsequence)不同,子串是串的一个连续的部分,子序列则不必连续。例如,字符串"abcf"和"bcef"的最长公共子串为"bc",而最长公共子序列是"bcf"。这两个问题,在数据规模小的情况下,都可以用动态规划求解,设 S_1、S_2 的长度分别是 m、n,复杂度为 $O(mn)$。然而动态规划并不够好,如果 m,$n>10000$,动态规划就不能用了,需要用后缀数组。

这个问题实际上和"最长重复子串"问题类似:合并 S_1 和 S_2,得到一个大字符串 S,就变成了最长重复子串问题。小技巧是合并时需要在 S_1 和 S_2 之间插入一个未出现过的特殊字符,如'\$',进行分隔,避免合并产生更长的子串。

具体操作:首先计算 height[]数组,然后查找最大的 height[i],而且它对应的 sa[$i-1$]和 sa[i]分别属于被'\$'分隔的前后两个字符串时,就是解。

hdu 1403 是最长公共子串问题。

 例 9.12 Longest common substring(hdu 1403)

问题描述:求两个字符串的最长公共子串。

输入:每个测试输入两个字符串,每个字符串最多有100000个字符。所有字符都是小写的。

输出:输出最长公共子串的长度。

输入样例:	输出样例:
banana	3
cianaic	

样例中,最长公共子串是"ana",长度为 3。由于字符串长度可能是 100000,程序的复杂度不能大于 $O(n\log_2 n)$。下面给出用后缀数组实现的代码。其中,calc_sa() 和 getheight() 函数已经在前文给出。读者可以分别用 sort() 函数和基数排序实现的 calc_sa() 函数提交,经验证,sort() 版的程序执行时间是 1000ms,基数排序版的执行时间是 80ms。

```
1   //省略了 calc_sa( )和 getheight()函数,已在 9.7.2 节给出
2   int main(){
3       int len1, ans;
4       while(scanf("%s", s)!= EOF) {          //读第 1 个字符串
5           n = strlen(s);
6           len1 = n;
7           s[n] = '$';                        //用'$'分隔两个字符串
8           scanf("%s", s+n+1);                //读第 2 个字符串,与第 1 个合并
9           n = strlen(s);
10          calc_sa();                         //求后缀数组 sa[]
11          getheight(n);                      //求 height[]数组
12          ans = 0;
13          for(int i = 1; i < n; i++)
14  //找最大的 height[i],并且它对应的 sa[i-1]和 sa[i]分别属于前后两个字符串
15              if(height[i]> ans &&
16                  ((sa[i-1]< len1 &&sa[i]>= len1) || (sa[i-1]>= len1&&sa[i]< len1)))
17                      ans = height[i];
18          printf("%d\n",ans);
19      }
20      return 0;
21  }
```

(4) 找字符串 S 的最长回文子串。不过这种场景下一般用 Manacher 算法。

【习题】

(1) hdu 5769/3948/4691/5008。

(2) 洛谷 P3809/P5353/P2336/P2463/P2852/P4051/P1117/P2178/P5346/P5576。

扫一扫

视频讲解

9.8 后缀自动机 ✳

后缀是处理字符串问题的关键,在本章的字符串算法中多次用到了后缀的概念。9.7 节的后缀树,虽然直观且清晰,但缺点是空间复杂度差,为 $O(n^2)$,所以用后缀数组替代它。但是,后缀数组的逻辑和编码有些复杂,不如后缀树这样的树形结构容易操作和理解。有没有一种空间复杂度为 $O(n)$ 的数据结构存储后缀?这就是后缀自动机,它的空间复杂度和时间复杂度都为 $O(n)$。后缀自动机不仅强大,而且代码好写。

> 提示 后缀树浪费空间的原因有二:①一个字符串有 n 个后缀,每个后缀的长度为 $O(n)$,共需 $O(n^2)$ 空间;②用字典树存储,字典树本身的空间复杂度差,如存储 26 个小写字母的字典树,每个节点需要 26 个子节点。

9.8.1 后缀自动机的概念

后缀自动机[①](Suffix Automaton,SAM)是能存储和识别一个字符串 S 的所有后缀的自动机。

后缀自动机是一个有向无环图(DAG)。根据自动机的定义,把节点看作状态,节点之间的有向边是状态的转移,每条边上有一个字符表示转移值。有且仅有一个初始态 t_0,从 t_0 出发能单向到达其他所有节点。有一些节点是终结状态,任意一条从 t_0 出发到达某个终结状态所经过的路径上的字符组合是 S 的一个子串。不同的路径表示不同的子串,这些路径与 S 的子串一一对应,不多也不少。后缀树也可以看作一种简单的后缀自动机,下面研究一种复杂度为 $O(n)$ 的后缀自动机。

如何用一种高效的结构存储字符串?以 $S =$ "abcbc" 为例,它的后缀有 "abcbc" "bcbc" "cbc" "bc" "c"。图 9.26(a)是字典树,需要 13 个节点,图中阴影节点表示后缀的末尾,字典树浪费空间的原因是做了重复存储,如虚线圈内的两个子串是重复的。如果像图 9.26(b)一样把重复的部分链起来,只需要 8 个节点。事实上,图 9.26(b)不仅表示了后缀,而且它和后缀树一样能表达 S 的所有子串。注意,图 9.26(b)是一个 DAG,它很像一棵树,但不是一棵树。

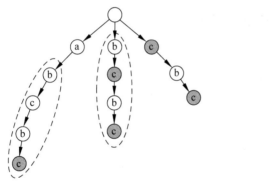
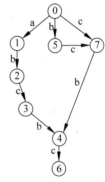

(a) 字典树　　　　　　　　　　　(b) 一种紧凑的存储结构

图 9.26　后缀的存储

如何得到图 9.26(b)这个 DAG? 它的节点数量是 $O(n)$ 吗?

下面尝试建立这个 DAG,按递增法一次加入 S 的一个字符。

(1) 加节点。在上次的末尾后面加一个新的节点。例如,图 9.27(a)中节点 1,表示第 1 个字符 $S =$ 'a'。下一步把 $S =$ 'a' 递增为 $S =$ "ab",即加一个字符 'b'。$S =$ "ab" 的子串有 "a" "b" "ab"。其中的 "ab",需要在节点 1 后面加一个节点 2 和一条边,得到一条路径 "ab",表示子串 "ab",如图 9.27(b)所示。

(2) 加边。由于 'b' 是没有出现过的新字符,$S =$ "ab" 有一个子串 'b',它只能从根节点

加一条边到节点 2，如图 9.27(c) 所示。但是，如果新加入的字符以前出现过，就不用再加边了，如 $S=$ "aa"，如图 9.27(d) 所示。

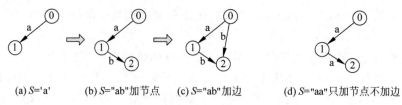

(a) $S=$'a'   (b) $S=$"ab"加节点   (c) $S=$"ab"加边   (d) $S=$"aa"只加节点不加边

图 9.27　递增法生成一棵树

这个 DAG 有多少节点？显然，每新加入一个字符，最长的子串就是 S 本身，S 的长度为 n，需要用一条长度为 n 的路径表示。这条路径上共有 n 个节点，加上根节点 0，至少有 $n+1$ 个节点。后面举例构造后缀自动机时将指出，节点数量最多为 $2n$，远小于后缀树的 $O(n^2)$。

> 提示　优化的关键在于利用所有子串的包含关系建 DAG，这个图省去了重合的部分，从而减少存储空间，并附带提高了操作效率。仍然可以用字典树构建这个 DAG。

9.8.2　endpos 和等价类

优化树形结构可以高效地存储字符串，优化的关键是"右端点结束位置"endpos，利用它能非常有效地处理子串之间的包含关系。

1. 求 S 的所有子串的 endpos

定义 endpos(T) 为子串 T 在 S 中所有出现的位置的右端点集合。

下面以 $S=$ "abcbc" 为例，说明如何计算 endpos。先给出 S 中每个字符的位置，从 1 开始计数。

位置：	1	2	3	4	5
S：	a	b	c	b	c

S 共有 12 个子串，如 "bc" 的末尾在 S 的第 3 位置和第 5 位置，"bc" 的 endpos 为 $\{3,5\}$。

子串 T：	a	b	c	ab	bc	cb	abc	bcb	cbc	abcb	bcbc	abcbc
endpos：	1	2,4	3,5	2	3,5	4	3	4	5	4	5	5

为方便查看，按 endpos 排序，并令空集 $\varnothing$ 的 endpos $=\{1,2,3,4,5\}$。

子串 T：	$\varnothing$	a	ab	b	abc	bc,c	abcb,bcb,cb	abcbc,bcbc,cbc
endpos：	1,2,3,4,5	1	2	2,4	3	3,5	4	5

把 endpos 相等的称为等价类，如 'c' 和 "bc" 的 endpos 都等于 $\{3,5\}$，是等价类。除了 $\varnothing$，一共有 7 个等价类。

2. endpos 等价类的性质

endpos 等价类的性质体现了后缀之间的包含关系。

性质 1：同一个等价类中的较短子串是较长子串的后缀。例如，{4}中的"cb"是"bcb"的后缀。

性质 2：同一个等价类中的子串长度不等，且依次递增 1，覆盖了从最短到最长子串的区间。例如，{5}中的 3 个子串"abcbc""bcbc"和"cbc"，不间断地覆盖了从长度 3 到长度 5 的区间。

性质 3：如果一个子串 v 是另一个子串 u 的后缀，则 $endpos(u) \subseteq endpos(v)$。例如，$u = $"abc"，$v = $"bc"，$endpos(u) = \{3\}$ 是 $endpos(v) = \{3, 5\}$ 的子集。

性质 4：一个长度为 n 的字符串 S 的等价类的数量不超过 $2n$。

3. 把 SAM 的状态用 endpos 等价类表示

由于一个 endpos 等价类中的子串具有包含关系，那么后缀自动机 SAM 的状态就用等价类来表示，一个状态就是一个等价类。这样就实现了对普通后缀树的优化。

性质 1 和性质 2 说明了同一个等价类内部子串的包含关系，且它们是连续的，是同一种状态。

性质 3 说明了状态如何转移。若 $endpos(u) \subseteq endpos(v)$，那么定义转移方向为从 v 转移到 u，即 v 是 u 的父节点。

性质 4 说明了这个 SAM 的规模为 $O(n)$，远小于后缀树的 $O(n^2)$。

下面以 $S = $"abcbc"为例建一个 SAM。初始状态 t_0 是空集 $\varnothing$，每个节点是一个状态，即一个 endpos 等价类。这棵树上只有 8 个点，少于后缀树的 13 个点。称这棵树为**母树**（Parent Tree），如图 9.28（a）所示，它的每个节点是一个等价类。

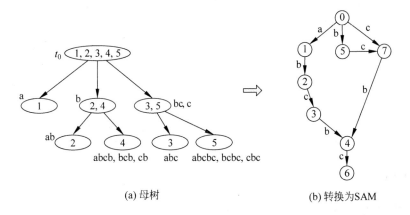

(a) 母树　　　　　　　　(b) 转换为 SAM

图 9.28　从母树到 SAM

这棵母树完整表达了所有子串。它有 5 个叶子节点，5 个叶子节点的 endpos 正好是 $1\sim5$ 的完整位置。从根到一个叶子节点的路径上，包含了以这个位置为终点的所有后缀，如图 9.28（a）中最右边的路径，包括 abcbc、bcbc、cbc、bc、c，是位置 5 的全部后缀。

9.8.3　后缀自动机的构造

前面提到的**母树**并不实用,因为它用节点表示子串,需要在每个节点上存储多个子串,不易编程和操作。如果改用路径表示子串,让一条独立的路径对应一个子串,就方便编程和操作了。这就是后缀自动机的巧妙之处——**用路径表示子串**。

如何建这个 SAM? 它是从母树推导过来的,把母树的节点之间按子串的后缀关系连接起来,构成路径,见图 9.28(b)的例子。

1. 后缀链

在详细解释建 SAM 的过程之前,先介绍建 SAM 的最关键技术——**后缀链**。

> **提示**　本节的"后缀链"和 9.4 节"回文树"中的"后缀链",同名且作用类似,可以看作相同的概念。

记母树的节点 v 上最长的一个子串为 $longest(v)$,长度为 $len(v)$。类似地,记 $shortest(v)$ 为最短子串,长度为 $minlen(v)$。这个节点上所有的子串都是 $longest(v)$ 的后缀,它们的长度覆盖了 $[minlen(v), len(v)]$ 的每个整数。例如,图 9.28 中母树的 {4} 节点,是 "abcb" "bcb" "cb" 这 3 个子串,最长子串是 "abcb",长度为 4。

后缀链:一个节点(状态) v 的后缀链指向上层的一个节点 u (记为 $u=father(v)$), $len(u)=minlen(v)-1$。例如,图 9.28 中节点 $v=\{5\}$ 的最短子串 "cbc", $minlen(v)=3$,它指向节点 $u=\{3,5\}$, u 的最长子串为 "bc", $len(u)=2$, "cbc" 和 "bc" 是两个**连续**的子串。

后缀链的作用是把两个不同节点(等价类、状态)的连续子串连接起来。如图 9.29 所示, v 的最短子串的长度等于 u 的最长子串长度加 1,它们是相邻的两个后缀。

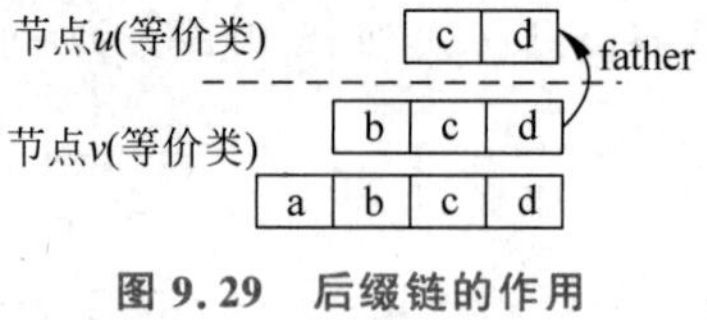

每个节点都只有一个后缀链接(father),沿着后缀链向上走,对应的后缀长度会连续变短,最后到达根。也就

图 9.29　后缀链的作用

是说,一条从根出发到某个节点的后缀链,表达了一个完整的后缀组合,这就是母树的本质。图 9.30 给出了完整的 SAM,其中虚线箭头是后缀链,节点旁边带下画线的是这个节点表达的子串,读者可以验证从根到一个节点的后缀链上的子串。后缀链接在构造 SAM 时起到了关键作用。

2. 建 SAM

采用递增法建 SAM,从 S 的第 1 个字符开始建只有一个节点的图,然后逐步添加字符,增加 SAM 的节点,直到所有字符都加入 SAM。建 SAM 的关键如下。

(1) 起点和终点之间的边代表在当前字符串后增加一个字符。

(2) 从根到达图中任意点的路径形成的子串是 S 中的一个子串。

(3) 保证每个点的所有子串属于同一个 endpos 等价类。

(4) 点之间需要符合母树的父子关系。到达点 i 的所有字符串的长度都必须大于到达

father(i)的所有字符串的长度,且到达 father(i)的任意子串必为到达 i 的任意子串的后缀。

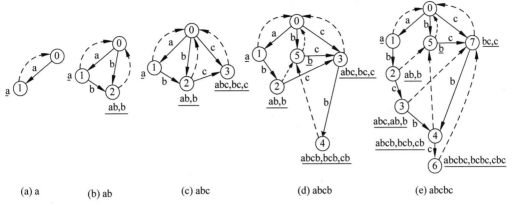

(a) a   (b) ab   (c) abc   (d) abcb   (e) abcbc

图 9.30 $S=$"abcbc"的后缀自动机

下面用两个例子进行演示。

(1) 从 $S=$"ab"到 $S=$"abc",末尾加的字符'c'第1次出现。

下面演示从 $S=$"ab"到 $S=$"abc"的建图过程。这个图的每个节点是用小写字母字典树构造的,每个节点有26个子节点,一个小写字母对应一个子节点。

图 9.31(a)是 $S=$"ab" 的 SAM。用一个全局变量 last 指向已经加入自动机的最后一个字符所在的状态点,此时 last=2。这个 SAM 上有"a""b""ab"共3个子串。2的后缀链指向0。

图 9.31(b)在 $S=$"ab"后面增加一个字符'c'。因为最长路径从"ab"变成"abc",需要新增一个节点3,并新建两条边。

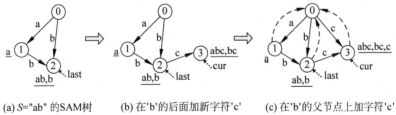

(a) $S=$"ab" 的 SAM 树   (b) 在'b'的后面加新字符'c'   (c) 在'b'的父节点上加字符'c'

图 9.31   从 $S=$"ab"到 $S=$"abc"

第1条边连接 last=2 和3,边是'c'(节点2用字典树构造,它的c出口指向3)。这一步的作用是在自动机上增加以这个字符为结尾的**后缀**,即在"b"和"ab"两个子串的基础上产生"bc""abc"两个子串。

第2条边连接0和3。'c'是一个未出现过的字符,那么会产生以'c'开头的子串,所以需要从根加边到这个节点。在代码中是如何知道它是一个新字符的?通过逐个查找 last 的后缀链(father)得到,last=2 的后缀链指向0,发现0的子节点没有'c',则在0和3之间加一条'c'边。继续查找0的后缀链,发现0的后缀链指向−1,这说明'c'这个字符未出现过,置3的后缀链(father)为0,另外,也要给新节点3加上后缀链。这一步的作用是在自动机上增加以这个字符为首的子串:查找新增加的字符'c'是否在前面出现过,如果没有出现过,说明自动机上没有这个子串,则加边到根上,建立一条从根到这个字符的路径;如果出现过,自动机上已经有这个子串,不用再加边了。图 9.31(c)中的虚线箭头是后缀链。

(2) 从 $S=$ "abc"到 $S=$ "abcb",末尾加的字符'b'重复出现。

需要在节点 3 后面加一个新节点 4,以产生最长子串"abcb"。由于'b'出现过,节点 4 不用连在根上。图 9.32(b)正确吗?

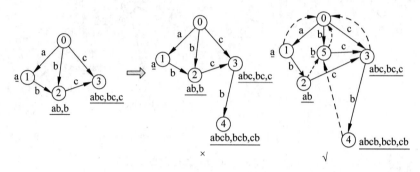

(a) $S=$ "abc"的SAM   (b) 错误的$S=$ "abcb" SAM   (c) 正确的$S=$ "abcb"SAM

图 9.32 节点需要复制的情况

看起来图 9.32(b)是正确的,它能表达 S 的所有子串,但是根据本节的建图规则,它是错的。这个规则是:SAM 上的每个点代表一个 endpos 等价类,这个点的所有子串都属于这个类。图 9.32(b)违反了这一规则,节点 2 的子串是"ab"和'b',它们的 endpos 分别是{2}、{2,4},不等价。

正确的是图 9.32(c),它的每个点都是等价类。所以,当从 $S=$ "abc"到 $S=$ "abcb"时,需要把图 9.32(b)的节点 2 复制成两个点,即图 9.32(c)的节点 2 和节点 5。复制节点 5 之后,把节点 5 和节点 0、节点 3 连上。

图 9.32(c)完成的 SAM,节点 2 和 4 的后缀链(father)指向谁?节点 2 表示"ab",它的前一个后缀是'b';节点 4 表示"abcb""bcb""cb",前一个后缀是'b'。所以,节点 2 和节点 4 的后缀链都指向节点 5。图中的虚线箭头是后缀链。

从这个例子能得到后缀自动机的空间复杂度。每个节点最多被复制一次,前面提到过 S 的 n 个字符对应 n 个节点,所以最多有 $2n$ 个节点。最后一个节点不用复制,再加上一个根节点,共 $2n$ 个节点。后缀自动机的空间复杂度为 $O(n)$,编码时把空间大小定义为 $2n$ 即可。

构造一棵 SAM 树的时间复杂度为 $O(n)$。

9.8.4 模板代码

以上介绍了后缀自动机的所有原理和操作,下面用一道模板题给出代码。

例 9.13 Reincarnation(hdu 4622)

问题描述:给定一个只包含小写字母的字符串 s,定义 $f(s)$ 表示 s 的不同子串数量。输入一些查询,一个查询输出 $f(s[L\cdots R])$,$s[L\cdots R]$ 表示区间内的子串。

输入:第 1 行输入整数 T,表示测试数。对每个测试,第 1 行输入字符串(长度为 n)s,

$1 \leqslant n \leqslant 2000$。第 2 行输入整数 $Q(1 \leqslant Q \leqslant 10000)$，表示 Q 个查询，后面 Q 行中，每行输入两个整数 L, R。$1 \leqslant L \leqslant R \leqslant n$。

输出：对每个测试的每个查询，输出一行表示答案。

题目要求统计一个区间 $[L, R]$ 的子串数量，可以用 DP 思路，从 $[L, R-1]$ 递推到 $[L, R]$，预计算出所有的区间的答案。

在一个字符串后面加一个字符，子串数量增加多少？在后缀自动机上，每增加一个字符，就是增加一个节点（状态），这个节点上的等价类子串就是新增的子串。例如，图 9.33 中增加的字符对应新节点 last，增加了子串 "cde" "bcde" "abcde"，数量是 3 个，计算方法是 $\text{len}(\text{last}) - \text{len}(\text{last.father}) = 5 - 2 = 3$，见下面代码中第 63 行。

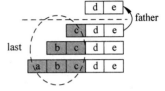

图 9.33　新加字符后子串的
增加数量

通过这一题能帮助深入理解后缀自动机的节点和节点的 len 的含义。

代码中的 Insert() 函数是后缀自动机的模板，功能是向后缀自动机逐个加入 S 的字符。读者可以发现，虽然本节花了大量篇幅介绍后缀自动机的原理，但是代码却相当简单，理解也并不困难。请对照本节的讲解理解代码，若有不清楚的地方，请用第 42～49 行调试代码打印后缀自动机，以帮助理解。

```
1    # include < bits/stdc++.h>
2    using namespace std;
3    const int N = 2007;
4    int sz,last;                        //sz: 节点(状态)的编号; last: 指向最后被添加的节点
5    struct node{                        //用字典树存储节点
6        int son[26];                    //26 个字母
7        int father;
8        int len;                        //这个等价类的最大子串长度
9    }t[N << 1];                         //后缀自动机的状态数不超过 2n 个
10   void newNode(int length){           //建一个新节点, sz = 0 是根
11       t[++sz].len = length;           //这个节点所表示的子串的长度
12       t[sz].father = -1;              //它的父节点还未知
13       memset(t[sz].son,0,sizeof(t[sz].son));
14   }
15   void init(){
16       sz = -1; last = 0;             //根是 0,根指向 -1,表示结束
17       newNode(0);
18   }
19   void Insert(int c){
20       newNode(t[last].len + 1);
21       int p = last, cur = sz;        //p:上一个节点的位置,cur:新节点的位置
22       while(p!= -1 && !t[p].son[c])
23           t[p].son[c] = cur, p = t[p].father;
24       if(p == -1)
25           t[cur].father = 0;
26       else{
27           int q = t[p].son[c];
```

```
28          if(t[q].len == t[p].len + 1)
29             t[cur].father = q;
30          else{
31             newNode(t[p].len + 1);
32             int nq = sz;                        //复制节点
33             memcpy(t[nq].son,t[q].son,sizeof(t[q].son));
34             t[nq].father = t[q].father;
35             t[cur].father = t[q].father = nq;
36             while(p >= 0 && t[p].son[c] == q)
37                 t[p].son[c] = nq,   p = t[p].father;
38          }
39       }
40       last = cur;
41   /* 打印后缀自动机的所有节点和边
42       for(int i = 0;i <= sz;i++)
43         for(int j = 0;j < 26;j++)
44           if(t[i].son[j]) {                    //起点 - (边上的字符) - 终点
45               int start = i,end = t[i].son[j];
46               printf(" % d - ( % c) - % d ",start,j + 'a',end);
47               printf(" father = % d len = % d\n",t[end].father,t[end].len);
48           }
49       cout << endl;
50   */
51   }
52   char S[N];
53   int ans[N][N];
54   int main(){
55       int T;    scanf(" % d",&T);
56       while(T-- ){
57           scanf(" % s",S);
58           int n = strlen(S);
59           for(int i = 0;i < n;i++){
60               init();                          //每次重新求 S[i,j]的后缀自动机
61               for(int j = i;j < n;j++){
62                   Insert(S[j]- 'a');
63                   ans[i][j] = ans[i][j-1] + t[last].len - t[t[last].father].len;
64               }
65           }
66           int Q, L, R;    scanf(" % d",&Q);
67           while(Q-- ){
68               scanf(" % d % d",&L, &R);
69               printf(" % d\n",ans[ --L][ --R]);
70           }
71       }
72       return 0;
73   }
```

9.8.5 后缀自动机的应用

后缀自动机几乎是"全能"的处理字符串算法,模式匹配、回文串等问题都可以用后缀自动机实现,时间复杂度也一样好。

后缀自动机的缺点是因为使用了字典树,导致空间比较大。定义符号 Σ 为字符集, $|\Sigma|$ 为字符集长度,如小写字符的字符集长度为 26,空间复杂度为 $O(|\Sigma|n)$。一般情况下,字符集是常数且比较小。

　　后缀自动机的基本应用有在 S 中查找模式串 P、S 中有多少不同的子串、所有不同子串的总长度、字典序第 k 大子串、最小循环移位、最大循环移位、模式串 P 在 S 中的出现次数、P 在 S 中第 1 次出现的位置、P 在 S 中出现的所有位置、最短的没有出现的字符串、两个字符串的最长公共子串、多个字符串间的最长公共子串等。请通过习题掌握这些应用。

【习题】

洛谷 P3804/P3975/P4248/P5341/P4770/P5284/P5319。

小　　结

　　本章介绍了竞赛涉及的字符串算法。本书把字符串专题放在比较靠后的位置,是因为大部分算法都比较难,而且结合了前面章节的知识,字符串算法是建立在其他基础知识上的上层算法。

　　一道字符串题目往往可以用多种算法实现,读者需要透彻理解各种算法的原理、编程、适用场景,才能选择合适的算法。在本章介绍的字符串算法中,后缀自动机是目前受欢迎的算法,它也是一种不太容易学习的算法。

第10章 图 论

图论是一个"巨大"的专题,有大量的知识点,有众多广为人知的问题,有复杂的应用场景。

图论算法常常建立在复杂的数据结构之上。本书第4章"高级数据结构"的很多知识点,也可以归类为图论问题,如 LCA、树链剖分等。

本章讲解了从基础到高级的常见的图论考点,帮助读者从整体上掌握图论专题。

10.1 图 的 存 储

在对图进行操作之前需要先存储图。图的存储方法有 3 种：邻接矩阵、邻接表、链式前向星[①]。邻接矩阵用空间换取时间，代码极为简单且访问效率高，但是只能用于小图。邻接表的存储效率高且代码简单，是最常见的存储方法。链式前向星是最节省空间的存储方法，不过代码稍微复杂一点。

10.1.1 邻接矩阵

直接用矩阵 $graph[N][N]$ 存储边，N 为节点总数，节点的编号范围是 $0 \sim N-1$。如果希望节点编号范围为 $1 \sim N$，那么定义矩阵 $graph[N+1][N+1]$。若 i 和 j 是直连的邻居，用 $graph[i][j]$ 表示边 (i,j) 的权值；若 i 和 j 不直连，不是邻居，一般把 $graph[i][j]$ 赋值为无穷大（INF）。在稠密图中，大部分点之间有边，此时 $graph[][]$ 大部分是权值；在稀疏图中，大部分点之间没有边，此时 $graph[][]$ 大部分是 INF。一般情况下，只需要存储存在的边的权值，不存在的边并不需要存储，所以邻接矩阵适合稠密图，不适合稀疏图。

邻接矩阵的存储空间大小为 N^2，如当 $N=5000$ 时，$N^2=25000000$。

邻接矩阵的优点很多：①简单直接，编程极简；②查找边 (i,j) 非常快，复杂度为 $O(1)$；③适合稠密图。邻接矩阵的缺点是：①在表示稀疏图时十分浪费空间；②边有多个权值时不能存储，即不能存储重边。

矩阵能表示有向边或无向边。若是无向图，可以定义边 (i,j) 的权值为 $graph[i][j] = graph[j][i]$；若是有向图，$graph[i][j]$ 是边 $i \rightarrow j$ 的权值，$graph[j][i]$ 是边 $j \rightarrow i$ 的权值。

10.1.2 邻接表

为解决邻接矩阵浪费空间的问题，可以使用邻接表。所谓邻接表，即每个节点只存储它的直连邻居，一般用链表存储这些邻居。规模大的稀疏图一般用邻接表，因为非直连的节点不用存储，所以节省了空间，存储效率非常高，存储复杂度为 $O(n+m)$，n 为节点数量，m 为边数，几乎已经达到了最优的复杂度，而且能存储重边。邻接表的缺点是找一个节点的邻居时，需要逐个遍历它的邻接表，速度不如邻接矩阵快，不过邻居的数量一般不多，影响不大。

常用 STL vector 实现邻接表。

```
1   struct edge{                              //定义边
2       int from, to, w;                      //边：起点为 from,终点为 to,权值为 w
3       edge(int a, int b,int c){from = a; to = b; w = c;}   //对边赋值
4   };
5   vector < edge > e[N];                     //e[i]:存储第 i 个节点连接的所有边
6   //初始化
7       for(int i = 1; i < = n; i++)
8           e[i].clear();
```

---

① 《算法竞赛入门到进阶》10.2 节"图的存储"详细解释了这 3 种存储方法。

```
 9    //存边
10    e[a].push_back(edge(a,b,c));              //把边(a,b)存到节点 a 的邻接表中
11    //遍历节点 u 的所有邻居
12    for(int i = 0; i < e[u].size(); i++) {    //节点 u 的邻居有 e[u].size()个
13    //for(int v : e[u])//上一行的简单写法,见 5.6 节洛谷 P1352 和 10.6 节洛谷 P2607 的代码
14        int v = e[u][i].to, w = e[u][i].w;
15        …
16    }
```

 本章分析图算法复杂度时,用 n 表示点的数量,m 表示边的数量。

10.1.3 链式前向星

分析邻接表的组成,存储一个节点 u 的邻接边,其方法的关键是先定位第 1 条边,第 1 条边再指向第 2 条边,第 2 条边再指向第 3 条边…根据这个分析,可以设计一种极为紧凑、没有任何空间浪费、编程非常简单的存图方法。用图 10.1 所示的例子说明,图中没有标注边权。

图 10.2 所示为生成的存储空间。head[]是一个静态数组,u 是节点编号,head[u]指向 u 的一个邻居的存储位置。struct edge 是一个结构静态数组,edge[i].to 存储邻居节点编号,edge[i].next 指向下一个邻居节点的存储位置。

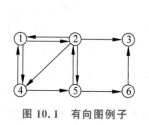

图 10.1　有向图例子

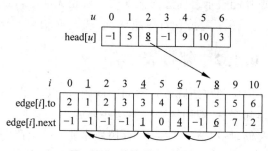

图 10.2　链式前向星存图

以节点 2 为例,从节点 2 出发的边有 4 条:(2-1)、(2-3)、(2-4)、(2-5),邻居是 1、3、4、5。

(1) 定位第 1 条边。用 head[]数组实现,head[2]指向节点 2 的第 1 条边,head[2]=8,它存储在 edge[8]这个位置。

(2) 定位其他边。用 struct edge 的 next 参数指向下一条边。edge[8].next=6,指向下一条边在 edge[6]这个位置;然后 edge[6].next=4;edge[4].next=1;最后 edge[1].next=−1,−1 表示结束。

struct edge 的 to 参数记录这个边的邻居节点。例如,edge[8].to=5,第 1 个邻居是节点 5;然后继续通过 to 找其他邻居,edge[6].to=4,edge[4].to=3,edge[1].to=1,得到邻居节点 1、3、4、5。

上述存储方法被称为"**链式前向星**",是空间效率最高的存储方法,因为它用静态数组模拟邻接表,没有任何浪费。

下面的代码用 addedge() 函数存一条新的边。按以下顺序存储图中所有边:(1-2)、(2-1)、(5-2)、(6-3)、(2-3)、(1-4)、(2-4)、(4-1)、(2-5)、(4-5)、(5-6),得到图 10.2。输入的顺序会影响存储的位置。从执行过程可知,每加入一条新的边,都是根据递增的 cnt 直接存在 edge[] 的末尾空位置。代码中的 from 表示边 (u,v) 的起点 u,一般情况下可以省略,因为 head[u] 的 u 就是起点,查找 u 的邻居时,u 本身是已知的。

```
1   # include < bits/stdc++.h>
2   using namespace std;
3   const int N = 1e6 + 5, M = 2e6 + 5;         //100 万个点,200 万条边
4   int head[N],cnt;                            //cnt 记录当前存储位置
5   struct {
6       int from, to, next;    //from 为边的起点 u; to 为边的终点 v; next 为 u 的下一个邻居
7       int w;                                  //边权,根据题目设定有 int,double 等类型
8   }edge[M];                                   //存储边
9   void init(){                                //链式前向星初始化
10      for(int i = 0; i < N; ++i) head[i] = -1;   //点初始化
11      for(int i = 0; i < M; ++i) edge[i].next = -1;    //边初始化
12      cnt = 0;
13  }
14  void addedge(int u, int v, int w){          //前向星存储边(u,v),边的权值为 w
15      edge[cnt].from = u;                     //一般情况下,这一句是多余的
16      edge[cnt].to = v;
17      edge[cnt].w = w;
18      edge[cnt].next = head[u];
19      head[u] = cnt++;
20  }
21  int main(){
22      init();                                 //前向星初始化
23      int n, m;  cin>> n >> m;                 //输入 n 个点,m 条边
24      for(int i = 0;i < m;i++){int u,v,w; cin>> u >> v >> w; addedge(u,v,w);}
25                                              //存储 m 条有向边
26      for(int i = 0;i <= n;i++) printf("h[ % d] = % d,",i,head[i]); printf("\n");
27                                              //打印 head[]
28      for(int i = 0;i < m;i++) printf("e[ % d].to = % d,",i,edge[i].to); printf("\n");
29                                              //打印 edge[].to
30      for(int i = 0;i < m;i++) printf("e[ % d].nex = % d,",i,edge[i].next); printf("\n");
31                                              //打印 edge[].next
32      for(int i = head[2]; ~i; i = edge[i].next)   //遍历节点 2 的所有邻居,~i 可写为 i!= -1
33          printf(" % d",edge[i].to);          //printf(" % d- % d",edge[i].from,edge[i].to);
34      return 0;
35  }
```

下面是输入和输出样例。

输入:	输出:
6 11	h[0] = -1 h[1] = 5 h[2] = 8 h[3] = -1 h[4] = 9 h[5] = 10 h[6] = 3
1 2 24	e[0].to = 2 e[1].to = 1 e[2].to = 2 e[3].to = 3 e[4].to = 3 e[5].to = 4 e[6].to = 4
2 1 54	e[7].to = 1 e[8].to = 5 e[9].to = 5 e[10].to = 6
5 2 34	e[0].nex = -1 e[1].nex = -1 e[2].nex = -1 e[3].nex = -1 e[4].nex = 1
6 3 87	e[5].nex = 0 e[6].nex = 4 e[7].nex = -1 e[8].nex = 6 e[9].nex = 7 e[10].nex = 2

```
2 3 124    5 4 3 1
1 4 675
2 4 345
4 1 321
2 5 587
4 5 87
5 6 956
```

代码中的 cnt 指示当前存储位置。一般来说,cnt 的初值没有关系,不过,在 10.10.3 节 Dinic 算法中用链式前向星存储"奇偶边",cnt 的初值需要定义为奇数。

> **提示** 上面代码默认节点编号范围为 $1 \sim n$,但有的题目是 $0 \sim n-1$,请根据情况灵活处理。

上面的链式前向星代码可以简化,在以下代码中,用 0 而不是 -1 表示空,这样做能省去 init() 函数。本书部分图论例题采用了这个写法。

```
1   # include < bits/stdc++.h>
2   using namespace std;
3   const int N = 1e6 + 5, M = 2e6 + 5;      //100 万个点,200 万条边
4   int cnt = 0, head[N];                     //cnt 等于其他值也行,根据题目要求赋值
5   struct {int to, next, w;} edge[M];
6   void addedge(int u, int v, int w) {
7       cnt++;
8       edge[cnt].to = v;
9       edge[cnt].w = w;
10      edge[cnt].next = head[u];
11      head[u] = cnt;
12  }
13  int main() {
14      int n, m;   cin >> n >> m;
15      for(int i = 0;i < m;i++){int u,v,w; cin >> u >> v >> w; addedge(u,v,w);}
16      for(int i = head[2]; i > 0; i = edge[i].next)   //遍历节点 2 的所有邻居
17          printf("%d ",edge[i].to);                    //输出:5 4 3 1
18      return 0;
19  }
```

> **提示** 除了这 3 种存图方法,还有一种极简存图法,称为"边集数组",仅仅只用一个结构体数组存所有边。它的优点是极省空间,缺点是无法快速查找某条边。它有自己的应用场景,见 10.8.4 节 Bellman-Ford 算法、10.9.1 节 Kruskal 算法,在这两个算法中不需要查找特定的边。"链式前向星=边集数组+邻接表",链式前向星的 edgc[] 是边集数组,head[] 实现邻接表的功能。

10.2　拓扑排序

现实生活中我们经常要做一连串事情,这些事情之间有顺序关系或依赖关系,做一件事情之前必须先做另一件事,如安排客人的座位、穿衣服的先后、课程学习的先后等。这些事情可以抽象为图论中的拓扑排序(Topological Sorting)问题。

10.2.1　拓扑排序的概念

设有 a、b、c、d 等事情,其中 a 有最高优先级,b 和 c 优先级相同,d 有最低优先级,表示为 $a \rightarrow (b, c) \rightarrow d$,那么 $abcd$ 或 $acbd$ 都是可行的排序。把事情看作图的点,把先后关系看作有向边,问题转化为在图中求一个有先后关系的排序,这就是拓扑排序,如图 10.3 所示的例子。

显然,一个图能进行拓扑排序的充要条件是它是一个有向无环图(DAG)。

如果图中有环,用拓扑排序可以找到环。此时,若是无向图,可以把它看作有向图,再进行拓扑排序。具体做法见 10.6 节基环树。

拓扑排序需要用到点的入度(Indegree)和出度(Outdegree)的概念。

入度:以点 v 为终点的边的数量,称为 v 的入度。

出度:以点 u 为起点的边的数量,称为 u 的出度。

一个点的入度和出度,体现了这个点的先后关系。如果一个点的入度等于 0,说明它是起点,是排在最前面的;如果它的出度等于 0,说明它是排在最后面的。例如,图 10.4 中,点 a 和 c 的入度为 0,它们都是优先级最高的事情;d 的出度为 0,它的优先级最低。

拓扑排序可以有多个,如图 10.4 中的 a 和 c,谁排在前面都可以,b 和 c 也是。

图 10.3　用图表示先后关系　　　　图 10.4　入度和出度

拓扑排序是简单的图遍历,用 BFS 或 DFS 都能实现。

10.2.2　基于 BFS 的拓扑排序

用 BFS 实现拓扑排序,有两种思路:无前驱的顶点优先、无后继的顶点优先。

1. 无前驱的顶点优先

无前驱的顶点优先拓扑排序,先输出入度为 0(无前驱,优先级最高)的点。具体操作如图 10.5 所示,其中 Q 是 BFS 的队列。

步骤简述如下。

(1) 找到所有入度为 0 的点,放入队列,作为起点,这些点谁先谁后没有关系。如果找

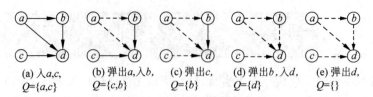

图 10.5　无前驱的顶点优先拓扑排序

不到入度为 0 的点,说明这个图不是 DAG,不存在拓扑排序。图 10.5(a)中 a 和 c 入度为 0,入队。

（2）弹出队首 a,a 的所有邻居点入度减 1,入度减为 0 的邻居点 b 入队。没有减为 0 的点不能入队,如图 10.5(b)所示。

（3）继续上述操作,直到队列为空,如图 10.5(c)～图 10.5(e)所示。

队列输出 acbd,而且包含了所有点,这就是一个拓扑排序。

拓扑排序无解的判断：如果队列已空,但是还有点未入队,那么这些点的入度都不为 0,说明图不是 DAG,不存在拓扑排序。

拓扑排序无解,说明图上存在环,利用这一点可以找到图上的环路。例如,给定一棵树,树肯定是 DAG,然后在树上某两个点之间加一条边,会形成一个环路。用拓扑排序能找到这个环：没有进入队列的点,就是环路上的点。

2. 无后继的顶点优先

前面介绍了"无前驱"的思路,读者很容易发现,这个过程可以反过来执行,即"无后继的顶点优先"：从出度为 0（无后继,优先级最低）的点开始,逐步倒推。如图 10.6 所示,输出逆序 $dbca$。

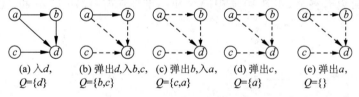

图 10.6　无后继的顶点优先拓扑排序

最后分析 BFS 拓扑排序的复杂度。初始化时,查找入度为 0 的点,需要检查每条边,复杂度为 $O(m)$；在队列操作中,每个点进出队列一次,需要检查它直接连接的所有邻居,复杂度为 $O(n+m)$。总复杂度为 $O(n+m)$。

10.2.3　基于 DFS 的拓扑排序

DFS 天然适合拓扑排序。回顾 DFS 深度搜索的原理,是沿着一条路径一直搜索到最底层,然后逐层回退。这个过程正好体现了点和点的先后关系,天然符合拓扑排序的原理。在 DFS 上加一点点处理,就能解决拓扑排序问题。

一个有向无环图,如果只有一个点 u 是 0 入度的,那么从 u 开始 DFS,DFS 递归返回的顺序就是拓扑排序（是一个**逆序**）。DFS 递归返回的首先是最底层的点,它一定是 0 出度点,没有后续点,是拓扑排序的最后一个点;然后逐步回退,最后输出的是起点 u;输出的顺序是一个**逆序**。

以图 10.7 为例,从 a 开始,递归返回的顺序见点旁边的下画线数字,即 $cdba$,是拓扑排序的逆序。

为了按正确的顺序打印出拓扑排序,编程时的处理是定义一个拓扑排序队列 list,每次递归输出时,就把它插到当前 list 的最前面;最后从头到尾打印 list,就是拓扑排序。这实际上是一个**栈**。

读者可以自己画一个 DAG,体会 DFS 和拓扑排序的关系。

还有一些细节需要处理。

(1) 应该以入度为 0 的点为起点开始 DFS。如何找到它?需要找到它吗?如果有多个入度为 0 的点呢?

这几个问题,其实并不用特别处理。想象有一个虚拟的点 v,它单向连接到所有其他点。这个点就是图中唯一的 0 入度点,图中所有其他的点都是它的下一层递归;而且它不会把原图变成环路。从这个虚拟点开始 DFS,就完成了拓扑排序。例如,图 10.8(a)有两个 0 入度点:a 和 f;图 10.8(b)想象有一个虚拟点 v,那么递归返回的顺序见点旁边下画线数字,返回的是拓扑排序的逆序。

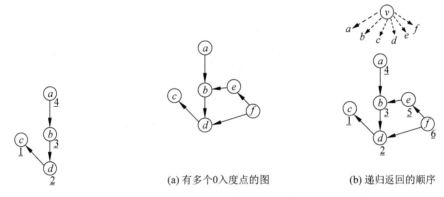

图 10.7　递归和拓扑排序

(a) 有多个0入度点的图　　　(b) 递归返回的顺序

图 10.8　多个 0 入度点的情况

实际编程时,并不需要处理这个虚拟点,只要在主程序中把每个点轮流执行一遍 DFS 即可。这样做,相当于显式地递归了虚拟点的所有的下一层点。

(2) 如果图不是 DAG,能判断吗?

图不是 DAG,说明是有环图,不存在拓扑排序。那么在递归时,会出现**回退边**。在代码中,这样发现回退边:记录每个点的状态,如果 dfs() 函数递归到某个点时发现它仍在前面的递归中没有处理完毕,说明存在回退边,不存在拓扑排序。

10.2.4　输出拓扑排序

拓扑排序的题目需要输出结果,或者是输出字典序最小的拓扑排序,或者是按顺序输出所有的拓扑排序。这两个问题的解决需要分析计算复杂度。

如果只需要输出一个拓扑排序(一般是字典序最小的拓扑排序),那么 BFS 或 DFS 都只需要遍历每个节点和边一次,计算复杂度为 $O(n+m)$。

如果需要输出所有的拓扑排序,那么一共有多少个拓扑排序?图上的一个拓扑排序和图上的一条路径相似,路径的数量是指数级的,拓扑排序也是指数级的。读者可以自己尝试画出一个拓扑排序数量为指数级的 DAG。

下面的例题需要输出所有的排序。由于拓扑排序的数量是指数级的,这一题的节点数 n 和边数 m 都很小。

 例 10.1   Following orders(poj 1270)

问题描述:按字母序输出所有的拓扑排序。

输入:每个测试输入两行,第 1 行是字母,第 2 行是字母的关系,一对字母 x y 表示 $x < y$。字母数量为 2~20,字母对的数量小于或等于 50。

输出:对每个测试,按字母序输出所有的拓扑排序。

输入样例:	输出样例:
a b f g	abfg
a b b f	abgf
	agbf
	gabf

如果只需要输出一个字典序最小的拓扑排序,先考虑用 BFS 实现。修改 BFS 的拓扑排序代码,把普通队列改为**优先队列 Q**。在 Q 中放进入度为 0 的点,每次输出编号最小的节点,然后把它的后续节点的入度减 1,入度减为 0 的再放入 Q。这样就能输出一个字典序最小的拓扑排序,如图 10.9 所示。

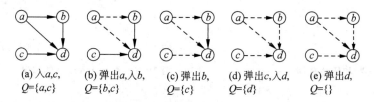

图 10.9　输出字典序的拓扑排序

本题需要输出所有的排序,用 DFS 更容易编程。把所有字母排序,每次 DFS 时,按字母顺序进行 DFS,就能输出字典序。DFS 结束,就输出了所有的拓扑排序。下面给出用 DFS 实现的代码。

```
1   //改写自 https://blog.csdn.net/iteye_4476/article/details/82335629
2   # include <cstdio>
3   # include <algorithm>
4   # include <cstring>
5   using namespace std;
6   int n,a[25],dir[30][30];                    //dir[i][j]=1 表示 i、j 是先后关系
7   int topo[25],vis[30],indegree[30]; //topo[]记录拓扑排序,indegree[]记录入度,vis[]标记是否访问
8   void dfs(int z,int cnt){
```

```
9       int i;
10      topo[cnt] = z;                          //记录拓扑排序
11      if(cnt == n - 1) {                      //所有点取完了,输出一个拓扑排序
12          for(i = 0;i < n;i++) printf("%c",topo[i] + 'a');
13          printf("\n");
14          return ;
15      }
16      vis[z] = 1;                             //标记为已访问
17      for(i = 0;i < n;i++){
18          if(!vis[a[i]] && dir[z][a[i]] )
19              indegree[a[i]] -- ;            //把所有下属的入度减1
20      }
21      for(i = 0;i < n;i++)
22          if(!indegree[a[i]] && !vis[a[i]] )  //入度为0的继续取
23              dfs(a[i],cnt + 1);
24      for(i = 0;i < n;i++){
25          if(!vis[a[i]] && dir[z][a[i]] )
26              indegree[a[i]] ++;
27      }
28      vis[z] = 0;                             //恢复
29  }
30  int main(){
31      char s[100];
32      int len;
33      while(gets(s)!= NULL){
34          memset(dir,0,sizeof(dir));
35          memset(vis,0,sizeof(vis));
36          memset(indegree,0,sizeof(indegree));
37          len = strlen(s);
38          n = 0;
39          for(int i = 0;i < len;i++)           //存字母到a[ ]
40              if(s[i]<= 'z' && s[i]>= 'a')
41                  a[n++] = s[i] - 'a';
42          sort(a,a + n);                       //对字母排序,这样就能按字典序输出了
43          gets(s);
44          len = strlen(s);
45          int first = 1;                       //first = 1表示当前字母是起点
46          for(int i = 0;i < len;i++) {        //处理先后关系
47              int st,ed;
48              if(first && s[i]<= 'z' && s[i] >= 'a'){   //起点
49                  first = 0;
50                  st = s[i] - 'a';             //把字母转换为数字
51                  continue;
52              }
53              if(!first && s[i]<= 'z' && s[i] >= 'a'){  //终点
54                  first = 1;
55                  ed = s[i] - 'a';
56                  dir[st][ed] = 1;             //记录先后关系
57                  indegree[ed]++;              //记录入度,终点的入度加1
58                  continue;
```

```
59              }
60          }
61          for(int i = 0;i < n;i++)
62            if(!indegree[a[i]])          //从所有入度为 0 的点开始
63                dfs(a[i],0);
64          printf("\n");
65      }
66      return 0;
67 }
```

【习题】

(1) 洛谷 P1113/P1347/P1685/P3243/P1983/P1038/P4934/P4017/P2597。

(2) poj 1094/2367/2585/1128。

(3) hdu 1285/3342/2647/4857/1811。

扫一扫

视频讲解

10.3　欧 拉 路

欧拉路是简单的图问题,是 DFS 的一个应用场景。

儿童游戏"一笔画"就是欧拉路问题:给定一个图,要求一笔连续地画出整个图,每条边都必须经过而且只能经过一次,点可以重复经过。"一笔画"游戏来自中世纪数学家欧拉的七桥问题。把这条一笔画路线称为欧拉路,如果还要求起点和终点相同,称为欧拉回路。

欧拉路:从图中某个点出发,遍历整个图,图中每条边通过且只通过一次。

欧拉回路是起点和终点相同的欧拉路。

欧拉路问题主要有两个:是否存在欧拉路、打印出欧拉路。问题的解决通过处理度(Degree),一个点上连接的边的数量称为这个点的度数。在无向图中,如果度数是奇数,称这个点为奇点,否则称为偶点。在有向图中,有出度和入度。

10.3.1　欧拉路和欧拉回路的存在性判断

首先,图应该是连通图。编程时用 DFS 或并查集判断连通性。

其次,判断图是否存在欧拉路或欧拉回路。下面说明判断条件,由于很简单,这里没有举例,请读者自己在纸上画图进行观察。

(1) 无向连通图的判断条件。如果图中的点全都是偶点,则存在欧拉回路,任意点都可以作为起点和终点。如果只有两个奇点,则存在欧拉路,其中一个奇点是起点,另一个是终点。不可能出现有奇数个奇点的无向图,请读者思考。

(2) 有向连通图的判断条件。把一个点的出度记为 1,入度记为 -1,这个点所有出度和入度相加,就是它的度数。一个有向图存在欧拉回路的条件是当且仅当该图所有点的度数为 0。存在欧拉路径的条件是只有一个度数为 1 的点,一个度数为 -1 的点,其他所有点的度数为 0,其中度数为 1 的是起点,度数为 -1 的是终点。

下面用一道简单题介绍欧拉路的判断。

 例 10.2 The necklace(uva 10054[①])

问题描述:有 n 个珠子,每个珠子有两种颜色,分布在珠子的两边。一共有 50 种不同的颜色。把这些珠子串起来,要求两个相邻的珠子接触的那部分颜色相同。问是否能连成一个珠串项链? 如果能,打印一种连法。

输入:第 1 行输入整数 T,表示有 T 个测试。每个测试的第 1 行输入整数 n,$5 \leqslant n \leqslant 1000$,表示珠子的数量;后面 n 行中,每行输入两个整数,描述珠子的颜色,颜色用 $1 \sim 50$ 的整数表示。

输出:对每个测试,如果不能连成项链,就输出"some beads may be lost";如果能连成项链,就打印 n 行,每行输出两个整数表示一个珠子的颜色,第 i 行的第 2 个整数等于第 $i+1$ 行的第 1 个整数。如果有多个答案,打印任意答案。

输入样例:	输出样例:
2	Case #1
5	some beads may be lost
1 2	
2 3	Case #2
3 4	2 1
4 5	1 3
5 6	3 4
5	4 2
2 1	2 2
2 2	
3 4	
3 1	
2 4	

把颜色抽象成点,珠子抽象成边,本题是典型的无向图求欧拉回路。

首先,判断所有点是否为偶点,如果存在奇点,则没有欧拉回路;其次,判断所给的图是否连通(用 DFS 或并查集实现),不连通也不是欧拉回路。不过本题比较简单,不用判断连通性。

下面代码的第 37 行判断了有无欧拉回路。

本题需要注意可能有重边,即邻居点 u、v 之间可能有多条边。

```
1   #include<bits/stdc++.h>
2   using namespace std;
3   const int N = 55;
4   int degree[N];                          //记录度
5   int G[N][N];                            //存图
6   void euler(int u){                       //从 u 开始 DFS
```

① https://vjudge.net/problem/UVA-10054

```
 7          for(int v = 1; v <= 50; v++)  {         //v 是 u 的邻居
 8              if(G[u][v]) {
 9                  G[u][v]--;
10                  G[v][u]--;
11                  euler(v);
12                  cout << v << " " << u << endl;//在 euler()函数后打印,即回溯时打印
13              }
14          }
15 }
16 int main(){
17      int t; cin >> t;
18      int cnt = 0;
19      while (t--) {
20          cnt++;
21          if(cnt != 1) cout << endl;
22          cout << "Case #" << cnt << endl;
23          memset(degree, 0, sizeof(degree));
24          memset(G, 0, sizeof(G));
25          int n;   cin >> n;
26          int color;
27          for(int i = 0; i < n; i++) {      //输入 n 条边
28              int u, v;   cin >> u >> v;
29              color = u;                     //记录一种颜色,测试时可能只出现某些颜色
30              degree[u]++;
31              degree[v]++;                    //记录点的度
32              G[u][v]++;
33              G[v][u]++;                      //存图: 0 为不连接,1 为连接,大于 1 为有重边
34          }
35          int ok = 1;
36          for(int i = 1; i <= 50; i++)
37              if(degree[i] % 2) {             //存在奇点,无欧拉路
38                  cout <<"some beads may be lost"<< endl;
39                  ok = 0;
40                  break;
41              }
42          if(ok)  euler(color);               //有欧拉路,随便从某个存在的颜色开始
43      }
44      return 0;
45 }
```

10.3.2　输出一个欧拉回路

1. 用 DFS 输出一个欧拉回路

对一个无向连通图做 DFS,就输出了一个欧拉回路。图 10.10 可以帮助理解例 10.2 的代码。

从图 10.10(a)中 *a* 点开始 DFS,DFS 的对象是边。图 10.10(b)边上的数字是 DFS 访问的顺序。也可以有别的顺序,图中为了帮助理解,特意选了一个不太"好"的顺序。图 10.10(c)边上下画线数字是 DFS 回溯的顺序,它正好是一个欧拉回路。

代码输出的路径,实际上是从终点到起点的一条路径。对于无向图,因为起点和终点都是一个点，所以并没有关系。

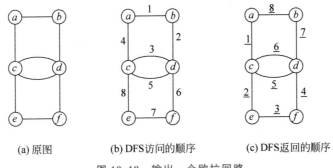

(a) 原图　　　　　　(b) DFS访问的顺序　　　　　　(c) DFS返回的顺序

图 10.10　输出一个欧拉回路

如果是有向图，输出的是一条逆序的路径，可以用栈把逆序按正序打印出来，参考 10.2 节拓扑排序中打印路径时对栈的使用。

2. 用栈模拟递归输出欧拉回路

上面用递归输出欧拉回路。不过，递归常见的问题是爆栈，如果数据很大，就不能直接用递归，需要自己写栈模拟递归。

下面给出一道欧拉路的经典题。当 $n=6$ 时，建模的图有 10^5 个点，10^6 条边，如果直接递归，可能爆栈。请读者用这一题认真体会用栈模拟递归的做法。

例 10.3　Code(poj 1780)

问题描述：输入整数 n，输出一串数字，其中包含所有可能的 n 位数字序列，而且只包含一次。用字典序输出。注意输出的这串数字，每个 n 位数字只能出现一次。例如，$n=2$，可能的两位数字有 $00,01,02,\cdots,97,98,99$，输出的序列应该是 $0010203040506070809011\cdots$，而不是简单连接得到的序列 $0001020304050607080910 11\cdots$，这个序列后面的 10 不应该出现，因为在前面已经出现了。这串数字序列的最短长度为 10^n+n-1。

输入：有多个测试，每个测试输入整数 n，$1\leqslant n\leqslant 6$。若 $n=0$，表示结果。

输出：对每个测试，输出一个序列，包括 10^n+n-1 位数字，表示 n 位的序列。

输入样例：	输出样例：
1	0123456789
2	0010203040506070809011213141516171819223242526272829334353637383940
0	4546474849556575859667686979787988990

为什么这个数字序列的长度是 10^n+n-1？n 位数有 10^n 组数字，总位数是 $n\times10^n$。为了得到包含 10^n 组 n 位数字且序列最短，只要把这 10^n 组数字首位相接，就能得到最短的序列。两组数首位相接，即前一组数的后 $n-1$ 位与后一组数的前 $n-1$ 位相同。10^n 组数每组取最后一位，加上第 1 组的前 $n-1$ 位，序列长度为 10^n+n-1 位。

例如，$n=2$，两位数字有 $00\sim99$ 共 100 组数字。把这 100 组数字首尾相接：$00\to01\to$

$11 \to 12 \to 23 \to \cdots$，每个数字的后一位和下一个数字的前一位相同，只保留每个数字的最后一位，以及第 1 个数的第 1 位，得到一个 101 位的序列 $001123\cdots$。再如，$n=3$，3 位数字有 $000 \sim 999$ 共 1000 组，首尾相接：$000 \to 001 \to 012 \to 125 \to \cdots$，每个数字的后两位和下一个数字的前两位相同，每个数字保留最后一位，以及第一个数的前两位，即可生成的序列 $000125\cdots$。有多种首尾相接的连接方法，题目要求输出字典序最小的那个序列。

如何建模？把每组数字的前 $n-1$ 位看作一个点，共有 10^{n-1} 个点；把 $n-1$ 位数字后面加一个数字（$0 \sim 9$），得到是一组 n 位的数，看作一条边，共有 10^n 条边，这 10^n 条边对应了 10^n 组数字。例如，$n=3$，有 $00 \sim 99$ 共 $10^{n-1}=100$ 个点。其中一个点 23 与其他 10 个点的边是：$\underline{230}(23\text{-}30),\underline{231}(23\text{-}31),\underline{232}(23\text{-}32),\cdots,\underline{239}(23\text{-}39)$，这里的符号 $\underline{230}(23\text{-}30)$ 表示点 23 与点 30 相连，数字 3 首尾相接，得到边 230。

这样就建模成了欧拉路问题：在 10^{n-1} 个点、10^n 条边的图上求一个字典序最小的欧拉路。

本题直接用递归的方法会导致栈溢出，所以用栈来实现。

用图 10.11 表示这个过程。图 10.11 中画出了 $n=3$ 时欧拉图的一部分。圆圈是点，圈内的数字范围是 $00 \sim 99$，共 100 个点。箭头是有向边，边上的数字是 $000 \sim 999$，共 1000 条边。每个点有向外的 10 条边，例如点 00，它的边有 $\underline{000}$，$\underline{001},\underline{002},\cdots,\underline{009}$，分别指向点 $00,01,02,\cdots,09$。

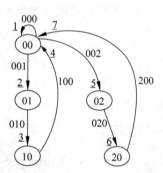

图 10.11 $n=3$ 的局部图

图 10.11 也画出了递归的过程。序列的前几组数按字典序是：$000,001,010,100,002,020,200,\cdots$，每个数的后两位与下一个数的前两位相同，把它们连接起来生成的序列是 $000100200\cdots$。图中箭头上的下画线数字是递归前进的顺序。

为了按字典序生成欧拉路，从一个点向下走时，按 10 条边的边值大小依次走，这是一个递归的过程。例如点 00，它的边有 $\underline{000},\underline{001},\underline{002},\cdots,\underline{009}$，按 $00,01,02,\cdots,09$ 的顺序依次递归访问下一个点。再如点 01，它的边有 $\underline{010},\underline{011},\underline{012},\cdots,$ $\underline{019}$，它按 $10,11,12,\cdots,19$ 的顺序依次递归访问下一个点。

下面代码中的 no_dfs() 函数用栈模拟了上述递归过程。读者可以在第 13 行和第 15 行打印出点和边，验证递归的顺序。递归有两个主要步骤：前进、回溯。如果不太理解，请回顾 3.1.4 节 "DFS 的常见操作和代码实现" 中对 DFS 序的解释。图 10.11 中的箭头方向是前进，倒序就是回溯，代码第 29 行的 edge/10 可以看作回溯。

生成的序列存储于 st_ans[]，它也是一个栈，先存较大值，对 st_ans[] 逆序输出就是按字典序从小到大排列的结果。每组数存储最后一位即可。

```
1    # include < stdio.h >
2    const int N = 1e5;
3    int num[N];                          //num[v]为点 v 后加的数字,num[v] = 0~9
4    int  st_edge[10 * N],      top_s;    //栈,用于存边,top_s 指示栈顶
5    char st_ans [10 * N]; int top_a;     //栈,存序列结果,top_a 指示栈顶
6    int m;
7    void no_dfs(int v){                  //模拟递归,递归搜索点 v 的 10 条边,放入 st_edge
8        int edge;                        //边的值
```

```
9        while(num[v]<10){                      //在点 v(是一个 n-1 位序列)后加 0~9 构成 10 条边
10           edge = 10 * v + num[v];           //数字 edge 代表一条边
11           num[v]++;                          //点 v 添的下一个数字,按字典序递增
12           st_edge[top_s++] = edge;           //把边存入栈 st_edge 中,它是字典序的
13              //printf("%02d -> ",v);         //打印边的起点
14           v = edge % m;                      //更新起点为原来的终点,往下走,点值等于 edge 的后几位
15              //printf("%02d: edge = %03d\n",v,edge);  //打印边的终点、边的权值
16        }
17    }
18    int main(){
19        int n, edge;
20        while(scanf("%d",&n)&&n!= 0){
21            top_s = top_a = edge = 0;
22            m = 1;
23            for(int i = 0;i<n-1;++i)  m *= 10;  //m 是点的数量,共 10^(n-1)个点
24            for(int i = 0;i<m; i++)   num[i] = 0;
25            no_dfs(0);                          //从起点 0 开始,递归点 0 的 10 条边
26            while(top_s){                       //继续走
27                edge = st_edge[ --top_s ];
28                st_ans[top_a++] = edge % 10 + '0';  //只需要存边值的最后一位
29                no_dfs(edge/10);                //边值的前 n-1 位,即上一个点,作用类似于 DFS 的回溯
30            }
31            for(int i = 1;i<n;++i)  printf("0");  //打印第 1 组数,就是 n 个 0
32            while(top_a)  printf("%c",st_ans[ --top_a ]);  //打印其他组数,每组打印一位
33            printf("\n");
34        }
35        return 0;
36    }
```

> **提示**　有的图不是单纯的有向图或无向图,而是两者的混合,同时存在有向边和无向边。这是一类比较困难的问题,需要用最大流求解。具体内容见 10.10.5 节"混合图的欧拉回路"。

【习题】

(1) 洛谷 P1341/P1333/P2731/P1127/P6066/P6628。

(2) hdu 1878/1116/5883。

(3) poj 1300/1041/1386/2337/2230/2513/1392/3018/1780。

10.4　无向图的连通性

扫一扫
视频讲解

10.4.1　割点和割边

无向图中所有能互通的点组成了一个"连通分量(Connected Component)"。在一个连通分量中有一些关键的点,如果删除它们,会把这个连通分量断开分为两个或更多,这种点称为割点(Cut Vertex)。类似的还有割边(Cut Edge,又称为桥(bridge)),在一个连通分量中如果删除一条边,把这个连通分量分成了两个,这条边称为割边。

> **提示** 研究割点和割边是很有意义的。从割点、割边扩展出**双连通**问题,即如何实现一个没有割点和割边的图。例如,计算机网络中,可靠性是重要的问题,希望能在某些网络节点出故障的情况下不影响整个网络的通畅。应该如何布置网络,才能不出现割点,并且部署的节点最少?

1. 求割点

先研究一个基本问题:一个无向连通图 G 中,有多少个割点?

暴力法删除每个点,然后用 DFS 求连通性,如果连通分量变多,那么就是割点。复杂度为 $O(n(n+m))$,n 为点数,m 为边数。

下面介绍用 DFS 求割点的算法,即利用"深搜优先生成树"求割点。

在一个连通分量 G 中,对任意点 s 做 DFS,能访问到所有点,产生一棵"深度优先生成树" T。对 G 求割点,和 T 有什么关系?

定理 10.4.1 T 的根节点 s 是割点,当且仅当 s 有两个或更多子节点。

这个定理很容易理解,如果 s 是割点,它会把图分成不相连的几部分,这几部分都会生成子树;如果 s 不是割点,它只会连接一棵子树。

读者可以用图 10.12 验证。图 10.12(b)是 a 的生成树,a 点是割点,它有子节点 b 和 c。图 10.12(b)中点上面的数字是递归的顺序,下画线数字是递归返回的顺序。

b 不是割点,如果用 b 生成树,只有一个子节点 a。

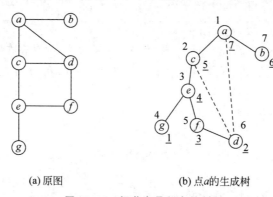

(a)原图   (b)点 a 的生成树

图 10.12 根节点是割点的判断

定理 10.4.2 T 的非根节点 u 是割点,当且仅当 u 存在一个子节点 v,v 及其后代都没有回退边连回 u 的祖先。

这个定理也容易理解,如果 u 是割点,它会把图分成两部分或更多,其中至少一个后代肯定没有通过其他边(回退边,即绕过 u 回去的边)连回 u 的祖先,否则图就不会被分开了。

例如,图 10.12(b)中的 c 点,它的子节点只有一个 e,而 e 后面有个子节点 d 有回退边连回了根节点 a,所以 c 不是割点。再看 e 点,有一个子节点 g,没有回退边连回 e 的祖先,所以 e 是割点。

如何编程实现定理 10.4.2?

设 u 的一个直接后代是 v。定义 num[u],记录 DFS 对每个点的访问顺序,num 值随着递推深度增加而变大。定义 low[v],记录 v 和 v 的后代能连回到的祖先的 num。只要 low[v]≥num[u],就说明在 v 这条支路上,没有回退边连回 u 的祖先,最多退到 u 本身。这就是定理 10.4.2。

如图 10.13 所示,low[u] 的初始值等于 num[u],即连到自己。图 10.13(a)没有回退边。b 的后代是 c,low[c]=3,num[b]=2,有 low[c]≥num[b],说明 b 的支路 c 上没有回退边连回去,所以 b 是割点。

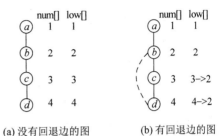

(a)没有回退边的图　　(b)有回退边的图

图 10.13　非根节点是割点的判断

在图 10.13(b)中,观察 low[] 是如何更新的。最后访问的 d 是递归最深处的点,它的 num[d]=4,它有回退边连到 b,low[d] 初始值是 4,更新为 low[d]=num[b]=2,表示有回退边到 b。然后 d 递归回到 c,low[c]更新为 low[c]=low[d]=2,表示 c 通过后代能回退到 b。以上是 low[] 的更新过程。继续考查 c,由于 low[d]=2,num[c]=3,说明 c 的后代 d 有回退边连到了 c 的祖先,所以 c 不是割点。

2. 求割边

有趣的是,上述判断割点的条件 low[v]≥num[u],只要改为 low[v]>num[u],就能用于**判断割边**。这表示 u 的支路 v 以及 v 的后代只能回退到 v,而到不了 u,那么边(u,v)肯定就是割边。例如,图 10.13(b)的 b 点,有 low[c]=2,num[b]=2,说明(b,c)不是割边;再看 a 点,有 low[b]=2,num[a]=1,low[b]>num[a],所以(a,b)是割边。

3. 例题

例 10.4　Network(poj 1144)

问题描述:输入一个无向图,求割点数量。

输入:输入几个测试。每个测试描述一个网络,第 1 行输入整数 N,N<100。后面最多 N 行,每行输入的第 1 个整数表示一个点,其他整数表示的点与它有直连边。每个测试以一个 0 表示结束。最后一行输入一个 0 表示结束。

输出:对每个测试,输出关键点的数量。

输入样例:	输出样例:
5	1
5 1 2 3 4	2
0	
6	
2 1 3	
5 4 6 2	
0	
0	

以下代码用 int dfn 记录进入递归的顺序(也称为时间戳,请回顾 3.1.4 节),然后赋值给这个递归中点 u 的 num[u]。

```
1    # include < algorithm >
2    # include < cstring >
3    # include < vector >
4    using namespace std;
5    const int N = 109;
6    int low[N], num[N], dfn;
7    bool iscut[N];
8    vector < int > G[N];
9    void dfs(int u, int fa){          //u 的父节点是 fa
10       low[u] = num[u] = ++dfn;      //初始值
11       int child = 0;                //孩子数目
12       for(int i = 0;i < G[u].size(); i++) {   //处理 u 的所有子节点
13           int v = G[u][i];
14           if (!num[v]) {            //v 没访问过
15               child++;
16               dfs(v, u);
17               low[u] = min(low[v], low[u]);   //用后代的返回值更新 low 值
18               if (low[v] >= num[u] && u != 1)
19               iscut[u] = true;      //标记割点
20           }
21           else if(num[v]< num[u] && v!= fa)   //处理回退边
22               low[u] = min(low[u], num[v]);
23       }
24       if (u == 1 && child >= 2)     //根节点,有两棵以上不相连的子树
25           iscut[1] = true;
26   }
27   int main(){
28       int ans, n;
29       while(scanf(" % d", &n) != -1){
30           if (n == 0)   break;
31           memset(low, 0, sizeof(low));
32           memset(num, 0, sizeof(num));
33           dfn = 0;
34           for (int i = 0;i < = n;i++) G[i].clear();
35           int a, b;
36           while (scanf(" % d", &a) && a)
37               while (getchar()!= '\n'){
38                   scanf(" % d", &b);
39                   G[a].push_back(b);   G[b].push_back(a); //双向边
40               }
41           memset(iscut, false, sizeof(iscut));
42           ans = 0;
43           dfs(1,1);
44           for (int i = 1;i < = n;i++) ans += iscut[i];
45           printf(" % d\n", ans);
46       }
47   }
```

简单修改代码可求割边。把代码第 18 行的 if(low[v] >= num[u] && u != 1)改为 if(low[v] > num[u] && u != 1),其他代码不变,就是求割边数量。

10.4.2 双连通分量

在一个连通图中任选两点，如果它们之间至少存在两条"点不重复"的路径，称为点双连通。一个图中的点双连通极大子图称为"点双连通分量"（Block 或 2-Connected Component）。点双连通分量是一个"可靠"的图，去掉任意一个点，其他点仍然是连通的；也就是说，点双连通分量中没有割点。

类似地，有"边双连通分量"，如果任意两点之间至少存在两条"边不重复"的路径，称为边双连通。边双连通图中，去掉任意一条边，图仍然是连通的；也就是说，边双连通图中没有割边。

1. 点双连通分量

一个无向图 G 中，有多少个点双连通分量？

求解点双连通分量和求割点密切相关。不同的点双连通分量最多只有一个公共点，即某个割点；任意割点都是至少两个点双连通分量的公共点。

计算点双连通分量一般用 Tarjan 算法[①]，下面是算法的思路。

前面讲解了如何用 DFS 进行割点的计算，可以发现，在找到一个割点时，已经完成了一次对某个极大点双连通子图的访问。那么，在进行 DFS 的过程中，把遍历过的点保存起来，就可以得到这个点双连通分量。

用栈保存 DFS 的访问过程是最合理的，所以，在求解割点的过程中，用一个栈保存遍历过的边，然后每找到一个割点，即满足关系 $low[v] \geqslant num[u]$ 的点 u，就将栈中的边拿出来。

注意，放入栈中的不是点，而是边。因为一条边只属于一个点双连通分量，而一个割点属于多个点双连通分量，如果进入栈的是点，这个割点弹出来之后，就只能给一个点双连通分量了，它连接的其他点双连通分量，就会少了这个点。

相关练习题为 SPF(poj 1523)，求一个图中有多少个割点？每个割点能把网络分成几个点双连通分量？

2. 边双连通分量

给定一个图 G，它有多少个边双连通分量？至少应该添加多少条边，才能使任意两个边双连通分量之间都是双连通的，也就是图 G 是双连通的？用下面的例题进行说明。

例 10.5 Road construction(poj 3352)

问题描述：给定一个无向图 G，图中没有重边。问添加几条边才能使无向图变成边双连通图？

输入：第 1 行输入正整数 n 和 r，$3 \leqslant n \leqslant 1000$ 表示点数，$2 \leqslant r \leqslant 1000$ 表示边数。点的编号为 $1 \sim n$。后面 r 行中，每行输入两个整数 v 和 w，表示点 v 和 w 之间存在一条道路。

输出：一个整数，表示需要添加的最少边数。

[①] Tarjan 提出了很多图论算法，这是其中之一。

边双连通分量的计算用到了"缩点"的技术。

（1）首先找出图 G 的所有边双连通分量。

在 DFS 过程中，图 G 所有的点都生成一个 low 值，low 值相同的点必定在同一个边双连通分量中。DFS 结束后，有多少 low 值，就有多少个边双连通分量。

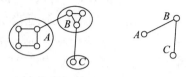

（2）把每个边双连通分量都看作一个点，即把那些 low 值相同的点合并为一个"缩点"。这些缩点形成了一棵树，如图 10.14 所示。

(a) 连通分量 (b) 缩点图

图 10.14 边双连通分量的缩点

（3）问题被转化为：至少在缩点树上增加多少条边，能使这棵树变为一个边双连通图？容易推导出：至少增加的边数＝（总度数为 1 的节点数＋1）/2。例如，图 10.14(b) 中有两个度数为 1 的点 A 和 C，至少增加的边数＝$(2+1)/2=1$。

下面给出 poj 3352 的代码。

```
1    # include < cstring >
2    # include < vector >
3    # include < stdio. h >
4    using namespace std;
5    const int N = 1005;
6    int n, m, low[N], dfn;
7    vector < int > G[N];                        //存图
8    void dfs(int u, int fa){                    //计算每个点的 low 值
9        low[u] = ++dfn;
10       for(int i = 0;i < G[u].size();i++){
11           int v = G[u][i];
12           if(v == fa) continue;
13           if(!low[v]) dfs(v,u);
14           low[u] = min(low[u], low[v]);
15       }
16   }
17   int tarjan(){
18       int degree[N];                          //计算每个缩点的度数
19       memset(degree,0,sizeof(degree));
20       for(int i = 1; i <= n; i++)             //把有相同 low 值的点看作一个缩点
21           for(int j = 0; j < G[i].size(); j++)
22               if(low[i] != low[G[i][j]])
23                   degree[low[i]]++;
24       int res = 0;
25       for(int i = 1;i <= n;i++)               //统计度数为 1 的缩点个数
26           if(degree[i] == 1) res++;
27       return res;
28   }
29   int main(){
30       while(~scanf("% d % d", &n, &m)){
31           memset(low, 0, sizeof(low));
32           for(int i = 0; i <= n; i++)   G[i].clear();
33           for(int i = 1; i <= m; i++){
34               int a, b;   scanf("% d % d", &a, &b);
35               G[a].push_back(b);   G[b].push_back(a);
```

```
36              }
37          dfn = 0;
38          dfs(1, -1);
39          int ans = tarjan();
40          printf("%d\n",(ans + 1)/2);
41      }
42      return 0;
43  }
```

10.5 有向图的连通性

扫一扫

视频讲解

本节内容与拓扑排序的思想有关,请先回顾 10.2 节"拓扑排序"。

强连通:在有向图 G 中,如果两个点 u 和 v 是互相可达的,即从 u 出发可以到达 v,从 v 出发也可以到达 u,则称 u 和 v 是强连通的。如果 G 中任意两个点都是互相可达的,称 G 是强连通图。

强连通分量:如果一个有向图 G 不是强连通图,那么可以把它分成多个子图,其中每个子图的内部是强连通的,而且这些子图已经扩展到最大,不能与子图外的任意点强连通,称这样的一个"极大强连通"子图是 G 的一个强连通分量(Strongly Connected Component, SCC)。

一个常见的问题是 G 中有多少个 SCC? 在解决这个问题前,需要研究 SCC 的两个特征。

(1) 出度和入度。一个点必须有出发的边,也有到达的边,才会与其他点强连通。

(2) 把一个 SCC 从图中挖掉,不影响其他点的强连通性。可以把图上的一个个 SCC 想象成一个个岛,岛内部是强连通的;岛之间只有单向道路连接,不会形成环路。把每个岛虚拟成一个点,那么所有这些虚拟点构成的虚拟图是一个有向无环图;这个虚拟有向无环图中的点与其他点都不是强连通的,有向无环图中的虚拟点的数量就是 SCC 的数量。可以推论出:每个岛都可以挖掉,而不会影响其他岛内部的连通性。

暴力法求 SCC,是对每个点求连通性,然后进行比较,那些互相连通的点就组成了 SCC。这可以通过对每个点都进行 DFS 或 BFS 搜索得到。例如,对图 10.15(a)进行搜索的结果是:

(1) 分别从 a、b、c、d 点出发,可以到达 $\{a,b,c,d\}$;

(2) 从 e 点出发,可以到达 $\{a,b,c,d,e\}$;

(3) 从 f 点出发,可以到达 $\{a,b,c,d,e,f\}$。

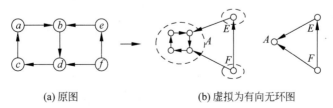

(a)原图　　　　　　(b)虚拟为有向无环图

图 10.15　SCC 的虚拟图

最少的$\{a,b,c,d\}$是一个强连通分量,从整个图中挖掉它,剩下最小的是$\{e\}$,再挖掉它,最后是$\{f\}$。得到 3 个 SCC:$\{a,b,c,d\}$、$\{e\}$、$\{f\}$。

暴力法的复杂度为$O(n^2+m)$。

求 SCC 有 3 种高效算法:Kosaraju、Tarjan、Garbow,它们的复杂度都为$O(n+m)$,但是 Kosaraju 算法要差一些。下面介绍 Kosaraju 和 Tarjan 算法。

10.5.1 Kosaraju 算法

1. 原理

Kosaraju 算法用到了"反图"技术,基于以下两个原理。

(1) 一个有向图G,把G所有的边反向,建立反图rG,反图rG不会改变原图G的强连通性。也就是说,图G的 SCC 数量与rG的 SCC 数量相同。这里直接用图 10.15 的虚拟 DAG 作为例子,图 10.16(a)中A、E、F是 3 个 SCC,内部的点都是强连通的。

(2) 对原图G和反图rG各做一次 DFS,可以确定 SCC 数量。

对原图G做 DFS 是为了确定点的先后顺序。可以发现,对于生成的虚拟 DAG,可以用 DFS 做拓扑排序,排序结果是F、E、A(不过,此时并没有确定哪些点是属于A、E、F的)。而且,F内部优先级最高的那个点高于E和A内部所有的点;E内部优先级最高的那个点高于A内部所有的点。这个有用的结果将用于下面的步骤。

(a) 原图G　　　　(b) 反图rG

图 10.16　原图与反图

确定了顺序,然后从优先级最高的点(这个点属于F)开始,在反图上做 DFS。为什么要在反图上做 DFS?这样做可以求得被隔离的"岛"。例如,要求F包含哪些点,想办法把F和其他点隔离就好了;原图中F是只有出度的点,改成反图后,F变成了只有入度的点,那么从F出发做 DFS,就会被反边x和y堵住,DFS 搜索到的点被限制在F内。显然,只能搜索到而且能全部搜索到F内部的点,而无法到达A、E,这样就确定了F,也就是确定了第 1 个 SCC。

下一步,删除F,然后继续从剩下的优先级最高的点开始搜索,这一步搜索到的点属于E,而E也被反边z**堵住**,只能搜索到属于E的点,确定了第 2 个 SCC。最后,删除E,确定属于A的点,也就是确定了第 3 个 SCC。

2. 算法步骤

(1) 在G上做一次 DFS,标记点的先后顺序。在 DFS 的过程中,标记所有经过的点:把递归到最底层的那个点标记为最小,然后在回退的过程中,其他点的标记逐个递增。和拓扑排序中的 DFS 操作一样,并不需要找一个特殊的点作为起点,可以想象有一个起点v,v连接所有的节点,从v开始 DFS。

在图 10.17(a)中,从虚拟点v出发,按a、b、c、d、e、f的顺序执行 DFS,DFS 返回的结果是c、d、b、a、e、f;每个点的大小标记见图中的数字。如果搜索顺序不同,结果也会不同;但是,不管是什么顺序,f的标记肯定最大,这是拓扑排序的原理。读者可以试试其他顺序,验证这个结论。

（2）在反图 rG 上再做一次 DFS，顺序从标记最大的点开始，到标记最小的点。首先是点 f，记录所有它能到达的点，这些点组成了第 1 个 SCC，图 10.17(b) 中点 f 只能到达自己，这是第 1 个 SCC；然后删除 f，从剩下最大的点继续 DFS，这次是点 e，得到第 2 个 SCC；最后从点 a 开始搜索，返回 $\{c,d,b,a\}$，这是第 3 个 SCC。

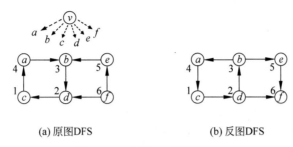

(a) 原图DFS　　　　　　　　　　　(b) 反图DFS

图 10.17　原图和反图的 DFS

3. 例题

 例 10.6　迷宫城堡（hdu 1269）

问题描述：一个有向图有 n 个点（$n \leqslant 10000$）和 m 条边（$m \leqslant 100000$）。判断整个图是否强连通，如果是，输出 Yes；否则输出 No。

输入：输入包含多组数据，第 1 行输入两个数 N 和 M。接下来的 M 行中，每行输入两个数 a 和 b，表示一条边连接点 a 和 b。最后以输入两个 0 结束。

输出：对于输入的每组数据，如果任意两点都是相互连接的，输出 Yes，否则输出 No。

下面给出 hdu 1269 的 Kosaraju 算法代码。用 cnt 记录 SCC 的数量，并且统计了每个点所属的 SCC，sccno[i] 表示第 i 个点所属的 SCC。在 dfs2() 函数中，sccno[i] 也被用于记录点 i 是否被访问，如果 sccno[i] $\neq 0$，说明它已经被处理过；在 dfs1() 函数中，用 vis[i] 记录点 i 是否被访问过。

Kosaraju 算法的复杂度为 $O(n+m)$。

```
1   //部分代码参考《算法竞赛入门经典(第 2 版)》(刘汝佳编著,清华大学出版社出版)第 320 页
2   #include< bits/stdc++.h>
3   using namespace std;
4   const int N = 10005;
5   vector< int > G[N], rG[N];
6   vector< int > S;                          //存储第 1 次 DFS 的结果：标记点的先后顺序
7   int vis[N], sccno[N], cnt;                //cnt: 强连通分量的个数
8   void dfs1(int u) {
9       if(vis[u]) return;
10      vis[u] = 1;
11      for(int i = 0; i < G[u].size(); i++)    dfs1(G[u][i]);
```

```
12        S.push_back(u);                    //记录点的先后顺序,标记大的放在S的后面
13    }
14    void dfs2(int u) {
15        if(sccno[u]) return;
16        sccno[u] = cnt;
17        for(int i = 0; i < rG[u].size(); i++)   dfs2(rG[u][i]);
18    }
19    void Kosaraju(int n) {
20        cnt = 0;
21        S.clear();
22        memset(sccno, 0, sizeof(sccno));
23        memset(vis, 0, sizeof(vis));
24        for(int i = 1; i <= n; i++)   dfs1(i);   //点的编号为1~n,递归所有点
25        for(int i = n-1; i >= 0; i--)
26            if(!sccno[S[i]]) { cnt++; dfs2(S[i]);}
27    }
28    int main(){
29        int n, m, u, v;
30        while(scanf("%d%d", &n, &m), n != 0 || m != 0) {
31            for(int i = 0; i < n; i++) { G[i].clear(); rG[i].clear();}
32            for(int i = 0; i < m; i++){
33                scanf("%d%d", &u, &v);
34                G[u].push_back(v);           //原图
35                rG[v].push_back(u);          //反图
36            }
37            Kosaraju(n);
38            printf("%s\n", cnt == 1 ? "Yes" : "No");
39        }
40        return 0;
41    }
```

10.5.2　Tarjan 算法

1. 原理

Kosaraju 算法的做法是从图中一个一个地把 SCC"挖"出来；而 Tarjan 算法能在一次 DFS 中把所有点都按 SCC 分开。这并不是不可思议的,它是定理 10.5.1 的应用。

定理 10.5.1　一个 SCC,从其中任意一点出发,都至少有一条路径能绕回到自己。

请先回顾无向图 DFS 中求割点的 low[] 和 num[] 操作。Tarjan 算法用到了同样的技术,这个技术结合定理 10.5.1,就是 Tarjan 算法。

如图 10.18 所示,有 3 个 SCC:$\{a,b,d,c\}$、$\{e\}$、$\{f\}$。图 10.18(a)是原图。

如图 10.18(b)所示,对它做 DFS,每个点左边的数字标记了 DFS 访问它的顺序,即 num 值,右边下画线数字是 low 值,即能返回到的最远祖先。每个点的 low 初始值等于 num,即连到自己。观察 c 的 low 值是如何更新的：它初始值是 6,然后有一个回退边到 a,所以更新为 1；它的递归祖先 d 和 b 的 low 值也跟着更新为 1。e 和 f 的 low 值不能更新。

图 10.18(b)是从 a 开始 DFS 的,a 成为 $\{a,b,d,c\}$ 这个 SCC 的共同祖先；其实,从 $\{a,b,d,c\}$ 中任意一点开始 DFS,这个点都会成为这个 SCC 的祖先。认识到这些,可以帮助理

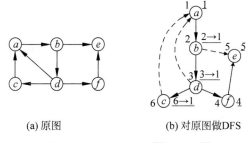

(a) 原图   (b) 对原图做DFS

图 10.18　SCC 的 low[] 和 num[]

解后面的解释——可以用栈分离不同的 SCC。

图 10.18(b)的 low 值有 3 部分：等于 1 的 $\{a,b,d,c\}$、等于 4 的 $\{f\}$、等于 5 的 $\{e\}$。这就是 3 个 SCC。

完成以上步骤，似乎已经解决了问题。每个点都有了自己的 low 值，相同 low 值的点属于一个 SCC；那么只要再对所有点做一次查询，按 low 值分开就行了，其复杂度为 $O(n)$。但其实有更好的办法：在 DFS 的同时把点按 SCC(有相同的 low 值)分开。

以图 10.19 为例，其中有 3 个 SCC：A、E、F。假设从 F 中的一个点开始 DFS，DFS 过程可能会中途跳出 F，进入 A 或 E，总之，最后会进入一个 SCC。

(1) 假设 DFS 过程是 $F \rightarrow E \rightarrow A$，最后进入 A。

(2) 在 A 这个 SCC 中，将完成 A 内所有点的 DFS 过程。也就是说，最后的几步 DFS 会集中在 A 中的点 a、b、c、d。这几个点会计算得到相同的 low 值，标记为一个 SCC，就可以了。

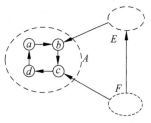

图 10.19　把图分成多个 SCC

(3) DFS 递归从 A 回到 E，并在 E 中完成 E 内部点的 DFS 过程。

(4) 回到 F，在 F 内完成递归过程。

2. 编程实现

以上过程如何编程？读者能回忆起来，DFS 搜索是用递归实现的，而递归和栈这种数据结构在本质上是一致的。所以，可以**用栈来帮助处理**：

(1) 从 F 开始递归搜索，访问到的某些点入栈；

(2) E 中某些点入栈；

(3) 在 DFS 的最底层，A 的所有点将被访问到，并入栈，当前栈顶的几个元素就是 A 的点，标记为同一个 SCC，并弹出栈；

(4) DFS 回到 E，在 E 中完成所有点的搜索并且入栈，当前栈顶的几个元素就是 E 的点，标记为同一个 SCC，并弹出栈；

(5) 回到 F，完成 F 的所有点的搜索并且入栈，当前栈顶的几个元素就是 F 的点，标记为同一个 SCC，并弹出栈，结束。

为加深对上述过程中栈的理解，考虑最先入栈的点。每进入一个新的 SCC，访问并入栈的第 1 个点都是这个 SCC 的祖先，它的 num 值等于 low 值，这个 SCC 中所有点的 low 值

都等于它。

3. 例题

仍然以例 10.6 为例给出 Tarjan 代码。代码中用一个 int stack[N]数组模拟栈。也可以用 STL 的 stack<int>定义栈，请读者自己练习。

```cpp
1   #include<bits/stdc++.h>
2   using namespace std;
3   const int N = 10005;
4   int cnt;                                    //强连通分量的个数
5   int low[N], num[N], dfn;
6   int sccno[N], stack[N], top;                //用 stack[]处理栈,top 是栈顶
7   vector<int> G[N];
8   void dfs(int u){
9       stack[top++] = u;                       //u 入栈
10      low[u] = num[u] = ++dfn;
11      for(int i = 0; i < G[u].size(); ++i){
12          int v = G[u][i];
13          if(!num[v]){                        //未访问过的点,继续 DFS
14              dfs(v);                         //DFS 的最底层,是最后一个 SCC
15              low[u] = min( low[v], low[u] );
16          }
17          else if(!sccno[v])                  //处理回退边
18              low[u] = min( low[u], num[v] );
19      }
20      if(low[u] == num[u]){                   //栈底的点是 SCC 的祖先,它的 low = num
21          cnt++;
22          while(1){
23              int v = stack[ -- top];         //v 弹出栈
24              sccno[v] = cnt;
25              if(u == v) break;               //栈底的点是 SCC 的祖先
26          }
27      }
28  }
29  void Tarjan(int n){
30      cnt = top = dfn = 0;
31      memset(sccno,0,sizeof(sccno));
32      memset(num,0,sizeof(num));
33      memset(low,0,sizeof(low));
34      for(int i = 1; i <= n; i++)
35          if(!num[i])
36              dfs(i);
37  }
38  int main(){
39      int n,m,u,v;
40      while(scanf("%d%d", &n, &m), n != 0 || m != 0) {
41          for(int i = 1; i <= n; i++){ G[i].clear();}
42          for(int i = 0; i < m; i++){
43              scanf("%d%d", &u, &v);
44              G[u].push_back(v);
```

```
45            }
46            Tarjan(n);
47            printf("% s\n", cnt == 1 ? "Yes" : "No" );
48        }
49        return 0;
50    }
```

Tarjan 算法的复杂度也为 $O(n+m)$,但是它只做了一次 DFS,比 Kosaraju 算法快。

【习题】

(1) 洛谷 P3387(缩点)/P3388(割点,割顶)/P2341/P2863/P2746/P1407/P2272/P3225/
P5058/P2515。

(2) poj 2942/2186/1523/3352/3177。

(3) hdu 3394/3749/2460/4587/1827/3072/3836/3639/3861/1530。

10.6 基 环 树

扫一扫

视频讲解

基环树是只有一个环的连通图,它有 n 个点和 n 条边。基环树不是一棵树,而是一棵
"伪树[①]"。它的特征是图中有且只有一个连通的环。下面分别讨论无向图和有向图两种情
况下的基环树。

(1) 无向图上的基环树。在一棵基于无向图的无根树上加一条边,形成基环树。去掉
环上任意一条边,基环树变成一棵真正的树。

(2) 有向图上的基环树。一个有向无环图(DAG),如果在图中加一条边能形成一个自
连通的环,则形成一棵基环树。把这个环看作一个整体,根据它与环外点的关系,把基环树
分成两种:内向树,环外的点只能进入环内;外向树,环外的点无法进入环内。

图 10.20(a)~图 10.20(c)是基环树的 3 种形态,把环缩成一个"虚点"后得到图 10.20(d)~
图 10.20(f)。请注意,缩成虚点后的无向图 10.20(d)是一棵树,但是缩成虚点后的有向
图 10.20(e)和图 10.20(f)不一定是真正的树,如图 10.20(e)就不是一棵树。

由基环树的特征可知,与基环树有关的题目,首先是找到唯一的环,然后把这个环当作
"虚点"。

由前面的无向图的连通性和有向图的连通性可知,基环树的找环问题是"图的连通性"
的一个简化问题。

对于无向图,用拓扑排序的 BFS 可以找出环,操作结束后,度大于 1 的点就是环上的
点。具体做法:①计算所有点的度;②把所有度为 1 的点入队;③从队列弹出度为 1 的点,
把它所连的边去掉,并将边所连的邻居点的度减 1,若这个邻居的度变为 1,入队;④继续执
行步骤③直到队列为空。操作结束后,统计所有点,度数大于 1 的点即为环上的点。注意,
这种无向图找环的方法只适用于只有一个环的基环树。

如果只要找环上的一个点,用 DFS 可以方便地找到。如果有一个点 v 第 2 次被访问

---

① 基环树的英文是 Pseudotree 或 Unicyclic Graph。

到，那么就存在环，且 v 是环上的一个点。这个方法可用于有向图和无向图。下面的例题用到了这个原理。

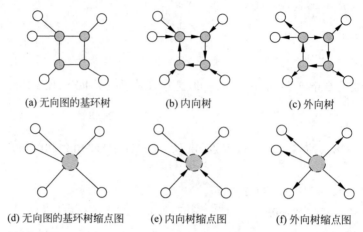

(a) 无向图的基环树　　(b) 内向树　　(c) 外向树

(d) 无向图的基环树缩点图　　(e) 内向树缩点图　　(f) 外向树缩点图

图 10.20　基环树的三种形态和缩点图

例 10.7　骑士（洛谷 P2607）

问题描述：骑士团有很多骑士，一些骑士相互之间有矛盾，每个骑士有且只有一个他讨厌的骑士，他绝对不和自己讨厌的骑士一起出征。为了组成一个最大战力的军团，要求这个团内所有人都没有矛盾且战斗力最大。骑士按 1~n 编号，每人有一个战斗力，军团的战斗力是所有骑士战斗力之和。

输入：第 1 行输入一个整数 n，表示骑士团的人数；接下来 n 行中，每行输入两个整数，分别表示每骑士的战斗力和他讨厌的骑士。$1 \leqslant n \leqslant 10^6$，每人战斗力是不大于 10^6 的整数。

输出：输出一个整数，表示选出的骑士军团的战斗力。

输入样例：	输出样例：
3	30
10 2	
20 3	
30 1	

本题和 5.6 节"树形 DP"的例 5.15 洛谷 P1352 很相似。洛谷 P1352 例题是一棵树，而本题生成的图是基环树森林。

把 x 讨厌的人 y 设为 x 的父节点，形成从 y 指向 x 的有向边。本题每个点的入度为 1，生成的图中包括很多独立的连通块，每个连通块肯定是一棵基环树，而且形状是一棵外向树。这些基环树形成了基环树森林。在每棵基环树上找到环，断开这个环后，这棵基环树变成了一棵真正的树，就可以套用洛谷 P1352 的做法了。

本题属于"基环树＋树上 DP"，下面给出代码。其中的 DP 代码和洛谷 P1352 一样，这里不再解释。基环树部分有以下两处。

（1）找基环树环上一个点。用 check_c() 函数实现，它是一个 DFS，如果发现某个点被第 2 次访问，它就是环上的一个点，用 mark 记录这个点。

（2）分别断开 mark 和 mark 的父节点，形成两棵树，在这两棵树上分别做 DP，取最大值。

```cpp
1    #include < bits/stdc++.h >
2    using namespace std;
3    typedef long long ll;
4    const int N = 1e6 + 100;
5    vector < int > G[N];
6    int father[N],val[N],mark;
7    bool vis[N];
8    ll dp[N][2];
9    void addedge(int from,int to){
10       G[from].push_back(to);                        //用邻接表建树
11       father[to] = from;                            //父子关系
12   }
13   void dfs(int u){                                  //和洛谷 P1352 几乎一样
14       dp[u][0] = 0;                                 //赋初值: 不参加
15       dp[u][1] = val[u];                            //赋初值: 参加
16       vis[u] = true;
17       for(int v : G[u]){                            //遍历 u 的邻居 v
18           if(v == mark)  continue;
19           dfs(v);
20           dp[u][1] += dp[v][0];                     //父节点选择,子节点不选
21           dp[u][0] += max(dp[v][0],dp[v][1]);       //父节点不选,子节点可选可不选
22       }
23   }
24   int check_c(ll u){                                //在基环树中找环上一个点
25       vis[u] = true;
26       int f = father[u];
27       if(vis[f]) return f;                          //第 2 次访问到,是环上一个点
28       else       check_c(f);                        //继续向父节点方向找
29   }
30   ll solve(int u){                                  //检查一棵基环树
31       ll res = 0;
32       mark = check_c(u);                            //mark 是基环树的环上一个点
33       dfs(mark);                                    //做一次 DFS
34       res = max(res,dp[mark][0]);                   //mark 不参加
35       mark = father[mark];
36       dfs(mark);                                    //mark 的父节点不参加,再做一次 DFS
37       res = max(res,dp[mark][0]);
38       return res;
39   }
40   int main(){
41       int n; scanf(" % d",&n);
42       for(int i = 1;i <= n;i++){
43           int d;   scanf(" % d % d",&val[i],&d);    addedge(d,i);
44       }
45       ll ans = 0;
46       for(int i = 1;i <= n;i++)
47           if(!vis[i]) ans += solve(i);              //逐棵检查基环树
```

```
48        printf("% lld\n",ans);
49        return 0;
50   }
```

【习题】

洛谷 P5049/P4381/P1399/P1453。

扫一扫
视频讲解

10.7　2-SAT

2-SAT 问题是一个数字逻辑问题,可以用图论的强连通分量和拓扑排序解决。

1. 2-SAT 问题的背景

用一个例子说明什么是 2-SAT 问题。有 n 对夫妻被邀请参加一个聚会,每对夫妻中只有一人可以列席。在 $2n$ 个人中,某些人(不包括夫妻)之间有着很大的矛盾,有矛盾的两个人不会同时出现在聚会上。有没有可能让 n 个人同时列席?

读者如果学过"数字逻辑"课程,可以用卡诺图帮助求解这个问题[①]。

输入样例:有 3 对夫妻 A(包括 A 男和 A 女,B 和 C 同理)、B、C。A 男与 B 女有矛盾,A 女与 C 女有矛盾,A 男与 C 男有矛盾。输出所有合法的出席情况。

分析如下。

(1) 夫妻不同时出席。例如,第 A 对夫妻,丈夫是 A,妻子是 $\overline{A}$,因为夫妻不同时出席,所以互为反变量[②]。

(2) 不同夫妻的限制条件。例如,A 男与 B 女(B 女用 $\overline{B}$ 表示)有矛盾,即 A 和 $\overline{B}$ 不会同时出现,有 $A\overline{B}=0$。一共有 3 个限制:$A\overline{B}=0$、$\overline{A}\,\overline{C}=0$、$AC=0$。用卡诺图表示,图 10.21(a)中的 5 个 0 是 3 个限制填图的结果。

图 10.21(b)中等于 1 的方格就是可行的答案,一共有 3 个 1:$\overline{A}\,\overline{B}C$、$\overline{A}BC$、$AB\overline{C}$。也就是有这 3 个合法出席方案:$A$ 女$+B$ 女$+C$ 男、A 女$+B$ 男$+C$ 男、A 男$+B$ 男$+C$ 女。

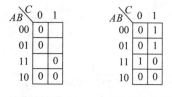

(a)限制条件　　(b)完整卡诺图

图 10.21　用卡诺图求解
2-SAT 问题

2-SAT 问题的可行解有多少个? 在卡诺图的图解中可以发现,卡诺图的方格有 2^n 个,也就是说,可行解的数量为 $O(2^n)$,复杂度很高,所以一般不会要求输出所有解,只需要判断序列是否存在,或者只输出一个可行解。

2. 2-SAT 问题的定义

根据上面的例子,给出 SAT 问题的定义,它本身是一个数字逻辑问题:有 n 个布尔变

---

① 用卡诺图解释 2-SAT 算法,似乎仅见于笔者写的书。

② 在数字逻辑中有 3 种基本逻辑操作:与、或、非。非:$\overline{A}$ 是 A 的反变量;或:$A+\overline{A}=1$;与:$A\overline{A}=0$。

量（布尔变量的特点是只有 0 和 1 两个值），其中一些布尔变量相互之间有限制关系；用所有 n 个布尔变量组成序列，使其满足所有限制关系；判断序列是否存在，这称为 SAT (Satisfiability) 问题。如果每个限制关系只涉及两个变量，就是 2-SAT 问题。

3．用图论算法解决 2-SAT 问题

1）把矛盾关系用图表示

举一个简单例子。有两对夫妻 A、B，有两个限制：A、B 矛盾，A、$\overline{B}$ 矛盾。

先看 A、B 的矛盾，有两个推论：如果 A 确定出席，那么只能 $\overline{B}$ 出席，用 $A \to \overline{B}$ 表示，表示"有 A 必有 $\overline{B}$"；如果 B 确定出席，只能 $\overline{A}$ 出席，用 $B \to \overline{A}$ 表示。

A、B 这一对矛盾，推出了两个结果，这是因为 A、B 是对等的，所以产生的关系是对称的，如图 10.22(a) 所示。

同样，A、$\overline{B}$ 矛盾，推论是 $A \to B$、$\overline{B} \to \overline{A}$，如图 10.22(b) 所示。可以观察到，这里推论出 A、B 同时出席，和前一个限制正好矛盾。

两个限制合起来的有向图是图 10.22(c)。这个有向图的点包含了所有人，有向边说明了依赖关系。

2）合法的出席组合和强连通分量 SCC 的关系

在最后的图 10.22(c) 中，形成了多个强连通分量 SCC。一个 SCC 内部的点都是互相依赖的，也就是说，如果有一个人出席，那么这个 SCC 内部的所有人都要出席。所以，一个 SCC 内部不应该有夫妻关系，因为夫妻只能出席一人。只要所有的 SCC 内部都没有夫妻，就会有合法的出席组合。为深入理解这一点，可以观察图 10.22(c)，所有的点都不是强连通的，每个点都是独立的 SCC，所以这个图有合法的解。特别注意其中有 $A \to B \to \overline{A}$，但 A 和 $\overline{A}$ 并不是强连通的。

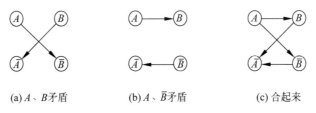

(a) A、B 矛盾　　　　(b) A、$\overline{B}$ 矛盾　　　　(c) 合起来

图 10.22　用图表示矛盾关系

所以，程序的步骤是：①根据给定的限制条件建图；②计算 SCC；③如果每个 SCC 内都没有夫妻，就说明有合法的出席组合。

3）在图上求解一个合法组合

作为参照，读者可以先用卡诺图的方法得出有 $\overline{A}B$、$\overline{A}\overline{B}$ 两种出席组合。

读者可能觉得，只要在图 10.22(c) 中沿着一条路径按顺序找，就能找到一个合法组合，因为一条路径上前后的点都是相互依赖的。但是，其实这个从前到后的顺序是不对的；应该按反序找，即从最后的点开始往前，才是对的。这是因为最后点是依赖性最大的，如图 10.22(c) 中的 $\overline{A}$，它被前面的 B 和 $\overline{B}$ 所依赖。

把每个 SCC 看作一个点，构成了一个 DAG，进行反图的拓扑排序，在选中点时，同时排除图中相矛盾的点，就能找到合法的组合。

编程时,并不需要再做一次拓扑排序。在求 SCC 时,已经得到了每个点所属的 SCC,SCC 的序号就是一个拓扑排序。

4. 例题

 例 10.8 2-SAT 问题(洛谷 P4782)

问题描述:有 n 个布尔变量 $x_1 \sim x_n$,另有 m 个需要满足的条件,每个条件的形式都是[x_i 为 true/false 或 x_j 为 true/false],如[x_1 为 true 或 x_3 为 false]、[x_7 为 false 或 x_2 为 false]。

输入:第 1 行输入整数 n 和 m。后面 m 行中,每行输入 4 个整数 i、a、j、b,表示 x_i 为 a 或 x_j 为 b,a 和 b 取值为 0 或 1。$1 \leqslant n, m \leqslant 10^6$。

输出:若无解,输出 IMPOSSIBLE;否则输出 POSSIBLE。下一行输入 n 个整数 $x_1 \sim x_n$,表示构造的解。

输入样例:	输出样例:
3 1	POSSIBLE
1 1 3 0	0 0 0

下面给出代码,对强连通分量 SCC 的处理完全套用了 10.5.2 节 Tarjan 算法的代码。

```cpp
1   # include < bits/stdc++.h>
2   using namespace std;
3   const int N = 1e6 + 10;
4   int cur, head[N << 1];
5   struct {int to, next;}edge[N << 2];
6   void addedge(int u, int v){
7       edge[++cur].to = v;
8       edge[cur].next = head[u];
9       head[u] = cur;
10  }
11  int low[N << 1], num[N << 1], st[N << 1], sccno[N << 1], dfn, top, cnt;
12  int n, m;
13  void tarjan(int u){
14      st[top++] = u;
15      low[u] = num[u] = ++dfn;
16      for(int i = head[u]; i; i = edge[i].next) {
17          int v = edge[i].to;
18          if(!num[v]){
19              tarjan(v);
20              low[u] = min(low[u], low[v]);
21          }else if(!sccno[v])
22              low[u] = min(low[u], num[v]);
23      }
24      if(low[u] -- num[u]) {
25          cnt++;
26          while(1){
```

```
27              int v = st[ -- top];
28                sccno[ v] = cnt;
29              if(u == v) break;
30          }
31      }
32  }
33  bool two_SAT(){
34      for(int i = 1; i < = 2 * n; i++)
35          if(!num[i])
36              tarjan(i);                    //Tarjan算法找强连通分量
37      for(int i = 1; i < = n; i++)
38          if(sccno[i] == sccno[i + n])      //a 和非 a 在同一个强连通分量,无解
39              return false;
40      return true;
41  }
42  int main(){
43      scanf(" % d % d",&n, &m);
44      while(m -- ){
45          int a,b,va,vb; scanf(" % d % d % d % d",&a, &va, &b, &vb);
46          int nota = va^1, notb = vb^1;     //非 a,非 b
47          addedge(a + nota * n, b + vb * n);     //连边(非 a,b)
48          addedge(b + notb * n, a + va * n);     //连边(非 b,a)
49      }
50      if(two_SAT()){
51          printf("POSSIBLE\n");
52          for(int i = 1; i < = n; i++) printf(" % d ",sccno[i]> sccno[i + n]);
53      }
54      else printf("IMPOSSIBLE");
55      return 0;
56  }
```

【习题】

(1) 洛谷 P4171/P3825/P5332。

(2) hdu 3062/1824/4115/4421。

10.8　最 短 路 径

扫一扫

视频讲解

最短路径问题是最广为人知的图论问题,本节深入解析各种最短路径算法的原理和
应用。

在详细展开各种最短路径算法之前,先说明几个关键概念和问题。

1. 最短路径问题

一个图中有 n 个点和 m 条边。边有权值,权值可正可负。边可能是有向的,也可能是
无向的。给定起点 s 和终点 t,在所有能连接 s 和 t 的路径中,寻找边的权值之和最小的路
径,这就是最短路径问题。

2. 可加性参数和最小性参数

这两种参数区分了最短路径问题和网络流问题。

最短路径是计算"路径上边的权值之和"。边的权值是"可加性参数"，如费用、长度等，它们是"可加的"，一条路径上的总权值是这条路径上所有边的权值之和。10.9 节的最小生成树问题中，边的权值也是"可加性参数"。

在网络流问题中，是找"路径上权值最小的边"，如最大流问题，边的权值是"最小性参数"。例如水流，一条路径上能流过的水流取决于这条路径上容量最小的那条边。再如网络的带宽，一条网络路径上的整体带宽是这条路径上带宽最小的那条边的带宽。

3. 用 DFS 搜索所有路径

在一般的图中求任意两点间的最短路径，首先需要遍历所有可能经过的节点和边，不能有遗漏；其次，在所有可能的路径中查找最短的一条。如果用暴力法查找所有路径，最简单的方法是把 n 个节点进行全排列，然后从中找到最短的。但是共有 $n!$ 个排列，这是一个天文数字，无法求解。更好的办法是用 DFS 输出所有存在的路径，这显然比 $n!$ 要少得多，不过复杂度仍然是指数级的。所以，最短路径的求解，不能先求出所有路径然后再从中找最短的，而是需要在遍历节点和边的过程中动态寻找最短路径，这就是本节各种最短路径算法解决的问题。

4. 用 BFS 求最短路径

在特殊的图中，所有边都是无权的，可以把每个边的长度都设为 1，此时 BFS 是很好的最短路径算法，详见 3.4 节"BFS 与最短路径"。

5. 不同的应用场景

有多种最短路径的应用场景，它们需要用不同的算法来解决。表 10.1 总结了一些经典算法，除了贪心最优搜索之外，其他**都是最优性算法**，即得到的解是最短路径。其中 m 是边的数量，n 是点的数量。

表 10.1 经典最短路径算法

问题	边权	算法	时间复杂度
一个起点，一个终点	非负数；无边权（或边权为 1）	A* 算法	$<O((m+n)\log_2 n)$
		双向广搜	$<O((m+n)\log_2 n)$
		贪心最优搜索	$<O(m+n)$
一个起点到其他所有点	无边权（或边权为 1）	BFS	$O(m+n)$
	非负数	Dijkstra（堆优化优先队列）	$O((m+n)\log_2 n)$
	允许有负数	SPFA	$<O(mn)$
所有点对之间	允许有负数	Floyd-Warshall	$O(n^3)$

本节后续内容讲解常见的 4 种最短路算法：Floyd、Bellman-Ford、SPFA、Dijkstra。在不同的应用场景下，应该有选择地使用它们。

（1）图的规模小，用 Floyd-Warshall 算法。如果边的权值有负数，需要判断负环。

（2）图的规模大，且边的权值非负，用 Dijkstra 算法。

（3）图的规模大，且边的权值有负数，用 SPFA。需要判断负环。

10.8.1　Floyd-Warshall 算法

Floyd-Warshall 算法（后文简称 Floyd 算法）是代码最简单的最短路径算法，甚至比暴力搜索的代码更简单。它的效率不高，不能用于大图，但是在某些场景下也有自己的优势。

Floyd 算法是一种所有点对最短路径算法（All Pairs Shortest Path Algorithm）或多源最短路径算法，一次计算能得到图中每对节点之间（多对多）的最短路径。后面的 Dijkstra、Bellman-Ford、SPFA 算法都是单源最短路径算法（Single Source Shortest Path Algorithm），一次计算能得到从一个起点到其他所有点（一对多）的最短路径。

1. 算法思想

求图上两点 i、j 之间的最短距离，可以按"从小图到全图"的步骤，在逐步扩大图的过程中计算和更新最短路径。想象图中的每个点是一盏灯，开始时所有灯都是灭的。然后逐个点亮灯，点亮第 k 盏灯时，重新计算 i、j 的最短路，如果经过第 k 盏灯有更短路径就更新。所有灯都点亮后，计算结束。在这个过程中，点亮第 k 盏灯时，能用到 $1 \sim k-1$ 盏亮灯的结果。

读者很容易发现，这就是动态规划的思路。定义状态为 $\mathrm{dp}[k][i][j]$，i、j、k 为节点的编号，范围为 $1 \sim n$。状态 $\mathrm{dp}[k][i][j]$ 表示经过 $1 \sim k$ 点的子图，点对 i、j 之间的最短路径长度。当从子图 $1 \sim k-1$ 扩展到子图 $1 \sim k$ 时，状态转移方程为

$$\mathrm{dp}[k][i][j] = \min(\mathrm{dp}[k-1][i][j], \mathrm{dp}[k-1][i][k] + \mathrm{dp}[k-1][k][j])$$

计算过程如图 10.23 所示，虚线圈内是包含了 $1 \sim k-1$ 点的子图。状态转移方程中的 $\mathrm{dp}[k-1][i][k] + \mathrm{dp}[k-1][k][j]$ 是经过了 k 点后的新路径的长度，即 i 先到 k，再从 k 到 j。比较不经过 k 的最短路径 $\mathrm{dp}[k-1][i][j]$ 和经过 k 的新路径，较小者就是新的 $\mathrm{dp}[k][i][j]$。注意，i、j 是 $1 \sim n$ 内所有的点。

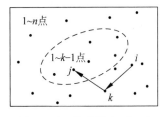

图 10.23　从子图 $1 \sim k-1$
扩展到子图 $1 \sim k$

当 k 从 1 逐步扩展到 n 时，最后得到的 $\mathrm{dp}[n][i][j]$ 是点对 i、j 之间的最短路径长度。若 i、j 是直连的，初值 $\mathrm{dp}[0][i][j]$ 就是边长；若不直连，初值为**无穷大**。特别地，定义第 i 点到自己的路径 $\mathrm{dp}[0][i][i]$ 的初值为无穷大；计算结束后，$\mathrm{dp}[n][i][i]$ 是从 i 出发，经过其他点绕一圈回到自己的最短路径。

由于 i、j 是任意点对，所以计算结束后得到了所有点对之间的最短路径。

下面给出代码，注意把 $\mathrm{dp}[][][]$ 缩小成 $\mathrm{dp}[][]$，用到了**滚动数组**，因为 $\mathrm{dp}[k][][]$ 只和 $\mathrm{dp}[k-1][][]$ 有关，所以可以省略 k 这一维。由于 k 是动态规划的子问题的"阶段"，即 k 是从点 1 开始逐步扩大到 n 的，所以 k 循环必须放在 i、j 循环的外面。

```
1   for(int k = 1; k <= n; k++)                              //Floyd 三重循环
2       for(int i = 1; i <= n; i++)
3           for(int j = 1; j <= n; j++)                      //k 循环在 i、j 循环外面
4               dp[i][j] = min(dp[i][j], dp[i][k] + dp[k][j]);  //比较：不经过 k、经过 k
```

读者可能注意到,Floyd 的三重循环的写法和 6.3.1 节"矩阵的计算"中的 i、j、k 循环一样。但是请注意,在矩阵乘法中 i、j、k 3 种循环的顺序可以颠倒,因为它是两个矩阵 $a[][]$、$b[][]$ 相乘求 $c[][]$,对于计算目标 $c[][]$,用来做计算的 $a[][]$、$b[][]$ 都是已知的定值,i、j、k 的顺序并不影响计算。但是,在 Floyd 算法的代码中,$dp[][]$ 表示了动态规划的状态,它是对 k 进行逐步递推的过程,k 一定要放在 i、j 循环外面。

> **提示** Floyd 算法的寻路极为盲目,几乎"毫无章法",这是它的效率低于其他算法的原因。但是,这种"毫无章法"在某些情况下却有优势,见本节后面的例题。

2. 算法特征

Floyd 算法有以下区别于其他最短路径算法的特征。

(1) 能一次性求得所有节点之间的最短距离,其他最短路径算法都做不到。当然,从效率上讲并不一定比其他算法高。

Floyd 算法的复杂度为 $O(n^3)$,n 为节点数量。

对比 Dijkstra 算法,求所有点对之间的最短距离,复杂度为 $O(mn\log_2 n)$,m 为边数。不过,若图的边很稠密,m 比 n 大很多,如全连通图中 $m=n(n-1)/2$,此时 $O(mn\log_2 n)$ 比 $O(n^3)$ 大,那么 Floyd 算法就有优势了。Dijkstra 算法如何求所有点对之间的最短距离?分两步:① 做一次 Dijkstra,能求得一个点到其他所有点的最短路,复杂度为 $O(m\log_2 n)$;② 对于 n 个点,每个点做一次 Dijkstra,总复杂度为 $O(mn\log_2 n)$。

(2) 代码极其简单,是最简单的最短路径算法。三重循环结束后,所有点对之间的最短路径都得到了。

(3) 效率低下,计算复杂度为 $O(n^3)$,只能用于 $n<300$ 的小规模的图。

(4) 用邻接矩阵 $dp[][]$ 存图是最好、最合理的,不用更省空间的邻接表。因为 Floyd 算法计算的结果是所有点对之间的最短路径,本身就需要 $n\times n$ 的空间,用矩阵存储最合适。

(5) 判断负环。若图中有权值为负的边,而且存在某条经过这条负边的环路,环路的所有边长相加的总路径长度也是负的,这就是**负环**。在这个负环上每绕一圈,总长度就更小,从而陷入在负环上兜圈子的死循环。Floyd 算法很容易判断负环,只要在算法运行过程出现任意 $dp[i][i]<0$,就说明有负环。因为 **$dp[i][i]$ 是从 i 出发,经过其他中转点绕一圈回到自己的最短路径**,如果小于 0,就存在负环。这一点容易被利用出题。

3. 基本应用场景

以于场景适合 Floyd 算法。

(1) 图的规模小,$n<300$。计算复杂度 $O(n^3)$ 限制了图的规模。

(2) 问题的解决和中转点有关。这是 Floyd 算法的核心思想,算法用 DP 方法遍历中转点计算最短路径。

(3) 路径在"兜圈子",一个点可能多次经过。这是 Floyd 算法的特点,其他路径算法都不行。

(4) 可能多次查询不同点对之间的最短路径。这是 Floyd 算法的优势。

4. 模板代码

用下面的例题给出 Floyd 算法的模板代码。

 例 10.9 计算最短路径[①]

问题描述：计算任意两点间的最短路径。

输入：第 1 行输入 3 个整数 n、m、q，表示 n 个点，m 条边，q 个查询；第 $2 \sim m+1$ 行中，每行输入 3 个整数 u、v、w，表示 u、v 之间存在一条长度为 w 的边；第 $m+2 \sim m+q+1$ 行中，每行输入两个整数 s 和 t，查询 s 和 t 之间的最短路径长度。

输出：输出 q 行，每行对应一个查询。若无法从 s 到达 t，输出 -1。

数据范围：$1 \leqslant n \leqslant 400, 1 \leqslant m \leqslant n^2/2, q \leqslant 10^3, 1 \leqslant u, v, s, t \leqslant n, 1 \leqslant w \leqslant 10^9$。

代码很简单，但是也有一些陷阱，注意看代码中的注释。

```
1    # include < bits/stdc++.h>
2    using namespace std;
3    const long long INF = 0x3f3f3f3f3f3f3f3fLL;       //这样定义的好处是 INF <= INF + x
4    const int N = 405;
5    long long dp[N][N];
6    int n, m, q;
7    void input(){
8    //for(int i = 1; i <= n; i++)                     //第 1 种初始化方法
9    //      for(int j = 1; j <= n; j++)
10   //          dp[i][j] = INF;
11       memset(dp, 0x3f, sizeof(dp));                  //第 2 种初始化方法
12       for(int i = 1; i <= m; i++){
13           int u, v; long long w;  cin >> u >> v >> w;
14           dp[u][v] = dp[v][u] = min(dp[u][v], w);   //防止有重边
15       }
16   }
17   void floyd(){                                      //Floyd 算法
18       for(int k = 1; k <= n; k++)
19           for(int i = 1; i <= n; i++)
20               for(int j = 1; j <= n; j++)
21                   dp[i][j] = min(dp[i][j], dp[i][k] + dp[k][j]);
22   }
23   void output(){
24       int s, t;
25       while(q--){
26           cin >> s >> t;
27           if(dp[s][t] == INF) cout << "-1" << endl;
28           else if(s == t)     cout << "0"  << endl;  //调用 Floyd()函数后,dp[i][i]并不等于 0
29           else                cout << dp[s][t] << endl;
30       }
```

① https://www.lanqiao.cn/problems/1121/learning/

```
31   }
32   int main(){
33       cin >> n >> m >> q;
34       input();   floyd();   output();
35       return 0;
36   }
```

5. 例题

1）打印任意两点间的最短路径

 例 10.10   Minimum transport Cost（hdu 1385）

问题描述：图上有 N 个城市，任意两城市间有直通的路或没有路。每条路有过路费，并且经过每个城市都要交税。

输入：第 1 行输入 N，若 N＝0 表示结束。后面 N 行中，第 i 行输入 N 个数 a_{ij}，表示第 i 个城市到第 j 个城市的直通路过路费，若 $a_{ij}＝-1$ 表示没有直通路。接下来一行输入 N 个数，第 i 个数表示第 i 个城市的税。再后面有很多行，每行输入两个数，表示起点和终点城市，若两个数是-1，结束。

输出：对给定的每两个城市，输出最便宜的路径经过哪些点，以及最少费用。

题目没有说明图的边是否稠密，又要求打印任意两点的最短路径，那么用 Floyd 算法是最合适的。

本题的重点在于最短路径的打印。最短路径符合这样一个原理：从起点 s 到终点 t 的最短路径，若经过某个点 k，那么 s-k 和 k-t 也分别是最短的。用反证法证明：若 s-k 或 k-t 不是最短路径，那么 s-k 加上 k-t 的和不是最短路径，这与 s-t 是最短路径矛盾。所有和最短路径有关的算法，需要打印最短路径时，都可以用这个原理。下面给出 Floyd 算法代码，路径部分说明如下。

（1）路径的定义。用 path[][] 记录路径，path[i][j]＝u 表示起点为 i，终点为 j 的最短路径，从 i 出发下一个点是 u。一条完整的路径是从 s 出发，查询 path[s][j]＝u 找到下一个点 u，然后从 u 出发，查询 path[u][j]＝v，下一个点是 v，等等；最后到达终点 j。

（2）路径的计算。代码第 21 行 path[i][j]＝path[i][k] 计算了从 i 出发的下一个点。因为 k 在 i-j 的最短路径上，所以 i-k 也是最短路径。比较 path[i][j] 和 path[i][k]，它们都表示从 i 出发的下一个点，且这个点在同一条路径上，所以有 path[i][j]＝path[i][k]。

```
1   #include < bits/stdc++.h>
2   const int INF = 0x3fffffff;
3   const int N = 505;
4   int n, map[N][N], tax[N], path[N][N];
5   void input(){
6       for(int i = 1; i <= n; i++)
7           for(int j = 1; j <= n; j++) {
8               scanf(" % d", &map[i][j]);
```

```
9                if(map[i][j] == -1) map[i][j] = INF;
10               path[i][j] = j;                      //path[i][j]:此时 i、j 相邻,或者断开
11           }
12       for(int i = 1; i <= n; i++)  scanf("%d", &tax[i]);      //交税
13   }
14   void floyd(){
15       for(int k = 1; k <= n; k++)
16           for(int i = 1; i <= n; i++)
17               for(int j = 1; j <= n; j++) {
18                   int len = map[i][k] + map[k][j] + tax[k];  //计算最短路
19                   if(map[i][j] > len) {
20                       map[i][j] = len;
21                       path[i][j] = path[i][k];                //标记到该点的前一个点
22                   }
23                   else if(len == map[i][j] && path[i][j] > path[i][k])
24                       path[i][j] = path[i][k];                //若距离相同,按字典序
25               }
26   }
27   void output(){
28       int s, t;
29       while(scanf("%d %d", &s, &t))     {
30           if(s == -1 && t == -1) break;
31           printf("From %d to %d :\n", s, t);
32           printf("Path: %d", s);
33           int k = s;
34           while(k != t) {                                    //输出路径从起点直至终点
35               printf("-->%d", path[k][t]);
36               k = path[k][t];                                //一步一步向终点走
37           }
38           printf("\n");
39           printf("Total cost : %d\n\n", map[s][t]);
40       }
41   }
42   int main(){
43       while(scanf("%d", &n), n){
44           input();   floyd();    output();
45       }
46       return 0;
47   }
```

2) 深入理解 Floyd 算法

例 10.11 灾后重建(洛谷 P1119)

问题描述:有 N 个村庄,有些村庄之间有公路直连,公路是双向的。地震后,有些村庄损毁,但公路没有坏。一个村庄只有重建之后才能通车。各村庄的重建时间不同。给出每个村庄的重建时间,并给出 Q 个查询 (x, y, t),查询村庄 x、y 在 t 时刻之前的最短路径。

输入:第 1 行输入两个整数 n 和 m,表示村庄的数量和公路的数量,村庄编号为 $0 \sim n-1$。第 2 行输入 n 个非负整数 $t_0, t_1, \cdots, t_{N-1}$,表示每个村庄的重建时间,$t_0 \leqslant t_1 \leqslant \cdots$

$\leqslant t_{N-1}$。接下来 m 行中,每行输入 3 个非负整数 i、j、w,$0 < w < 10000$ 表示一条连接村庄 i、j 的道路长度,$i \neq j$,且任意一对村庄之间只有一条路。接下来的第 $m+3$ 行,输入一个正整数 Q,表示 Q 个查询。后面 Q 行中,每行输入 3 个非负整数 x、y、t,查询在第 t 天,从村庄 x 到 y 的最短路径的长度。t 是不下降的。

输出:共输出 Q 行,对每个查询 (x, y, t) 输出答案。如果在第 t 天无法找到从 x 到 y 的路径,输出 -1。

数据范围:$n \leqslant 200$,$m \leqslant n \times (n-1)/2$,$Q \leqslant 50000$,所有输入数据中涉及整数均不超过 100000。

本题测试数据的关键之处是 $m \leqslant n \times (n-1)/2$。边的数量 $m = n \times (n-1)/2$ 时,任意两个村庄之间都有路直连,这是一个稠密的全连通图。

最简单的思路是每读一个查询,就对整个新图求一次最短路径,共 Q 次查询,求 Q 次最短路径。根据本节开头的分析,使用 Floyd 算法总复杂度为 $O(Q \times n^3)$;使用 Dijkstra 算法总复杂度为 $O(Q \times m \times n \times \log_2 n) = O(Q \times n^3 \times \log_2 n)$。Floyd 算法更好,但是仍然超时。

实际上,本题只需要做一次完整的 Floyd 算法,而不是 Q 次,总复杂度为 $O(Q+n^3)$。根据本节开头对 Floyd 算法的分析,算法的执行过程是逐步加入点,从第 1 个点扩展到第 n 个点;加第 k 个点时,前面的 $1 \sim k-1$ 个点已经执行完毕,也就是完成了一个包含 $1 \sim k-1$ 个点的图的最短路径计算;当 k 到达最后的第 n 个点时,包含所有 $1 \sim n$ 点的最短路径计算完毕。这就是本题所描述的过程:在第 t 个时刻,小于 t 时刻的图的最短路径计算完毕,输出此时的查询结果;在 $t+1$ 时刻,只需在 t 时刻计算结果的基础上,继续计算新加入的点($t \sim t+1$ 时间内修复的村庄)即可。

3)兜圈子的路径

 例 10.12   跑路(洛谷 **P1613**)

问题描述:一个图有 n 个点,有 m 条边连接这些点,边长都是 1km。小明的移动能力很奇怪,他每秒能跑 2^t km,t 是任意自然整数。问小明从点 1 到点 n,最少需要几秒?

数据范围:$n \leqslant 50$,$m \leqslant 10000$,最优路径长度 $\leqslant 2^{32}$。

本题的路径在"兜圈子",某些点可以经过多次,是一道典型的 Floyd 算法题。

小明所跑的路径可以分成几段,每段长为 2^t,所以关键在于确定任意点对 (i, j) 之间是否存在 2^t 的路径。由于要计算所有点对之间的路径,所以用 Floyd 算法是合适的。计算出一个新图,若点对 (i, j) 之间的存在长为 2^t 的路径,把 (i, j) 的边长 mp[i][j] 赋值为 1 秒,否则为无穷大。在这个新图上,求 $1 \sim n$ 的最短路径就是答案。

如何计算长度为 2^t 的路径?根据倍增的原理,有 $2^t = 2^{t-1} + 2^{t-1}$。用 p[i][j][t] = true 表示 i、j 之间有一条长为 2^t 的路径,根据 Floyd 算法的思路,路径通过一个中转点 k,有 p[i][j][t] = p[i][k][t-1] + p[k][j][t-1]。

下面给出代码,第 14~21 行是 Floyd 算法,利用倍增原理计算新图 mp[][],复杂度为 $O(n^3)$。第 22~25 行在新图 mp[][] 上计算最短路径,用任何最短路径算法都行,这里就用最简单的 Floyd 算法。

```
1    #include<bits/stdc++.h>
2    using namespace std;
3    const int N = 55;
4    bool p[N][N][34];
5    int mp[N][N];
6    int main(){
7        memset(mp,0x3f,sizeof(mp));
8        int n,m;   cin >> n >> m;
9        for( int i = 1;i <= m; i++){
10           int u,v;   cin >> u >> v;
11           mp[u][v] = 1;
12           p[u][v][0] = true;
13       }
14       for(int t = 1;t <= 32; t++)              //长度为2^t 的路径
15          for(int k = 1;k <= n; k++)            //Floyd
16             for(int i = 1;i <= n; i++)
17                for(int j = 1;j <= n; j++)
18                   if(p[i][k][t - 1] == true && p[k][j][t - 1] == true){
19                      p[i][j][t] = true;
20                      mp[i][j] = 1;             //计算得到新图
21                   }
22       for(int k = 1;k <= n; k++)                       //求最短路径,用 Floyd 算法
23          for(int i = 1;i <= n; i++)
24             for(int j = 1;j <= n; j++)
25                mp[i][j] = min(mp[i][j],mp[i][k] + mp[k][j]);
26       cout << mp[1][n] << endl;
27       return 0;
28   }
```

10.8.2 传递闭包

传递闭包是 Floyd 算法的经典应用,编码时用 bitset 优化能很好地改善复杂度。

1. 传递闭包问题

传递闭包是离散数学中的概念。给定一个集合,以及若干对元素之间的传递关系,传递闭包问题是求所有元素之间的传递(连通)关系。例如,包括 3 个元素的集合 $\{a,b,c\}$,给定传递关系 $a \to b$,$b \to c$,那么可以推导出 $a \to c$。

在图论中把传递闭包转化为这样一个问题:给定一个有向图,其中有 n 个点和 m 条边,求所有点对之间的连通性关系。传递闭包是"多源"路径问题。

如图 10.24 所示,图 10.24(b)的初始矩阵描述了图的邻接关系,根据图 10.24(b)求得图 10.24(c)的传递闭包矩阵,它体现了任意两点间的连通关系。

如果只是求两个特定点之间的连通性,用 BFS 或 DFS 简单搜索即可,复杂度为 $O(n+m)$。但是,传递闭包是"多源"问题,需要求所有点对之间的连通性,如果对每个点都做一次搜索,总复杂度为 $O(n(n+m))$。若是一个稠密图,$O(n(n+m)) \approx O(n^3)$。

此时可以用复杂度相当但是编码非常简单的 Floyd 算法。Floyd 算法能计算出所有点

对间的最短路径,那么也能计算更简单的连通性问题。

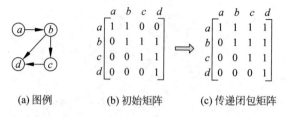

(a) 图例　　　　(b) 初始矩阵　　　(c) 传递闭包矩阵

图 10.24　一个图的传递闭包矩阵

2. 用 Floyd 算法求解传递闭包

标准的 Floyd 代码是求任意两点间的最短路径,在传递闭包问题中,把求路径长度改为判断连通性即可。

代码有 3 种写法,下面先给出前两种。第 2～6 行是第 1 种写法;第 8～13 是第 2 种写法,经过简单优化后稍快一些。用 $dp[i][j] = 1$ 表示点 i 和 j 连通,$dp[i][j] = 0$ 表示点 i 和 j 不连通。$dp[][]$ 的初始值是给定的图的点和边的关系。置 $dp[i][i] = 1$。

```
1   //(1)普通写法
2   for(int k = 1; k <= n; k++)        //Floyd 的三重循环
3       for(int i = 1; i <= n; i++)
4           for(int j = 1; j <= n; j++)
5               if(dp[i][k] && dp[k][j];)
6                   dp[i][j] = 1; //第5～6行可以合并为 dp[i][j] |= dp[i][k] & dp[k][j];
7   //(2)简单优化
8   for(int k = 1; k <= n; k++)
9       for(int i = 1; i <= n; i++)
10          if(dp[i][k])              //先判断 dp[i][k] 再进入 j 循环,计算量略少
11              for(int j = 1; j <= n; j++)
12                  if(dp[k][j])
13                      dp[i][j] = 1;
14  //(3)用 bitset 优化,见下面的例题 hdu 1704
```

计算得到的 $dp[][]$ 是传递闭包的关系矩阵,对于任意 i、j,若 $dp[i][j] = 1$,则存在从 i 到 j 的路径。

第 1 种代码的时间复杂度为 $O(n^3)$,第 2 种代码的复杂度小于 $O(n^3)$。

终极方法是第 3 种代码,借助 bitset 实现更好的优化。由于每个 $dp[][]$ 等于 0 或 1,只用到了 1 位,那么没有必要定义为 int $dp[][]$,很浪费,只需把每个 $dp[][]$ 定义为 1b 即可。STL 中有现成的 bitset 可直接使用,bitset 是一种类似数组的结构,它的每个元素用 1b 存储,只能是 0 或 1。具体实现见例题 hdu 1704 的代码。使用 bitset 后,Floyd 算法在传递闭包这种特殊情况下复杂度能优化到接近 $O(n^2)$。

 例 10.13　Rank(hdu 1704)

　　问题描述:有 m 场比赛,每场比赛由两人决胜负。已知一些比赛的成绩,现在要查询

任意两人之间的胜负情况。例如,参加比赛的有 3 人 A、B、C,只知道一场比赛成绩是 A 赢了 B,此时能查询 A 与 B 的胜负,但是无法查询 A 与 C、B 与 C 的胜负。

输入:第 1 行输入一个整数,表示测试数量。每个测试的第 1 行输入 n 和 m,n 为参赛人数,m 为比赛场数。后面 m 行中,每行代表一场比赛,输入两个整数 A、B,表示 A 赢了 B。胜负有传递性,若 A 赢了 B,B 赢了 C,则认为 A 赢了 C。$n,m \leqslant 500$。

输出:对每个测试用例,输出一个整数,表示无法确定的最大查询数,即有多少排名关系不能确定。

把参赛人员和胜负关系建模为一个有向图,有向边 $A \rightarrow B$ 表示 A 赢了 B。

首先用 Floyd 算法求解传递闭包矩阵,矩阵中等于 1 的表示能确定胜负。若 $dp[i][j] = dp[j][i] = 0$,则 i、j 的胜负关系未确定,统计矩阵中这样的点对数量,即为答案。

本题中 $n = 500$ 较小,可使用第 2 种优化代码。若 $n = 1000$,必须用 bitset 优化。下面的代码给出了这两种实现。bitset 的作用是省去了第 11～13 行中最后一个循环 j,改用一个数组直接复制。

```cpp
1   # include < bits/stdc++.h >
2   using namespace std;
3   const int N = 510;
4   int n, m;
5   /* 第 2 种优化
6   int d[N][N];
7   void Floyd(){
8       for(int k = 1; k <= n; k++)
9           for(int i = 1; i <= n; i++)
10              if(d[i][k])                    //简单优化;
11                  for(int j = 1; j <= n; j++)
12                      if(d[k][j])            //等价于 if(d[k][j] == 1)
13                          d[i][j] = 1;
14  }
15  */
16  bitset < N > d[N];     //第 3 种优化:用 bitset 加速,能解决 N = 1000 的问题
17  void Floyd(){
18      for(int k = 1; k <= n; k++)
19          for(int i = 1; i <= n; i++)
20              if(d[i][k])
21                  d[i] |= d[k];              //与第 11～13 行等价
22  }
23  int main(){
24      int T;     scanf("%d", &T);
25      while(T--){
26          scanf("%d%d", &n, &m);
27          for(int i = 1; i <= n; i++)        //初始化
28              for(int j = 1; j <= n; j++)   d[i][j] = (i==j);
29          int u, v;
30          for(int i = 0; i < m; i++){scanf("%d%d", &u, &v); d[u][v] = 1;}
31          Floyd();
32          int tot = 0;
33          for(int i = 1; i <= n; i++)
```

```
34              for(int j = i + 1; j <= n; j++)
35                  if(d[i][j] == 0 && d[j][i] == 0) ++tot;
36              printf("%d\n", tot);
37          }
38      return 0;
39  }
```

10.8.3 Dijkstra 算法

在大多数最短路径问题中,Dijkstra[①]算法是最常用、效率最高的。它是一种"单源"最短路径算法,一次计算能得到从一个起点到其他所有点的最短距离长度、最短路径的途径点[②]。

1. 算法思想

算法可以简单概括为"Dijkstra＝BFS＋贪心"。在 3.6 节"BFS 与优先队列"中曾提到**"Dijkstra＋优先队列＝BFS＋优先队列**(队列中的数据是从起点到当前点的距离)",并详解了算法的执行过程,请回顾这一节复习 Dijkstra 算法的基本实现。表 10.2 所示为 Dijkstra 算法的步骤。

表 10.2 Dijkstra 算法的步骤

步骤	做　法	具 体 操 作	结　果
1	从起点 s 出发,用 BFS 扩展它的邻居节点	把这些邻居点放到一个集合 A 中,并记录这些点到 s 距离	
2	选择距离 s 最近的邻居 v,继续用 BFS 扩展 v 的邻居	(1) 在 A 中找到距离 s 最小的点 v,把 v 的邻居点放到 A 中 (2) 如果 v 的邻居经过 v 中转,到 s 的距离更短,则更新这些邻居到 s 的距离 (3) 从集合 A 中移走 v,后面不再处理 v	(1) 得到了从 s 到 v 的最短路径 (2) v 的邻居更新了到 s 的距离
3	重复步骤 2,直到所有点都扩展到并计算完毕		集合 A 为空。计算出所有点到 s 的最短距离

下面分析复杂度。设图有 n 个点,m 条边。编程时,集合 A 一般用优先队列模拟。优先队列可以用堆或其他高效的数据结构实现,向优先队列中插入一个数、取出最小值的操作复杂度都是 $O(\log_2 n)$。一共向队列中插入 m 次(每条边都要进入集合 A 一次),取出 n 次(每次从集合 A 中取出距离 s 最短的一个点,取出时要更新这个点的所有邻居到 s 的距离,设一个点平均有 k 个邻居),那么总复杂度为 $O(m\log_2 n + nk\log_2 n) \approx O(m\log_2 n)$,一般有 $m > n$。注意,在稠密图情况下,m 是 $O(n^2)$ 的,k 是 $O(n)$ 的。在计算单源最短路径时,

---

① Edsger W. Dijkstra(1930—2002),荷兰人,由于在结构化编程方面的奠基性贡献,他于 1972 年获得图灵奖。最短路径算法是他 26 岁时发明的。参考 https://amturing.acm.org/award_winners/dijkstra_1053701.cfm 和 https://blog.csdn.net/weixin_43914593/article/details/114755499。

② 参考《算法竞赛入门到进阶》10.9.4 节 Dijkstra,用多米诺骨牌作比喻,形象地解释了 Dijkstra 算法的步骤。

Dijkstra算法是效率最高的算法。用什么数据结构存图？若是稀疏图，往往 n 很大而 m 较小，必须使用邻接表、链式前向星存图；若是稠密图，则 n 较小，就用简单的邻接矩阵，用邻接表也并不能减少存储空间。

Dijkstra算法不仅高效，而且稳定。从集合 A 中得到一个点的最短路径后，继续 BFS 时只需要扩展和更新这个点的邻居，范围很小，算法是高效的；每次从集合 A 中都能得到一个点的最短路径，算法是稳定的。

Dijkstra算法的局限性是边的权值**不能为负数**，为什么？因为 Dijkstra 算法基于 BFS，计算过程是从起点 s 逐步向外扩散的过程，每扩散一次就用贪心法得到一个点的最短路径。扩散要求路径越来越长，如果遇到一条负权边，会导致路径变短，使扩散失效。如图 10.25 所示，设当前得到 $s{\to}u$ 的最短路径，路径长度为 8，此时 $s{\to}u$ 的路径计算已经结束了。继续扩展 u 的邻居，若 u 到邻居 v 的边权为 -15，而 v 到 s 的距离为 20，那么 u 存在另一条途径 v 到 s 的路径，距离为 $20+(-15)=5$，这推翻了前面已经得到的长度为 8 的最短路径，破坏了 BFS 的扩散过程。

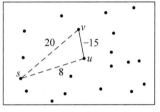

图 10.25　带负权边的图不能用 Dijkstra 算法

基本的 Dijkstra 最短路径编码比较容易，在 3.4.3 节 "BFS+优先队列" 中已经给出了基本 Dijkstra 算法的代码。下面给出两道复杂的例题。

2. 例题

1）第 k 短路径问题

第 k 短路径是经典问题。在 3.8 节 "A* 算法" 中详细介绍了 poj 2449 的思路，这里给出它的代码实现。

问题描述（poj 2449）：给定一个图，定义起点 s 和终点 t，以及数字 k，求 s 到 t 的第 k 短的路径。允许环路。相同长度的不同路径也被认为是完全不同的。

用 A* 算法求解。把从 s 到 t 的路径分为两部分：从 s 到中间某个 i 的路径、从 i 到 t 的路径。估价函数 $f(i)=g(i)+h(i)$，$g(i)$ 为从 s 到 i 的路径长度，$h(i)$ 为从 i 到 t 的路径长度。$g(i)$ 用 BFS 搜索；$h(i)$ 是从 i 到 t 的最短路径长度，用 Dijkstra 算法计算得到。

下面给出代码：①用邻接表存图；②dijkstra() 函数是标准的模板；③astar() 函数实际上就是一个简单的 "BFS+优先队列"，当终点 t 第 k 次从优先队列中弹出时，就是从 s 到 t 的第 k 短路径。

当 $k=1$ 时，第 1 短路径就是最短路径。

```
1  //poj 2449 代码
2  # include < cstdio >
3  # include < cstring >
4  # include < queue >
5  using namespace std;
6  const int INF = 0x3f3f3f3f;
7  const int N = 1005, M = 100005;
8  struct edge{                        //记录边
9      int to, w;
```

```
10          //vector edge[i]:起点是 i;它有很多边,其中一条边的 to 是边的终点,w 是边长
11          edge(int a, int b){ to = a, w = b;}        //赋值
12      };
13  vector < edge > G[M], G2[M];                    //G:原图; G2:反图
14  struct node {                                   //用于 Dijkstra,记录点以及点到起点的路径
15          int id, dis;                            //id:点; dis: id 到起点的路径长度
16          node(int a, int b){ id = a, dis = b;}   //赋值
17          bool operator < (const node &u) const { return dis > u.dis; }
18      };
19  int   dist[N];                                  //dist[i]为从 s 到点 i 的最短路径长度
20  bool done[N];                                   //done[i] = ture 表示到 i 的最短路径已经找到
21  void dijkstra(int s) {                          //标准的 Dijkstra:求 s 到其他所有点的最短路径
22      for(int i = 0;i < N;i++) {dist[i] = INF; done[i] = false;}  //初始化
23      dist[s] = 0;                                //起点 s 到自己的距离为 0
24      priority_queue < node > q;
25      q.push(node(s, dist[s]));                   //从起点开始处理队列
26      while (!q.empty()) {
27          node u = q.top();                       //弹出距起点 s 最近的点 u
28          q.pop();
29          if (done[u.id])   continue;             //丢弃已经找到最短路径的点
30          done[u.id] = true;                      //标记:点 u 到 s 的最短路径已经找到
31          for (int i = 0; i < G2[u.id].size(); i++) {//检查点 u 的所有邻居
32              edge y = G2[u.id][i];
33              if (done[y.to])   continue;                 //丢弃已经找到最短路径的邻居
34              if (dist[y.to] > u.dis + y.w) {
35                  dist[y.to] = u.dis + y.w;
36                  q.push(node(y.to, dist[y.to]));         //扩展新的邻居,放入优先队列
37              }
38          }
39      }
40  }
41  struct point {                                  //用于 astar()函数
42      int v, g, h;        //评估函数 f = g + h, g 为从 s 到 i 的长度,h 为从 i 到 t 的长度
43      point(int a, int b, int c) { v = a, g = b, h = c; }
44      bool operator < (const point & b) const { return g + h > b.g + b.h;}
45  };
46  int times[N];                                   //times[i]为点 i 被访问的次数
47  int astar(int s, int t, int k){
48      memset(times, 0, sizeof(times));
49      priority_queue < point > q;
50      q.push(point(s, 0, 0));
51      while (!q.empty()) {
52          point p = q.top();                      //从优先队列中弹出 f = g + h 最小的点
53          q.pop();
54          times[p.v]++;
55          if (times[p.v] == k && p.v == t)        //从队列中第 k 次弹出 t,就是答案
56              return p.g + p.h;
57          for (int i = 0; i < G[p.v].size(); i++) {
58              edge y = G[p.v][i];
59              q.push(point(y.to, p.g + y.w, dist[y.to]));
60          }
61      }
62      return − 1;
```

```
63     }
64   int main() {
65       int n, m;
66       scanf("%d%d", &n, &m);
67       while (m--) {
68           int a, b, w;                        //读边:起点、终点、边长
69           scanf("%d%d%d", &a, &b, &w);         //本题是有向图
70           G[a].push_back(edge(b,w));           //原图
71           G2[b].push_back(edge(a,w));          //反图
72       }
73       int s, t, k;
74       scanf("%d%d%d", &s, &t, &k);
75       if (s == t)  k++;                        //一个小陷阱
76       dijkstra(t);                             //在反图 G2 上,求终点 t 到其他点的最短路径
77       printf("%d\n", astar(s, t, k));          //在原图 G 上,求第 k 短路径
78       return 0;
79   }
```

2）次短路径问题

例 10.14　Roadblocks G（洛谷 P2865,poj 3255）

　　问题描述:给出一个图,包括 n 个点($1 \leqslant n \leqslant 5000$),$m$ 条边($1 \leqslant m \leqslant 100000$)。问从起点 1 到终点 n 的第 2 短路径的长度。第 2 短路径中,可以包含任何一条在最短路径中出现的道路,并且一条路可以重复走多次。当然,第 2 短路径的长度必须严格大于最短路径(可能有多条)的长度,但它的长度必须不大于所有除最短路径外的路径的长度。

　　用求第 k 短路径的 A* 算法,当 $k=2$ 时就是求次短路径,也能通过本题的测试。把上一题的代码简单修改 3 处:①修改第 7 行的 N 和 M 为本题的规模;②第 68 行和第 69 行,按双向边读图;③第 77 行,改为 astar(1,n,2)。

　　本题有更简单的做法。从起点 s 到图上某个点 v 的最短路径长度 P_v 容易计算,而 s-v 的次短路径,肯定是从 v 的某个邻居 u 过来的,它有两种情况:①s-u 的最短路径加上边 u-v,总长度为 P_1;②s-u 的次短路径加上边 u-v,总长度为 P_2。比最短路径 P_v 大一点的 P_1 或 P_2 就是 s-v 的次短路径长度,执行一次 Dijkstra 算法计算每个点的最短路径和次短路径即可,复杂度和只求最短路径一样,也是 $O(m\log_2 n)$,比前面用 A* 算法求次短路稍好一点。

10.8.4　Bellman-Ford 算法

　　Bellman-Ford 算法是单源最短路径算法,求一个起点 s 到其他所有点的最短路径。它的原理十分简单:一个有 n 个点的图,给每个点 n 次机会查询邻居,是否有到起点 s 的更短的路径,如果有就更新;经过 n 轮查询和更新,就得到了所有点到起点 s 的最短路径。

　　Bellman-Ford 算法有现实的模型,即问路。每个十字路口站着一个警察;在某个路口,路人问一个警察:"怎么走到 s 最近?"如果这个警察不知道,他会问相邻几个路口的警察:

"从你这个路口走,能到 s 吗?有多远?"这些警察可能也不知道,他们会继续问新的邻居。这样传递下去,最后肯定有个警察是 s 路口的警察,他会把 s 的信息返回给他的邻居,邻居再返回给邻居。最后所有的警察都知道怎么走到 s,而且是最短的路。从 s 返回信息到所有其他点的过程,就像在一个平静的池塘中,从 s 丢下一个石头,荡起的涟漪一圈圈向外扩散,这一圈圈涟漪经过的路径,肯定是最短的。

问路模型中有趣的一点,并且能体现 Bellman-Ford 算法思想的是,警察并不需要知道到 s 的完整路径,他只需要知道从自己的路口出发,往哪个方向走能到达 s 并且路最近。

Bellman-Ford 算法的执行过程如下。

第 1 轮,起点 s 的邻居点中,肯定有一个点 u 是最近的,第 1 轮能够确定 s 到 u 的最短路径。需要注意的是,此时并不需要特别记录是哪一个点 u 确定了最短路径。因为经过 n 轮计算,最后所有 n 个点到 s 的最短路径都能确定。

第 2 轮,所有点再次查询邻居,是否有到 s 的更短的路;显然,要么是 s 的某个邻居,要么是 u 的某个邻居,能确定最短路径。

重复以上步骤,每轮能确定一个点的最短路径。n 个点共进行 n 轮计算,每轮需要检查所有的 m 条边,总复杂度为 $O(mn)$。

用下面的例题给出代码。

 例 10.15 最短路径(hdu 2544)

问题描述:给定一个图(n 个点,m 条边),以及每条边的长度。求从第 1 点到第 n 点的最短路径长度。

输入:包括多组数据。每组数据第 1 行输入两个整数 n、m($n \leqslant 100$,$m \leqslant 10000$)。$n=m=0$ 表示输入结束。接下来 m 行中,每行输入 3 个整数 A、B、C($1 \leqslant A, B \leqslant n$,$1 \leqslant C \leqslant 1000$),表示在点 A 与点 B 之间有一条路,边长为 C。

输出:对于每组输入,输出一行,表示从点 1 到点 n 的最短路径长度。

在下面的代码中用到了极简存图法"边集数组"。Bellman-Ford 算法的每轮操作,需要检查所有存在的 m 条边。如果用邻接矩阵存图,在 $n \times n$ 的邻接矩阵中有大量不存在的边,浪费了空间。有一种非常简单的存储方法存图方法"边集数组",直接用 struct Edge e[10005]数组存储所有的 m 条边,避免了存储那些不存在的边。这种简单的存储方法不是邻接表,不能快速搜索一个给定节点的邻居,不过正适合 Bellman-Ford 这种简单算法。

这种存图方法在 10.9.1 节"Kruskal 算法"中也用到。

另外,代码中有路径打印函数 print_path(int s,int t),它打印从起点 s 到终点 t 的完整路径。

```
1   #include<bits/stdc++.h>
2   using namespace std;
3   const int INF = 1e6;
```

```
 4    const int N = 105;
 5    struct Edge { int u, v, w; } e[10005];          //边：起点 u,终点 v,权值 w
 6    int n, m, cnt;
 7    int pre[N];//记录前驱节点,用于打印路径; pre[x] = y: 在最短路径上,节点 x 的前一个节点是 y
 8    void print_path(int s, int t) {                 //打印从 s 到 t 的最短路径
 9        if(s == t){ printf("%d ", s); return; }     //打印起点
10        print_path(s, pre[t]);                      //先打印前一个点
11        printf("%d ", t);                           //后打印当前点,最后打印的是终点 t
12    }
13    void bellman(){
14        int s = 1;                                  //定义起点
15        int d[N];                                   //d[i]记录第 i 个节点到起点 s 的最短距离
16        for (int i = 1; i <= n; i++)   d[i] = INF;  //初始化为无穷大
17        d[s] = 0;
18        for (int k = 1; k <= n; k++)                //一共有 n 轮操作
19            for (int i = 0; i < cnt; i++){          //检查每条边
20                int x = e[i].u,  y = e[i].v;
21                if (d[x] > d[y] + e[i].w){          //x 通过 y 到达起点 s: 如果距离更短,更新
22                    d[x] = d[y] + e[i].w;
23                    pre[x] = y;                     //如果有需要,记录路径
24                }
25            }
26        printf("%d\n", d[n]);
27        //print_path(s,n);                          //如果有需要,打印路径
28    }
29    int main() {
30        while(~scanf("%d%d", &n, &m)) {
31            if(n == 0 && m == 0) return 0;
32            cnt = 0;   //记录边的数量,本题的边是双向的,共有 cnt = 2m 条
33            while (m--) {
34                int a,b,c;   scanf("%d%d%d",&a,&b,&c);
35                e[cnt].u = a;   e[cnt].v = b;   e[cnt].w = c;   cnt++;
36                e[cnt].u = b;   e[cnt].v = a;   e[cnt].w = c;   cnt++;
37            }
38            bellman();
39        }
40        return 0;
41    }
```

> **提示**　在竞赛中一般用不到 Bellman-Ford 算法。虽然它比 Floyd 算法好,但是也只能用于小图。Bellman-Ford 算法能用于边权为负数的图,这是它比 Dijkstra 算法具有的优势。

10.8.5　SPFA

1. SPFA 的原理

SPFA(Shortest Path Faster Algorithm)是 Bellman-Ford 算法的改进,也可以说,SPFA 是用**队列优化**的 Bellman-Ford 算法。

读者稍微深入思考就能发现 Bellman-ford 算法的改进办法：每轮计算只需要更新上一轮有变化的那些点的邻居，而那些没有变化的点不需要更新它们的邻居。这种改进用队列处理非常合适，这就是 SPFA 算法。SPFA 在一般情况下和 Dijkstra 算法一样好，甚至还要更好一些，但是最差的情况下复杂度仍然为 $O(mn)$。

2. SPFA 的执行步骤

（1）起点 s 入队，计算所有邻居到 s 的最短距离（当前最短距离不是全局最短距离。下文中，把计算一个节点到起点 s 的最短路径简称为更新状态。最后的"状态"就是 SPFA 的计算结果）。s 出队，状态有更新的邻居入队，没有更新的不入队。也就是说，队列中都是状态有变化的节点，只有这些节点才影响最短路径的计算。

（2）现在队列的头部是 s 的一个邻居 u。弹出 u，更新它所有邻居的状态，把其中有状态变化的邻居入队。

（3）弹出 u 之后，在后面的计算中，u 可能会再次更新状态（后来发现，u 借道别的节点去 s，路更近），u 需要重新入队。这一点很容易做到：处理一个新的节点 v 时，它的邻居可能就是以前处理过的 u，如果 u 的状态变化了，把 u 重新入队就行了。

（4）继续以上过程，直到队列空。这也意味着所有节点的状态都不再更新。最后的状态就是到起点 s 的最短路径。

3. SPFA 的特点

SPFA 的步骤（3）决定了 SPFA 的效率。有可能只有很少节点重新入队，也有可能很多。这取决于图的特征，即使两个图的节点和边的数量一样，但是边的权值不同，它们的 SPFA 队列也可能差别很大。所以，**SPFA 不稳定**，它的复杂度在最差情况下为 $O(nm)$。

比赛时，有的题目可能故意利用 SPFA 的不稳定性，如果一道题目的图规模很大，并且边的权值为非负数，它很可能故意设置了不利于 SPFA 的测试数据。此时不能用 SPFA，而要用稳定的 Dijkstra 算法。

SPFA 的优势是边的权值可以为负。不过，负权边可能导致负环，导致最短路径在负环中兜圈子，越来越小。如何判断负环？前面提到，每个点最多经过 n 轮计算就应该能得到最短路径，如果超过 n 轮，就出现了负环。

4. SPFA 模板代码

仍然用例 10.14 hdu 2544 例题给出 SPFA 的模板代码。
下面的代码有 3 个功能。
（1）spfa() 函数计算起点 s 到其他点的最短路径，这是标准的 SPFA。
（2）print_path() 函数打印从起点 s 到某个点 t 的完整路径。
（3）判断负环，Neq$[i]$ 表示一个任意点 i 入队的次数，如果大于 n 次，就出现了负环。

```
1   #include<bits/stdc++.h>
2   using namespace std;
3   const int INF = 0x3f3f3f3f;
```

```
4   const int N = 1e6 + 5, M = 2e6 + 5;          //100 万个点,200 万条边
5   int n, m;
6   int pre[N];                                   //记录前驱节点,用于打印路径
7   void print_path(int s, int t) {               //打印从 s 到 t 的最短路径
8       if(s == t){ printf("%d ", s); return; }   //打印起点
9       print_path(s, pre[t]);                    //先打印前一个点
10      printf("%d ", t);                         //后打印当前点,最后打印的是终点 t
11  }
12  int head[N],cnt;                              //链式前向星
13  struct {int to, next, w;}edge[M];             //存边
14  void init(){                                  //链式前向星初始化
15      for(int i = 0; i < N; ++i)   head[i] = -1; //点初始化
16      for(int i = 0; i < M; ++i)   edge[i].next = -1;  //边初始化
17      cnt = 0;
18  }
19  void addedge(int u, int v, int w){            //前向星存边
20      edge[cnt].to = v; edge[cnt].w = w; edge[cnt].next = head[u]; head[u] = cnt++;
21  }
22  int dis[N];                                   //dis[i],从起点到点 i 的距离
23  bool inq[N];                                  //inq[i] = true 表示点 i 在队列中
24  int Neg[N];                                   //判断负环(Negative Loop)
25  int spfa(int s) {                             //返回 1 表示出现负环
26      memset(Neg, 0, sizeof(Neg));
27      Neg[s] = 1;
28      for(int i = 1; i <= n; i++) {dis[i] = INF;   inq[i] = false; }  //初始化
29      dis[s] = 0;                               //起点到自己的距离为 0
30      queue<int> Q;      Q.push(s);             //从 s 开始,s 入队
31      inq[s] = true;                            //起点在队列中
32      while(!Q.empty()) {
33          int u = Q.front(); Q.pop();           //队头出队
34          inq[u] = false;                       //u 已经不在队列中
35          for(int i = head[u]; ~i; i = edge[i].next) {   //~i 也可以写成 i!= -1
36              int v = edge[i].to, w = edge[i].w; //v 是 u 的第 i 个邻居
37              if (dis[u] + w < dis[v]) {         //u 的第 i 个邻居 v,它借道 u,到 s 更近
38                  dis[v] = dis[u] + w;           //更新邻居 v 到 s 的距离
39                  pre[v] = u;                    //如果有需要,记录路径
40                  if(!inq[v]) {  //邻居 v 更新状态了,但 v 不在队列中,入队
41                      inq[v] = true;
42                      Q.push(v);
43                      Neg[v]++;                  //点 v 入队的次数
44                      if(Neg[v] > n) return 1;   //出现负环
45                  }
46              }
47          }
48      }
49      return 0;
50  }
51  int main() {
52      while(~scanf("%d%d",&n,&m)) {
53          init();                               //前向星初始化
54          if(n == 0 && m == 0) return 0;
55          while(m--){
56              int u,v,w; scanf("%d%d%d",&u,&v,&w);
```

```
57          addedge(u,v,w); addedge(v,u,w); //双向边
58      }
59      spfa(1);                           //计算起点1到其他所有点的最短路径
60      printf("%d\n",dis[n]);             //打印从1到n的最短距离
61      //printf("path:"); print_path(1,n); printf("\n"); //如有需要,打印从s到t的路径
62  }
63  return 0;
64 }
```

5. SPFA 的简单优化

SPFA 的主要操作是把变化的点入队。这些点差不多是随机入队的,如果改变入队和出队的顺序,是否能加快所有点的最短路径计算?下面给出两个小优化。

1) 入队的优化:SLF(Small Label First)

需要使用 STL 的双端队列 deque。

队头出队后,需要把它的有变化的邻居入队。把入队的点 u 与新队头 v 进行比较,如果 $dis[u]<dis[v]$,将 u 插入队头,否则插入队尾。这个优化使队列弹出的队头都是路径较短的点,从而加快所有点的最短路径的计算。

2) 出队的优化:LLL(Large Label Last)

计算队列中所有点的距离的平均值 x,每次选一个小于 x 的点出队。具体操作是:如果队头 u 的 $dis[u]>x$,把 u 弹出然后放到队尾去,然后继续检查新的队头 v,直到找到一个 $dis[v]<x$ 为止。这个优化也是先处理了更短的点。

SLF 和 LLL 可以一起使用。

6. SPFA 和最优比率环

用下面的例题介绍 SPFA 的经典应用——最优比率环,其中的关键是二分法和处理负环。

 例 10.16 Sightseeing cows(洛谷 P2868,poj 3621)

问题描述:一个图有 n 个点,m 条单向边,$n<1000$,$m<5000$。经过点 i,乐趣值加 F_i。以任意点为起点和终点走一圈,找到一条路径,使这条路径的总乐趣值除以路径长度(即平均乐趣值)最大。路径可以重复经过同一个点,但是乐趣值只加一次。

输入:第 1 行输入两个整数 n 和 m。后面 n 行中,每行输入一个整数,表示点 i 的乐趣值 f_i。再后面 m 行中,每行输入 3 个整数描述一条边,分别代表起点、终点、边长。

输出:最大平均乐趣值。

这是一道"最优比率环"问题。分析题目:

(1) 总乐趣值为 $\sum_{i=1}^{n} f_i s_i$,其中 f_i 为第 i 个点的乐趣值,$s_i = 1$ 或 $s_i = 0$ 分别表示选或不选 i 点;

(2) 路径长度：路径是一个环，总长度为 $\sum\limits_{i=1}^{n} e_i s_i$，其中 e_i 为从 i 个点出发所走的边。

求最大的平均乐趣值 $\max \dfrac{\sum\limits_{i=1}^{n} f_i s_i}{\sum\limits_{i=1}^{n} e_i s_i}$，这是一个 0/1 分数规划问题。

根据 0/1 分数规划的二分解法，估计一个值 x，使

$$\frac{\sum\limits_{i=1}^{n} f_i s_i}{\sum\limits_{i=1}^{n} e_i s_i} \geqslant x$$

移项得 $F = \sum\limits_{i=1}^{n} (f_i - x e_i) s_i \geqslant 0$。

用二分法寻找到最大的 x，就是解。二分的步骤：①若 $F \geqslant 0$，说明这个 x 小了，应该放大；②若 $F < 0$，说明这个 x 大了，应该缩小。如果不理解这两步，请回顾 6.6 节"0/1 分数规划"的几何图示。

这个公式在图中的意义是把边的权值更改为 $f_i - x e_i$，然后求以任意点为起点和终点的一条路径，看路径总长度是否大于 0。但是这样做很困难，因为新的边权可能为负，不能用 Dijkstra 算法，要用 SPFA；若出现负环，则 SPFA 无法计算出一条总长度大于 0 的路径。此时可以做一个小变换，能够利用 SPFA 判断负环的功能。把公式两边乘以 -1，得

$$F' = \sum\limits_{i=1}^{n} (x e_i - f_i) s_i \leqslant 0$$

问题转换为在图上找一条路径，它是一个负环，用 SPFA 判断。此时，二分法的判断要反过来：若 $F' \geqslant 0$，x 应该缩小；若 $F' < 0$，x 应该放大。

```
1   //洛谷 P2868,poj 3621 的部分代码
2   # include < bits/stdc++. h>
3   using namespace std;
4   const int N = 1e4 + 5, M = 5e4 + 5;
5   double dis[N];      //距离
6   //下面的定义与 hdu 2544 的代码几乎一样,唯一的区别是把 int w 改为 double w
7   //bool inq[N]; int Neg[N]; head[N],cnt; edge[M];init(); addedge(); spfa();
8   int f[N];                              //乐趣值
9   int u[M],v[M],w[M];                    //记录边
10  bool check(double x){
11      init();                            //前向星初始化
12      for(int i = 1;i <= m;++i)  addedge(u[i],v[i],x * w[i] - f[u[i]]); //修改边的权值
13      return spfa(1);   //若有负环,从任意点出发都会遇到负环,这里选择从 1 出发
14  }
15  int main(){
16      cin >> n >> m;
17      for(int i = 1;i <= n;++i) cin >> f[i];       //注意 i 从 1 开始,因为节点编号为 1~n
18      for(int i = 1;i <= m;++i) cin >> u[i] >> v[i]>> w[i];
19      double L = 0,R = 0;
```

```
20      for (int i = 1; i <= n; i++)  R += f[i]; //R的初值
21      for (int i = 0; i < 30; i++) {              //实数二分,如果大于30,在poj提交会超时
22          double mid = L + (R-L)/2;
23          if(check(mid))  L = mid;               //F < 0,放大
24          else R = mid;                          //F >= 0,缩小
25      }
26      printf("%.2f", L);
27      return 0;
28  }
```

10.8.6 比较 Bellman-Ford 算法和 Dijkstra 算法

Dijkstra 算法是一种"集中式"算法,Bellman-Ford 算法是一种"分布式"算法。

图上有 n 个点,假设每个点上都有一台独立的计算机,现在让每个点计算它到其他所有点的最短路径,两种算法的特点分别如下。

(1) Dijkstra 算法。计算一个起点 s 到其他所有点的最短路径,是以 s 为中心点扩散出去,对其他所有点进行的计算都是围绕着起点 s 的,复杂度为 $O(m\log_2 n)$。每个点上的计算机独自做自己的计算,不管其他点的计算结果。Dijkstra 算法是一种"集中式"算法,点与点之间"独立计算,互不干涉"。

(2) Bellman-Ford 算法。对于任意点,它需要做的只是逐个查询它的所有邻居:有没有到其他点的更短的路径? 如果有则更新,并把这个更新告诉它的其他邻居,以方便这些邻居也做更新。经过 n 轮查询,就得到了它到其他所有点的最短路径。设一个点平均有 10 个邻居,那么这个点上的计算机只需做 $10 \times n$ 次计算,就能确定它到图中其他所有点的最短路径。Bellman-Ford 算法是一种"分布式"算法,点与点之间通过互相交换信息计算最短路径,可以概括为"合作计算,互通有无"。

前面提到 Bellman-Ford 的复杂度为 $O(mn)$,比 Dijkstra 算法的 $O(m\log_2 n)$ 差,这是在单机上。如果是并行计算,每个点单独计算,Bellman-Ford 算法比 Dijkstra 算法的效率更高,计算也更简单。

Dijkstra 算法和 Bellman-Ford 算法在计算机网络中都有应用。计算机网络中每个节点的基本问题是路由计算,即计算它到其他节点的最短路径。OSPF 路由协议基于 Dijkstra 算法,RIP 路由协议基于 Bellman-Ford 算法。算法的不同导致两个协议的设计难度差距很大,OSPF 协议的标准文档有 244 页[①],而 RIP 只有 39 页。应用最广泛的 BGP 路由协议,掌管全球近千万个网络,它的核心算法与 Bellman-Ford 算法类似:一个网络节点的链路发生变化时,主动把新路由传给邻居;一个节点若没有收到邻居的更新,就不用做任何动作。BGP 所需要的路由计算非常少,全世界的网络路由计算和交换都统一在同一个 BGP 中[②],

---

① RIP 协议的标准是 RFC 2453,OSPF 协议的标准是 RFC 2328,BGP 协议的标准是 RFC 1771。

② 美国俄勒冈大学(University of Oregon)的全球 BGP 路由表浏览项目 Routeviews 能查看全球 BGP 路由表。操作方法:下载一个 Telnet 软件,如 PuTTY,在软件中执行命令 telnet route-views.routeviews.org,输入用户名 rviews,然后用 show bgp all summary 命令即可查看全球 BGP 路由。笔者 2021 年 7 月 9 日查询的结果是"BGP activity 16122041/15083457 prefixes,557727519/533917946 paths",2022 年 3 月 19 日再次查询的结果是"BGP activity 35465645/34382655 prefixes,1267720847/1243855158 paths"。

而 BGP 文档只有 57 页,是一个非常简单的网络协议。对比 OSPF 协议,它的设计极为复杂,但是只能用在几十个路由器的小网络中。

10.8.7   负环和差分约束系统

10.8.5 节中用例题 hdu 2544、洛谷 P2868 介绍了负环。下面介绍负环的一个应用——差分约束系统。

差分约束系统(System of Difference Constraints)是一种特殊的 n 元一次不等式组,包含 n 个变量 $x_1 \sim x_n$,m 个约束条件,每个约束条件是两个变量的差,形如 $x_i - x_j \leqslant c_k$,c_k 是常数,可正可负。求出一组解,满足所有的约束条件。

例 10.17   差分约束算法(洛谷 P5960)

问题描述:给出一个包含 m 个不等式,n 个未知数的不等式组,形如

$$\begin{cases} x_{c1} - x_{c1'} \leqslant y_1 \\ x_{c2} - x_{c2'} \leqslant y_2 \\ \cdots \\ x_{cm} - x_{cm'} \leqslant y_m \end{cases}$$

求任意一组满足这个不等式组的解。

输入:第 1 行输入两个正整数 n 和 m,代表未知数的数量和不等式的数量。后面 m 行中,每行输入 3 个整数 c、c'、y,代表一个不等式 $x_c - x_{c'} \leqslant y$。

输出:输出 n 个数,表示 $x_1, x_2, \cdots, x_n$ 的一组可行解;如果有多组解,输出任意一组,无解则输出 NO。

数据范围:$1 \leqslant n, m \leqslant 5000$,$-10000 \leqslant y \leqslant 10000$,$1 \leqslant c, c' \leqslant n$,$c \neq c'$。

输入样例:	输出样例:
3 3	5 3 5
1 2 3	
2 3 −2	
1 3 1	

样例解释:$\begin{cases} x_1 - x_2 \leqslant 3 \\ x_2 - x_3 \leqslant -2 \\ x_1 - x_3 \leqslant 1 \end{cases}$ 的一组解是 $x_1 = 5, x_2 = 3, x_3 = 5$。

差分约束系统要么无解,要么有无限组解。因为如果存在一组解,那么把每个 x 加上一个任意常数,方程仍然成立。

差分约束系统可以转换为最短路径问题。把约束条件 $x_i - x_j \leqslant c_k$ 变形为 $x_i \leqslant x_j + c_k$,这与路径算法中的路径计算 $\text{dis}[y] = \text{dis}[x] + w$ 很相似。把变量 x_i 看作有向图的一个节点 i,对每个约束条件,从节点 j 向节点 i 连一条长度为 c_k 的有向边。

增加一个 0 号点,从 0 点向其他所有点连一条权值为 0 的边。这相当于新增了一个变量 x_0 和 n 个约束条件 $x_i \leqslant x_0$。$\text{dis}[0] = 0$。

以 0 点为起点,用 SPFA 计算到其他所有点的最短路径。如果有负环,差分约束无解。

为什么? 因为此时 0 到 i 的距离比 0 到 j 更远, 即 $x_i > x_j + c_k$, 与约束的要求相反。如果没有负环, 则有解, 计算出从 0 点到 i 点的最短路径为 $\mathrm{dis}[i]$, $x_i = \mathrm{dis}[i]$ 是差分约束系统的一组可行解。

下面给出洛谷 P5960 的部分代码。

```
1   int spfa(int s){}                                      //返回 1 表示出现负环
2   int main(){
3       cin >> n >> m;
4       for(int i = 1; i <= n; i++)   addedge(0, i, 0);    //0 点连接所有点
5       for(int i = 1; i <= m; i++){int u, v, w; cin >> v >> u >> w; addedge(u, v, w);}
                                                           //输入边, 注意 u, v 的顺序
6       if(spfa(0)) cout << "NO" << endl;                  //有负环, 无解
7       else   for(int i = 1; i <= n; i++)   cout << dis[i] << ' ';   //打印解
8       return 0;
9   }
```

若题目的约束条件是 $x_i - x_j \geqslant c_k$, 变形为 $x_j \leqslant x_i + c_k$ 即可。

若题目的约束条件是 $x_i - x_j = c_k$, 变形为 $x_i - x_j \leqslant c_k$ 和 $x_i - x_j \geqslant c_k$ 两个差分约束系统后分别求解, 若都有解, 则存在解。当然, 等式方程组用高斯消元更好。

【习题】

(1) 洛谷 P1730/P2419/P3385/P1993/P4779/P3371/P4779/P5905/P1144/P1462/P1522/P1266/P4568/P3238/P5304/P3275/P2294/P4926/P5590。

(2) hdu 1599/1217/3631/1596/1869/3986/3832。

(2) poj 2391/3275/3463/1860/3259/1062/2253/1125/2240/3621/3635。

扫一扫

视频讲解

10.9　最小生成树

最小生成树是有边权的无向图中的一个问题, 也很常见。

在无向图 $G(V, E)$ 中, 把连通而且不含有圈(环路)的一个子图称为一棵生成树, 它包含全部 n 个点和 $n-1$ 条边。边权之和最小的树称为最小生成树(Minimal Spanning Tree, MST)。

MST 的计算用到了一个基本性质: 一个图的 MST 一定包含图中权值最小的边。这使得可以用贪心法构造 MST, 因为 MST 问题满足贪心法的"最优性原理", 即全局最优包含局部最优。

图的两个基本元素是点和边, 与此对应, 有两种算法可以构造 MST, 这两种算法都基于贪心法。

(1) Kruskal 算法: 对图中所有的边进行贪心, "最短的边一定在 MST 上"。从最短的边开始, 把它加入 T 中; 在剩下的边中找最短的边, 加入 T 中; 继续这个过程, 直到 T 中包含 $n-1$ 条边, 或者所有点都在 T 中。

（2）Prim 算法[1]：对点的最近邻居进行贪心，"最近的邻居一定在 MST 上"。从任意点 u 开始，$T=\{u\}$，然后把距离它最近的邻居点 v 加入 T 中，$T=\{u,v\}$；下一步，把距离$\{u,v\}$最近的邻居点 w 加入 T 中；继续这个过程，直到所有点都在 T 中。这个原理和最短路径 Dijkstra 算法极为类似，Dijkstra 在 1959 年的一篇短文中同时提出了这两个算法[2]。

在这两个算法中，最重要的问题是判断圈。最小生成树显然不应该有圈，在用贪心法新加入点或边时，要同时判断是否形成了圈，如果形成了圈，就丢弃这个点或边。Prim 算法判断圈比较简单，而 Kruskal 算法判断圈有点麻烦。

Prim 算法和 Kruskal 算法的对比如下。

（1）Prim 算法效率高。Prim 算法复杂度为 $O(m\log_2 n)$，Kruskal 算法复杂度为 $O(m\log_2 m)$，其中 n 为点数，m 是边数。由于图的边数一般比点数要多，所以 Prim 算法的效率更高。

（2）Kruskal 算法编码简单。如果题目给的数据规模不太大，就用 Kruskal 算法编码。

10.9.1 Kruskal 算法

1. 原理

Kruskal 算法的原理简单直接，有以下两个基本操作。

（1）对边的长度贪心并加入 T 中。先对边长排序，一般直接用 sort() 函数排序，然后依次把最短的边加入 T 中。

（2）判断圈。每次加入新的边，判断它是否和已经加入 T 的边形成了圈，也就是判断连通性。用 BFS 或 DFS 也能判断，但是最高效的方法是并查集，并查集是 Kruskal 算法的**绝配**。

Kruskal 算法复杂度分析：①主要操作是排序，复杂度为 $O(m\log_2 m)$；②用并查集能以$O(m)$的复杂度完成所有新加入边的判圈操作。两者相加，总复杂度仍然为 $O(m\log_2 m)$。

2. 执行过程

图 10.26 演示了 Kruskal 算法的执行过程，重点是用并查集判圈。

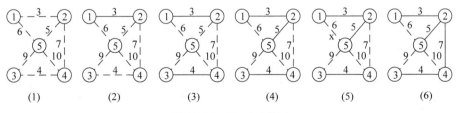

图 10.26　Kruskal 算法

---

① Prim R C. Shortest Connection Networks and some Generalizations[J]. Bell System Technical Journal，1957，36：1389-1401.

② Prim 算法有多人独立提出过，例如另一篇有名的论文是 Edsger W. Dijkstra 的 *A note on two problems in connection with graphs*. Dijkstra 在 1956 年发明了算法，但那时还没有自动计算方面的专业期刊，直到 1959 年才找到合适的刊物（*Numerische Mathematik*）发表。

（1）初始时最小生成树 T 为空。令 S 是以点 i 为元素的并查集，开始时，每个点属于独立的集。下面区分了节点 i 和并查集 S：把并查集的编号加上了下画线。

$$S:\quad \underline{1}\quad \underline{2}\quad \underline{3}\quad \underline{4}\quad \underline{5}$$
$$i:\quad 1\quad 2\quad 3\quad 4\quad 5$$

（2）加入第 1 条最短边(1-2)，$T=\{1\text{-}2\}$。并查集 S 中，把点 2 合并到节点 1，也就是把点 2 的集 $\underline{2}$ 改成点 1 的集 $\underline{1}$。

$$S:\quad \underline{1}\quad \underline{1}\quad \underline{3}\quad \underline{4}\quad \underline{5}$$
$$i:\quad 1\quad 2\quad 3\quad 4\quad 5$$

（3）加入第 2 条最短边(3-4)，$T=\{1\text{-}2,3\text{-}4\}$。并查集 S 中，点 4 合并到点 3。

$$S:\quad \underline{1}\quad \underline{1}\quad \underline{3}\quad \underline{3}\quad \underline{5}$$
$$i:\quad 1\quad 2\quad 3\quad 4\quad 5$$

（4）加入第 3 条最短边(2-5)，$T=\{1\text{-}2,3\text{-}4,2\text{-}5\}$。并查集 S 中，把点 5 合并到点 2，也就是把点 5 的集 $\underline{5}$ 改成点 2 的集 $\underline{1}$。在集 $\underline{1}$ 中，所有点都指向了根，这样做能避免并查集的**长链**问题，这是"路径压缩"。

$$S:\quad \underline{1}\quad \underline{1}\quad \underline{3}\quad \underline{3}\quad \underline{1}$$
$$i:\quad 1\quad 2\quad 3\quad 4\quad 5$$

（5）加入第 4 条最短边(1-5)。检查并查集 S，发现点 5 已经属于集 $\underline{1}$，丢弃这条边。这一步实际上是发现了一个圈。并查集的作用就体现在这里。

（6）加入第 5 条最短边(2-4)。并查集 S 中，把点 4 的集并到点 2 的集。注意这里点 4 原来属于集 $\underline{3}$，实际上修改的是把节点 3 的集 $\underline{3}$ 改成集 $\underline{1}$。

$$S:\quad \underline{1}\quad \underline{1}\quad \underline{1}\quad \underline{3}\quad \underline{1}$$
$$i:\quad 1\quad 2\quad 3\quad 4\quad 5$$

（7）对所有边执行上述操作，直到结束。读者可以练习加最后两条边(3-5)、(4-5)，这 2 条边都会形成圈。

3. 模板代码

Kruskal 算法的编码很简单，不管是存图的数据结构还是算法，都容易编码。

（1）存图。不需要用邻接矩阵、邻接表、链式前向星等，只用最简单、最省空间的"边集数组"存图。

 这种存图方法在 10.8.4 节中也用到过。

（2）编码。基本上就是并查集操作。

下面用一道题给出模板代码。

例 10.18   最小生成树(洛谷 P3366)

问题描述:给出一个无向图,求最小生成树。如果该图连通,输出一个整数表示最小生成树的边长之和。

输入:第 1 行输入两个整数 n 和 m,表示有 n 个点和 m 条无向边。接下来 m 行中,每行输入 3 个整数 x、y、z,表示有一条长度为 z 的无向边连接 x 和 y。

输出:输出一个整数,表示最小生成树的边长之和。如果该图不连通,则输出 orz。

代码如下。

```
1    # include < bits/stdc++.h>
2    using namespace std;
3    const int N = 5005, M = 2e5 + 1;
4    struct Edge{int u, v, w;}edge[M];          //用最简单且最省空间的结构体数组存边
5    bool cmp(Edge a, Edge b){ return a.w < b.w;}    //从小到大排序
6    int s[N];                                   //并查集
7    int find_set(int x){                        //查询并查集,返回 x 的根
8        if(x != s[x])
9            s[x] = find_set(s[x]);              //路径压缩
10       return s[x];
11   }
12   int n, m;                                   //n 个点, m 条边
13   void kruskal(){
14       sort(edge + 1, edge + m + 1, cmp);      //对边做排序
15       for(int i = 1; i <= n; i++) s[i] = i;   //并查集初始化
16       int ans = 0, cnt = 0;                   //cnt 为已经加入 MST 的边数
17       for(int i = 1; i <= m; i++){            //贪心:逐一加入每条边
18           if(cnt == n - 1)    break;          //小优化,也可省略
19           int e1 = find_set(edge[i].u);       //边的前端点 u 属于哪个集?
20           int e2 = find_set(edge[i].v);       //边的后端点 v 属于哪个集?
21           if(e1 == e2) continue;              //属于同一个集:产生了圈,丢弃
22           else{                               //不属于同一个集
23               ans += edge[i].w;               //计算 MST
24               s[e1] = e2;                     //合并
25               cnt++;                          //统计 MST 中的边数
26           }
27       }
28       if(cnt == n - 1) cout << ans;           //n - 1 条边
29       else cout << "orz";                     //图不是连通的
30   }
31   int main(){
32       cin >> n >> m;
33       for(int i = 1; i <= m; i++)  cin >> edge[i].u >> edge[i].v >> edge[i].w;
34       kruskal();
35       return 0;
36   }
```

可以在第 18 行处加一个小优化,因为 MST 中必有 $n-1$ 条边,在第 17 行开始的 for 循环中统计边数,到 $n-1$ 就停止。

10.9.2 Prim 算法

1. 执行过程

设最小生成树中的点的集合为 U，开始时最小生成树为空，所以 U 为空。执行步骤如图 10.27 所示。

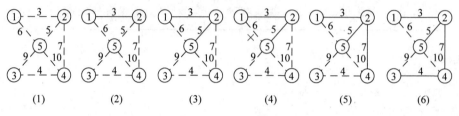

$$(1) \qquad (2) \qquad (3) \qquad (4) \qquad (5) \qquad (6)$$

图 10.27 Prim 算法

(1) 任取一点，如点 1，放到 U 中，$U=\{1\}$。

(2) 找离集合 U 中的点最近的邻居，即点 1 的邻居，是点 2，放到 U 中，$U=\{1,2\}$。

(3) 找离 U 最近的点，是点 5，$U=\{1,2,5\}$。

(4) 与 U 距离最短的是点 1 和点 5 之间的边，但是它没扩展新的点，不符合要求。

(5) 加入点 4，$U=\{1,2,5,4\}$。

(6) 加入点 3，$U=\{1,2,5,4,3\}$。所有点都在 U 中，结束。

Prim 算法的思想和 Dijkstra 算法基本相同，只有一个区别：Dijkstra 算法需要更新 U 中所有点到起点的距离，而 Prim 算法不需要。和 Dijkstra 算法一样，Prim 算法编码时如果用优先队列查找 U 中最近的点，能优化算法，此时总复杂度为 $O(m\log_2 n)$。

2. 模板代码

下面给出例 10.18 洛谷 P3366 的代码，与 3.6 节的 Dijkstra 算法代码对比，极其相似。

```
1   # include < bits/stdc++.h>
2   using namespace std;
3   const int N = 5005, M = 2e5 + 1;
4   struct edge{                              //记录边
5       int to, w;
6       edge(int a, int b){ to = a, w = b;}    //赋值
7   };
8   vector < edge > G[M];
9   struct node {
10      int id, dis;                          //id:点; dis:边
11      node(int a, int b){ id = a, dis = b;}  //赋值
12      bool operator < (const node &u) const { return dis > u.dis; }
13  };
14  int n, m;
15  bool done[N];                             //done[i] = ture 表示点 i 已经在 MST 中
16  void  prim() {                            //对比 Dijkstra: 求 s 到其他所有点的最短路
17      int s = 1;                            //从任意点开始，如从 1 开始
```

```
18      for(int i = 1;i <= N;i++)    done[i] = false;     //初始化
19      priority_queue < node > q;
20      q.push(node(s, 0));                         //从 s 点开始处理队列
21      int ans = 0,cnt = 0;
22      while (!q.empty()) {
23          node u = q.top();    q.pop();           //弹出距集合U最近的点 u
24          if (done[u.id])        continue;        //丢弃已经在 MST 中的点,有判断圈的作用
25          done[u.id] = true;                      //标记
26          ans += u.dis;
27          cnt++;                                  //统计点数
28          for (int i = 0; i < G[u.id].size(); i++) {    //检查点 u 的所有邻居
29              edge y = G[u.id][i];                //一个邻居 y
30              if (done[y.to])    continue;        //丢弃已经在 MST 中的点
31              q.push(node(y.to, y.w));            //扩展新的邻居,放入优先队列
32          }
33      }
34      if(cnt == n) cout << ans;        //cnt = n 个点,注意在 Kruskal 代码中 cnt 是边数
35      else cout << "orz";
36  }
37  int main() {
38      cin >> n >> m;
39      for(int i = 1; i <= m; i++) {
40          int a,b,w;    cin >> a >> b >> w;
41          G[a].push_back(edge(b,w));   G[b].push_back(edge(a,w));       //双向边
42      }
43      prim();
44      return 0;
45  }
```

代码中的 cnt 统计加入 MST 的点数,第 34 行,当 cnt＝n 时,完成了 MST。

在 Kruskal 代码中,cnt 统计的是边数,MST 的边数等于 $n-1$。

10.9.3　扩展问题

1. 最大生成树

最大生成树的求解与最小生成树几乎一样,区别是对边从大到小贪心。例如 Kruskal 算法,只需要修改一处,对边排序时按从大到小的顺序。读者可练习洛谷 P2121、poj 2377 习题。

2. 严格次小生成树

首先看一道习题(poj 1679):给出一个无向图,判断它的最小生成树 MST 是否唯一。把这个问题称为"非严格次小生成树"。

什么时候 MST 不唯一? Kruskal 算法是从最短的边开始贪心,如果所有的边都不等长,那么每次新加入 MST 的边都是唯一的,生成的 MST 也是唯一的。所以,只有存在等长

边的情况下才可能生成不同的 MST，当然不是有等长边就一定能生成不同的 MST。在 Kruskal 算法的贪心过程中，上一次加入了一条边 E_1，现在新加入一条等长边 E_2，如果形成了环路，且环路中包括了 E_1、E_2，那么 E_1 和 E_2 只能二选一，也就是说，至少可以生成两个 MST，一个包含 E_1，一个包含 E_2。

以上讨论可以概括为：若存在次小生成树，则存在一个只与 MST 差一条边的次小生成树。编程步骤：①求出 MST，并计算 MST 上两点间路径的最大边长；②枚举每条不在 MST 上的边，把这条边放到 MST 上，必然形成环路，对比这条环路上的最大边长是否与新加入的边相等。关键问题是如何计算 MST 上两点间路径的最大边长，设两点是 u 和 v，求路径 u-v 上的最大边长，这实际上是最近公共祖先 LCA 问题，u 和 v 到 LCA 的距离最短。LCA 通过倍增法求解。

下面讨论严格次小生成树（洛谷 P4180），即只比 MST 大的生成树。方法仍然是先求解 MST，然后通过替换 MST 上的边求次小生成树。在非严格次小生成树中，新添加的边的边长大于或等于环路上的原最大边长。对于严格次小生成树，不仅要求环上的原 MST 的最大边长，还要求环上的次大边长。仍然用 LCA 求两点间的最大和次大边长。

3. 最优比率生成树

 例 10.19 Earthquake（洛谷 P4951）

问题描述：约翰有 n 个牧场，原有 m 条土路连接，地震破坏了所有的路。约翰想重修部分道路，只要能连通所有牧场就行了。每条路有修建时间 t_i 和修建费用 c_i。约翰一共付给修路队 h 元。问修路队修哪些路，才能使总利润除以总长度的值（单位利润）最大？

本题求 $\max \dfrac{h - \sum\limits_{i=1}^{n} c_i s_i}{\sum\limits_{i=1}^{n} t_i s_i}$，$s_i = 1$ 或 0，这显然是 0/1 分数规划。套用 0/1 分数规划的分析

方法：$\dfrac{h - \sum\limits_{i=1}^{n} c_i s_i}{\sum\limits_{i=1}^{n} t_i s_i} \geqslant x$，移项得 $F = h - \sum\limits_{i=1}^{n} (c_i + x t_i) s_i \geqslant 0$。

建一个新图，图的新边权为 $c_i + x t_i$，用二分法寻找合适的 x。回顾 6.6 节"0/1 分数规划"的几何图解释：若 $F \geqslant 0$，说明这个 x 小了，应该放大；若 $F < 0$，说明这个 x 大了，应该缩小。

用最小生成树算法验证一个 x。和所有的 0/1 分数规划题目一样，目的并不是求最小生成树，最小生成树代码的作用是为了满足二分法的单调性。

4. K 度限制生成树

有时在最小生成树上加一些限制，如要求节点的度不能超过 K。请读者通过 poj 1639、

洛谷 P5633 习题了解。

【习题】

(1) hdu 4081/4126/4756/4750/3938/5627,6187。

(2) poj 1789/2485/1258/3026/1797/2377/2728。

(3) 洛谷 P4180/P3366/P4180/P2872/P1991/P1967/P4047/P2121(最大生成树)/P1967。

10.10　　　　　最　大　流　※

扫一扫

视频讲解

最大流问题(Maximum Flow Problem)是网络流中的基本问题,它基于有向图。最大流问题的解决有助于解决其他网络流问题,如最小割、二分图匹配等。通过下面的例题引出最大流问题的定义。

> ### 例 10.20　　网络最大流(洛谷 P3376)
>
> 问题描述:给出一个网络图,以及源点和汇点,求网络最大流。
>
> 输入:第 1 行输入 4 个整数 n、m、s、t,分别表示点数、边数、源点序号、汇点序号。接下来 m 行中,每行输入 3 个整数 u_i、v_i、w_i,分别表示第 i 条有向边,从 u_i 出发,到达 v_i,边权为 w_i(即最大流量为 w_i)。$1 \leqslant n \leqslant 200, 1 \leqslant m \leqslant 5000, w < 2^{31}$。
>
> 输出:一个整数,表示网络最大流。

最大流问题在生活中常见的原型是水流问题:有一些水渠,水渠之间有闸门连接,闸门可以控制每条水渠的流速,水渠内的水只能向一个方向流动,给定一个起点和一个终点,求最大流速。

在计算机网络中,有带宽的概念,即每秒可传送的数据流量,和水流这个模型是一样的。

另一个最大流模型的例子是道路的宽度。道路有单车道、双车道、四车道,同时能开行的车辆数量不同。这些不同道路的运输能力是不同的。注意这里需要假设所有车的速度都一样。

在 10.8 节中曾提到"**可加性参数**"和"**最小性参数**"。最大流问题的水流、带宽、宽度,都是"最小性参数"。例如,一条路径上的最大水流,由这条路径上水流容量最小的那条边决定;也就是说,由这条路径上的"瓶颈"决定。

最大流问题就是求两点间(分别称为源点、汇点)的最大流速,图中的任何点都可以作为它们的中转。求最大流时,需要满足以下 3 个性质。

(1) 流量守恒:从源点 s 流出的流量和到达汇点 t 的流量相等;其他所有中转点,流入和流出相等。

(2) 反对称性:设从 u 到 v 的流量为 $f(u,v)$,v 到 u 的流量为 $f(v,u)$,那么 $f(u,v) = -f(v,u)$。

(3) 容量限制:每条边的实际流速不大于最大流速(把最大流速称为容量)。

算法需要搜索所有点和边。

竞赛使用的最大流算法有 Edmonds-Karp 算法、Dinic 算法、ISAP 算法。它们都基于"增广路",在图上做多次路径搜索,每次搜索一条从源点到汇点的可行路径,即增广路,并更新这条增广路的边的流量,下一次搜索在新的边上进行,最后当无法找到一条可行路径时停止。把每次搜索得到的路径的流量称为增广量,所有增广量相加即总流量。

Edmonds-Karp 算法和 Dinic 算法使用 BFS 搜索边数最少的最短增广路径,因此称为最短增广路径(Shortest Augmenting Path,SAP)算法。ISAP(Imporved Shortest Augmenting Path)算法也使用了 BFS 确定距离。

Edmonds-Karp 算法比较简单,但是效率不高。ISAP 算法比 Dinic 算法更快,代码长度也差不多,是处理最大流问题的优选方法。

下面先用 Ford-Fulkerson 方法介绍最大流算法的基本问题,然后分别详解 3 种最大流算法。

10.10.1　Ford-Fulkerson 方法

1. Ford-Fulkerson 方法的思路

Ford-Fulkerson 方法是一种非常容易理解的思路。

(1) 初始时,所有边上的流量为 0。

(2) 找到一条从 s 到 t 的路径,按最大流的 3 个性质,得到这条路径上的最大流,更新每条边的残留容量。残留容量在后续步骤中继续使用。

(3) 重复步骤(2),直到找不到路径。

以图 10.28 为例[①],图 10.28(a)的斜体数字标出了每条边的流量,开始时每条边的流量为 0。图 10.28(b)为第 1 次迭代,找到了一条路径 $s \to a \to t$,下画线数字是每条边的流量,斜体数字是残留容量;图 10.28(c)为第 2 次迭代,找到了一条路径 $s \to b \to t$,更新每条边的流量和残留容量。第 2 次迭代后没有新的路径,结束。注意:这里为了介绍思想,简化了过程;实际上是**有错误**的,解释见后文的"残留网络"。

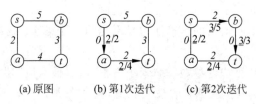

(a) 原图　　　(b) 第1次迭代　　　(c) 第2次迭代

图 10.28　Ford-Fulkerson 方法

2. Ford-Fulkerson 方法的要点

Ford-Fulkerson 方法基本上就是上述思路。它有 3 个要点,也是后文将提到的"最大流最小割定理"的基础。

---

① 这个例子过于简单。更完整的例子,参考《算法导论》(Thomas H. Cormen 等著,潘金贵等译,机械工业出版社出版)26.2 节"Ford-Fulkerson 方法"图 26-5。

1）残留网络（Residual Network）

残留网络是迭代后残留容量所产生的图，每次新的迭代在上一次的残留网络上进行。

但是，它实际上**并不是**图 10.28 中的斜体数字所表示的图，因为这个图在迭代过程中损失了一些信息。请读者仔细分析图 10.29。

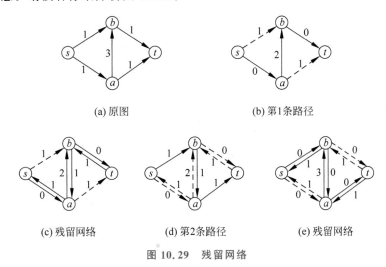

(a) 原图　　　　　　　　(b) 第1条路径

(c) 残留网络　　　　(d) 第2条路径　　　　(e) 残留网络

图 10.29　残留网络

容易发现，图 10.29(a) 上的最大流在 s-a-t、s-b-t 这两条路径上，最大流等于 2。

下面找一条路径。图 10.29(b) 为搜索到的第 1 条路径（读者可以想象 s-b、a-t 原来不存在水沟），产生的流量为 1；图上数字表示残留容量。如果在这个图上继续搜索路径，已经没有新路径。这显然是不对的。其原因是第 1 次搜索的结果影响了后续的路径搜索。如何消除这个影响？

图 10.29(c) 是解决方法，在上一次的路径上补充反向路径，其值就是用过的流量 1。形成的新网络图就是残留网络。

残留网络的原理可以这样理解：搜索新的增广路径时，可能会经过以前的增广路径使用过的水沟，而这条新路的水流可能与原来的水流相反；所以需要补上反向路径，让新的搜索有反向水流的机会。

图 10.29(d) 为在图 10.29(c) 的基础上搜索到的第 2 条路径，这次结果是对的。

图 10.29(e) 为最后的残留网络。此时，从 s 到 t，在残留网络上不存在新的路径，结束。为加深理解，请读者验证并思考：最后的残留网络，两点之间反向路径的值就是两点之间的实际流量。所以，可以利用残留网络输出最大流时各水沟中的实际流量。

　残留网络和残留网络的反向路径是 Ford-Fulkerson 方法**最关键的技术**。

2）增广路径（Augmenting Path）

增广路径是在残留网络上找到的一条从 s 到 t 的路径。

3）割（Cut）

Ford-Fulkerson 方法的正确性是最大流最小割定理的推论：一个流是最大流，当且仅当它的残留网络不包含增广路径。

3. Ford-Fulkerson 方法的实现

Ford-Fulkerson 方法的运行时间取次于增广路径的搜索次数。虽然用 BFS 或 DFS 都可以,但是 DFS 这种深度搜索模式,可能陷入长时间的迭代,如图 10.30 所示。

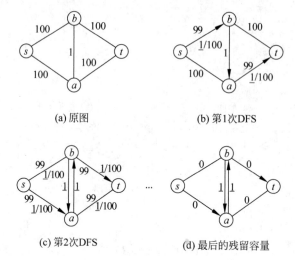

图 10.30　DFS 模式陷入长时间的迭代

在图 10.30(b)和图 10.30(c)中,很不幸地,DFS 选择了 s-b-a-t 和 s-a-b-t 这种绕路,接下来又反复选择这两条路径。到达终点图 10.30(d)前,共迭代了约 200 次。如果用 BFS,几次就够了。

10.10.2　Edmonds-Karp 算法

在 Ford-Fulkerson 方法中,如果每次用 BFS 计算一条**最短的**增广路径,就是 Edmonds-Karp 算法。

Edmonds-Karp 算法的复杂度如何? 可以证明这个定理[①]:对源点 s 和汇点 t 运行 Edmonds-Karp 算法,增广的全部次数为 $O(nm)$,n 为点数,m 为边数。也就是说,经过 $O(nm)$ 次 BFS 迭代,所有增广路被找到。另外,一次 BFS 复杂度为 $O(m)$,所以 Edmonds-Karp 算法的总时间复杂度为 $O(nm^2)$。

由于 Edmonds-Karp 算法复杂度高,只能用于小图,所以用邻接矩阵存图就可以了。

下面给出洛谷 3376 的代码,用矩阵 graph[][]存图,它同时也用于记录更新后的残留网络。bfs()函数搜索一条"最短"路径,注意最短路径是边数最少的路径,即 3.4 节"BFS 与最短路径"的做法。

```
1   #include<bits/stdc++.h>
2   using namespace std;
3   const int INF = 1e9;
4   const int N = 250;
```

---

① 《算法导论》定理 26.9。

```
5   #define ll long long
6   int n, m;
7   ll graph[N][N], pre[N];                    //graph[][]不仅记录图,还是残留网络
8   ll flow[N];
9   ll bfs(int s, int t){                      //一次 BFS 找一条增广路径
10      memset(pre, -1, sizeof pre);
11      flow[s] = INF;   pre[s] = 0;           //初始化起点
12      queue<int> Q;   Q.push(s);             //起点入栈,开始 BFS
13      while(!Q.empty()){
14          int u = Q.front();   Q.pop();
15          if(u == t) break;                  //搜索到一条路径,这次 BFS 结束
16          for(int i = 1; i <= n; i++){       //BFS 所有点
17              if(i!= s && graph[u][i]> 0 && pre[i] == -1){
18                  pre[i] = u;                //记录路径
19                  Q.push(i);
20                  flow[i] = min(flow[u], graph[u][i]); //更新节点流量
21              }
22          }
23      }
24      if(pre[t] == -1) return -1;            //没有找到新的增广路径
25      return flow[t];                        //返回这条增广路径的流量
26  }
27  ll maxflow(int s, int t){
28      ll Maxflow = 0;
29      while(1){
30          ll flow = bfs(s,t);                //执行一次 BFS,找到一条路径,返回路径的流量
31          if(flow == -1) break;              //没有找到新的增广路径,结束
32          int cur = t;                       //更新路径上的残留网络
33          while(cur!= s){                    //一直沿路径回溯到起点
34              int father = pre[cur];         //pre[]记录路径上的前一个点
35              graph[father][cur] -= flow;    //更新残留网络:正向边减
36              graph[cur][father] += flow;    //更新残留网络:反向边加
37              cur = father;
38          }
39          Maxflow += flow;
40      }
41      return Maxflow;
42  }
43  int main(){
44      int s,t; scanf("%d%d%d%d",&n,&m,&s,&t);
45      memset(graph, 0, sizeof graph);
46      for(int i = 0; i < m; i++){
47          int u,v,w;   scanf("%d%d%d",&u,&v,&w);
48          graph[u][v] += w;                  //可能有重边
49      }
50      printf("%ld\n",maxflow(s,t));
51      return 0;
52  }
```

提示　前面最大流的模型是基于有向图的,而且只有一个源点和一个汇点。但是题目所给的条件不一定这么严格,此时需要转换为下面的模型。

(1) 无向图转换为有向图。如果给的是无向图,可以把 u、v 之间的无向边转换为 (u,v)、(v,u) 两条有向边,容量一样。u、v 的实际流量为两者实际流量之差,即互相抵消,如从 u 到 v 的流量为 10,从 v 到 u 的流量为 4,那么 u 到 v 的流量为 $10-4=6$。

(2) 多个源点和多个汇点。此时可以添加一个"超级源点"s 和一个"超级汇点"t。从 s 到每个源点都连一条有向边;从每个汇点都连一条边到 t。边的容量根据题目要求灵活指定。

在 10.13 节中,例题 poj 2135 用到了这两个转换方法。在 10.11 节中,有多源点多汇点的情况。

10.10.3　Dinic 算法

Dinic[①] 算法是对 Edmonds-Karp 算法的优化。

Edmonds-Karp 算法的效率低,竞赛时遇到规模较大的最大流问题,需要用高效的 Dinic 算法和 ISAP 算法。Dinic 算法的时间复杂度理论上为 $O(n^2 m)$,实际上更好,在稠密图中比 Edmonds-Karp 算法的 $O(nm^2)$ 强很多。ISAP 算法的复杂度也是 $O(n^2 m)$,但是比 Dinic 算法更好一些,更受欢迎。

1. 算法思想

Edmonds-Karp 算法的特点是每次搜索都要重新找一条从源点 s 到汇点 t 的增广路径。是否可以优化? 能够一次找到多条增广路径吗? 这就是 Dinic 算法的思想:对于图中的每个点,如果它有多个分支,对所有分支都进行一次增广路径搜索,而不是从源点重新开始增广。Dinic 算法是 BFS 和 DFS 的结合。

(1) BFS 分层。从源点 s 开始,用 BFS 求出节点的层次,构造分层图。分层图的作用是限制 DFS 的搜索范围,在分层图中的任意路径都是边数最少的最短路径。

(2) DFS 增广。一次 DFS,多次增广。在分层图上,对每个点用 DFS 搜索每个分支。由于是在分层图上 DFS 的,DFS 的路径只能一层层往后走到汇点,而不会兜圈子绕路。当 DFS 处理到一个点 v 时,沿着它的一个分支找到一条从 v 到达汇点 t 的路径,然后在回溯到 v 的过程中,根据这条路径上用掉的流量的大小,更新路径上边的容量,这样在后面继续做新的 DFS 时,可用的容量便减少了。最后,在更新容量后的图中无法再找到一条到达汇点

---

① 算法源于 Yefim Dinitz 1970 年发表的论文 *Algorithm for solution of a problem of maximum flow in a network with power estimation*。Dinitz 当时是苏联算法天才班的一名学生,这个算法是他完成老师布置的习题,后来写成了文章并发表。这篇 1970 年的文章因受到刊物的篇幅限制写得过于简短、晦涩难懂,后来被两位美国学者解释、实现并大力推介,使这个算法名闻遐迩,但是把 Dinitz 误拼为 Dinic。Dinitz 于 2006 年写了一篇文章解释了这个算法的来龙去脉: *Dinitz' Algorithm: The Original Version and Even's Version*,下载地址为 www.cs.bgu.ac.il/~dinitz/Papers/Dinitz_alg.pdf。虽然 Dinic 算法可以看作对 Edmonds-Karp 算法的优化,但 Edmonds-Karp 算法其实出现得要晚一些(1972 年)。

的路径,算法结束。

2. 模板代码

下面重新用 Dinic 算法实现洛谷 P3376。

```
1   //代码改写自 www.luogu.com.cn/blog/Eleven-Qian-ssty/solution-p3376
2   #include<bits/stdc++.h>
3   using namespace std;
4   #define ll long long
5   const ll INF = 1e9;
6   int n,m,s,t;
7   const int N = 250, M = 11000;    //M定义为边的2倍:双向边
8   int cnt = 1,head[N];                //第8~16行:链式前向星,cnt初值不能为0,可以为1、3、5
9   struct {int to, nex, w;} e[M];
10  void add(int u,int v,int w) {
11      cnt++;                         //cnt初值是1,cnt++后第1个存储位置是cnt=2,是偶数位置
12      e[cnt].to = v;
13      e[cnt].w = w;
14      e[cnt].nex = head[u];
15      head[u] = cnt;
16  }
17  int now[N],dep[N];                 //dep[]记录点所在的层次(深度)
18  int bfs() {                        //在残留网络中构造分层图
19      for(int i = 1;i <= n;i++) dep[i] = INF;
20      dep[s] = 0;                    //从起点s开始分层
21      now[s] = head[s];              //当前弧优化,now是head的副本
22      queue<int> Q;   Q.push(s);
23      while(!Q.empty()) {
24          int u = Q.front();   Q.pop();
25          for(int i = head[u]; i > 0;i = e[i].nex) { //搜索点u的所有邻居,邻居是下一层
26              int v = e[i].to;
27              if(e[i].w > 0 && dep[v] == INF) {      //e[i].w>0表示还有容量
28                  Q.push(v);
29                  now[v] = head[v];
30                  dep[v] = dep[u] + 1;               //分层:u的邻居v是u的下一层
31                  if(v == t) return 1;               //搜到了终点,返回1
32              }
33          }
34      }
35      return 0;     //如果通过有剩余容量的边无法到达终点t,即t不在残留网络中,返回0
36  }
37  int dfs(int u,ll sum) {                            //sum是这条增广路径对最大流的贡献
38      if(u == t) return sum;
39      ll k,flow = 0;                                 //k是当前最小的剩余容量
40      for(int i = now[u]; i > 0 && sum > 0; i = e[i].nex) {
41          now[u] = i;                                //当前弧优化
42          int v = e[i].to;
43          if(e[i].w > 0 && (dep[v] == dep[u] + 1)){  //分层:用dep限制只能访问下一层
44              k = dfs(v,min(sum,(ll)e[i].w));
45              if(k == 0) dep[v] = INF; //剪枝,去掉增广完毕的点,其实把INF写成0也可以
46              e[i].w -= k;                           //更新残留网络:正向减
47              e[i^1].w += k;                         //更新残留网络:反向加;小技巧:奇偶边
```

```
48          flow += k;              //flow 表示经过该点的所有流量和
49          sum -= k;               //sum 表示经过该点的剩余流量
50      }
51   }
52   return flow;
53 }
54 int main() {
55   scanf("%d%d%d%d",&n,&m,&s,&t);
56   for(int i=1;i<=m;i++) {
57      int u,v,w;   scanf("%d%d%lld",&u,&v,&w);
58      add(u,v,w);   add(v,u,0);      //双向边,反向边的容量为 0
59   }
60   ll ans = 0;
61   while(bfs()) ans += dfs(s,INF);   //先后做 BFS 和 DFS,当 t 不在残留网络中时退出
62   printf("%lld",ans);
63   return 0;
64 }
```

代码中有两个优化。

(1) 对增广完毕的点剪枝。第 45 行把容量用完的点 v 的层次设置为 $dep[v]=INF$,在第 43 行判断 $dep[]$ 时就不再使用等于 INF(容量用完了)的点。这个剪枝极为重要,能大大减少计算量。

(2) 当前弧优化[①](current Arc Optimization)。第 41 行的 $now[]$ 使后续的 dfs() 函数可以跳过一些边。一个点 v,当它在 DFS 中走到了第 i 条弧(分支)时,前 $i-1$ 条弧到汇点的容量已经被用完了,下一次 DFS 再访问 v 时,前 $i-1$ 条弧不用再访问。可以在每次重新DFS 枚举 v 所连的边时,改变枚举的起点,这样就可以删除起点以前的所有弧,达到剪枝的效果。

存图时用到了"奇偶边"的小技巧。代码用链式前向星存图,每条边需要存两次:正向边、反向边。为简化访问这两条边,代码中用到了一个小技巧:把正向边存在 $e[]$ 的偶数位置,反向边存在 $e[]$ 的奇数位置,用异或操作确定奇偶边。第 46 行用 $e[i]$ 访问正向边(或反向边),第 47 行用异或 $e[i\,\hat{}\,1]$ 访问它的反向边(或正向边)。奇数异或 1 相当于 -1,偶数异或 1 相当于 $+1$。如果第 46 行的 $e[i]$ 是奇数位置,那么 $e[i\,\hat{}\,1]$ 就是 $e[i-1]$;如果 $e[i]$ 是偶数位置,$e[i\,\hat{}\,1]$ 就是 $e[i+1]$。所以第 47 行用 $e[i\,\hat{}\,1]$ 同时实现了 $e[i+1]$ 和 $e[i-1]$。

由于使用了"奇偶边",代码中用链式前向星存图时,第 1 个位置应该是偶数。第 8 行初始化 cnt=1,然后在第 11 行执行 cnt++ 后,第 1 个 $e[cnt]$ 是 $e[2]$,是偶数位置。

最后分析 Dinic 算法的复杂度。编码时在图上持续地先后做 BFS 和 DFS,BFS 的复杂度为 $O(m)$,DFS 的复杂度为 $O(n^2)$,总复杂度为 $O(n^2 m)$。实际运行时,计算量显然要比 $O(n^2 m)$ 少得多。

Dinic 算法的特点是在每次 DFS 增广前都做一次 BFS 初始化每个点的深度。由于需要做多次 BFS,导致效率不高。10.10.4 节的 ISAP 算法只需要一次 BFS。

---

① 当前弧优化是 ISAP 算法中的一个优化技巧。由于 Dinic 算法可以看作 ISAP 算法的一种实现,所以当前弧优化也用在 Dinic 算法中。

10.10.4 ISAP 算法

1. 算法思想

ISAP 算法是 Dinic 算法的进一步改进。在 Dinic 算法中,需要做多次 BFS,每次 BFS 对更新后的残留网络进行分层。ISAP 算法和 Dinic 算法的思路很相似,也是在分层图上找增广路径。不过,ISAP 算法只做一次 BFS 分层,然后在这个分层图上多次寻找增广路径。但是,寻找一次增广路径后,会生成新的残留网络,需要在这个残留网络上更新层次。ISAP 算法没有像 Dinic 算法那样重新用 BFS 进行分层,而是在原分层图上进行修改。由于只有增广路径上的点需要修改,从而比 Dinic 算法效率高。

2. 算法步骤

图 10.31 给出了 ISAP 算法的基本操作步骤,图中只画了正向边,没有画反向边。边上的数字表示容量。显然,有两条增广路径:s-a-t 和 s-b-c-d-t,总流量为 $2+7=9$。

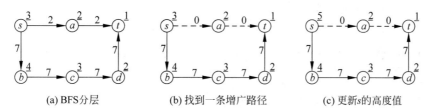

(a) BFS分层 (b) 找到一条增广路径 (c) 更新s的高度值

图 10.31 ISAP 算法的基本步骤

(1) 从汇点 t 开始做一次 BFS,求出其他所有点到汇点 t 的距离。可以把距离看作高度,t 的高度最低等于 1,其他点的高度都比它大。从 s 到 t 的水流是从高处流向低处,一条从 s 到 t 的增广路径就是一条高度值递减的路径。图 10.31(a) 中的下画线数字代表每个点的高度。后面代码的 bfs() 函数计算了所有点的高度,存在 dep[] 数组中。

(2) 从源点 s 开始,找一条到 t 的增广路径。在找路径时,按高度递减的顺序。在 s 的邻居点中,从高度比 s 小的邻居点找起。图 10.31(b) 是第 1 条增广路径 s-a-t,高度值分别是 3-2-1,路径流量为 2。后面代码中第 64～73 行找到了 u 的一个高度减 1 的邻居点,找到后退出,回到第 58 行的 while 语句,继续找下一个高度减 1 的邻居点。最后到达 t,得到了一条增广路径,然后用第 60 行的 Augment() 函数更新残留网络,并返回这条路径的流量。

(3) 回到 s,继续找新的增广路径。在图 10.31(c) 中。此时发现 s 的邻居 b 可以走,但是 b 的高度比 s 还大,那么就修改 s 的高度,使 s 的高度大于 b,这样就可以从 s 走下去了。对应代码第 84 行,把高度加 1。

按步骤 (2) 和步骤 (3) 持续寻找增广路径,什么时候结束?如果发现出现了断层,也就是某个高度的点消失了,说明这个高度的点都用完了,无法再通过这些点建立增广路径,结束退出。对应代码第 75 行。

从以上介绍可以看出,与 Dinic 算法不同,ISAP 算法中的高度值是每个点到达汇点 t 的距离。ISAP 算法也不需显式构造分层网络,只保存每个点的高度值即可。

3. 两个技巧

ISAP 算法使用了两个技巧。

(1) 间隙优化(Gap Optimization)。定义间隙数组 gap[],用 gap[i] 记录高度等于 i 的点的数量,当 gap[i]=0 时,说明高度等于 i 的点没有了,出现断层,代码结束。

(2) 当前弧优化。和 Dinic 算法一样,代码中的 now[] 数组用于当前弧优化,now[] 是链式前向星的 head[] 的副本,用于定位点的邻居。第 64 行的 for 循环找 u 的邻居,从新的邻居开始找,以前找过的邻居不用再找,这就是当前弧优化。第 69 行更新了当前弧的位置。

4. 模板代码

下面用 ISAP 算法重新实现洛谷 P3376。代码用非递归实现,比递归要快一些,读者有兴趣可以找递归版本的代码。代码用链式前向星存图,也用到了奇偶边的技巧。

```
1    # include < bits/stdc++.h>
2    using namespace std;
3    # define ll long long
4    const ll INF = 1e9;
5    int n,m,s,t ;
6    const int N = 250, M = 11000;              //M 定义为边的 2 倍:双向边
7    int cnt = 1, head[N];                      //链式前向星
8    struct{int from, to, nex, w;} e[M];
9    void add( int u, int v, int w){
10        cnt++;
11        e[cnt].from = u;
12        e[cnt].to = v;
13        e[cnt].w = w;
14        e[cnt].nex = head[u];
15        head[u] = cnt;
16   }
17   int now[M], pre[M]; //pre[]用于记录路径,pre[i]是路径上点 i(的存储位置)的前一个点
18                       //(的存储位置)
19   int dep[M], gap[M]; //dep[i]: 点 i 的高度; gap[i]:高度为 i 的点的数量
20   void bfs(){                                //用 BFS 确定各顶点到汇点的距离
21        memset(gap,0,sizeof(gap));            //初始化间隙数组
22        memset(dep,0,sizeof (dep));           //所有点的高度初始为 0
23        dep[t] = 1;                           //汇点 t 的高度为 1,其他点的高度都大于 1
24        queue< int > Q;      Q.push(t);
25        while(!Q.empty()){
26            int u = Q.front();      Q.pop();
27            gap[dep[u]]++;                     //间隙数组:计算高度为 dep[u]的节点个数
28            for( int i = head[u]; i > 0; i = e[i].nex){
29                int v = e[i].to;             //v 是 u 的邻居点
30                if(e[ i^1].w && dep[v] == 0){ //反向边不用处理,高度不等于 0 的已经处理过了
31                    dep[v] = dep[u] + 1;
32                    Q.push(v);
33                }
34            }
35        }
36   }
```

```
37      ll Augment(){                        //沿着增广路径更新残留网络
38          ll v = t, flow = INF;
39          while(v != s){                   //找这条路径的流量
40              int u = pre[v];              //u是v向源点s方向回退的上一个点,相当于DFS的回溯
41              if(e[u].w < flow)  flow = e[u].w;   //路径上的最小容量就是这条路径的流量
42              v = e[u].from;               //更新v,继续回退
43          }
44          v = t;
45          while(v != s){                   //更新残留网络
46              int u = pre[v];              //向源点s方向回退
47              e[u].w -= flow;              //正向边
48              e[u^1].w += flow;           //反向边,用到了奇偶边的技巧
49              v = e[u].from;              //更新v,继续回退
50          }
51          return flow;                     //返回这条路径的流量
52      }
53  void ISAP(){
54      bfs();                               //用bfs()函数求每个点到汇点的距离(高度)
55      ll flow = 0;                         //计算最大流
56      int u = s;                           //从源点s开始找增广路径
57      memcpy(now, head, sizeof (head));    //当前弧优化,now是head的副本
58      while(dep[s] <= n){                  //最大距离(高度)为n
59          if(u == t){                      //找到了一条增广路径
60              flow += Augment();           //更新残留网络,更新流量
61              u = s;                       //回到s,重新开始找一条增广路径
62          }
63          bool ok = 0;                     //用于判断是否能顺利往下走
64          for(int i = now[u]; i; i = e[i].nex){  //在u的邻居中确定路径的下一个点
65              int v = e[i].to;             //v是u的邻居点
66              if(e[i].w && dep[v] + 1 == dep[u]){  //沿着高度递减的方向找下一个点
67                  ok = 1;                  //顺利找到了路径的下一个点
68                  pre[v] = i;              //记录路径
69                  now[u] = i;              //记录当前弧,下一次跳过它
70                  u = v;                   //u更新为路径的下一个点v
71                  break;       //退出for循环,回到while循环,继续找路径的下一个点
72              }
73          }
74          if(!ok){             //路径走不下去了,需要更新u的高度重新走
75              if(!-- gap[dep[u]]) break;
76                               //u的下一个深度的点没有了,断层,退出while循环
77              int mindep = n + 10;
78                               //mindep用于计算u的邻居点的最小高度,初值比n大就可以
79              for(int i = head[u]; i; i = e[i].nex){  //在u的邻居中找最小的高度
80                  int v = e[i].to;
81                  if(dep[v] < mindep && e[i].w)
82                      mindep = dep[v];
83              }
84              dep[u] = mindep + 1;
85                  //更新u的高度,改为v的高度加1,从而能够生成一条路径,继续往后走
86              gap[dep[u]]++;          //更新间隙数组:高度为dep[u]的节点个数加1
87              now[u] = head[u];       //记录当前弧
88              if(u != s) u = e[pre[u]].from;   //回退一步,相当于DFS的回溯
89          }
```

```
90          }
91          printf("%ld", flow);                    //打印最大流
92      }
93      int main(){
94          scanf("%d%d%d%d", &n,&m,&s,&t);
95          for(int i = 1; i <= m; ++i){
96              int u,v,w;   scanf("%d%d%d",&u,&v,&w);
97              add(u,v,w);  add(v,u,0);            //反向边的初始容量为0
98      }
99      ISAP();
100     return 0;
101     }
```

> 更快的最大流算法，如 HLPP(High Level Preflow Push)，基于预留推进思想。读者有兴趣可以尝试洛谷 P4722"最大流加强版"，这一题只有使用 HLPP 才能通过测试。

10.10.5 混合图的欧拉回路

最大流算法的一个应用是判断和求解混合图的欧拉回路。请先回顾 10.3 节"欧拉路"。

一个有向图中存在欧拉回路的充要条件是所有点的度数为 0。把每个点连接的无向边改成有向边，看度数是否为 0。但是无向边很多，情况复杂，不能直接用暴力法求解。

读者可以先思考尝试如何用最大流方法解决，然后再阅读下面的解题思路。

把所有的无向边任意定一个方向，把这个包括原来的有向边和设定了方向的无向边的图称为初始图 G，然后计算每个点的度数。点 i 的度数 degree$[i]$＝出度－入度，有以下两种情况。

(1) 存在一个 degree$[i]$ 为奇数。如果把 i 的一条无向边改一个方向，那么 degree$[i]$ 变为 degree$[i]+2$ 或 degree$[i]-2$，仍然是奇数，不会等于 0，所以不存在欧拉回路。

(2) 所有 degree$[i]$ 都是偶数。可以把某个 i 的一条无向边改一个方向，degree$[i]$ 变为 0。那么是否所有的点的度数都能变为 0 呢？可以借助最大流来判断。

下面用初始图 G 建一个新图 G'，G 中计算得到的 degree$[i]$ 也用于建图。①首先，把初始图 G 中原来的有向边删除，保留定向了的无向边。②建一个源点 s，连接 degree$[i]>0$ 的点，边的容量为 degree$[i]/2$。建一个汇点 t，把所有 degree$[i]<0$ 的点连接到 t，容量为 degree$[i]/2$。其他 degree$[i]=0$ 的点，就不用连接 s 和 t 了。所有没有连接 s 和 t 的边，容量都为 1。

求新网络 G' 的最大流。如果从 s 出发的所有边都满流，则欧拉回路存在。把所有有流的边全部反向，把原图中的有向边再重新加入，就得到了一个有向欧拉回路。

上述算法正确吗？或者说，上述算法的结果，能使所有点的度数为 0 吗？

分以下 3 种情况观察。

(1) 观察源点 s 所连接的点 v，是否能得到 degree$(v)=0$ 的结果。图 10.32 的例子中，图 10.32(a) 是初始图 G 的局部，v 在 G 中有 4 条边，degree$[v]=4$，其中虚线是有向边，在

G' 中被删除了,剩下的 3 条实线边是原来的无向边,把方向定为出度。在图 10.32(b)中,加上源点 s,边 (s,v) 的容量为 degree$[v]/2=2$,v 的其他边容量为 1。经过最大流的计算,如果 (s,v) 是满流 2,生成了图 10.32(c)中粗线条表示的流。把有流的边**反向**,得到图 10.32(d),可以发现,degree$(v)=0$,符合欧拉回路的要求。从这个图也能理解,为什么把边 (s,v) 的容量设定为 degree$[v]/2$。

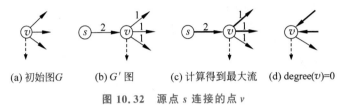

(a) 初始图G (b) G' 图 (c) 计算得到最大流 (d) degree$(v)=0$

图 10.32 源点 s 连接的点 v

(2)与汇点 t 连接的点,分析同上。

(3)不与 s 和 t 连接的点 i,是否最后也有 degree$(i)=0$ 的结果?这些点,在初始图 G 中有 degree$(i)=0$。在 G' 中计算最大流的路径时,如果增广路经过了点 i,那么肯定有一个进边的流和一个出边的流,把这两条边同时反向,仍然是一条进边和一条出边,仍保持 degree$(i)=0$。

关于混合图的欧拉回路,参考 poj 1637 习题 Sightseeing Tour。

【习题】

(1)洛谷 P3376/P2472/P2754/P2765/P2766/P2805。

(2)poj 1459/3436。

(3)hdu 3549/4280/3472。

10.11 二 分 图

扫一扫

视频讲解

二分图的概念:如果无向图 $G=(V,E)$ 的所有点可以分为两个集合 V_1、V_2,所有的边都在 V_1 和 V_2 之间,而 V_1 或 V_2 的内部没有边,称 G 是一个二分图。

一个图是否为二分图,一般用"染色法"进行判断。用两种颜色对所有顶点进行染色,要求一条边所连接的两个相邻顶点的颜色不同。染色结束后,如果能实现所有相邻顶点的颜色都不相同,它就是二分图,如图 10.33 所示。

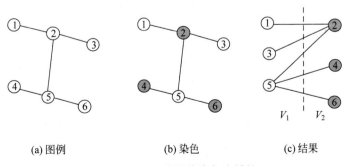

(a) 图例   (b) 染色   (c) 结果

图 10.33 二分图的染色法判断

一个图是二分图,当且仅当它没有"边的数量为奇数"的圈。在染色法图示中,如果有一个数量为奇数的圈,那么这个圈上肯定会出现同色的相邻点。

染色法可以用 DFS 来实现。当 DFS 到点 u 时,检查它的邻居 v,如果 v 未染色,则把它染为与 u 不同的颜色;如果 v 已经染色,且和 u 颜色相同,则判定不是二分图。

常见的二分图问题是匹配问题,有以下两种。

(1) 无权图,求包含边数最多的匹配,即二分图的最大匹配。本节讲解这个问题。

(2) 带权图,求边权之和尽量大的匹配。用 KM 算法,本书没有涉及。

1. 二分图匹配问题

二分图匹配:给定一个二分图 G,在 G 的一个子图 M 中,M 的边集 $\{E\}$ 中的任意两条边都不连接在同一个顶点上,称 M 是一个匹配。

二分图最大匹配:在所有匹配当中边数最多的一个匹配。选择边数最多的子集称为二分图的最大匹配问题。

二分图最大匹配的原型如下。

 例 10.21 二分图最大匹配(洛谷 P3386,hdu 2063)

问题描述:给定一个二分图,左边点个数为 n,右边点个数为 m,边数为 e,求最大匹配的边数。(大家去坐过山车。过山车的每排只有两个座位,而且必须一男一女配对坐。但是,每个女生都有各自的想法,如 Rabbit 只愿意和 XHD 或 PQK 坐,Grass 只愿意和 Linle 或 LL 坐,等等。Boss 决定,只让能配对的人坐过山车。当然,能配对的人越多越好。问最多有多少对组合可以坐上过山车?)左边点编号为 $1 \sim n$,右边点编号为 $1 \sim m$。

输入:第 1 行输入 3 个整数 n、m、e。后面 e 行中,每行输入两个整数 u 和 v,表示存在一条连接左边 u 和右边 v 的边。

输出:最大匹配的边数。

数据范围:$1 \leqslant n, m \leqslant 500, 1 \leqslant e \leqslant 50000, 1 \leqslant u \leqslant n, 1 \leqslant v \leqslant m$。

二分图最大匹配可以转化为最大流问题,不过竞赛时一般使用更简单的匈牙利算法。

2. 用最大流求解二分图最大匹配

二分图最大匹配问题可以转化为最大流问题:把每条边都改为有向边,容量都为 1;在 V_1 加上一个人为的源点 s,它连接 V_1 的所有点;在 V_2 加上一个人为的汇点 t,它连接 V_2 所有的点;那么 s、t 之间的最大流,就是最大二分图匹配。

原理很直观。如图 10.34 所示,$V_1 = \{a, b, c\}$ 是女生,$V_2 = \{x, y, z\}$ 是男生。例如 a 点,流入 a 的流量是 1,那么从 a 流出的流量只能是 1,也就是说 a 只能匹配 $\{x, y, z\}$ 中的一个。从 V_1 到 V_2 的流量和从 s 到 t 的流量相等。

下面用最大流来求解。读者可以用图 10.35 复习最大流的 Ford-Fulkerson 方法,主要是对残留网络的操作。

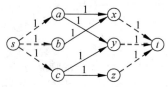

图 10.34 二分图匹配和最大流

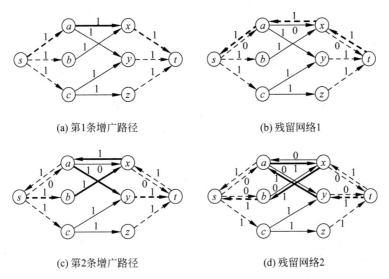

(a) 第1条增广路径　　　　　　(b) 残留网络1

(c) 第2条增广路径　　　　　　(d) 残留网络2

图 10.35　残留网络

（1）找到第 1 条增广路径，找到配对 $a\text{-}x$。

（2）更新残留网络。

（3）找到第 2 条增广路径，找到配对 $a\text{-}y$、$b\text{-}x$。在这一步，把原来的配对 $a\text{-}x$ 改为 $a\text{-}y$，以成全 $b\text{-}x$ 的配对，这就是残留网络的作用。

（4）更新残留网络。

等等。

用最大流求解二分图匹配，计算复杂度和最大流一样，为 $O(n^2 m)$。

3. 用匈牙利算法求解二分图最大匹配

匈牙利算法可以看作最大流的一个简化版。

由于二分图是一个很简单的图，并不需要按上面的图解做标准的最大流，可以进行简化。

（1）从图 10.35 的图解中，发现对 s 和 t 的操作是多余的，直接从 a、b、c 开始找增广路径就好了。

（2）残留网络上的增广路径，需要覆盖完整的路径，如果在二分图中只进行 $\{a,b,c\}$ 到 $\{x,y,z\}$ 的局部操作，将简化很多。

匈牙利算法基于贪心策略：当一个节点匹配后，可以因为找到增广路径而更换匹配对象，但是不会变回非匹配点。

下面给出洛谷 3386 的代码。用邻接矩阵存图。时间复杂度分析：设点为 n 个，边为 m 条，每个点找一次增广路径的时间为 $O(m)$，n 个点的总时间复杂度为 $O(nm)$。

```
1    # include<bits/stdc++.h>
2    using namespace std;
3    int G[510][510];
4    int match[510], reserve_boy[510];          //匹配结果存在 match[]中
```

```
5   int n, m;
6   bool dfs(int x){                                    //找一条增广路径,即给女孩 x 找一个配对男孩
7       for(int i = 1; i <= m; i++)
8           if(!reserve_boy[i] && G[x][i]){
9               reserve_boy[i] = 1;                     //预定男孩 i,准备分给女孩 x
10              if(!match[i] || dfs(match[i])){
11  //有两种情况: (1)如果男孩 i 还没有配对,就分给女孩 x;
12  //            (2)如果男孩 i 已经配对,尝试用 dfs()更换原配女孩,以腾出位置给女孩 x
13              match[i] = x;   //配对成功;如果原来有配对,更换成功,现在男孩 i 属于女孩 x
14              return true;
15              }
16          }
17      return false;                                   //女孩 x 没有喜欢的男孩,或者更换不成功
18  }
19  int main(){
20      int e; scanf("%d%d%d",&n,&m,&e);
21      while(e--){int a,b; scanf("%d%d",&a,&b); G[a][b] = 1;}    //矩阵存图
22      int sum = 0;
23      for(int i = 1; i <= n; i++){                 //为每个女孩找配对
24          memset(reserve_boy,0,sizeof(reserve_boy));
25          if(dfs(i))  sum++; //第 i 个女孩配对成功,这个配对后面可能更换,但是保证她能配对
26      }
27      printf("%d\n",sum);
28      return 0;
29  }
```

4. 二分图带权匹配

二分图带权最大匹配问题:二分图的每条边都带有权值,求二分图的一组最大匹配,使匹配边的权值之和最大。注意,首先保证是边数最大匹配,然后再最大化匹配边的权值之和。

二分图带权最大匹配有两种解法:费用流、KM 算法。本书不做介绍,请通过洛谷 P6577(二分图最大权完美匹配)和 poj 2195(Going Home)例题了解。

【习题】

洛谷 P2071/P2756/P1129/P1559/P2423/P2764/P2825/P3033/P3731/P4014/P4617/P2065/P2763。

10.12   最 小 割

s-t 最小割是最大流的一个直接应用。

割(Cut)和 s-t 割的概念:在有向图流网络 $G = (V, E)$ 中,割把图分成 S 和 $T = V - S$ 两部分,源点 $s \in S$,汇点 $t \in T$,称为 s t 割。

如图 10.36 所示,边上的数字标出了流量和容量;s 和 t 之间的流量为 14。虚线表示一个割,把图分成了 S 和 T 两部分。

从 S 到 T，穿过割的净流量为 $4+12-2=14$。显然，在 s、t 之间做任意割，流经这个割的净流量都相等。

S 经过这个割到 T 的容量为 $8+12=20$，分别是边 ac

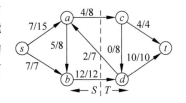

和 bd；也就是说，如果把边 ac 和 bd 去掉，S 中的水就不能流到 T。注意计算 S 到 T 的容量时，不要计算从 T 到 S 的反向容量。图 10.36 中的虚线并不是一个最小割，读者可以观察最小割在哪里。

图 10.36　$s-t$ 割

s-t 最小割问题是针对容量的，就是找到源点 s 和汇点 t 之间容量最小的割。

最小割问题可以形象地理解为：为了不让水从 s 流向 t，怎么破坏水沟，代价最小。被破坏的水沟必然是从 s 到 t 的单向水沟。

最大流最小割定理：源点 s 和汇点 t 之间的最小割，等于 s 和 t 之间的最大流[①]。

需要注意的是，定理中的最大流是指流量，而最小割是指容量。

全局最小割：把 s-t 最小割问题扩展到全局，有全局最小割问题。

简单的思路，可以利用最大流最小割定理，即枚举每个点当作汇点，计算出它的最大流，然后在所有点的最大流中取最小值。但是这样做的复杂度很高：枚举汇点复杂度为 $O(n)$，Dinic 或 ISAP 算法的复杂度为 $O(n^2m)$，总复杂度为 $O(n^3m)$。

解决此类问题需要用 Stoer-Wagner 算法，由于题目比较罕见，本书不展开。读者可以通过 poj 2914（Minimum Cut）例题了解。

【习题】

洛谷 P1344/P1345/P2057/P2598/P2774/P4126/P5039/P3749/P4897/P4001。

10.13　费 用 流

扫一扫

视频讲解

在最大流网络中，每条边只有一个限制条件，如容量、带宽等，这是"最小性参数"，现在加上一个新的限制条件，如费用，这是"可加性参数"。在两个限制条件的基础上，引出了最小费用最大流问题：流量为 F 时，求费用最小的流；如果没有指定 F，就是求最大流时的最小费用。

1. 费用流的思路

（1）先求一个最大流，然后不断优化得到最小费用流。先用最大流算法得到一个最大流，然后检查边的情况，看是否有费用更小同时也能满足最大流的边，如果有就进行调整，得到一个新的最大流。经过多次迭代，直到所有边都无法调整，就得到了最小费用最大流。

（2）从零流开始，每次增加一个最小费用路径，经过多次增广，直到无法再增加路径，就得到了最大流。

思路（2）更容易理解和操作，它是网络流问题和最短路径问题的结合，其算法也是最大

---

① 证明见《算法导论》（Thomas H. Cormen 等著，潘金贵等译，机械工业出版社出版）定理 26.7。

流算法和最短路径算法的结合。

最短路径算法有 Bellman-Ford 算法、Dijkstra 算法等,是否都能用? 如果边的费用权值有负数,只能选择 Bellman-Ford 算法(或 SPFA 算法)。在最小费用最大流算法中,由于残留网络用到了反向边,所以肯定会出现负权边[①],在本节的例题中会说明这一问题。

最小费用最大流的解决方法:Ford-Fulkerson 方法+Bellman-Ford 算法(SPFA 算法)。

回顾最大流的 Ford-Fulkerson 方法,它的主要操作是在残留网络上不断寻找增广路径。如果用 BFS 求增广路径,就是 Edmonds-Karp 算法。BFS 求增广路径是很盲目的,它不会区分增广路径的"好坏"。

如何找一条"好"的增广路径? 如果不用 BFS,而是改用 Bellman-Ford 算法(SPFA 算法),每次在残留网络上找增广路径时,都找费用最小的路径,就会得到一条"好"的、费用最低的路径。不断用 Bellman-Ford 算法(SPFA 算法)求增广路径,直到满足题目要求的流量 F,最后得到一个流量为 F 并且费用最小的流。

上述的算法思想是否正确? 可以简单思考如下:如果经过上述步骤,得到的不是最小费用流,说明在残留网络上还存在费用更小的路径,这与前面步骤中已经计算了最小路径相矛盾[②]。

算法的复杂度如何? 找一次增广路径,这条路径上至少有一个流量;总流量为 F,最多需要找 F 次增广路径;每次使用 Bellman-Ford 算法找增广路径,执行一次 Bellman-Ford 算法的时间复杂度为 $O(nm)$,所以总时间复杂度为 $O(Fnm)$。

2. 模板题

下面给出一道模板题。

 例 10.22　Farm tour(poj 2135)

问题描述:一个无向图有 n 个点,m 条边。一个人从 1 号点走到 n 号点,再从 n 号点走回 1 号点,每条路只能走一次。求来回总长度最短的路线。

输入:第 1 行是输入两个整数 n 和 m;后面 m 行中,每行输入 3 个整数,描述一条边的两个端点和边的长度。$1 \leqslant n \leqslant 1000, 1 \leqslant m \leqslant 10000$。

输出:来回总长度最短的路径长度。

题目的测试数据确保存在来回的不重复路径。

根据题意分析,这是一个无向图,从 1 走到 n,和从 n 走到 1 是一样的,那么题目转换为:从 1 号点到 n 号点至少有两条不同路线,找其中两条,使它们的总长度最短。

刚看到这一题时,读者可能觉得很简单:先求第 1 条最短路径,然后把走过的路删除,再求一次最短路径。

然而,这样做是错误的。如图 10.37 所示,找 a 到 d 的两条路径。图中确实存在两条

---

① 通过导入"势"的概念,可以在最小费用最大流算法中使用 Dijkstra 算法,从而降低算法复杂度。参考秋叶拓哉《挑战程序设计竞赛》第 225 页 3.5.6 节"最小费用流"。

② 算法正确性的具体证明,参考秋叶拓哉《挑战程序设计竞赛》第 225 页 3.5.6 节"最小费用流"。

路径,但是直接计算两次最短路径却找不到这两条路径:第 1 条最短路径是 a-c-b-d,有 3 条边,如果删除这 3 条边,图就断开了,无法继续找第 2 条路径。

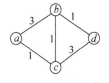

图 10.37　寻找 a 与 d 之间
的两条路径

这个例子是从前面最大流的"残留网络"的例子引用过来的。这个例子说明,本题和最大流有关系。

本题实际上是一道最小费用最大流的裸题,建模如下。

把每条边的流量设为 1,表示每条边只能用一次。边的长度看作每个边的费用。在图中添加一个"超级源点" s 和一个"超级汇点" t,s 到 1 有一条长度为 0,容量为 2 的边;n 到 t 有一条长度为 0,容量为 2 的边。经过这个建模之后,原题所求的两条最短路径的费用,等价于求源点 s 和汇点 t 的最小费用最大流[①]。

分析复杂度,最小费用最大流的复杂度为 $O(Fnm)$,$F=2$,$n=1000$,$m=10000$,$F \times n \times m = 2 \times 10^7$,正好通过测试。

下面给出最小费用最大流代码,综合了 SPFA 算法和最大流算法,基本上套用了前面讲解过的模板。需要特别注意的是图的初始化,即如何把无向图转换为有向图。

无向图的两个点 (u,v) 之间只有一条边,本题把它变成了 4 条边。

首先,把无向边 (u,v) 分成有向边 (u,v) 和 (v,u)。

然后,再把它们各分成两条边。例如,有向边 (u,v) 变成了一条正向的费用为 cost,容量为 capacity 的边,以及一条反向的费用为 $-$cost,容量为 0 的边。这样做,和最大流中的残留网络是同样的道理,相当于一次增广之后生成的残留网络。如果不能理解,请回顾最大流的中"反向路径"的相关内容。

在这个例子中,边的权值会出现负数,所以不能用 Dijkstra 算法,只能用 SPFA 算法。

```
1  //poj 2135 , 邻接表存图 + SPFA + 最大流
2  # include < stdio.h >
3  # include < algorithm >
4  # include < cstring >
5  # include < queue >
6  using namespace std;
7  const int INF = 0x3f3f3f3f;
8  const int N = 1010;
9  int dis[N], pre[N], preve[N];                    //dis[i]记录起点到 i 的最短距离
10 int n, m;
11 struct edge{
12     int to, cost, capacity, rev;                 //rev 用于记录前驱点
13     edge(int to_, int cost_, int c, int rev_){
14         to = to_; cost = cost_; capacity = c; rev = rev_;}
15 };
16 vector < edge > e[N];                            //e[i]: 存第 i 个节点连接的所有边
17 void addedge(int from,int to,int cost,int capacity){   //把一条有向边再分为两条
18     e[from].push_back(edge(to, cost, capacity, e[to].size()));
19     e[to].push_back(edge(from, - cost, 0, e[from].size() - 1));
20 }
```

---

①　从本题的建模过程可以看出:单源最短路径问题是费用流问题的一个特殊情况。把每条边的容量设为 1,添加一个源点 s,s 到起点的边容量为 1,费用为 0,那么 s 到终点的最小费用最大流就是最短路径。

```
21  bool spfa(int s, int t, int cnt){              //套用 SPFA 模板
22      bool inq[N];
23      memset(pre, -1, sizeof(pre));
24      for(int i = 1; i <= cnt; ++i) {dis[i] = INF; inq[i] = false; }
25      dis[s] = 0;
26      queue < int > Q;
27      Q.push(s);
28      inq[s] = true;
29      while(!Q.empty()){
30          int u = Q.front();
31          Q.pop();
32          inq[u] = false;
33          for(int i = 0; i < e[u].size(); i++)
34              if(e[u][i].capacity > 0){
35                  int v = e[u][i].to, cost = e[u][i].cost;
36                  if(dis[u] + cost < dis[v]){
37                      dis[v] = dis[u] + cost;
38                      pre[v] = u;              //v 的前驱点是 u
39                      preve[v] = i;            //u 的第 i 条边连接 v 点
40                      if(!inq[v]){
41                          inq[v] = true;
42                          Q.push(v);
43                      }
44                  }
45              }
46      }
47      return dis[t] != INF;              //s 到 t 的最短距离(或最小费用)是 dis[t]
48  }
49  int mincost(int s,int t,int cnt){              //基本上是套用最大流模板
50      int cost = 0;
51      while(spfa(s,t,cnt)){
52          int v = t, flow = INF;            //每次增加的流量
53          while(pre[v] != -1){              //回溯整个路径,计算路径的流
54              int u = pre[v], i = preve[v];        //u 是 v 的前驱点,u 的第 i 条边连接 v
55              flow = min(flow, e[u][i].capacity);  //所有边的最小容量就是这条路的流量
56              v = u;                        //回溯,直到源点
57          }
58          v = t;
59          while(pre[v] != -1){              //更新残留网络
60              int u = pre[v], i = preve[v];
61              e[u][i].capacity -= flow;     //正向减
62              e[v][e[u][i].rev].capacity += flow;  //反向加,注意 rev 的作用
63              v = u;                        //回溯,直到源点
64          }
65          cost += dis[t] * flow;        //费用累加,如果程序需要输出最大流,在这里累加 flow
66      }
67      return cost;                              //返回总费用
68  }
69  int main(){
70      while(~scanf("%d%d", &n, &m)){
71          for(int i = 0;i < N; i++)  e[i].clear();     //清空
72          for(int i = 1;i <= m;i++){
73              int u,v,w; scanf("%d%d%d",&u,&v,&w);
```

```
74                addedge(u,v,w,1); addedge(v,u,w,1);      //把一条无向边分为两条有向边
75            }
76            int s = n+1, t = n+2;
77            addedge(s,1,0,2);                             //添加源点
78            addedge(n,t,0,2);                             //添加汇点
79            printf("% d\n", mincost(s,t,n+2));
80        }
81        return 0;
82    }
```

【习题】

洛谷 P3381（【模板】最小费用最大流）/P4016/P4452/P2045/P2050/P2053/P2604/P2770/P3159/P3356/P3358/P4013/P4015/P5331/P3705。

小　结　

图论是本书的压轴专题。在竞赛队中,比较难的图论题往往由最厉害的队员负责。图论题目的建模、算法、编程,都能很好地考验一个程序员的能力。

图论算法因为丰富且充满趣味性,题目可难可易,受到出题人和竞赛队员们的欢迎。

本章涵盖图论基础概念、简单算法、复杂算法。一个图论问题通常有多种算法可以解决。例如,最短路径有 BFS、Floyd、SPFA、Dijkstra 算法;最小生成树有 Kruskal、Prim 算法;最大流有 Edmonds-Karp、Dinic、ISAP 算法等。它们各有优缺点,各有适合的应用场合。

图论问题往往是现实问题的抽象,是科学研究的重要方向,在应用软件中也得到了广泛应用,如游戏软件中场景的寻径、地图软件的导航、网络分组的转发等。

附 录 A　Python在竞赛
中的应用

很多人认为 Python 是最受欢迎的编程语言，它的优点有库函数强大、编码简便、处理大数非常简单、构造随机数据比 C++语言更简便[1]等。

Python 早已应用在算法竞赛中，一些算法竞赛已经支持用 Python 语言提交代码。而且 Python 是很好的工具，常用的是构造数据、写对拍代码。一个典型的应用：如果能用打表法交题，可以先用 Python 快捷地写出代码打表出数据，然后用 C++或直接用 Python 提交。读者会发现，用 Python 做这些事，比用 C++容易得多，这在紧张的比赛中是很有用的[2]。

Python 虽然好用好写，但它有一个严重的缺点——运行速度慢，比 C++、Java 慢得多。一个常见的例子是 for 循环，不知为什么 Python 的 for 循环非常耗时。读者可以用 Python 写一个 1000 万次的 for 循环，打印出它的运行时间，验证是不是非常耗时。所以，对时间复杂度要求很高的题目，用 Python 往往不够保险，即使题目专门对 Python 给出了很宽松的时间限制，还是用 C++提交比较保险。

Python 的两种版本 Python 2 和 Python 3 不兼容，本附录内容基于 Python 3。

下面介绍 Python 在算法竞赛中的几个应用。

---

①　基于 C++语言的测试和对拍，参考作者的博客 https://blog.csdn.net/weixin_43914593/article/details/106863166。

②　力扣(leetcode-cn.com)和洛谷网站上每道题都有人提交 Python 题解。

大 数 计 算

如果题目与大数有关,用 Python 是最合适的,理论上 Python 可以直接计算任意大的数字,不用担心数据类型的限制,也不用担心溢出。下面的例 A.1 计算了一个天文数字。

 例 A.1　阶乘之和(洛谷 P1009)

问题描述:计算 $S = 1! + 2! + 3! + \cdots + n!$。

阶乘的结果极大,如果用 C++ 编码,需要用高精度处理大数,比较烦琐。Python 能直接计算大数,代码如下。读者可以尝试输入 $n = 10000$,看打印出来的数字有多大。

```
1  n = int(input())
2  s = 1
3  ans = 0
4  for i in range(1,n + 1,1):
5      s *= i
6      ans += s
7  print(ans)
```

不过,有些题目看起来是大数问题,但是直接暴力计算复杂度太高,需要使用算法以提高效率,见例 A.2。

 例 A.2　阶乘问题(洛谷 P1134)

问题描述:先计算阶乘 $n!$,然后输出它末尾的第 1 个非零值。
输入:整数 n。$1 \leqslant n \leqslant 50000000$。
输出:输出 $n!$ 最右边的非零位的值。

本题如果用下面的 Python 代码直接计算大数,虽然能得到正确结果,但是会超时。因为 n 极大,第 3 行的 for 循环了 n 次,导致超时。

```
1  n = int(input())
2  s = 1
3  for i in range(1,n + 1,1):  s *= i       #计算阶乘
4  while s % 10 == 0:  s //= 10    #连续除以 10,把末尾的零去掉.注意这里用"//"而不是"/"
5  print(s % 10)                  #打印末尾非 0 数
```

本题的正解是找规律,不需要 for 循环 n 次计算阶乘,也不需要处理大数。请自己思考。

A.2　构造测试数据和对拍

竞赛队员提交到 OJ 的代码,OJ 是如何判断是否正确的? OJ 并不看代码,而是使用"黑盒测试",用测试数据来验证。对于每题,OJ 都事先设定好很多组输入数据(datain)和输出数据(dataout),队员提交代码后,OJ 执行代码,输入 datain,产生输出,看是否和 dataout 完全一致。

> **提示**　一个 OJ 的核心是题目和测试数据,两者同等重要。题目是公开的,测试数据是保密的。质量差的测试数据会损害 OJ 的声誉。

OJ 所设定的测试数据,可能非常多而且复杂,队员不可能知道,需要自己构造测试数据,并且用两种代码进行对比测试,称为对拍。

对拍在竞赛中是很实用的技术,就是用一个代码证明另一个代码的正确性。在竞赛时,如果一道题目的时间限制很严格,需要写一个复杂而高效的算法来实现。为了测试代码的正确性,不能只用一些简单的测试数据。作为对照,可以快速写一个暴力而低效的代码,与高效代码对拍。

(1) 低效率代码。一般用暴力法实现,代码简单,逻辑正确,它因为效率低无法通过 OJ 的时间限制,它的用途是作为基准(benchmark)代码,产生正确的输出数据。

(2) 高效率代码。这是准备提交到 OJ 的代码。把它产生的输出数据与低效率代码产生的输出数据进行对比,如果一致,就认为是正确的,可以提交了;如果不一致,可以分析那些不一致的数据,用来修改程序。测试数据非常重要,往往能帮助编程者找到代码的错误所在。

对拍测试包括以下两个任务。

(1) 构造输入数据[①]。编写一个小程序,随机生成输入数据。不过随机数据也有缺点,它很难生成"奇怪"的数据,如全 0、全负、全等、极大、极小等,而题目往往需要这样的数据,所以还需要手工构造。

(2) 两种代码的对拍。两种代码分别读入输入数据,对比它们的输出数据是否一样。

A.2.1　构造随机数据

用 Python 构造随机数据,比 C++ 简单得多。它能直接产生极大的数字,方便地产生随机字符等。表 A.1 列出了一些典型的随机数、随机字符串构造方法。

---

① 如果想使用现成的自动构造软件,可以尝试一个基于 Python 的工具(https://github.com/luogu-dev/cyaron)。它能自动构造一些复杂的测试场景,如生成一张卡 SPFA 的图:Graph.hack_spfa(n)。

表 A.1　典型的随机数、随机字符串构造方法

Python 语句	输出示例
import random #或者写成：from random import * #此时下面的代码能够简单一点，如把 random. randint 直接写为 randint	

#在指定闭区间[a,b]内生成一个很大的随机整数
print(random. randint(−9999999999999999,1e20))
	417715183092046338

#在指定左闭右开区间[a,b)内生成一个随机偶数，如[0,100000)
print(random. randrange(0,100001,2))
	14908

#生成一个左闭右开区间[0,1)内的随机浮点数
print(random. random())
	0.2856636141181378

#在指定闭区间[a,b]内生成一个随机浮点数，如[1,20]
print(random. uniform(1,20))
	9.81984258258233

#在指定字符中生成一个随机字符
print(random. choice('abcdefghijklmnopqrst@#$%*()'))
	d

#在指定字符中生成指定数量的随机字符
print(random. sample('utsrqpozyxwvnmlkjihgfedcba',5))
	['z','u','x','w','j']

import string #若写成 from string import *，下面的 string. ascii_letters 改为 ascii_letters	

#用 a~z、A~Z、0~9 生成指定数量的随机字符串
ran_s=''.join(random. sample(string. ascii_letters+string. digits,7))
print(ran_s)
	iCTm6yN

#从多个字符中选取指定数量的字符组成新字符串
print(''.join(random. sample(['m','l','i','h','g','k','j','d'],5)))
	mjlhd

#打乱顺序
items=[1,2,3,4,5,6,7,8,9,0]
random. shuffle(items)
for i in range(0,len(items),1):#逐个打印
　print(items[i]," ",end='')
	1 0 8 3 5 7
	9 4 6 2

A.2.2　数据去重

1. 整数去重

随机生成的整数很多是重复的，而一般情况下需要不重复的数据。下面给出两种去重方法。

第 1 种方法是用 set()函数，速度极快。set()函数的时间复杂度差不多为 $O(n)$，和生成随机数的时间差不多。注意 set()函数去重不能保持数据的原顺序。set()函数去重的原理是哈希，所以它返回的结果中部分数据看起来像排过序，但整体上并不是有序的。如果在 set()函数去重后，仍然要得到"看起来很随机"的数据，可以用 shuffle()函数再次把数据打乱，得到随机排序的数组。

第 2 种方法是暴力去重，非常慢，不过它的优点是保持了原数据的顺序。

```
1   def NonRepeatList1(data):                          #函数1：set()函数去重,不保持原顺序
2       return list(set(data))
3   def NonRepeatList2(data):                          #函数2：暴力去重,保持原顺序
4       return [i for n, i in enumerate(data) if i not in data[:n]]
5   #测试上面两个函数
6   import random
7   import time
8   time0 = time.time()
9   a = []
10  for i in range(0,100000,1):                        #10万个随机数
11      a.append(random.randint(-100000000,100000000))      #随机数取值范围
12  #print (a)                                         #可以打印数组看看
13  print ("random time = ",time.time()-time0)        #统计随机数的生成时间
14
15  time0 = time.time()
16  b = NonRepeatList1(a)                              #去重,不保持原顺序
17  #print (b)                                         #打印看看顺序
18  random.shuffle(b)                                  #再次打乱顺序
19  #print (b)                                         #打印看看是否乱序
20  print ("set time = ",time.time()-time0)           #统计set()函数去重的时间
21
22  time0 = time.time()
23  c = NonRepeatList2(a)                              #去重,保持原顺序
24  #print (c)                                         #打印看看是否保持原序
25  print ("enum time = ",time.time()-time0)          #统计暴力去重的时间
```

代码中统计了两种去重方法的执行时间,在笔者的计算机上运行,10万个数的去重时间为

```
random time = 0.10671424865722656
set time = 0.06288003921508789
enum time = 99.96579337120056
```

可见 set()函数去重极快,速度是暴力去重的 1600 倍。

2. 小数去重

如果要生成不同的小数,简单的办法是先用上面的代码生成去重整数数组,然后把每个整数除以 10 的幂即可。例如,生成两位小数,把每个整数除以 100。

```
1   d = []
2   for i in range(0,len(b),1): #b是去重后的整数数组
3       d.append(b[i] / 100)
```

A.2.3 对拍

下面以 Windows 环境为例说明构造测试数据和对拍的过程,Linux 环境类似。

以 hdu 1425 为例,给出两个实现:用 Python 写的 sort 排序、用 C++ 写的哈希代码。两个代码对拍。

例 A.3　Sort（hdu 1425）

问题描述：给出 n 个整数，请按从大到小的顺序输出其中前 m 大的数。

输入：每组测试数据有两行，第 1 行输入两个数 n 和 m（$0 < n, m < 1000000$），第 2 行输入 n 个各不相同且都处于区间 $[-500000, 500000]$ 的整数。

输出：对每组测试数据按从大到小的顺序输出前 m 大的数。

1. 构造测试数据

首先为 hdu 1425 例题构造专用的测试数据。下面的代码先产生 100 万个随机数，然后用 set() 函数去重，得到 60 多万个不同的随机数，最后用 shuffle() 函数打乱即可。

```
1   #把本代码保存为 makedata.py 文件
2   import random
3   a = []
4   b = []
5   for i in range(0,1000000,1):                      #100 万个随机数
6       a.append(random.randint(-500000,500000))
7   b = list(set(a))                                   #去重后放在 b 中
8
9   #print("lena = ",len(a))                           #验证 a 的个数是不是 100 万个
10  #print("lenb = ",len(b))                           #b 的个数有 60 多万个
11
12  random.shuffle(b)                                  #打乱 b
13  print(len(b),random.randint(1,len(b)))             #打印 n、m
14  for i in range(0,len(b),1):                        #逐个打印
15      print ( b[i],end = ' ')
16
17  #下面的做法用到了文件操作，其实这样做是不必要的
18  '''
19  f = open("d:\data.in", "w")                        #输出到文件
20  print(len(b),random.randint(1,len(b)),file = f)
21  for i in range(0,len(b),1):                        #逐个打印
22      print ( b[i],end = ' ',file = f)
23  f.close()
24  '''
```

把上面的代码保存为 makedata.py 文件，执行以下命令，输出测试数据到 data.in 文件。

```
D:\> set path = C:\Users\hp\AppData\Local\Programs\Python\Python39
D:\> python makedata.py > data.in
```

笔者的 Python 安装在目录 C：\ Users \ hp \ AppData \ Local \ Programs \ Python \ Python39\，读者可以按自己的目录操作。

2. 对拍代码（1）

用 C++写一个高效的代码，是哈希算法，复杂度为 $O(n)$，效率很高。

```cpp
1    # include < bits/stdc++ . h >
2    using namespace std;
3    const int N = 1000001;
4    int a[N];
5    int main(){
6        int n,m;
7        while(~scanf("%d%d", &n, &m)){
8            memset(a, 0, sizeof(a));
9            for(int i = 0; i < n; i++){
10               int t;
11               scanf("%d", &t);   //此题数据多,如果用很慢的 cin 输入,肯定超时
12               a[500000 + t] = 1;   //数字 t,登记在 500000 + t 这个位置
13           }
14           for(int i = N; m > 0; i-- )
15               if(a[i]){
16                   if(m > 1)   printf("%d ", i - 500000);
17                   else        printf("%d\n", i - 500000);
18                   m-- ;
19               }
20       }
21       return 0;
22   }
```

设代码的可执行文件名为 hash,执行下面的指令,读取输入文件 data. in,输出到 hash. out 文件。

```
D:\> hash < data. in > hash. out
```

3. 对拍代码(2)

下面给出 hdu 1425 例题的对拍代码,用 Python 的 sort( )函数实现,功能是先输入 n 和 m,然后输入 n 个数,排序后,打印出前 m 大的数。这个 Python 代码非常简单。

```python
1    n,m = map(int,input().split())         #输入 n、m
2    a = [int(n) for n in input().split()]  #输入 n 个数
3    a.sort()                               #排序
4    for i in range(n-1,n-m,-1):            #打印出前 m-1 大的数
5        print (a[i],end = ' ')
6    print (a[n-m])                         #打印出第 m 大的数
```

把代码保存为 bb. py 文件。Windows 环境下,执行以下命令后,bb. py 读输入数据 data. in,输出数据到 py. out 文件。

```
D:\> python bb. py < data. in > py. out
```

4. 对比输出数据

hash 代码输出数据到 hash. out 文件。下面比较两个代码的输出是否一样,执行文件

比较命令 fc。

```
D:\> fc py.out hash.out /n
```

若文件一样,输出如下(上面一行中的 hash.out 在下面显示为 HASH.OUT,这不是笔误)。

```
正在比较文件 py.out 和 HASH.OUT
FC: 找不到差异
```

5. 把所有过程写成批处理文件

一份测试数据可能不够,更一般的做法是生成多份测试数据,进行多次对拍测试,此时需要批处理。

1) Windows 环境

把上述过程写成 Windows 环境的 bat 批处理。它是一个死循环,在每个循环生成数据并对拍,直到发现错误,出错误的那组输入和输出都留在文件中,可以查看。下面代码中的路径是笔者计算机的路径,请读者改为自己计算机的路径。

```
 1  @echo off
 2  set path = C:\MinGW\bin
 3  g++ − o hash.exe hash.cpp
 4  :loop
 5  set path = C:\Users\hp\AppData\Local\Programs\Python\Python39
 6  python makedata.py > data.in
 7  hash.exe < data.in > hash.out
 8  python bb.py < data.in > py.out
 9  set path = C:\Windows\System32
10  fc py.out hash.out
11  if errorlevel == 1 pause
12  goto loop
```

2) Linux 环境

Linux 环境下,文件比较命令是 diff,对比两个文件的输出。

```
[root]# diff − c hash.out sort.out
```

下面用两个 C++代码做例子,演示 Linux 环境下 sh 批处理的写法。

```
 1  #!bin/bash
 2  while true; do
 3      gcc hash.cpp − o hash.exe
 4      gcc sort.cpp − o sort.exe
 5      gcc makedata.cpp − o makedata.exe
 6      ./makedata.exe > data.in
 7      ./hash.exe < data.in > hash.out
 8      ./sort.exe < data.in > sort.out
 9      if diff hash.out sort.out; then
```

```
10          echo OK
11      else
12          echo wrong
13          break
14      fi
15  done
```

A.3　　输入/输出

在竞赛中使用 Python 编程,初学者常见的问题是对输入和输出不熟悉,下面总结有关的操作。

1. 在多行中每行输入多个整数

(1) 第 1 行输入一个整数 n,第 2 行输入 n 个整数。

```
1  n = int(input())                      # 读 n
2  a = input().split(" ")                # 读第 2 行的所有整数
3  int(a[i])                             # 使用时要转换为整数
4  # 读第 2 行的整数也可以这样写:
5  A = [int(i) for i in input().split()]
```

(2) 第 1 行输入一个整数 n;后面 n 行中,每行输入一个整数 A_i($1 \leqslant A_i \leqslant 100$)。

```
1  n = int(input())
2  numlist = []
3  for i in range(n):
4      numlist.append(int(input()))
```

2. 用 map 输入

(1) 第 1 行输入 4 个正整数 A、B、C、m;第 2 行输入 $A \times B \times C$ 个整数。

```
1  A,B,C,m = map(int,input().split())     # 读第 1 行 4 个整数
2  life = list(map(int,input().split()))  # 读第 2 行的多个整数,读取后用 life[i]访问第 i 个数
```

(2) 第 1 行输入两个整数 n 和 k,后面 n 行中,每行输入两个整数 h 和 w。

```
1  n,k = map(int,input().split())
2  w = []
3  h = []
4  for i in range(n):
5      a,b = map(int,input().split())
6      w.append(a)
7      h.append(b)
```

3. 二维数组的输入

第 1 行输入 3 个整数 n、m、T，后面 m 行中，每行输入两个整数。

```
1  first = input()
2  n, m, T = [int(i) for i in first.split()]
3  a = []                        #a是二维数组,后面可以这样使用它: a[i][0],a[i][1]
4  for i in range(m):            #读 m 行
5      a.append([int(i) for i in input().split()])    #每行读几个整数,如两个整数
```

4. 输入用非空格字符隔开的数字

第 1 行输入一个正整数 T，表示输入数据组数。每组数据包含两行，每行表示时间，有两种格式：

```
h1:m1:s1 h2:m2:s2
h1:m1:s1 h2:m2:s2 ( +1)
```

例如：

```
11:05:18 15:14:23
17:21:07 00:31:46 ( +1)
```

下面用代码处理这两种格式的输入。

```
1  line = str(input()).split(' ') #一行字符串,以空格分开,分别读取
2  h1 = int(line[0][0:2])         #处理字符串中的数字
3  m1 = int(line[0][3:5])
4  s1 = int(line[0][6:8])
5  h2 = int(line[1][0:2])
6  m2 = int(line[1][3:5])
7  s2 = int(line[1][6:8])
8  day = 0
9  if(len(line) == 3):    #line 中有 3 个元素,最后一个是( +1)的数字 1,赋值给 day
10     day = int(line[2][2])
```

5. 输入字符

读入一个字符串，处理其中每个字符。

```
1  s = input()               #读字符串
2  if s[i] == '(':           #若第 i 个字符是'(',做相应处理
```

6. 未明确说明终止的输入

有时题目没有明确说明何时输入终止，如"存在多组测试数据，每组测试数据一行，输入一个正整数 n"。

解决方法 1：for n in sys.stdin。这个语句的作用和 C++ 的 while(cin >> n)语句类似。

```
1  import sys
2  for n in sys.stdin:    #读入 n
3      n = int(n)
4  #下面处理 n
```

解决方法 2：读入出错就停止。

```
1  while True:  # 多组数据
2      try:
3          n, m = map(int, input().split())
4  #处理 n,m
5      except EOFError:
6          break
```

7. 带格式输出

（1）输出四舍五入保留 4 位的小数。下面的代码给出 3 种写法。

```
1  n = 1.23438234
2  print('{:.4f}'.format(n))              #输出   1.2344
3  print("%.4f" % n)                       #输出   1.2344
4  print(round(n, 4))                      #输出   1.2344
```

（2）输出 hh:mm:ss,表示时间为 hh 小时 mm 分 ss 秒。当时间为一位数时,要补齐前导零,如 3 小时 24 分 5 秒写为 03:24:05。下面的代码给出两种写法。

```
1  hh,mm,ss = 3,24,5
2  print("{:0>2d}:{:0>2d}:{:0>2d}".format(hh,mm,ss))     #输出   03:24:05
3  print("%02d:%02d:%02d" % (hh,mm,ss))                   #输出   03:24:05
```

索 引